Dosimetrie der Strahlungen radioaktiver Stoffe

Von

Dr. phil. Walter Minder
ao. Professor für medizinische Strahlenphysik
an der Universität und Leiter des Radium-Institutes
in Bern

Mit 137 Textabbildungen

Wien
Springer-Verlag
1961

ISBN-13:978-3-7091-7907-9 e-ISBN-13:978-3-7091-7906-2
DOI: 10.1007/978-3-7091-7906-2

Alle Rechte,
insbesondere das der Übersetzung in fremde Sprachen, vorbehalten

Ohne ausdrückliche Genehmigung des Verlages
ist es auch nicht gestattet, dieses Buch oder Teile daraus
auf photomechanischem Wege (Photokopie, Mikrokopie)
oder sonstwie zu vervielfältigen

© by Springer-Verlag in Vienna 1961

Softcover reprint of the hardcover 1st edition 1961

Vorwort

Strahlendosimetrie — als die Summe aller Erkenntnisse und Methoden zum Ausdruck der einem System, insbesondere dem menschlichen Körper oder Teilen desselben „einverleibten" Energie ionisierender Strahlungen in Maß und Zahl — ist in den vergangenen Jahren eine theoretisch und experimentell sehr wohl fundierte Wissensdisziplin geworden. Ihre Bedeutung als wichtigste Voraussetzung jeglicher Einsicht in irgendwelche Bestrahlungsfolgen steht nirgends zur Diskussion; ihre äußere Stellung als „Randgebiet" harrt noch mancherorts der ihr gebührenden Anerkennung. Strahlendosimetrie ist heute nicht mehr nur eine als mehr oder weniger wichtig angesehene „technische Hilfe" bei der Strahlentherapie, sondern weit über ihr Ursprungsgebiet hinaus Grundlage zahlreicher Aufgaben aus Physik, Chemie, Biologie und Technologie und schließlich Ausgangspunkt der heute so wichtig scheinenden Strahlenhygiene. Trotzdem ist ihr Ursprung, die Strahlentherapie, ihr innerlich dankbarster Gegenstand geblieben.

Mit dem ungeheuren Aufschwung der Bedeutung der Atomtechnik und dem „Ausbruch" der Radioaktivität über das ganze periodische System der Elemente wurden die Aufgaben der „Dosimetrie der Strahlungen radioaktiver Stoffe" nicht nur sehr stark verbreitert, sondern sie sind auch sehr erheblich komplexer und vertiefter geworden. Entsprechend ist auch der erforderliche Aufwand an konkreter Rechen- oder Meßarbeit, oder beider, gewachsen. Es ist der Hauptzweck des vorliegenden Buches, diesen Aufwand im allgemeinen, besonders aber bei der Therapie mit radioaktiven Stoffen, möglichst erleichtern zu helfen.

Als ich vor 20 Jahren die mir damals wichtig scheinenden Tatsachen und Gesetzmäßigkeiten der „Radiumdosimetrie" erstmals in abgeschlossener Form zusammenstellte, durfte ich die Genugtuung erleben, damit zahlreichen Fachgenossen, Ärzten und Physikern eine Hilfe geleistet zu haben. Dieses Büchlein hat überall eine sehr bereitwillige Aufnahme gefunden und mir zahlreiche Freunde erworben. Es war trotz dem Krieg in kurzer Zeit vergriffen und wurde 1944 — allerdings ohne Wissen des Autors und des Verlegers — „in the Public Interest by Authority of the Alien Property Custodian" photomechanisch vervielfältigt.

Wenn man heute eine Zusammenstellung der „Dosimetrie der Strahlungen radioaktiver Stoffe" zu schreiben versucht, so steht man nicht nur einer „stofflich" sehr stark erweiterten Aufgabe gegenüber, sondern auch einem innern Zwiespalt. Die Verantwortung für das Ergebnis einer strahlentherapeutischen Maßnahme lastet auf den Schultern des Arztes. Er sollte also eine derartige Zusammenstellung lesen, verstehen und verwenden können. Strahlendosimetrie ist aber andererseits in konkreter Durchführung und besonders in ihren Voraussetzungen mit vielen grundsätzlichen und technischen physikalischen Schwierigkeiten verbunden und erfordert zusätzlich ein erhebliches mathematisches Können, so daß auch für einen theoretisch und meßtechnisch gut geschulten Physiker zu ihrem vollen Verständnis eine längere, intensive Einarbeit erforderlich ist. Ein Buch über Dosimetrie sollte aber auch ihm eine Hilfe sein.

Die vorliegende Arbeit stellt eine mir „vernünftig" scheinende Synthese zwischen „Praxis und Theorie" dar. Es ist versucht worden, praktisch unmittelbar oder nach wenigen elementaren Umrechnungen brauchbare Zahlenwerte der Dosis in Form von Tabellen, Kurven und Plänen zu vermitteln, und gleichzeitig sollte für dieselben in einem etwas erweiterten Rahmen eine korrekte, aber nicht allzu anspruchsvolle Begründung angegeben werden. Der therapeutische Praktiker wird deshalb die meisten Zahlenwerte ohne erheblichen vorgängigen Arbeitsaufwand verwenden können, dem Dosimetriefachmann andererseits soll Material für ein vertiefteres Studium allgemeiner und konkreter Aufgaben zur Verfügung gestellt werden. Für den letzteren sind insbesondere auch die recht umfangreichen Literaturangaben gedacht, welche den einzelnen Abschnitten beigefügt wurden und dieselben damit auch äußerlich einigermaßen in sich abschließen. Der Absicht einer gewissen Geschlossenheit der einzelnen Abschnitte wegen konnten einige Wiederholungen nicht vermieden werden.

Wiederum erfreute ich mich vielseitiger und freundlicher Hilfe. So wurde mir von den Verlagen Sauerländer, Aarau, und Huber, Bern, gestattet, Abbildungen und Textausschnitte aus in diesen Verlagen vor kurzem erschienenen Büchern, an denen ich mitgearbeitet hatte (Mohler: „Chemische Wirkungen ionisierender Strahlungen", Sauerländer; Fiebelkorn und Minder: „Therapie mit Röntgenstrahlen und radioaktiven Stoffen", Huber), zu übernehmen. Gleiches gilt für die früher im Springer-Verlag, Wien, erschienenen Bücher Liechti-Minder: „Röntgenphysik" (1955) und Minder: „Radiumdosimetrie" (1941). Schließlich haben mir mehrere Stellen wertvolle Bildunterlagen zur Verfügung gestellt.

All den Helfern sei an dieser Stelle herzlich gedankt. Mein besonderer Dank gebührt aber dem Springer-Verlag in Wien für sein stets freundliches und geduldiges Verständnis bei allen meinen Wünschen, sowie für die schöne Ausstattung der vorliegenden Arbeit.

Bern, im Herbst 1960

Walter Minder

Inhaltsverzeichnis

Erster Abschnitt

Erscheinungen und Gesetze der Radioaktivität

Zweiter Abschnitt

Wechselwirkung zwischen Strahlung und Materie

Dritter Abschnitt

Meßmethoden radioaktiver Stoffe

Vierter Abschnitt

Die Strahlendosis

Fünfter Abschnitt

Praktische Dosimetrie

Sechster Abschnitt

In der Praxis verwendete radioaktive Stoffe

Siebenter Abschnitt

Schutzprobleme und deren Behandlung

Anhang

Erster Abschnitt

Erscheinungen und Gesetze der Radioaktivität

1. Einleitung

Unter dem Begriff *Radioaktivität* werden alle Erscheinungen und Vorgänge zusammengefaßt, welche mit einer „von selbst" vor sich gehenden Umwandlung bestimmter Grundstoffe, mit dem *„spontanen Zerfall" instabiler Atomkerne* in Zusammenhang stehen. Phänomenologie und Deutung der Radioaktivität sind im einzelnen mannigfaltig, ihre sinnfälligste Manifestierung ist die *Emission von Strahlungen* verschiedener Natur, Energie und Genese.

Es gibt in der gesamten Geschichte menschlicher Kenntnisse neben der Radioaktivität kein Wissensgebiet, dessen Entwicklung in der kurzen Zeit von 60 Jahren eine höhere allgemeine Bedeutung erlangt hat, das soweit in alle Bereiche menschlichen Denkens und Schaffens eingedrungen ist, und welches unsere Lebensgrundlagen in umfassenderem Maße beeinflußt hat. Die Radioaktivität ist innerhalb eines Menschenalters aus einem wohl hochinteressanten, aber bescheidenen Forschungsgegenstand zum sichersten Weg zur Naturerkenntnis, zu einem der wirkungsvollsten Mittel der Heilkunde, zur wohl wichtigsten Voraussetzung der zukünftigen Technik und Wirtschaft und zum bedrohlichsten Instrument der Machtpolitik geworden. Einige kurze Bemerkungen zu ihrer Geschichte scheinen deshalb wohl am Platze.

Am 20. Januar des Jahres 1896 hielt der große Mathematiker und Philosoph Henri Poincaré in der Pariser Akademie der Wissenschaften einen Vortrag über den damaligen Stand der Naturwissenschaften. Dabei sprach er auch über die von W. C. Röntgen soeben entdeckten „X-Strahlen", demonstrierte die berühmt gewordenen ersten Bilder und wies auch auf die *grüne Fluoreszenz* der Röhrenwand hin, welche bei der Erzeugung der X-Strahlen zu beobachten war. Hängt diese Erscheinung wohl mit der neuen, durchdringenden Strahlung ursächlich zusammen, so fragte sich ein Hörer dieses Vortrages, Henri Becquerel, einer der besten Kenner der Fluoreszenzerscheinungen in jener Zeit. Unter den zahlreichen fluoreszierenden Stoffen, die er und schon sein Vater gesammelt und untersucht hatten, zeigten offensichtlich mehrere *Uranverbindungen* eine der Fluoreszenz der Entladungsröhre von Röntgen zum mindesten der Farbe nach sehr ähnliche Lichtemission bei Bestrahlung mit Ultraviolett.

Becquerel fand, daß sich ein Kristall aus Kaliumuranylsulfat durch die lichtdichte Hülle, ja selbst durch dünne Aluminiumbleche hindurch auf einer Photoplatte abbildete, wenn das System einige Zeit dem Licht ausgesetzt wurde (erste Publikation: 24. Februar 1896). In einem weiteren Versuch ergab sich aber, daß die Schwärzung der Platte auch dann eintrat, wenn der Kristall nicht belichtet wurde, wenn also gar keine Fluoreszenz vorhanden war. Dagegen war der Effekt nur bei Uranverbindungen zu beobachten und stand mit deren Urangehalt in Zusammenhang. Becquerel nannte diese neu entdeckte Eigenschaft des Urans und seiner Verbindungen, unsichtbare, durchdringende und photographisch wirksame Strahlen auszusenden, *Radioaktivität.*

Was aus dieser Entdeckung weiter folgte, möge summarischer aufgezählt werden. Von Becquerel wurde sehr bald auch gefunden, daß die Strahlungen des Urans die Luft ionisieren, also elektrisch leitend machen, und daß sie durch ein Magnetfeld abgelenkt werden. Seine junge Schülerin Marya Sklodowska, spätere Mme. Curie, sollte die ihr zugänglichen Uranmineralien auf die neue Erscheinung hin systematisch untersuchen. Hierbei entdeckte sie zunächst unabhängig von ihm und gleichzeitig mit Schmidt, daß auch *Thoriumverbindungen* eine Radioaktivität aufweisen. Weiter machte sie die für die Folge sehr wichtige Beobachtung, daß die Radioaktivität natürlicher Uranmineralien mehrmals höher ist, als diejenige des aus ihnen abgetrennten Urans. In Gemeinschaft mit ihrem Gatten Pierre Curie fand sie (im Sommer 1898) in den Restlösungen des Urans das Element *Polonium* und zusammen mit Bémont (am 26. Dezember 1898) den wichtigsten radioaktiven Grundstoff, das *Radium*. Bei diesen Arbeiten hatte ihr ein von Jacques Curie, dem Bruder ihres Gatten, gebautes, piezoelektrisches Elektrometer beste Dienste geleistet.

In rascher Folge wurden die „Emanationen“ Thoron (Dorn) und Radon (Owen und Debierne), der „aktive Niederschlag“ (M. und P. Curie), die Aktivität des Aktiniums (Schmidt) sowie ein gewisser Zusammenhang zwischen den einzelnen radioaktiven Grundstoffen aufgefunden, so daß 1902—1905 Rutherford zur Aufstellung der *Zerfallsgesetze* schreiten konnte, nachdem auch die Natur der Strahlungen von ihm und seinen Mitarbeitern abgeklärt worden war.

Die nächsten Jahre waren gekennzeichnet durch die langwierigen Arbeiten zur Reindarstellung des Radiums und dessen Atomgewichtsbestimmung durch M. Curie unter Mithilfe des Spektralanalytikers Demarçay und durch die Klärung und Präzisierung der Erscheinungen, sowie durch ihre theoretische Darstellung und Formulierung. Die wichtigsten Ergebnisse waren die 1913 von ASTON als allgemein erkannte Tatsache der *Isotopie*, die Aufstellung und rechnerische Begründung des RUTHERFORD-BOHRschen *Atommodells* und die genaue Messung der Ladung des *Elektrons* (MILLIKAN 1913—1917).

Die Entdeckung der Protonenemission bei Bestrahlung leichter Atomkerne mit α-Strahlen durch RUTHERFORD leitete 1919 die *Physik des Atomkerns* ein. Sie brachte in Zusammenhang mit der durch GOCKEL und HESS aufgefundenen kosmischen Strahlung die Entdeckung des *Positrons* (ANDERSON 1932), des *Neutrons* (CHADWICK 1932) und der *künstlichen Radioaktivität* (JOLIOT, I. JOLIOT-CURIE 1934).

Schließlich führten die Theorien des Zerfalls (PAULI, GAMOW) und besonders des Kernbaues (HEISENBERG 1934) zum Nachweis der Kernspaltung (BOTHE, FERMI, FRISCH, MEITNER, HAHN und STRASSMANN 1938—1939) und zum Bau des ersten *Kernreaktors* durch FERMI (2. Dezember 1942), mit ihren in die weitesten Bereiche eingreifenden, heute noch unabsehbaren Folgen. Die bedeutungsvollste Aufgabe der Gegenwart ist ohne Zweifel die Realisierung der kontrollierten *Atomkernfusion*, an welcher mit höchster Konzentration gearbeitet wird, und welche unsere Existenzgrundlagen schlechthin völlig umgestalten wird und die ganze Menschheit heute schon vor ernsthafteste Entschließungen, besonders auch in moralischer Hinsicht, stellt.

2. Der Bau des Atoms

Wenn man sich im gegenwärtigen Zeitpunkt der Aufgabe gegenübersieht, den Bau der Atome zu erläutern, so sind es im wesentlichen zwei Gesichtspunkte, die dieser Aufgabe einen unbefriedigenden Aspekt geben, die *Anschaulichkeit* der Darstellung einerseits und die *Korrektheit* derselben andererseits. Diese beiden Gesichtspunkte sind gewissermaßen ein Widerspruch in sich, eine anschauliche Darstellung muß weitgehend von „anthropomorphen“ *Modellen* Gebrauch machen und kann deshalb nur eine modellmäßige *Analogie* vermitteln, während eine möglichst *korrekte* „*Beschreibung*“ in Voraussetzungen und Ergebnissen sich rein mathematischer Mittel bedienen muß und damit das Bedürfnis nach „konkreten“ Vorstellungen nicht befriedigen kann. Dieses Bedürfnis ist andererseits so allgemein und bedeutungsvoll und besonders für den „Nichttheoretiker“ auch im Hinblick auf die Anwendung der Atomphysik in allen möglichen Gebieten praktischer Tätigkeiten schlechthin unerläßlich, so daß der anschaulichen, modellmäßigen Darstellung auch heute noch höchste Bedeutung zukommt. Streng genommen, kann auch eine möglichst korrekte Behandlung der Einzelheiten der Atomphysik auf zum mindesten prinzipielle Vorstellungen nicht ganz verzichten.

Wenn deshalb im folgenden das „Rutherford-Bohrsche *Atommodell*“ kurz erläutert werden soll, so muß dabei der grundsätzliche Gesichtspunkt im Vordergrund stehen, daß weder Voraussetzungen noch Ergebnisse seiner Betrachtung der „wahren Wirklichkeit“ entsprechen, sondern daß es sich dabei um eine möglichst einfache und anschauliche *Analogie* handelt, deren Wiedergabe der Wirklichkeit aber eine teilweise so enge ist, daß sie gestattet, die meisten grundsätzlichen Erscheinungen auch quantitativ weitgehend richtig vorauszusagen. Wenn also nachfolgend von Elektronenbahnen, von Elektronenschalen, von deren Dimensionen und von Geschwindigkeiten gesprochen wird, so sollen diese konkreten Begriffe als Analogien für verschiedene Energiezustände und Wahrscheinlichkeiten der Ladungsdichte verstanden werden, wobei die rechnerische Behandlung in beiden Fällen, abgesehen von hier nicht ins Gewicht fallenden Ausnahmen, zu den grundsätzlich gleichen Ergebnissen und den gleichen numerischen Werten führt. Es behält deshalb eine solche elementare Darstellung auch unter verfeinerten Gesichtspunkten ihre Bedeutung, da es stets berechtigt ist, und zwar nicht nur aus didaktischen Gründen, vom Einfacheren zum Vertiefteren vorzudringen.

Das Rutherford-Bohrsche Atommodell sollte unter Zuhilfenahme elementarer mechanischer und elektrischer Gesetze im wesentlichen der Formulierung von drei grundsätzlichen experimentellen Tatsachen dienen.

Zunächst kann jeder chemische Grundstoff im Gaszustand unter bestimmten äußeren Bedingungen, wie z. B. erhöhter Temperatur, Träger elektrischer Ladungen sein und damit zum elektrischen Leiter werden. Dabei gelingt es aus Ablenkungsversuchen (Ramsey, Crookes, Goldstein u. a.) im elektrischen und magnetischen Feld, die Größe dieser positiven oder negativen Ladung zu bestimmen. Dieselbe beträgt stets ein ganzzahliges Vielfaches einer niemals unterschrittenen *Elementarladung* von $e = 4{,}8029 \cdot 10^{-10}$ ESE. Dieselbe Größe der Elementarladung resultiert aber auch aus den Faradayschen Gesetzen der Elektrolyse, aus dem Ladungstransport von α-Strahlen (vgl. S. 19) und aus dem Fundamentalversuch von Millikan, welcher eigens zur Messung dieser Elementarladung unternommen wurde. Stony hat erstmals (1881) die einfache Ladung bei der Elektrolyse „*Elektron*“ genannt. Atome können demnach unter bestimmten Zuständen eine oder mehrere Elementarladungen tragen und sind dabei befähigt, im elektrischen Feld (im Gaszustand oder in Lösung) zu wandern. Man nennt diesen Zustand *Ionisation* und die elektrisch geladenen Atome, Radikale oder Moleküle *Ionen*.

Das Licht, welches von einatomigen Gasen, wie etwa Natrium- oder Quecksilberdampf bei erhöhter Temperatur emittiert wird, zeigt ein

Linienspektrum, wobei jeder solchen Linie eine bestimmte *Wellenlänge* λ oder *Frequenz* ν zugeordnet werden kann, derart, daß deren Produkt der Lichtgeschwindigkeit c entspricht:

$$\nu \cdot \lambda = c.$$

Monochromatisches Licht löst aus Metalloberflächen (K, Cs, Zn) Elektronen ganz bestimmter Geschwindigkeit aus (*Photoeffekt*).

Ordnet man dem Elektron eine bestimmte (schwere) Masse m zu, so hat ein bewegtes Elektron von der Geschwindigkeit v eine kinetische Energie von der Größe

$$E_k = \frac{m}{2} v^2.$$

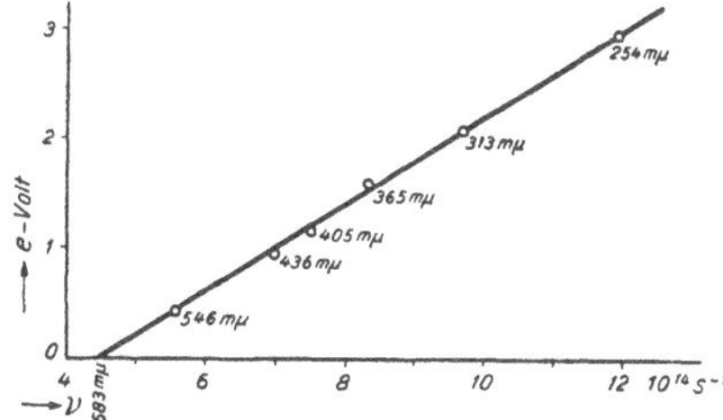

Abb. 1. Elektronenenergien in eV in Abhängigkeit von der Frequenz ν des eingestrahlten Lichtes. Die Meßpunkte sind mit den entsprechenden Wellenlängen in mμ angeschrieben. (Nach MILLIKAN)

Führt man den Versuch nach Abb. 1 mit Licht verschiedener Frequenz (Wellenlänge) aus, so steigt die Energie der Elektronen *linear* mit der Frequenz an nach der Gleichung

$$E = \frac{m}{2} v^2 = h \nu - A.$$

Der Proportionalitätsfaktor

$$h = 6{,}625 \cdot 10^{-27} \text{ erg s}$$

ist die sogenannte PLANCK*sche Konstante*, welche besagt, daß das Licht in *Lichtquanten* oder *Photonen* emittiert wird, deren Energie ein ganzzahliges Vielfaches dieser Fundamentalgröße der *Quantentheorie* sein muß.

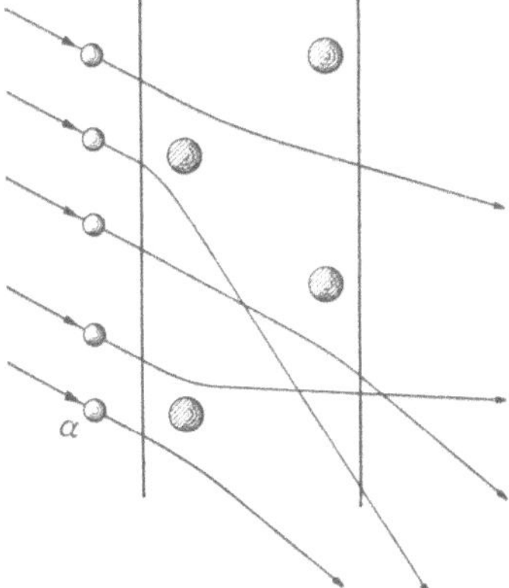

Abb. 2. Schematische Darstellung der Streuung von α-Strahlen an einer dünnen Atomschicht

Beim Durchgang von α-Strahlen (vgl. S. 12) durch sehr dünne Metallfolien werden dieselben verzögert und aus ihrer Richtung abgelenkt (gestreut, vgl. Abb. 2). RUTHERFORD, GEIGER und MARDSEN haben aber erstmals gefunden, daß die Streuung im Mittel sehr gering ist, auch wenn die α-Strahlen mehrere tausend Atome durchlaufen haben. Die Zahl der α-Strahlen, die dabei um größere Winkel abgelenkt werden, ist sehr klein und beträgt in der Größenordnung nur Bruchteile von Prozenten. Sie ist für verschiedene Metalle mit sehr guter Näherung der Größe $A^{2/3}$ proportional, wenn A das Atomgewicht des streuenden Materials bedeutet. In ganz seltenen Fällen findet eine vollständige „Reflexion" um 180° statt.

Dabei hat also der davon betroffene α-Strahl ein undurchdringliches, „elastisches" Hindernis gefunden, im Gegensatz zum weitaus größten Teil, der die Atome des Streukörpers praktisch unabgelenkt zu durchdringen vermag. Für α-Strahlen sind demnach Atome größtenteils leicht durchdringlich, mit Ausnahme eines geringen Anteils, welcher vollständig undurchdringlich scheint. RUTHERFORD hat deshalb die Hypothese aufgestellt, das Atom bestehe aus einem undurchdringlichen *Kern* von etwa 10^{-12} cm Durchmesser und einer durchdringlichen *Hülle* von etwa 10^{-8} cm Durchmesser. Dabei können die Streuverhältnisse unter der Voraussetzung berechnet werden, daß der Atomkern positiv elektrisch geladen ist und damit auf die positiv geladenen α-Strahlen nach den COULOMBschen Gesetzen einwirkt. Die Rechnung liefert auch konkrete Zahlenwerte für die Größe des Kernes.

a) Theorie der Elektronenhülle

Auf den vorstehenden Voraussetzungen und Ideen fußend hat BOHR (1913) eine Theorie des Atoms aufgestellt. Dieselbe soll in ihrer einfachsten Form kurz erläutert werden.

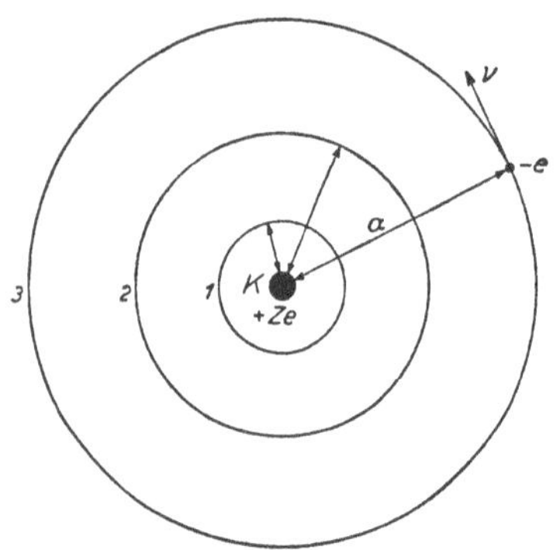

Abb. 3. Schematisches Modell eines Atoms mit Kern *K* und drei kreisförmigen Elektronenbahnen

Die Abb. 3 soll ein einfaches Atom darstellen mit dem Kern *K* im Zentrum und drei kreisförmigen Elektronenbahnen. Der Kern hat die Kernladungszahl *Z* und damit die Ladung $+Ze$. Auf der Bahn *3* bewegt sich ein Elektron im Abstand *a* mit der Geschwindigkeit *v*. Es führt die Ladung $-e$ mit sich. Zwischen Kern und Elektron herrscht nach dem COULOMBschen Gesetz eine elektrostatische Anziehungskraft von der Größe

$$K_p = \frac{Z e^2}{a^2}.$$

Auf das kreisende Elektron wirkt infolge seiner Masse und Geschwindigkeit die Zentrifugalkraft

$$K_z = \frac{m v^2}{a}.$$

Das Elektron verbleibt auf dieser Bahn, wenn die beiden Kräfte in jedem Zeitpunkt gleich groß sind, also bei

$$\frac{Z e^2}{a} = m v^2.$$

Das erste „Postulat" von BOHR fordert nun, daß der Impuls des Elektrons mv ein *ganzzahliges* Vielfaches der PLANCKschen Konstante, dividiert durch den Umfang des Umlaufkreises $2\pi a$ sein soll, also

$$m v = n \frac{h}{2 \pi a}.$$

Die Geschwindigkeit des Elektrons wird dadurch zu

$$v = \frac{n h}{2 \pi a m}.$$

Wird dieser Wert in die Stabilitätsgleichung eingesetzt, so resultiert

$$Z e^2 = \frac{n^2 h^2}{4 \pi^2 m a}.$$

Der Radius der stabilen Elektronenbahn wird damit zu

$$a = \frac{n^2 h^2}{4 \pi^2 m Z e^2},$$

und die Elektronengeschwindigkeit zu

$$v = \frac{2 \pi Z e^2}{n h}.$$

Die Bahnen der Elektronen folgen sich demnach von innen nach außen in den Abstandsverhältnissen 1, 4, 9, 16 . . ., d. h. der Quadratzahlen, während die entsprechenden Geschwindigkeiten der Elektronen von innen nach außen kleiner werden im Verhältnis der einfachen Brüche 1, $^1/_2$, $^1/_3$, $^1/_4$ . . .

Für die innerste Bahn ($n = 1$) des leichtesten Elementes Wasserstoff ($Z = 1$) ergibt sich somit der Bahnradius zu

$$a_0 = \frac{h^2}{4 \pi^2 m e^2} = 0{,}529 \text{ Å}.$$

Diese Zahlengröße wird oft als *atomische Einheitslänge* bezeichnet. Die Geschwindigkeit dieses Elektrons wird in gleicher Weise zu:

$$v_0 = \frac{2 \pi e^2}{h} = 2{,}19 \cdot 10^8 \text{ cm/s}.$$

Dividiert man diesen Geschwindigkeitswert durch die Lichtgeschwindigkeit c, so resultiert

$$\frac{v_0}{c} = \frac{2 \pi e^2}{h c} = \frac{1}{137}.$$

Dieser Zahlenwert heißt *Feinstrukturkonstante.* Er spielt in der Erklärung der Feinstruktur der Spektrallinien und in derjenigen der Streuung sehr energiereicher γ-Strahlen eine wichtige Rolle.

Die Energie eines Bahnelektrons setzt sich zusammen aus potentieller (Bindungs-) Energie und aus Bewegungsenergie. Deren Richtungen sind entgegengesetzt:

$$E = \frac{Z\, e^2}{a} - \frac{m}{2} v^2.$$

Ausgedrückt in den obigen Werten von a und v ergibt sich dafür

$$E = \frac{2\, \pi^2\, m\, Z^2\, e^4}{n^2\, h^2}.$$

Dieser Ausdruck enthält mit Ausnahme der Kernladungszahl Z und der *Hauptquantenzahl* n (Bahnnummer) lauter konstante Größen.

Bewegt sich in einem bestimmten Atom (Z fest) ein Elektron von einer Bahn zur andern, so muß dabei die Energiedifferenz zwischen den beiden Bahnen aufgenommen oder abgegeben werden. Im letzteren Fall wird dieselbe als Strahlung frei, also bei $n_2 > n_1$:

$$h\,\nu = E_1 - E_2 = \frac{2\, \pi^2\, m\, Z^2\, e^4}{h^2} \left[\frac{1}{{n_1}^2} - \frac{1}{{n_2}^2} \right].$$

Das ist aber das Balmersche Gesetz für die Linienspektren in allgemeiner Form. Der Ausdruck

$$\nu_0 = \frac{2\, \pi^2\, m\, e^4}{h^3}$$

hat die Dimension einer Frequenz und wird durch die Lichtgeschwindigkeit dividiert, als *Rydbergsche Konstante* (Wellenzahl)

$$R = 109737{,}3 \text{ cm}^{-1}$$

bezeichnet. Für ein beliebiges Atom mit beliebigem *Quantensprung* (Elektronenübergang) resultiert eine Strahlung von der Frequenz

$$\nu = \nu_0\, Z^2 \left(\frac{1}{{n_1}^2} - \frac{1}{{n_2}^2} \right),$$

wobei n_1 und n_2 beliebige ganze Zahlen, die sogenannten *Hauptquantenzahlen,* darstellen. Wenn $n_2 = \infty$ wird (Anregungsgrenze), so wird die höchstmögliche Frequenz einer Serie emittiert.

Zu dieser relativ einfachen Formulierung mußten später mit der Verfeinerung der experimentellen Mittel noch zusätzliche Annahmen gemacht werden. Zunächst war es notwendig, neben einfachen Kreisbahnen auch Ellipsenbahnen für die Elektronen einzuführen. Weiter mußte dem Elektron selber ein Drehimpuls, der sogenannte *Spin,* zugeordnet werden.

Dadurch wird für eine bestimmte Elektronenbahn neben der Hauptquantenzahl n noch die Einführung von *Nebenquantenzahlen* (k, j) notwendig, durch die die emittierte Strahlung resp. der Elektronenübergang definiert werden. Nach dem von PAULI ausgesprochenen *Ausschlußprinzip* können auf derselben Bahn keine zwei Elektronen vorhanden sein, die den gleichen Spin haben, sondern nur solche, deren Spins verschieden, *antiparallel* gerichtet sind. Dadurch ergibt sich die Zahl der auf einem Niveau überhaupt möglichen Elektronen. Diese beträgt für das K-Niveau 2, für das L-Niveau 8, weiter für die M- und N-Schalen 18, resp. 32, während die O-, P- und Q-Niveaus alle nicht vollständig aufgefüllt sind. Die Zahl der auf einem Niveau möglichen Elektronen ergibt sich zu $2 \cdot n^2$.

Das RUTHERFORD-BOHRsche Atommodell erlaubt teilweise sehr genaue Voraussagen, die sich experimentell bestätigen lassen. Insbesondere die Verfeinerung der BOHRschen Theorie durch SOMMERFELD mit Hilfe der Einführung der Relativitätstheorie (Präzession) gestattet auch die feinen Unterschiede der Spektren gleicher Elektronenkonfigurationen, aber verschiedener Atomgewichte (etwa H-Atom und He^{+}-Ion) sehr genau zu formulieren. Demgegenüber blieb es aber vollständig unverständlich, weswegen von Elektronen im Atom nur ganz bestimmte Niveaus, entsprechend dem BOHRschen Postulat

$$m\,v = \frac{n\,h}{2\,\pi\,a}$$

eingenommen werden können, und weswegen ein kreisendes Elektron überhaupt auf einer derartig stationären „Bahn“ bleiben kann, ohne durch Energieverlust auf den Kern zu fallen. Weiter ergaben Vergleiche zwischen magnetischem (Spin) und mechanischem Moment mit der Vorstellung von einem ein bestimmtes Volumen umschließenden Elektron unvereinbare Ergebnisse. Das Elektron konnte demnach sicher kein rotierendes Elektrizitätskörperchen bestimmter Form und bestimmter Dimension sein, auch wenn es sich bei vielen Experimenten als solches zu manifestieren schien.

Die Erscheinungen des lichtelektrischen Effektes (Photoeffekt) andererseits (vgl. S. 5) waren derart, daß auf die Wechselwirkung zwischen der induzierenden Lichtstrahlung und den freigemachten Elektronen verfeinerte mechanische Betrachtungen angewendet werden konnten. Das Licht verhält sich hier so, wie wenn es nach der alten NEWTONschen Anschauung aus kleinen Korpuskeln bestehen würde, deren Stoß die Ablösung von Elektronen bewirkt. Die Masse eines Lichtquants läßt sich darstellen als

$$m = \frac{h\,\nu}{c^2},$$

und sein Impuls, wenn es sich mit Lichtgeschwindigkeit bewegt, müßte dann sein

$$m c = \frac{h \nu}{c}.$$

De Broglie ordnete nun umgekehrt einer bewegten Masse von der Geschwindigkeit v und dem Impuls mv ganz allgemein eine Frequenz ν zu, die sich aus der obigen Gleichung ergibt

$$m v = \frac{h \nu}{c}.$$

Weiter ist jeder Strahlung von der Frequenz ν eine Wellenlänge von der Größe $\lambda = \frac{c}{\nu}$ eigen resp. die Frequenz kann durch die Wellenlänge ersetzt werden. Macht man diese Substitution, so resultiert $mv = \frac{h}{\lambda}$ und damit die „*Wellenlänge*" einer bewegten Masse m von der Geschwindigkeit v zu

$$\lambda = \frac{h}{m v}.$$

Davisson und Germer haben 1927 erstmals an bewegten Elektronen beim Durchgang durch dünne Metallschichten Interferenzerscheinungen gefunden und die entsprechenden Wellenlängen messen können. Aus dem Ansatz der Überlegung ergibt sich die durch die Relativitätstheorie geforderte Äquivalenz von Masse und Energie nach der Beziehung

$$E = h \nu = m c^2.$$

Die Anwendung der skizzierten *Wellenmechanik* auf die Anordnung der Elektronen im Atom löst sofort die unverständlichen und willkürlichen Voraussetzungen der Bohrschen Theorie. Wenn ein bewegtes Elektron eine Welle von der Wellenlänge $\lambda = \frac{h}{mv}$ mit sich führt, so tut es das offenbar auch auf seiner „Bahn" um den Atomkern. Eine solche Bahn ist aber nur dann stabil, wenn ihr „Umfang" ein ganzes Vielfaches der Wellenlänge des Elektrons beträgt, wenn also die Welle, als „stehende" Welle, auf der „Peripherie" in sich geschlossen ist. Diese Forderung lautet für eine Kreisbahn vom Radius a

$$n \lambda = 2 \pi a = \frac{n h}{m v}$$

und entspricht genau dem Bohrschen Postulat, das ursprünglich ohne jede weitere Begründung aufgestellt worden war.

In der Folge konnte die „Wellennatur" auch für schwere Korpuskeln, nämlich für den Wasserstoffatomkern und den Heliumatomkern (Stern) nachgewiesen werden. Damit sind die feineren mechanischen Vorstellungen, wie man sie ursprünglich aus der unmittelbar zugänglichen Welt in die Mikrowelt der Atome eingeführt hat, bezüglich ihres Wahrheitsgehaltes recht fraglich geworden. Man kann nicht mehr sagen, ein Elektron oder ein Atomkern sei eine sehr kleine Elektrizitäts- resp. Materiepartikel und damit ein Atom eine Art Planetensystem mit Zentralkern und kreisenden Elektronen, aber ebensowenig ist es berechtigt, zu sagen, ein Elektron, ein Atomkern oder ein ganzes Atom sei ein System von Wellen. Beide Charaktere und beide Anschauungen sind in ihrer Art „wahr". Die Mikrowelt offenbart sich in verschiedenen Aspekten, je nachdem die Fragen an sie formuliert werden. Jede experimentelle Erforschung eines atomaren oder subatomaren Problems, ja sogar jede experimentelle Behandlung eines Systems, das sich der unmittelbaren Wahrnehmung als solches entzieht, erfordert einen Eingriff in dieses System, und die Antwort erfolgt damit durch das durch den Eingriff bereits beeinflußte System, sie ist durch die Art des Eingriffes selbst schon teilweise in sich präjudiziert.

Die von anthropomorphen Elementen möglichst freie Betrachtung der Atomistik durch die Wellenmechanik (De Broglie, Schrödinger) und die *Quantenmechanik* (Born, Jordan, Dirac, Heisenberg) verzichtet auf jede Anschaulichkeit der Voraussetzungen. Sie entbehrt damit auch in ihren Ergebnissen jeder Anschaulichkeit. Sie verzichtet damit aber auch weitgehend auf die Befriedigung des einfacheren Bedürfnisses nach Kausalität. Trotzdem ist das Atom ohne Zweifel eine der realsten Realitäten. Man kann aus ihm Elektronen produzieren, man kann seinen Kern in mannigfaltigster Art zu neuen Aspekten veranlassen, also war es vorher vielleicht „wirklich" anderer Art gewesen.

Damit bietet aber eine konkrete Vorstellung die Möglichkeit zum konkreten „Begreifen", und fast die Gesamtheit der Ergebnisse experimenteller Atomforschung beruht auf solchen Vorstellungen. Ihr Wert steht damit außer Frage. Das Rutherford-Bohrsche Atommodell ist ganz ohne jeglichen Zweifel nur ein *Modell* des Atoms, welches aber mit seinen Verfeinerungen fast alle praktisch interessierenden Fragen mit genügender Genauigkeit zu berechnen erlaubt. Es soll deshalb für die vorliegende Aufgabe zur Grundlage genommen werden. Dabei genügt es zu wissen, daß den verwendeten Begriffen nur eine bildliche Bedeutung zukommt, daß sie aber gestatten, die Energiezustände im Atom zu überblicken und deren Änderungen und die damit verbundene Emission oder Absorption von Strahlungen auch quantitativ sehr weitgehend richtig zu formulieren und vorauszusagen.

b) Der Atomkern

Von den Kenntnissen über den Atomkern, der „*Kernphysik*", können hier nur die für das Folgende bedeutungsvollen Ergebnisse im Überblick wiedergegeben werden.

Zunächst soll die Theorie der schon erwähnten Streuversuche von RUTHERFORD und MARDSEN hier kurz skizziert werden. Es soll sich nach Abb. 4 ein α-Teilchen von der Masse $m_\alpha = 6{,}64 \cdot 10^{-24}$ g und der Ladung $+ 2\,e$ dem Kern mit der Ladung $+ Z\,e$ mit der Geschwindigkeit v bis zum Minimalabstand a nähern können. Auf das α-Teilchen wirkt einerseits die COULOMBsche Abstoßung K_c, andererseits seine Zentrifugalkraft K_z. Diese müssen auch für den Punkt der engsten Annäherung gleich groß sein. Es muß also gelten:

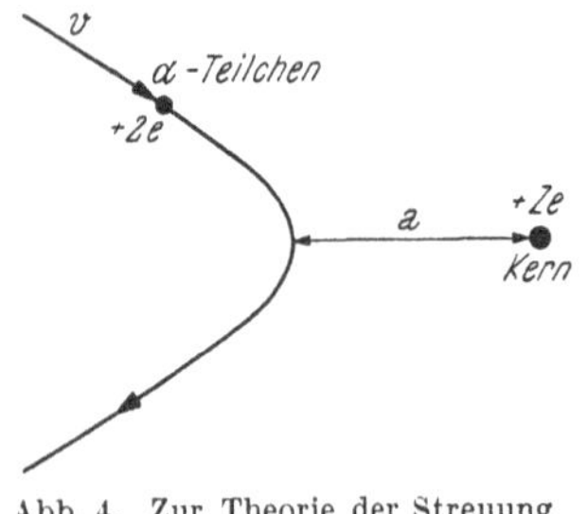

Abb. 4. Zur Theorie der Streuung von α-Strahlen; vgl. Text

$$K_c = \frac{2\,Z\,e^2}{a^2}; \quad K_z = \frac{m_\alpha\,v^2}{a}; \quad \frac{2\,Z\,e^2}{a^2} = \frac{m_\alpha \cdot v^2}{a}$$

und damit wird der kürzeste Abstand zu

$$a = \frac{2\,Z\,e^2}{m_\alpha \cdot v^2}.$$

Für den konkreten Fall der Ablenkung um 180°, die Geschwindigkeit von $v = 2{,}06 \cdot 10^9$ cm/s (Th C′) und die Kernladungszahl $Z = 80$ (Hg) ergibt sich die minimale Annäherung zu

$$a = \frac{2 \cdot 80 \cdot 23{,}1 \cdot 10^{-20}}{6{,}64 \cdot 10^{-24} \cdot 4{,}24 \cdot 10^{18}} = 1{,}30 \cdot 10^{-12}\ \text{cm}.$$

Man wird so berechnete Abstände mit dem *Kernradius* r_0 in Beziehung bringen, eventuell mit diesem gleichsetzen dürfen. Es erscheint unmittelbar einleuchtend, daß der Atomkern um so größer sein muß, je schwerer er ist, d. h. sein Radius muß mit dem Atomgewicht A ansteigen. Aus sehr zahlreichen Streuexperimenten (besonders mit Neutronen) und theoretischen Überlegungen darf der Kernradius mit sehr guter Annäherung nach der einfachen Beziehung (WEIZSÄCKER)

$$r_0 = 1{,}42 \cdot 10^{-13} \sqrt[3]{A}\ \text{cm}$$

berechnet werden.

Bei den radioaktiven Zerfallsvorgängen treten α-Strahlen (He-Atomkerne), β-Strahlen (negative und seltener positive Elektronen) und γ-Strahlen (energiereiche Lichtquanten) aus dem Atomkern aus. Bei künstlichen Umwandlungsvorgängen finden sich ferner als energiereiche Partikel, die den Atomkern verlassen können, Protonen, Neutronen und in selteneren Fällen Deuteronen.

Die Vorstellungen über den Kernbau werden offenbar dann besonders einfach, wenn man mit HEISENBERG (1934) annimmt, daß der Atomkern aus einfach positiv geladenen *Protonen* (Wasserstoffatomkernen) und aus ladungslosen *Neutronen* aufgebaut sei. Sind in einem derartigen Gebilde A

(*Atomgewicht*) der erwähnten Bestandteile der Masse ~ 1 enthalten, so gibt das Atomgewicht offenbar die Gesamtzahl der im Kern vorhandenen Bauelemente an. Ein chemischer Grundstoff der Atomnummer Z weist in seiner Elektronenhülle Z Elektronen auf (bis $Z = 9$ direkt experimentell geprüft). Er muß damit offenbar, wenn das Atom nach außen elektrisch neutral ist, im Kern Z positive Ladungen enthalten. Die *Kernladungszahl* Z gibt damit die im Kern enthaltene Anzahl Protonen an. Damit wird die Neutronenzahl (als Differenz) zu $A - Z$.

Mit dieser einfachen Vorstellung steht im Einklang, daß die Atomgewichte zahlreicher chemischer Grundstoffe (bei $^{16}\mathrm{O} = 16{,}0000$) sehr annähernd ganze Zahlen sind, eine Tatsache, welche PROUT schon 1809 zu der Vermutung veranlaßte, daß die schweren Atome aus Einheiten der Masse 1 zusammengesetzt sein müßten. Diese geistvolle Hypothese fand aber erst durch den ersten künstlichen Umwandlungsversuch (1919) ihre Bestätigung.

Atomkerne einer bestimmten Kernladungszahl Z, also mit einem bestimmten Protonengehalt, gehören einem bestimmten chemischen Grundstoff an. Hierfür ist das Atomgewicht A und damit die Neutronenzahl $A - Z$ zunächst nicht von Bedeutung. Die Protonenzahl bestimmt die Kernladung und damit die Zahl der Hüllelektronen. Deren äußere Konfigurationen und Bindungsverhältnisse sind für die chemischen Eigenschaften des Atoms (Valenzverhältnisse = Möglichkeiten der Abgabe oder Aufnahme von Elektronen) maßgeblich. Das Atomgewicht selber verursacht Unterschiede mehr physikalischer Natur, die mit der Masse in Zusammenhang stehen, wie Schmelzpunkte, Dampfdrucke, Diffusionskoeffizienten, Dichten. So sind z. B. die beiden leichten Halogene F und Cl bei Normalverhältnissen gasförmig, Br flüssig und J und At fest, während ihre chemischen Eigenschaften (Fehlen von einem Elektron zum Aufbau einer Edelgasschale, damit verbunden Einwertigkeit gegen Elektronen abgebende Metalle wie z. B. Alkalien) alle sehr ähnlich sind.

Atomkerne (*Nuclide*) mit gleicher Protonenzahl Z, aber verschiedener Neutronenzahl $A - Z$, werden nach ASTON *Isotope* (an derselben Stelle des periodischen Systems stehend) bezeichnet. Der weitaus größte Teil der natürlichen chemischen Grundstoffe sind *Isotopengemische*, sie bestehen also aus mehreren Isotopen in einem festen Mischungsverhältnis, im Gegensatz zu *Reinelementen* (z. B. Mn), die nur eine einzige Nuclidenart aufweisen. Allerdings gelingt es auch hier, künstliche Isotopen zu erzeugen, die je nach Aufbau stabil oder radioaktiv sein können.

Die Kräfte, welche den so aufgebauten Atomkern zusammenhalten (Bindungsenergie), sind nach HEISENBERG quantitativ aus dem sogenannten *Massedefekt* zu verstehen. Genaueste Massebestimmungen haben für das Proton den Wert $^1_1\mathrm{H} = 1{,}0076$ und für das Neutron $^1_0n = 1{,}0090$ ergeben. Ist beispielsweise der Atomkern $^{16}_{8}\mathrm{O}$ wirklich aus $Z = 8$ Protonen und $A - Z = 8$ Neutronen aufgebaut, so müßte dessen additive Masse $8 \cdot 1{,}0076 + 8 \cdot 1{,}0090 = 16{,}1328$ Atomgewichtseinheiten betragen. Die tatsächliche Masse des Sauerstoffatomkerns ^{16}O ist aber (laut Definition) 16,0000. Die Massedifferenz von $\Delta m = 0{,}1328$ Atomgewichtseinheiten ist beim Aufbau des Sauerstoffkernes aus seinen Bestandteilen verschwunden und stellt, mit dem Quadrat der Lichtgeschwindigkeit multipliziert, die Energie dar, mit welcher die Kernbestandteile (nach „innen“) gebunden sind. Diese Energie von

$$- E_b = \Delta m \cdot c^2$$

heißt *Bindungsenergie*. Sie beträgt für das Beispiel des Sauerstoffs $- E_b = 125$ MeV. Dieser außerordentlich große Energiebetrag (entsprechend 2,9 Milliarden kcal pro Mol) müßte aufgewendet werden, um einen ^{16}O-Kern vollständig in seine Bestandteile zu zerlegen. Umgekehrt wird diese Energie frei (nach „außen“ gerichtet), wenn eine derartige Zerlegung (*Spallation*) aus irgendeinem Grunde tatsächlich eintritt.

An sehr vielen Elementen war es möglich, die Beziehung zwischen Bindungsenergie und Massedefekt zu kontrollieren und zu bestätigen. Es liefert somit das genaue Atomgewicht eines Grundstoffes nicht nur die Anzahl der im Kern vorhandenen Neutronen und Protonen, sondern dazu auch noch die Energie, mit welcher die Kernbestandteile im Atomkern gebunden sind.

c) Stabilitätsbetrachtungen

Zahl und Anordnung der einzelnen Kernbausteine sind dafür maßgebend, ob das solcherart aufgebaute Gebilde stabil ist, oder ob es zerfallen muß. Je nachdem liegt ein stabiler oder aber ein radioaktiver Atomkern vor. Grundsätzlich wäre jede beliebige Kombination zwischen Protonen und Neutronen denkbar. Tatsächlich sind aber diese Kombinationsmöglichkeiten sehr eingeschränkt. Bei kleinen Atomgewichten bis etwa $A \sim 40$ ist die Anzahl der Protonen und Neutronen fast genau gleich groß, d. h. das Atomgewicht ist mit Ausnahme des Wasserstoffes etwas mehr als doppelt so groß als die Kernladungszahl. Von da an nimmt die Neutronenzahl stärker zu als die Protonenzahl. Bei Quecksilber $^{200}_{80}Hg$ sind auf zwei Protonen genau drei Neutronen im Kern vorhanden.

Bildet man das Verhältnis der Zahl der Neutronen $A - Z$ zu der Zahl der Protonen Z, so liegt dieses bei kleineren Atomgewichten etwas über 1, um bei höheren Atomgewichten bis auf etwas über 1,5 anzusteigen. Alle Atomkerne, bei denen das Neutronen-Protonen-Verhältnis stärker nach oben oder nach unten von diesem Plan abweicht, sind instabil und zerfallen. Liegt das Verhältnis über der stabilen Größe, so senden sie β-Strahlen (negative Elektronen) aus. Dabei geht im Atomkern ein Neutron in ein Proton über. Dadurch sinkt das Verhältnis ab. Liegt das Verhältnis unter dem stabilen Wert, so sendet das Atom α-Strahlen (bei schweren Kernen) oder positive Elektronen aus. Dadurch steigt das Verhältnis an, besonders im zweiten Fall, wobei im Kern ein Proton in ein Neutron übergeht:

$$^1_0n \longrightarrow {}^1_1\mathrm{H} + \beta^-;$$

$$^1_1\mathrm{H} \longrightarrow {}^1_0n + \beta^+.$$

Es bestehen dabei sehr gewichtige Gründe zu der Annahme, daß die ausgesandten positiven oder negativen Elektronen erst bei den besprochenen Übergängen gebildet werden, etwa in derselben Weise, wie die Lichtquanten in der Elektronenhülle durch Energieänderungen eines Elektrons entstehen und vorher auch nicht in dieser Energieform vorliegen.

Die Kräfte, die den Atomkern als Ganzes zusammenhalten, finden, wie bereits erwähnt, ihren meßbaren Ausdruck im Massedefekt. Nach dem COULOMBschen Gesetz müssen aber zwischen den geladenen Kernteilen (Protonen) abstoßende Kräfte auftreten.

Auf ein geladenes Elementarteilchen, das sich dem Atomkern auf sehr kleine Distanzen nähert, wirken demnach zwei Kräftekomponenten, eine abstoßende (COULOMB) und eine anziehende (*Wechselwirkungskräfte*). Gibt man sich durch graphische Darstellung der Arbeit, die aufgewendet werden muß, um ein geladenes Teilchen vom Unendlichen an eine bestimmte Stelle in die Nähe des Atomkernes zu bringen (Potential), Rechenschaft über die Energieverteilung in der unmittelbaren Umgebung des Kernes, so entsteht eine Kurve, bei der das Potential P zunächst proportional mit kleiner werdendem Abstand r ansteigt. Bei einem kritischen Abstand r_0 halten sich die abstoßenden (COULOMB) und anziehenden (*Wechselwirkung*) Kräfte das Gleichgewicht. Bei noch kleiner werdenden Abständen überwiegen die anziehenden Kräfte, so daß schließlich ein negativer Wert des (abstoßenden) Potentials resultiert. Den Abstand r_0 bezeichnet man als den „Kernradius" (Abb. 5).

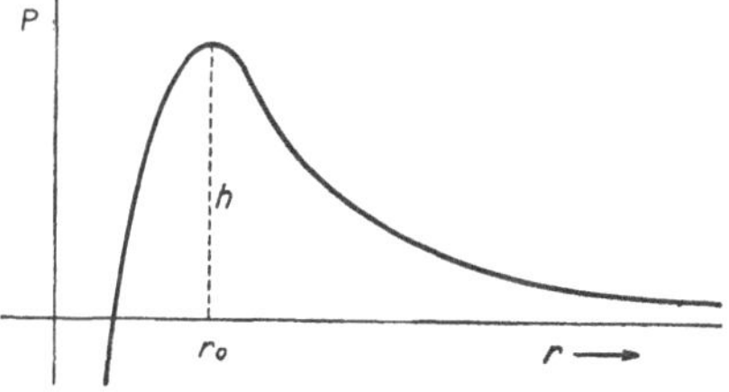

Abb. 5. Potentialverlauf P als Funktion des Abstandes r vom Zentrum eines Atomkerns; r_0 entspricht dem „Kernradius"

Reicht die Energie eines Teilchens aus, um die Höhe der *Potentialschwelle h* zu übersteigen, so fällt es in den „Potentialtopf" und wird vom Kern aufgenommen. Die Höhe der Potentialschwelle ist ein Maß für die Angreifbarkeit des Kernes und zugleich auch für dessen Stabilität. Je höher die Schwelle ist, desto geringer ist die Wahrscheinlichkeit, daß ein Teilchen aus dem Inneren des Kernes dieselbe zu übersteigen vermag. Und diese Wahrscheinlichkeit ist nach späteren Überlegungen die Zerfallskonstante λ des Elements.

Über das Wesen der Wechselwirkungskräfte zwischen Protonen und Neutronen im Atomkern ist viel theoretische Arbeit geleistet worden (z. B. SCHRÖDINGER, HEISENBERG, YUKAWA, PAULI), ohne jedoch darüber ein einheitliches und abschließendes Bild zu vermitteln. Sicher ist dabei, daß die Reichweite der Wechselwirkung nur gering ist, so daß die Bindungskräfte nur zwischen unmittelbar benachbarten Teilchen wirksam sein können. Dabei ist die symmetrische Spinverteilung der *Nucleonen* eine der Voraussetzungen der Wechselwirkung. Nach dem PAULI-Prinzip können auf einem bestimmten Kernniveau nur zwei gleichartige Teilchen mit antiparallel gerichtetem Spin vorhanden sein, was zur Folge hat, daß auf tiefern Kernniveaus die Zahl der Teilchen geringer ist als auf höhern (ähnlich wie bei den Elektronen in der Atomhülle). Zwischen benachbarten Teilchen werden Spin und Ladung wahrscheinlich ständig ausgetauscht. Dies geschieht nach der erstmals von YUKAWA formulierten Theorie durch „virtuell" vorhandene *Mesonen*, welche sofort nach ihrer Bildung aus einem Nucleon durch einen benachbarten Partner wieder absorbiert werden. Da die Ruhemasse der Mesonen relativ sehr groß ist ($\sim$280 MeV für ein Mesonenpaar), so steht genügend Energie zu ihrer „Materialisierung" normalerweise nicht zur Verfügung (vgl. Paarbildungsprozeß S. 66), so daß sie nur bei extrem hoher Energiezufuhr (Spallation) in Erscheinung treten können. Der Atomkern weist deshalb ein „virtuelles Mesonenfeld" auf, dessen Kraftwirkungen ausserhalb des Kernes sehr rasch auf 0 abfallen.

Die Tiefe des Potentialtopfes beträgt für alle Kerne etwa 50 MeV. Die Bindungsenergie eines Nucleons ergibt sich aber bei (γ, n)- oder (γ, p)-Prozessen (vgl. S. 45) zu etwa 8 MeV (Schwellenwerte). Die Kernpartikel können also nicht eine feste gegenseitige Struktur im Energiegleichgewicht aufweisen (etwa wie die Atome in einem Kristall), sondern sie müssen große (kinetische) Energieinhalte haben, was experimentell durch Streuversuche sehr energiereicher Elektronen an Deuteriumatomkernen gezeigt werden konnte.

Als ganz besonders stabiler Atomkern hat sich der He-Kern, das α-Teilchen, erwiesen. Es ist leicht einzusehen, daß in diesem Kern mit zwei Protonen und zwei Neutronen eine symmetrische Spinverteilung vorliegt, wie Abb. 6 zeigt. Der He-Kern hat auch bisher fast allen Versuchen einer Verwandlung widerstanden.

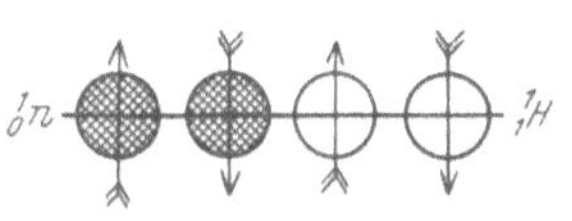

Abb. 6. Schema der Spinverteilung im Heliumatomkern $^4_2$He

Bei schweren Kernen wird das COULOMBsche Feld schließlich so groß, daß die Wechselwirkungskräfte zu klein würden, um bei gleicher Protonen-

und Neutronenzahl den Kern stabil zu erhalten. Durch den Einbau eines bestimmten Überschusses an ladungslosen Neutronen (Zunahme des Massedefektes) werden diese bei gleicher Ladung so stark vergrößert, daß wieder eine stabile Konfiguration resultieren kann. Darin liegt der Grund dafür, daß die schweren Atomkerne einen Neutronenüberschuß aufweisen. In schwereren Kernen hat vielleicht die Konfiguration von zwei Protonen und zwei Neutronen, das α-Teilchen, eine gewisse Selbständigkeit.

Wegen der gleichmäßigen antiparallelen Spinverteilung sind Kerne mit gerader Neutronen- und Protonenzahl stabiler als solche mit ungeraden Anzahlen. Am stabilsten erweisen sich die Atomkerne, deren Aufbau ein Vielfaches des Heliumkernes darstellt. Sie haben im uns bekannten Teil des Weltalls auch die größte Verbreitung.

3. Die Strahlungen radioaktiver Stoffe

Das besondere Wesen eines radioaktiven Stoffes besteht darin, daß er sich „spontan" unter Emission von *Strahlung* in einen „stabileren" Stoff umwandelt. Die dabei ausgesandte Strahlung ist das energetische und (bei α-Strahlen) gleichzeitig auch das materielle Äquivalent dieser Umwandlung.

Im allgemeinen Fall und ohne besondere Umstände oder Maßnahmen ist die Strahlung radioaktiver Stoffe ihrer Natur und ihrer Energieverteilung nach komplex. Dies gilt insbesondere für die schweratomigen natürlichen radioaktiven Stoffe, wie etwa U, Th und Ra. BECQUEREL fand schon bei seinen ersten grundlegenden Versuchen, daß etwa 80% der Ionisationswirkung eines älteren Uranpräparates durch ein Blatt Papier zurückgehalten werden konnte, während für den Rest dicke Materieschichten notwendig waren. Ebenso entdeckte er (1899) die Ablenkung der Strahlung im Magnetfeld und damit ihre (teilweise) elektrische Ladung. In einem weiteren Versuch konnte VILLARD (1900) zeigen, daß die Gesamtstrahlung im Magnetfeld in eine ablenkbare und in eine nicht ablenkbare Komponente zerlegt werden kann, wobei die erstere schon durch sehr dünne Stoffschichten zum größten Teil absorbiert wurde, während der nicht abgelenkte Anteil ein sehr großes Durchdringungsvermögen aufwies.

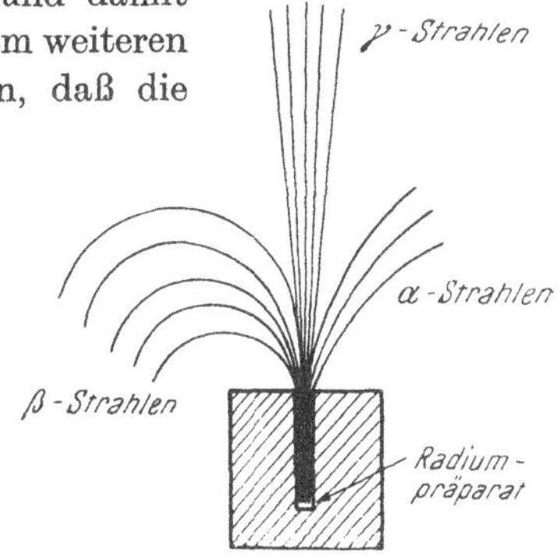

Abb. 7. Grundversuch von RUTHERFORD: Ablenkung der Strahlungen radioaktiver Stoffe im magnetischen Feld

Die ausgedehnten und sehr gründlichen Versuche von STRUTT (1902) und besonders von RUTHERFORD (1903—1905) mit starken Magnetfeldern, führten zur endgültigen Aufklärung der Strahlungsverhältnisse natürlich radioaktiver Stoffe. Die hierzu verwendete Versuchsanordnung ist schematisch in Abb. 7

wiedergegeben. Auf dem Grund einer engen Bohrung in einem flachen Metallblock befindet sich beispielsweise ein Radiumpräparat, so daß dessen Strahlung das System nur in einem engen Bündel verlassen kann. Bringt man diese Anordnung in ein starkes (normal zur Papierebene gerichtetes) Magnetfeld, so wird die Strahlung in drei Komponenten zerlegt.

Diese sind:

α-*Strahlen*, nach rechts schwach ablenkbar, positiv geladen, sehr leicht absorbierbar;

β-*Strahlen*, nach links stark ablenkbar, negativ geladen, relativ durchdringend;

γ-*Strahlen*, unablenkbar, ungeladen, sehr durchdringend.

Zu dieser „klassischen" Gruppe von Strahlungen sind nach 1934 mit der Verfügbarkeit künstlich radioaktiver Stoffe noch zwei weitere Strahlenarten hinzugekommen, die *positiv* geladene β-Strahlung und die beim K-Einfang resultierende *K-Fluoreszenz-Strahlung.*

a) Die α-Strahlen

Die Ablenkung elektrisch geladener Strahlungen im magnetischen und elektrischen Feld erlaubt die Bestimmung der sogenannten *spezifischen Ladung*, d. h. des Verhältnisses von elektrischer Ladung E zur Masse M. Solche Bestimmungen sind im Anschluß an den Grundversuch von Rutherford in größerer Zahl bis in die neuere Zeit vorgenommen worden. Das derzeit wohl genaueste Ergebnis fußt auf Messungen von Birge und beträgt für α-Strahlen

$$\frac{E_\alpha}{M_\alpha} = 1{,}4456 \cdot 10^{14} \text{ ESE/g}.$$

Setzt man für die Ladung der α-Strahlen zunächst die Elementarladung $e = 4{,}8029 \cdot 10^{-10}$ ESE ein, so resultiert als Masse der Wert von $M = 3{,}3215 \cdot 10^{-24}$ g. Es ist dies sehr genau der doppelte Wert der Masse der Einheit der Atomgewichtsskala von $^{16}\text{O}/16 = 1{,}66035 \cdot 10^{-24}$ g. Wäre somit die Ladung der α-Strahlen die einfache Elementarladung, so müßte deren Masse der doppelten Protonenmasse entsprechen. Ist dagegen die Ladung der α-Strahlen die doppelte Elementarladung, so resultiert, in Atomgewichtseinheiten ausgedrückt, die Masse eines α-Strahles zu

$$M_\alpha = 4{,}003 \text{ Atomgewichtseinheiten.}$$

Dieser Wert entspricht genau der Masse des Helium-Atomkerns. Seine Genauigkeit würde heute sogar erlauben, zwischen den beiden möglichen Alternativen (einfache Elementarladung, Deuteriumatomkern oder doppelte Ladung und damit Heliumatomkern), welche durch die Messung der spezifischen Ladung allein noch gegeben sind, eindeutig zugunsten der letztern zu entscheiden. Zur Zeit der Messungen von RUTHERFORD und seinen Mitarbeitern bestand diese Möglichkeit noch nicht. Es mußten also Ladung oder Masse der α-Strahlen neben der spezifischen Ladung noch gesondert bestimmt werden. Dazu war als Voraussetzung die Kenntnis der Zahl der α-Strahlen erforderlich, welche von einem bekannten Präparat mit bestimmtem Gewicht pro Zeiteinheit emittiert werden (RUTHERFORD, REGENER, GEIGER).

Wie von CROOKES (1903) gezeigt worden war, führen die α-Strahlen so starke Energien mit sich, daß jeder einzelne Strahl befähigt ist, auf einem Zinksulfidschirm eine kleine punktförmige, kurze Fluoreszenz zu erregen. Diese Erscheinung bietet die Möglichkeit, die α-Strahlen zu zählen. Den Apparat, der zu solchen Zählungen dient, zeigt Abb. 8. Ein derartiges *Spintariskop* besteht aus einem Mikroskop, welches scharf auf die Ebene des Leuchtschirmes eingestellt ist. Vor dem Schirm befindet sich ein schwach α-strahlendes Präparat. Der ganze Innenraum des Apparats ist dunkel. Blickt man bei guter Adaption in das Mikroskop, so sieht man bei jedem auf den Schirm treffenden α-Strahl einen kurzen, punktförmigen Lichtblitz, eine *Szintillation*. Aus der sekundlichen Anzahl dieser Blitze und dem wirksamen Raumwinkel läßt sich die Zahl der von 1 g Radium in der Zeiteinheit ausgesandten α-Strahlen berechnen. Diese Zahl beträgt

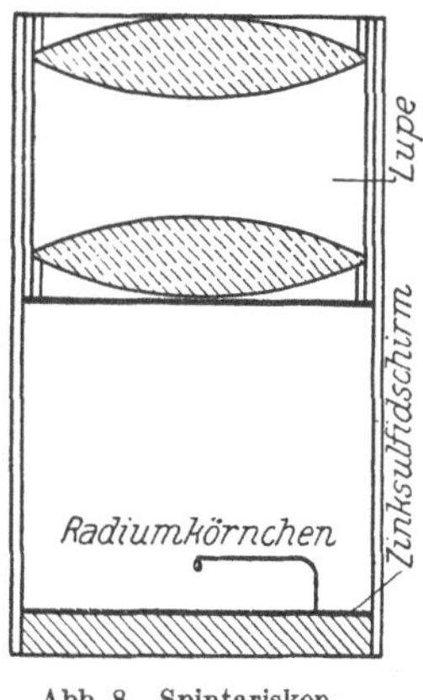

Abb. 8. Spintariskop

$$C = 3{,}71 \cdot 10^{10}\ \alpha\text{-Strahlen/s g}.$$

Aus dem Ladungstransport von Ra C- bzw. Po-Präparaten mit bekannten Aktivitäten ergab sich die Ladung von einem α-Teilchen zu

$$E_\alpha = 9{,}54 \cdot 10^{-10}\ \text{ESE}.$$

Dieser Wert ist sehr genau die doppelte Elementarladung. So berechnet sich die Masse des α-Teilchens zu

$$M_\alpha = \frac{9{,}54 \cdot 10^{-10}}{1{,}446 \cdot 10^{-14}} = 6{,}60 \cdot 10^{-24}\ \text{g}.$$

Das ist aber die vierfache Masse des Wasserstoffatoms und entspricht der Masse des *Heliumatoms*.

Die α-Strahlen sind demnach Heliumatome mit zwei positiven Elementarladungen oder Heliumatome, die zwei negative Ladungen verloren haben. Das letztere trifft zu. α-Strahlen sind vollständig (doppelt) ionisierte *Heliumatomkerne*.

Es ist in den Jahren 1909—1913 RUTHERFORD und ROYDS gelungen, das Helium beim radioaktiven Zerfall direkt nachzuweisen. Darnach ergab sich, daß 1 g Ra mit Zerfallsprodukten pro Jahr 0,167 cm³ He von Normalzustand produziert. Den dazu verwendeten Apparat zeigt Abb. 9 im Schema.

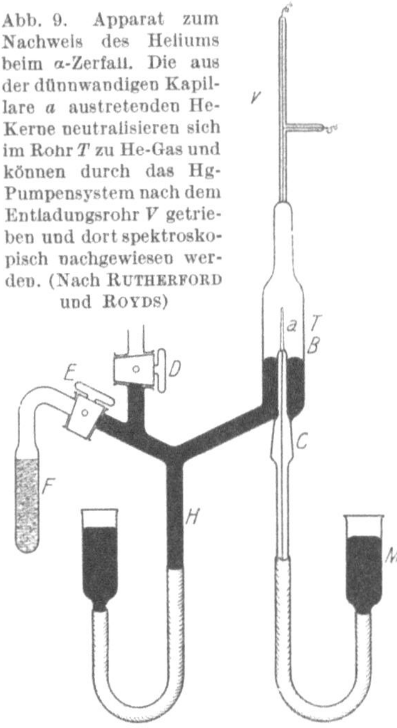

Abb. 9. Apparat zum Nachweis des Heliums beim α-Zerfall. Die aus der dünnwandigen Kapillare a austretenden He-Kerne neutralisieren sich im Rohr T zu He-Gas und können durch das Hg-Pumpensystem nach dem Entladungsrohr V getrieben und dort spektroskopisch nachgewiesen werden. (Nach RUTHERFORD und ROYDS)

Diese beiden experimentell gewonnenen wichtigen Zahlen, nämlich die Anzahl der in der Zeiteinheit ausgesandten α-Strahlen ($3{,}71 \cdot 10^{10}$) und die pro Jahr von 1 g Ra mit den drei Zerfallsprodukten Rn, Ra A und Ra C (die übrigen α-Strahler der Reihe können für die Rechnung vernachlässigt werden) produzierte He-Menge, gestatten, in das Wesen der α-Strahlung einen noch tieferen Einblick zu gewinnen.

Man weiß aus den Überlegungen der kinetischen Gastheorie (LOSCHMIDTsche Zahl), daß 1 cm³ eines idealen Gases bei Normalzustand $2{,}69 \cdot 10^{19}$ Atome enthält. Da Helium dem idealen Gas sehr nahekommt, darf diese Zahl für He als sehr genau angenommen werden. Das Radium allein produziert pro Jahr $\frac{0{,}167}{4}\,\text{cm}^3 = 0{,}042\,\text{cm}^3$ He, also $0{,}042 \cdot 2{,}69 \cdot 10^{19} = 1{,}13 \cdot 10^{18}$ Heliumatome. Die Zahl der α-Strahlen pro Jahr beträgt $365 \cdot 86\,400 \cdot 3{,}71 \cdot 10^{10} = 1{,}17 \cdot 10^{18}$ α-Strahlen. Diese schöne Übereinstimmung ist somit der direkte Beweis sowohl für die Richtigkeit der Gastheorie als auch der Auffassung über die α-Strahlung. Jeder α-Strahl ist somit ein He-Kern und jedes α-strahlende Atom sendet beim Zerfall einen He-Kern aus.

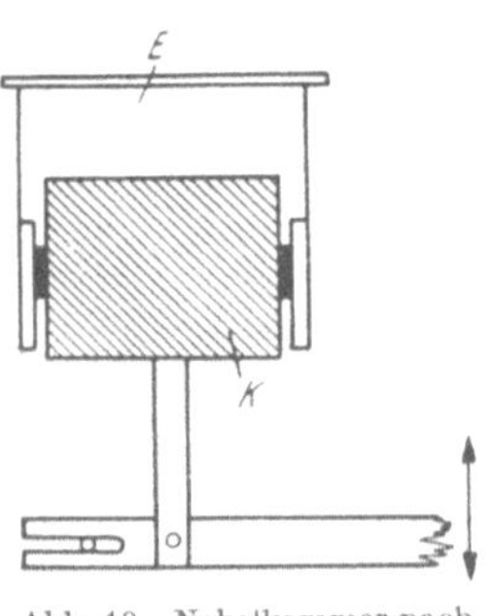

Abb. 10. Nebelkammer nach C. T. R. WILSON. E: Expansionsraum; K: Kolben

Die von C. T. R. WILSON eingeführte Methode gestattet, die von einem Strahl durchlaufene Bahn in ihrem gesamten Verlauf unmittelbar sichtbar zu machen. Sie beruht auf der Tatsache, daß in einem an Wasserdampf übersättigten Raum Luftionen Anlaß zur Bildung von feinen Nebeltröpfchen geben, indem sie als Kondensationskerne wirken. Die nach C. T. R. WILSON benannte Nebelkammer besteht, wie Abb. 10 zeigt, aus einem zylindrischen Expansionsraum, in welchem die Luft durch das rasche Zurückziehen eines Kolbens verdünnt werden kann. Vor der Expansion ist die Luft mit Wasserdampf gesättigt. Nach der Expansion bildet sich in der Kammer Nebel, und zwar an den Punkten zuerst, wo sich Kondensationskerne (Ionen) befinden. Wird die Luft durch Strahlen ionisiert, so kann der Verlauf eines einzelnen Strahles dann als scharfe Linie sichtbar gemacht werden, wenn die Expansion sehr kurze Zeit auf den Durchgang des Strahles erfolgt.

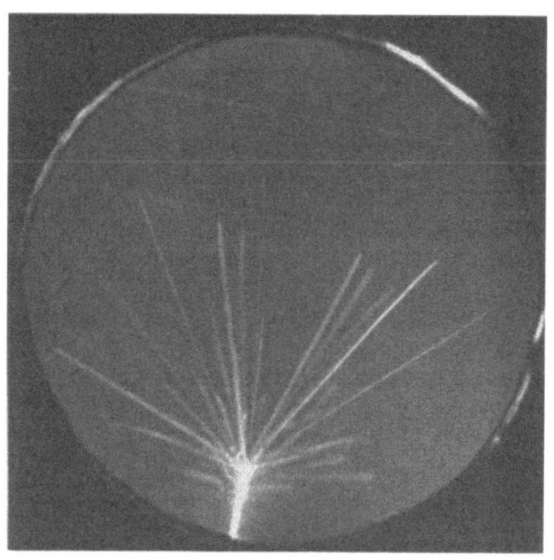

Abb. 11. Nebelkammeraufnahme von Th (C + C′). (Nach MINDER)

Durch Kombination der Nebelkammer mit einem Magnetfeld lassen sich die spezifischen Ladungen bestimmen. Auch die später entdeckten Teilchen, das Positron und das Neutron, sind mit Hilfe der WILSON-Kammer sichergestellt worden.

Abb. 11 zeigt eine Nebelkammeraufnahme der α-Strahlung von Th (C + C′).

Aus der magnetischen Ablenkung der α-Strahlen läßt sich bei Kenntnis von deren Masse (4) und Ladung (2) ihre Geschwindigkeit bestimmen. Andere Untersuchungen zeigen, daß alle α-Strahlen beim Durchgang durch Materie (z. B. Luft) ganz bestimmte *Reichweiten* aufweisen. In Tab. 1 sind Reichweiten und Geschwindigkeiten in Luft von α-Strahlen einiger Stoffe zusammengestellt.

Tabelle 1

Element	Reichweite R in cm Luft	Geschwindigkeit in cm/s	Energie MeV	Ionenpaare $k \cdot 10^5$
U_I	2,67	$1{,}40 \cdot 10^9$	4,09	1,16
Th	2,60	1,39	4,04	1,14
U_{II}	3,12	1,47	4,51	1,27
Jo	3,19	1,48	4,57	1,31
Ra	3,39	1,52	4,76	1,36
Po......	3,87	1,59	5,30	1,50
Rn	4,12	1,61	5,42	1,55
Th A ...	5,68	1,80	6,78	1,92
Th C′ ...	8,62	2,06	8,79	2,54

Die α-Strahlen haben Geschwindigkeiten von 0,05—0,07 c ($c =$ $= 3 \cdot 10^{10}$ cm/s = Lichtgeschwindigkeit).

Die α-Strahlung eines bestimmten radioaktiven Elements besteht im magnetischen Spektrum aus einer oder wenigen scharfen Linien. Die Geschwindigkeiten sind also sehr genau definiert. Das ist der Grund für die definierte Reichweite in Luft. Abb. 12 zeigt das magnetische Spektrum der α-Strahlung von Th (C + C′).

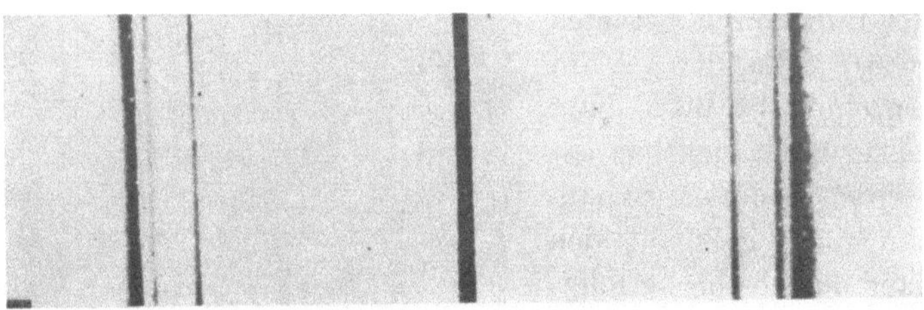

Abb. 12. Magnetisches Spektrum der α-Strahlung von Th (C + C′). In der Mitte: unabgelenkte Strahlung. Die Ablenkung nach beiden Seiten erfolgte durch Umpolen des Feldes

b) Die β-Strahlen

Ablenkungsversuche im magnetischen Feld zeigen die negative Ladung der β-Strahlen. Der Krümmungsradius der Ablenkung der β-Strahlen ist aber viel kleiner als der der α-Strahlen, somit muß die spezifische Ladung $\frac{e}{m}$ sehr viel größer sein. Genauere Messungen liefern

$$\frac{e}{m} = 5{,}275 \cdot 10^{17}\ \text{ESE/g},$$

also einen Wert, der mehr als 3000mal größer ist als der für α-Strahlen gefundene. Die β-Strahlen müssen demnach entweder eine viel größere Ladung oder aber eine entsprechend kleinere Masse aufweisen. Unter der Voraussetzung, daß die Ladung der Elementarladung des Elektrons von $4{,}8029 \cdot 10^{-10}$ ESE entspricht, berechnet sich die Masse zu $m = 9{,}1085 \cdot 10^{-28}$ g.

Das ist aber genau die Masse, die aus der Ablenkung der Kathodenstrahlung ermittelt worden war. Demnach sind die β-Strahlen sehr rasch bewegte, meist negative, in selteneren Fällen positive, freie Elektronen.

Die magnetische Ablenkung der β-Strahlen liefert bei Kenntnis von deren Masse und Ladung als weiteres Bestimmungsstück ihre Geschwindigkeit und damit ihre Energie. Zu diesem Zweck wird ein durch einen feinen Spalt ausgeblendetes β-Strahlenbündel durch ein in Richtung des Spaltes orientiertes Magnetfeld auf einen Film geworfen und dabei in ein magnetisches Spektrum zerlegt. Der Krümmungsradius gibt ein direktes Maß für die Energie der β-Strahlen und damit auch ihrer Geschwindigkeit. Solche β-Spektren zeigen in den meisten Fällen einen zusammengesetzten Aufbau. Neben einer allgemeinen Schwärzung des Untergrundes findet sich häufig eine mehr oder weniger große Zahl scharfer

Linien. Das β-Spektrum besteht somit aus einem kontinuierlichen Untergrund und einem darüber liegenden Linienspektrum. Die Ursache der beiden Anteile ist, wie zuerst durch MEITNER und ELLIS gezeigt worden ist, verschiedener Natur. Die β-Strahlung, die das kontinuierliche Spektrum bildet, ist primärer Natur und entstammt dem radioaktiven Atomkern, während das Linienspektrum sekundär durch die Absorption der gleichzeitig emittierten γ-Strahlung in der Atomhülle des radioaktiven Atoms entsteht.

Die quantitative Analyse der Energieverteilung des kontinuierlichen *primären* β-Spektrums zeigt in allen Fällen einen Verlauf, wie er grundsätzlich durch die Kurve der Abb. 13 dargestellt wird. Sind mehr als eine derartige Energieverteilung einander überlagert, so sendet das β-strahlende Isotop gleichzeitig auch eine γ-Strahlung aus, und damit ist auch ein sekundär erzeugtes β-Linienspektrum vorhanden. In allen Fällen sind zwischen einem *Energiemaximum* E_0 und dem Energiewert 0 alle Energien vorhanden, wobei nur der Maximalwert E_0 als solcher sicher definiert ist. Dieser entspricht der *Zerfallsenergie* des β-strahlenden Isotops und wird grundsätzlich bei jedem Zerfallsvorgang frei. Es muß somit nach der von PAULI und später von GAMOW formulierten Theorie des β-Zerfalls die Energiedifferenz zwischen einem β-Strahl beliebiger Energie E_β und der Maximalenergie E_0, also $E_0 - E_\beta$ durch ein gleichzeitig mit dem β-Strahl emittiertes *Neutrino*, ein Teilchen ohne Ladung und sehr geringer Masse, mitgeführt werden, um die Energiebilanz zu befriedigen:

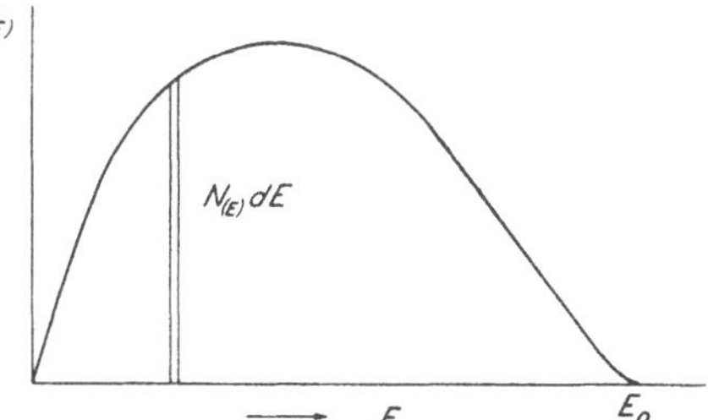

Abb. 13. Grundsätzliche Energieverteilung der β-Strahlung bei einfachem β-Zerfall. Abszisse: Energie der Strahlung; Ordinate: Zahl $N_{(E)}$ der β-Strahlen

$$E_0 = E_\beta + E_\nu .$$

Ein einfaches kontinuierliches β-Spektrum nach dem grundsätzlichen Verlauf der Abb. 13 wird dann emittiert, wenn das β-strahlende Isotop beim Zerfall direkt in den *Grundzustand* des resultierenden Folgeproduktes übergeht, wie z. B.

$$^{32}P \longrightarrow {}^{32}S + \beta^- + \nu \; (1{,}70\,\text{MeV}).$$

Findet dagegen der β-Zerfall ganz oder zu einem bestimmten Anteil (mit einer bestimmten Wahrscheinlichkeit) auf einen *angeregten Kernzustand* des Folgeproduktes statt, so wird die dabei verbleibende Energiedifferenz nachträglich vom Folgekern in Form eines γ-Strahlenquants emittiert, z. B.

$$^{86}Rb \begin{cases} \xrightarrow{81,5\%} {}^{86}Sr + \beta^+ + \nu\,(1{,}82\ \text{MeV}) \\ \xrightarrow{18,5\%} {}^{86}Sr^* + \beta^+ + \nu\,(0{,}71\ \text{MeV}) \longrightarrow {}^{86}Sr + \gamma\,(1{,}07\ \text{MeV}). \end{cases}$$

In Abb. 14 sind solche β-Zerfallsvorgänge in Form von *Zerfallsschemata* dargestellt. In Tab. 2 sind die Maximalenergien E_0 einiger wichtiger β-Strahler wiedergegeben.

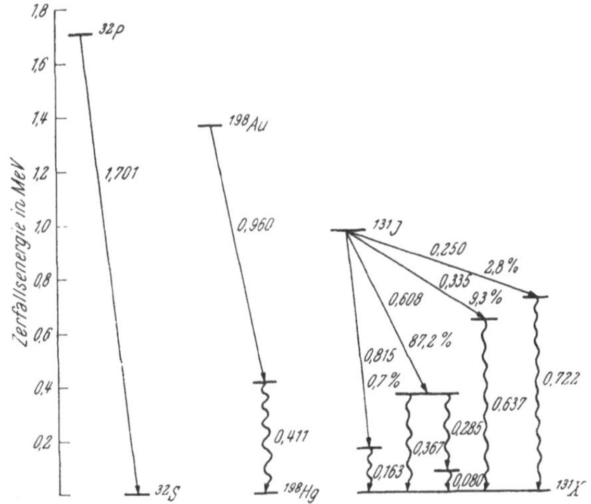

Abb. 14. Zerfallsschemata von ^{32}P, ^{198}Au und ^{131}J. Gerade Pfeile: β-Übergänge; gewellte Pfeile: γ-Übergänge. Zahlenwerte: Energie des Überganges in MeV

Tabelle 2. Maximalenergien der β-Strahlung praktisch wichtiger Isotope

Isotop	Z	E_0 MeV	Isotop	Z	E_0 MeV
^{3}H	1	0,0186	^{90}Sr	38	0,531
^{14}C	6	0,155	^{90}Y	39	2,18
^{22}Na	11	0,54*	^{131}J	53	0,815 (0,7) 0,608 (87,2) 0,335 (9,3) 0,250 (2,8)
^{32}P	15	1,70			
^{35}S	16	0,167			
^{45}Ca	20	0,254			
^{59}Fe	26	0,46 (50)** 0,257 (50)	^{137}Cs	55	1,17 (8) 0,51 (92)
^{60}Co	27	0,318	^{198}Au	79	0,96
^{86}Rb	37	1,82 (81,5) 0,71 (18,5)	^{234}Th (U X_1)	90	0,205 (80) 0,112 (20)
^{89}Sr	38	1,463			

* β^+-Strahler. ** % der Zerfallsvorgänge.

Ein eindringliches Bild der β-Strahlung vermittelt die WILSON-Kammeraufnahme der β-Strahlung von RaE im magnetischen Feld, welche in Abb. 15 nach LECOIN wiedergegeben ist.

Für die Wirkung der β-Strahlung auf irgendein System und für die β-Strahlendosis, die hierbei in Frage steht, kann selbstverständlich nicht die Maximalenergie E_0 in Rechnung gesetzt werden, da diese ja nur die Energiegrenze nach oben darstellt. Hierfür muß das ganze β-Strahlenspektrum integriert und aus dieser Summe die *mittlere* β-Strahlenenergie $\bar{E}$ berechnet werden. Bedeuten N die Gesamtzahl der emittierten β-Strahlen und $N_{(E)}$ die Zahl, welche unter der bestimmten Energie E emittiert werden, so wird die mittlere Energie dargestellt durch:

$$\bar{E} = \frac{1}{N} \int_0^{E_0} N_{(E)} \, d\, E \, .$$

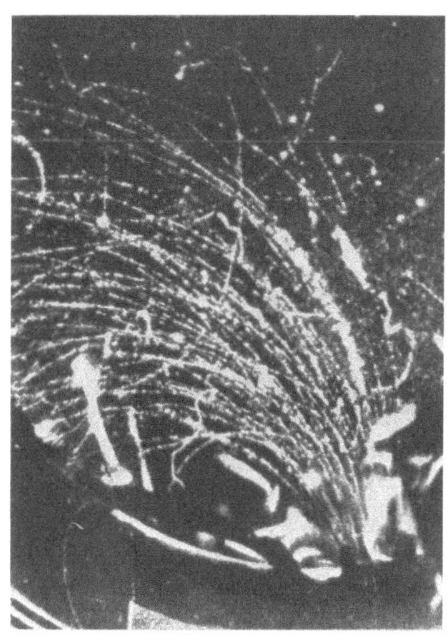

Abb. 15. Nebelkammeraufnahme der β-Strahlung von RaE im magnetischen Feld. (Nach LECOIN)

In Abb. 16 ist der Zusammenhang zwischen mittlerer Energie $\bar{E}$ und Maximalenergie E_0 für die gutbekannten β-Spektren wiedergegeben. Dieser ist nicht gradlinig, und es bestehen besonders bei zusammen-

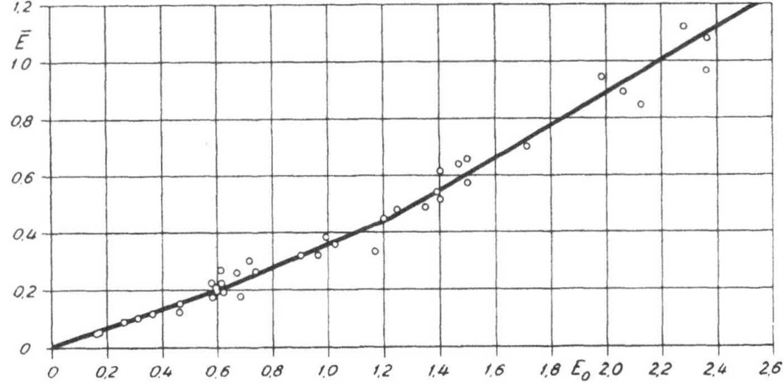

Abb. 16. Zusammenhang der mittleren Energie $\bar{E}$ (Ordinate) und der Maximalenergie E_0 (Abszisse) für die β-Strahlung radioaktiver Stoffe

gesetzten β-Spektren (mehrere Zerfallsniveaus, damit mehrere β-Strahlungen mit verschiedenen Maximalenergien E_0) erhebliche Abweichungen von der interpolierten Kurve, so daß z. B. bei genaueren Dosisbestimmungen eine Integration im Sinne der vorstehenden Gleichung für den Einzelfall vorgenommen werden müßte. Eine mit wenigen Ausnahmen bis auf 10% genügende Approximation der mittleren Energie ist zu erhalten durch die Beziehung $\overline{E} = s \cdot (E_0 - c)$, wenn s und c verschiedene Werte annehmen, gemäß folgenden drei Geraden:

Bereich	Approximative Formel
$E_0 < 0{,}6$ MeV	$\overline{E} \approx 0{,}33\, E_0$
$0{,}6 < E_0 < 1{,}2$ MeV	$\overline{E} \approx 0{,}43\, (E_0 - 0{,}14)$
$E_0 > 1{,}2$ MeV	$\overline{E} \approx 0{,}59\, (E_0 - 0{,}5)$

c) Die γ-Strahlen

Die magnetische und elektrische Unablenkbarkeit der nach dem RUTHERFORDschen Grundversuch mit γ-Strahlen bezeichneten dritten Strahlenart radioaktiver Stoffe beweist deren Ladungslosigkeit. Ihre hohe Durchdringungsfähigkeit gegenüber allen materiellen Systemen weist auf Wesensähnlichkeit mit Röntgenstrahlen hin. Diese Tatsachen veranlaßten SOMMERFELD (1909), diese Strahlung als elektromagnetische Wellenstrahlung aufzufassen und eine entsprechende Theorie zu formulieren. Interferenzversuche von SHAW (1913), besonders aber von RUTHERFORD und ANDRADE (1913) an Kristallen haben diese Anschauung vollauf bestätigt. Direkte Wellenlängenmessungen mit Hilfe von Kristallgittern sind von mehreren Autoren, insbesondere von THIBAUD (1924), in neuerer Zeit von CAUCHOIS und besonders von FRILLEY bis hinunter zu 0,016 Å vorgenommen worden. Die γ-Strahlung ist, wie das Licht oder die Röntgenstrahlung, eine *Photonenstrahlung.*

Bei Photonenenergien über etwa 0,8 MeV resp. für Wellenlängen unterhalb 0,016 Å ist eine direkte Wellenlängenmessung nicht mehr durchführbar. Hier bietet aber die magnetische Ablenkung und Energiemessung der durch die γ-Strahlung sekundär verursachten β-Strahlung (Linienspektrum) eine Möglichkeit der Photonenenergiemessung.

Hat die sekundäre β-Strahlung die Energie E_β, so muß die Energie der γ-Strahlung E_γ sich zu

$$E_\gamma = h\nu = E_\beta + A$$

ergeben, wenn A der Ablösearbeit des Elektrons aus der Hülle des Atoms entspricht, aus der das sekundäre β-Teichen durch Absorption eines γ-Quants abgelöst worden ist. Diese Ablösearbeiten sind berechenbar (vgl. BOHRsche Theorie, S. 6ff.). Sie ergeben sich zu

$$A = \frac{2\,\pi^2\, m\, Z^2\, e^4}{n^2\, h^2},$$

wobei m die Elektronenmasse, Z die Kernladungszahl, e die Elektronenladung und h die PLANCKsche Konstante bedeuten. Die Grundquantenzahl n entspricht der „Bahnnummer", aus der das Elektron abgelöst wurde ($K = 1$, $L = 2$, ...).

In Tab. 3 sind einige Ergebnisse der obgenannten Wellenlängenmessungen der γ-Strahlung von Radium und seinen Zerfallsprodukten in XE (X-Einheiten: 1 XE $\cong 10^{-11}$ cm $\cong 10^{-3}$ Å) wiedergegeben.

Tabelle 3. Wellenlängen in XE der wichtigsten γ-Strahlenlinien des Radiums im Gleichgewicht mit seinen Folgeprodukten

Gruppenbezeichnung	λ in XE	Linien mit großer Int. XE	$h\nu$ in eV
Sehr weiche	1365—793	1175	$1{,}05 \cdot 10^4$
		982	$1{,}24 \cdot 10^4$
Weiche	428—196	—	—
Mittelharte	169—58	169	$7{,}25 \cdot 10^4$
		159	$7{,}70 \cdot 10^4$
		99	$1{,}24 \cdot 10^5$
Harte	52,1—20,3	51,3	$2{,}40 \cdot 10^5$
		42,0	$2{,}94 \cdot 10^5$
		35,2	$3{,}51 \cdot 10^5$
		20,3	$6{,}05 \cdot 10^5$
Sehr harte	16,2—5,56	10,93	$1{,}13 \cdot 10^6$
		9,93	$1{,}24 \cdot 10^6$
		6,94	$1{,}77 \cdot 10^6$
		5,56	$2{,}22 \cdot 10^6$

Wie schon kurz erwähnt, liegt die Ursache der Emission einer γ-Strahlung darin, daß bei allen γ-strahlenden Isotopen eine endliche Wahrscheinlichkeit dafür besteht, daß der zerfallende Atomkern bei der Emission eines α-Strahles oder eines β-Strahles zunächst nicht direkt in den Grundzustand des Folgekernes übergeht, sondern auf ein *angeregtes Kernniveau.* Anschließend erfolgt der „Fall" in den Grundzustand unter Emission der Anregungsenergie in Form eines γ-Quants. Für diese Auffassung konnte von MEITNER der direkte experimentelle Nachweis erbracht werden durch eine genaue Analyse der sekundären β-Linien. Diese ließen sich für den Übergang Rd Ac → Ac X nur genau berechnen unter Zugrundelegung der Ablösearbeiten des Folgeproduktes Ac X.

Weiter zeigen alle α-strahlenden Substanzen mit gleichzeitiger Emission von γ-Strahlen eine *Feinstruktur* der α-Strahlung, wie besonders von ROSENBLUM auf Grund genauester Messungen dargetan worden ist. Dabei entspricht die Energiedifferenz zwischen den Linien der α-Strahlung der Photonenenergie der gleichfalls ausgesandten γ-Strahlung, wie Tab. 4 an einigen natürlichen Radioisotopen zeigt.

Grundsätzlich gleicher Art ist die Ursache der γ-Strahlung bei β-strahlenden Isotopen. Auch hier erfolgt der β-Zerfall teilweise (in manchen Fällen ganz) auf ein angeregtes Kernniveau unter anschließendem Übergang in den Grundzustand und Emission eines γ-Quants. Bei zahlreichen Isotopen sind mehrere (wahrscheinliche) Zwischenniveaus vorhanden (z. B. ^{60}Co, ^{131}J), so daß pro β-Zerfall mehr als 1 γ-Quant emittiert werden kann.

Tabelle 4. Energiedifferenzen der Feinstruktur der α-Strahlung im Vergleich zur γ-Strahlung

Isotop	ΔE_α in MeV	E_γ in MeV
Ra	0,184	0,188
Ra C....	0,062	0,059
Ac C....	0,356	0,354
Rd Th ..	0,086	0,085

In Tab. 5 sind die Energiebilanzen für die β-Strahlung und die γ-Strahlung unter Vergleich zur gesamten Zerfallsenergie für einige wichtige Radioisotopen wiedergegeben.

Tabelle 5. Energieverhältnisse der β-Strahlung und der γ-Strahlung bei einigen wichtigen γ-strahlenden Isotopen

Isotop	Halbwertszeit	E_β in MeV	E_γ in MeV	ΣE MeV	Zerfallsenergie MeV
^{24}Na	15,1 h	1,39 (100)*	1,38 + 2,76	5,53	5,528
^{42}K	12,4 h	2,07 (25)	1,51	3,58	3,58
		3,58 (75)	—	3,58	
^{46}Sc	85 d	0,36 (98)	1,12 + 0,88	2,36	2,37
		1,49 (2)	0,88	2,37	
^{59}Fe	45,1 d	0,26 (50)	1,30	1,56	1,56
		0,46 (50)	1,10	1,56	
^{60}Co	5,25 a	0,306 (100)	1,17 + 1,33	2,806	2,75
^{86}Rb ...	19,5 d	0,74 (18,5)	1,08	1,82	1,822
		1,82 (81,5)	—	1,82	
^{131}J	8,2 d	0,250 (2,8)	0,722	0,972	1,042 (?)
		0,335 (9,3)	0,637	0,972	
		0,608 (87,2)	0,364	0,972	
		0,813 (0,7)	0,162	0,975	
^{137}Cs ...	29 a	0,51 (92)	0,661	1,171	—
		1,17 (8)	—	1,17	
^{198}Au ...	2,69 d	0,29 (1)	1,09	1,38	1,38
		0,96 (99)	0,411	1,371	

* Prozentsatz des entsprechenden β-Überganges.

Tab. 5 zeigt, welche Energiegrenzen die γ-Strahlung radioaktiver Stoffe etwa umfaßt. Besonders eindringlich ist für die Isotopen mit verschiedenen β-Zerfallswegen die Konstanz der Energiesummen und deren Gleichheit mit der Zerfallsenergie zu ersehen.

Wegen der besonderen Wichtigkeit der γ-Strahlung des Radiums und seiner Zerfallsprodukte ist dieselbe in Abb. 17 graphisch dargestellt worden. Die Höhe der einzelnen Linien entspricht der relativen Anzahl der entsprechenden γ-Quanten. Pro zerfallendes Ra-Atom werden von den für die praktische Anwendung der Strahlung in Frage kommenden Folgeprodukten Ra B und Ra C im Mittel 2,32 γ-Quanten emittiert.

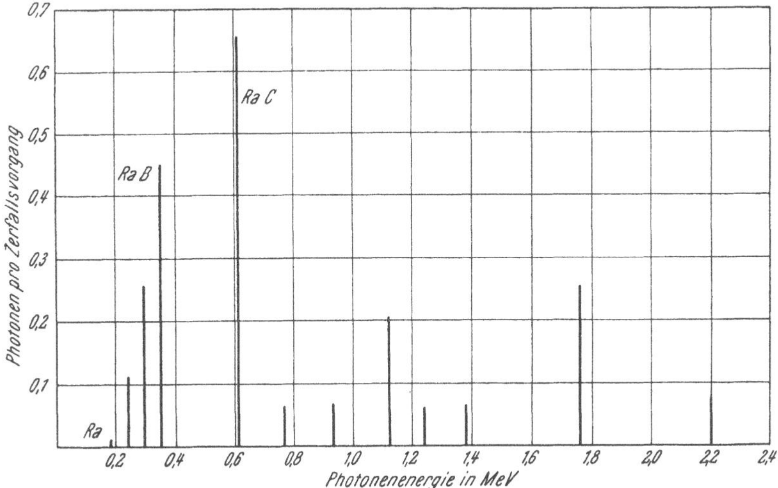

Abb. 17. Energieverteilung der γ-Strahlung von Radium mit seinen Zerfallsprodukten. Die Höhe der Linien entspricht den jeweiligen Intensitäten (Zahl der Quanten)

d) Der *K*-Einfang

Bei Atomkernen mit einem Protonenüberschuß, insbesondere solchen mit höherer Kernmasse (und damit Kernladung) ist die positive Feldwirkung auf die beiden Hüllelektronen des (innersten) *K*-Niveaus eine so starke, daß eine endliche Wahrscheinlichkeit dafür besteht, daß ein *K*-Elektron in den Kern übergehen kann. Dadurch muß ein Proton des Kernes „neutralisiert" werden, also in ein Neutron übergehen, wodurch die Kernstabilität erhöht wird. Anschließend muß aber das nun auf dem *K*-Niveau fehlende Elektron durch einen „Einfall von außen" wieder ersetzt werden, wobei die (potentielle) Energiedifferenz zwischen seinem frühern Zustand (Lage) und dem *K*-Niveau als Strahlenquant nach außen abgegeben wird. Dasselbe hat die für das betreffende Element charakteristische Energie und damit Frequenz der *K*-Strahlung (vgl. S. 62).

Allgemein gilt für diesen als *K-Einfang* bezeichneten Prozeß die Formulierung:

$$ {}^{m}_{n}A + e_K \longrightarrow {}_{n-1}^{\;\;m}B + h\nu_K . $$

Die *K*-Strahlung ist eine relativ energiearme γ-Strahlung, deren Maximalenergie bei den schwersten Atomkernen etwa 0,12 MeV nicht überschreitet. Vom praktischen Standpunkt aus betrachtet ist sie nur von untergeordneter Bedeutung.

e) Sekundärstrahlen

Jedes feste, flüssige oder gasförmige materielle System, welches durch Strahlungen radioaktiver Stoffe bestrahlt wird, wird dadurch selbst zur Quelle ionisierender *Sekundärstrahlungen.* Diese werden verursacht durch die Einzelvorgänge der Schwächung der Primärstrahlung.

Beim Durchgang einer α-Partikel durch Materie werden aus deren Bahn seitlich sekundäre Elektronen herausgeworfen. Diese können mit Hilfe der Nebelkammer nach WILSON sichtbar gemacht werden. Es ist dafür (nicht sehr glücklich) die Bezeichnung δ-Strahlen vorgeschlagen worden. Ihre Energie beträgt gesamthaft etwa ein Drittel der Gesamtenergie des α-Strahls. Bei inelastischen Zusammenstößen zwischen α-Strahlen und den Atomkernen des durchstrahlten Stoffes können Atomkernreaktionen (vgl. S. 44) unter Emission von Protonen, in selteneren Fällen von Neutronen auftreten. So sind die künstlichen Kernumwandlungen durch RUTHERFORD entdeckt worden.

Jede β-Strahlung verursacht in Materie die Emission von sekundären β-Strahlen, entweder durch Streuung oder durch Ionisation. Im erstern Fall ist das gestreute Elektron sehr wahrscheinlich mit dem β-Strahl identisch, im letztern entspricht es einem durch „Stoß" aus der Atomhülle abgelösten und beschleunigten Atomelektron. Zusätzlich werden β-Strahlen aber auch unter Emission von „Bremsphotonen" (vgl. S. 75) absorbiert, so daß jeder durch β-Strahlen bestrahlte Körper sowohl sekundäre β-Strahlen als auch sekundäre γ-Strahlen emittiert.

Bei allen Einzelvorgängen der Schwächung von γ-Strahlen in Materie (vgl. S. 59ff.) findet sich die Energie der Photonen ganz oder teilweise in bewegten Elektronen (Photo-, Streu- und Paarbildungselektronen) wieder. Daneben emittiert der mit γ-Strahlen bestrahlte Körper aber eine gestreute Photonenstrahlung (klassische Streuung und COMPTON-Streuung) und die charakteristische Photonenstrahlung als Folge der Absorption durch den Photoeffekt. Jeder durch γ-Strahlen bestrahlte Körper wird also zur Quelle einer Elektronenstrahlung und einer sekundären Photonenstrahlung. Bei ganz hohen Quantenenergien sind zusätzlich noch die Kernprozesse (γ, n) und seltener (γ, p) unter Neutronen- resp. Protonenemission möglich.

4. Der radioaktive Zerfall

a) Form des Zerfallsgesetzes

Die Emission einer materiellen oder (und) geladenen Strahlung, ebenso aber auch der K-Einfang bewirkt eine Änderung der Kernmasse oder der Kernladung oder beider. Mit der Strahlenemission ist eine *Atomkernumwandlung* verbunden. Bei der α-Strahlung ist der Endkern leichter und weniger hoch geladen als der Ausgangskern. Deshalb spricht man nach RUTHERFORD allgemein vom *radioaktiven Zerfall*, auch wenn, wie bei β-Strahlung und *K*-Einfang der Endkern keine Masseänderung erlitten hat. Die an sich möglichen Zerfallsvorgänge sollen je durch ein Beispiel versinnbildlicht werden. (Die obere Zahl entspricht der Kernmasse [Atomgewicht], die untere der Kernladung.)

$$\alpha\text{-Zerfall: } {}^{226}_{88}\mathrm{Ra} \longrightarrow {}^{222}_{86}\mathrm{Rn} + {}^{4}_{2}\alpha \ ({}^{4}_{2}\text{He-Kern})$$

$$\beta^{-}\text{-Zerfall: } {}^{32}_{15}\mathrm{P} \longrightarrow {}^{32}_{16}\mathrm{S} + \beta^{-} \ (\text{Elektron})$$

$$\beta^{+}\text{-Zerfall: } {}^{18}_{9}\mathrm{F} \longrightarrow {}^{18}_{8}\mathrm{O} + \beta^{+} \ (\text{Positron})$$

$$K\text{-Zerfall: } {}^{54}_{25}\mathrm{Mn} \xrightarrow{e} {}^{54}_{24}\mathrm{Cr} + h\nu_K \ (\text{Fluoreszenzquant}).$$

Betrachtet man einen der erwähnten Zerfallsprozesse für sich allein, so ergibt sich zunächst die Fundamentaltatsache der *Nichtumkehrbarkeit*; der Zerfallsvorgang ist *irreversibel.* Weiter ist durch sehr zahlreiche Versuche erwiesen worden, daß äußere Bedingungen (Temperaturen zwischen derjenigen der flüssigen Luft und derjenigen des elektrischen Lichtbogens, Drucke zwischen Vakuum und 1000 At) die Strahlenintensität in keiner Weise zu beeinflussen vermögen. Die Zerfallsvorgänge, welche in der Strahlenemission zum Ausdruck kommen, sind von realisierbaren äußeren Bedingungen vollkommen unabhängig.

Gehen die radioaktiven Zerfallsvorgänge nach Art der vorstehenden Umwandlungsgleichungen vor sich, so muß beispielsweise bei jedem emittierten α-Strahl ein Ra-Atom in ein Rn-Atom übergehen, oder z. B. nach jedem β-Strahl eines ^{32}P-Atoms ein ^{32}S-Atom gebildet werden. Wenn deshalb 1 g Ra pro s $3{,}7 \cdot 10^{10}$ α-Strahlen aussendet, so müssen in der Zeiteinheit ebensoviele Ra-Atome verschwinden und ebensoviele Rn-Atome entstehen. Damit muß der radioaktive Zerfall eine *Zeitfunktion* sein. Diese kann aus an sich sehr einfachen Axiomen unmittelbar hergeleitet werden.

Bedeuten N_0 die Zahl der unzerfallenen Atome eines bestimmten Radioisotops zur Zeit $t = 0$, N die Zahl der unzerfallenen Atome zur späteren Zeit t, so muß die unendlich kleine Änderung der Zahl N, also dN, während der unendlich kleinen Zeit dt der Zahl der im beobachteten Zeitpunkt noch vorhandenen, unzerfallenen Atome N und der Zeit dt proportional sein:

$$dN = -\lambda \cdot N \cdot dt.$$

Das Minuszeichen gibt an, daß die Änderung der Zahl N eine *Abnahme* derselben bedeutet. Rein rechnerisch ergibt sich aus dem obigen Ansatz weiter die Zerfallsgeschwindigkeit und damit die *Aktivität* zu

$$\frac{dN}{dt} = -\lambda \cdot N.$$

Um die Zahl der noch unzerfallenen Atome N zum Zeitpunkt t aus der ursprünglichen Zahl N_0 im Zeitpunkt $t = 0$ zu berechnen, muß die obige Gleichung integriert werden zwischen den Grenzen N_0 für $t = 0$ und N für t:

$$\int_{N_0}^{N} \frac{dN}{N} = -\int_{0}^{t} \lambda\, dt; \quad \lg N - \lg N_0 = -\lambda t.$$

$$\lg \frac{N}{N_0} = -\lambda t; \quad \frac{N}{N_0} = e^{-\lambda t}$$

$$\underline{N = N_0\, e^{-\lambda t}.}$$

Die Größe $\lambda = -\frac{1}{N}\frac{dN}{dt} = -\frac{1}{t} \lg \frac{N}{N_0}$ heißt *Zerfallskonstante.*

Sie gibt die *Wahrscheinlichkeit* dafür an, daß ein radioaktives Atom in der Zeiteinheit zerfällt. Ihre Dimension ist eine reziproke Zeit

$$[\lambda] = [s^{-1}].$$

Der Kehrwert der Zerfallskonstanten

$$\tau = \frac{1}{\lambda}$$

ist die Zeit, während welcher ein radioaktives Atom im Mittel „überlebt", bis es zerfällt, und heißt *mittlere Lebensdauer.*

Experimentell am einfachsten zu bestimmen und damit praktisch von größtem Interesse ist die Zeit, die verfließt, bis von einer ursprünglichen Anzahl N_0 radioaktiver Atome (zur Zeit $t = 0$) noch gerade die Hälfte $N_0/2$ übriggeblieben ist. Diese Zeit heißt *Halbwertszeit* T (Periode) und wird meist zur Charakterisierung der Zerfallsgeschwindigkeit eines radioaktiven Isotopes verwendet.

$$\frac{N_0}{2} = N_0 \cdot e^{-\lambda T}; -\lambda T = \lg \frac{1}{2}$$

$$T = \frac{0{,}693}{\lambda} = 0{,}693\, \tau.$$

Die drei Größen Zerfallskonstante, Halbwertszeit und mittlere Lebensdauer sind unter sich physikalisch vollkommen gleichwertig, und man pflegt die in der Grundgleichung enthaltene Zerfallskonstante heute häufig durch die Beziehung

$$\lambda = \frac{0{,}693}{T}$$

darzustellen, womit das Zerfallsgesetz zu

$$N = N_0\, e^{-\frac{0{,}693}{T} t}$$

resultiert.

Dabei sind selbstverständlich die Zahlenwerte der Halbwertszeit T und der Zerfallszeit t in derselben Zeiteinheit einzusetzen.

Das in der vorstehenden Form erstmals von RUTHERFORD (1905) formulierte (formale) Zerfallsgesetz ist eine *Exponentialfunktion*. Seine graphische Darstellung, die *Zerfallskurve*, ist in einem gewöhnlichen Koordinationssystem eine nach der Abszisse stets konvexe Kurve. In einem für N semilogarithmischen Koordinatensystem resultiert eine Gerade. Diese beiden Darstellungsarten sind in Abb. 18*a* und *b* wiedergegeben. Besonders die letztere ist für praktische Aufgaben von besonderem Interesse, wenn es sich darum handelt, Gemische verschiedener Radioisotope voneinander zu trennen. Ein mit der Zeit nicht geradliniger Verlauf der Aktivität ist dabei ein sicheres Zeichen für ein Gemisch mehrerer radioaktiver Stoffe. Häufig gelingt es, die gemessene Zerfallskurve in ein System von Geraden zu zerlegen. Die Schnittpunkte mit der Ordinate geben die Anteile der Einzelkomponenten an der Gesamtaktivität wieder; ihre Neigungen entsprechen den Zerfallskonstanten.

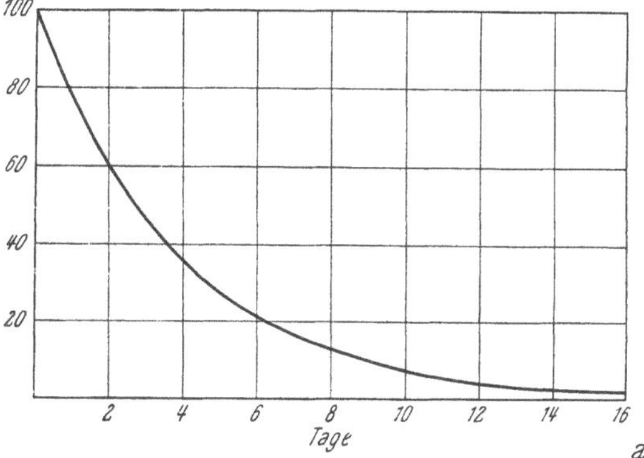

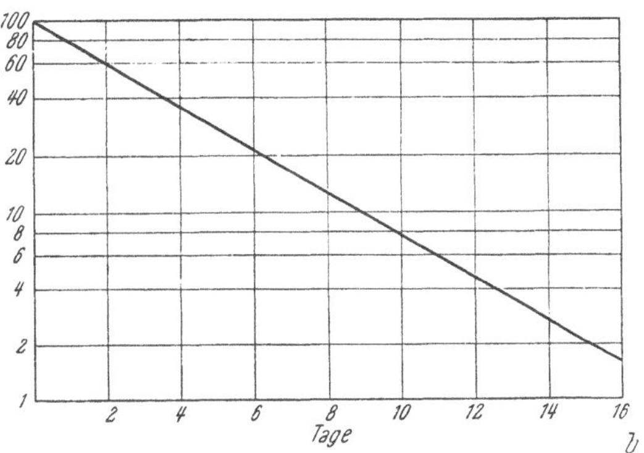

Abb. 18. Zeitlicher Verlauf des radioaktiven Zerfalles von ^{198}Au. *a*: in gewöhnlicher, *b*: in semilogarithmischer Darstellung

Es soll in diesem Zusammenhang noch erwähnt werden, daß das Zerfallsgesetz mit Hilfe der Wahrscheinlichkeitsrechnung direkt ohne weitere Voraussetzungen hergeleitet werden kann, wie v. SCHWEIDLER gezeigt hat. Die Zerfallserscheinungen und damit die Emission der dabei auftretenden Strahlungen sind vollkommen statistische Phänomene, wie z. B. durch Zählungen an genügend schwachen Präparaten mit genügend kleinen Beobachtungsintervallen sehr leicht gezeigt werden kann. Jeder Emission eines α-Strahls oder eines β-Strahls entspricht dabei die Umwandlung, der „Zerfall“ eines Atoms des radioaktiven Elementes.

b) Gesetzmäßigkeiten von Zerfallsreihen

Wie in Abschnitt I, 5 gezeigt werden soll, lassen sich alle radioaktiven Stoffe mit hohen Atomgewichten $A > 206$ auf drei *Zerfallsreihen*, die bei ^{238}U, ^{235}U und ^{232}Th ihren Anfang nehmen, zurückführen. Kürzere ähnliche Reihen liegen auch bei den primären Spaltprodukten (vgl. S. 49) der Atomkernspaltung vor. Die mathematischen Gesetzmäßigkeiten sind für den allgemeinen Fall eines beliebigen Gliedes einer beliebigen Reihe von GRUNER (1911) formuliert worden. Für die hier in Frage stehenden Aufgaben brauchen nur drei Spezialfälle kurz besprochen zu werden.

α) Das radioaktive Gleichgewicht

Wenn durch deren Zerfall aus einer radioaktiven *Muttersubstanz* S_1 die ebenfalls radioaktive *Tochtersubstanz* S_2 entsteht, und aus dieser durch weiteren Zerfall die Tochtersubstanz (3. Glied) S_3 usw. gebildet wird, so muß offenbar, bei genügend langer Wartezeit ($t \to \infty$) zwischen den Einzelsubstanzen ein *radioaktives Gleichgewicht* eintreten. Dieses ist dann vorhanden, wenn in der Zeiteinheit von allen die Reihe bildenden Radioisotopen gleichviele Atome zerfallen, d. h. wenn die Zerfallsgeschwindigkeiten aller Glieder der „Generation“ dieselben sind. Dabei gilt:

$$-\frac{d N_i}{d t} = \lambda_1 N_1 = \lambda_2 N_2 = \ldots \lambda_i N_i \ldots$$

und weiter $\dfrac{\lambda_1 N_1}{\lambda_2 N_2} = \dfrac{\lambda_2 N_2}{\lambda_3 N_3} = \ldots \dfrac{\lambda_i N_i}{\lambda_{i+1} N_{i+1}} = \ldots = 1,$ und schließlich

$$N_1 = \frac{\lambda_2}{\lambda_1} N_2; N_2 = \frac{\lambda_3}{\lambda_2} N_3; \ldots$$

$$\text{resp. } \frac{N_1}{N_2} = \frac{\lambda_2}{\lambda_1}; \frac{N_2}{N_3} = \frac{\lambda_3}{\lambda_2}; \ldots$$

Dies bedeutet, daß bei Gleichgewicht die Gesamtaktivität einer Reihe von n Gliedern n-mal so groß ist, wie die Aktivität eines Gliedes allein, und daß die Anzahlen der unzerfallenen Atome zweier Glieder sich umgekehrt zueinander verhalten, wie die ihnen entsprechenden Zerfallskonstanten. Wenn man deshalb die Zerfallskonstanten oder, was dasselbe ist, die Halbwertszeiten der einzelnen Glieder einer Reihe und gleichzeitig die Anzahl der noch unzerfallenen Atome eines Gliedes kennt, so lassen sich die Atomzahlen der übrigen Glieder sofort berechnen. Es soll dies am Beispiel des Urans und Radiums gezeigt werden.

Uran hat eine Halbwertszeit von $T_U = 4{,}5 \cdot 10^9$ a, Radium eine solche von $T_{Ra} = 1620$ a. Die Ra-Menge, welche in 1 g U nach sehr langer Zeit, z. B. in alten Uranerzen enthalten ist resp. maximal enthalten sein kann, berechnet sich demnach nach Vorstehendem zu

$$\frac{M_{\mathrm{Ra}}}{M_{\mathrm{U}}} = \frac{226}{238} \cdot \frac{1620}{4{,}5 \cdot 10^9} = 3{,}42 \cdot 10^{-7}\ \mathrm{g\ Ra/g\ U}.$$

Mit etwa 3 Tonnen altem Uranelement ist also 1 g Ra im Gleichgewicht. Dies erklärt die Schwierigkeiten seiner Herstellung und seinen hohen Preis sowie die Tatsache, daß auch heute noch die insgesamt zur Verfügung stehenden Radiummengen, absolut betrachtet, relativ sehr gering sind.

β) Kurzlebige Tochtersubstanz einer langlebigen Muttersubstanz

Diese für die Praxis wichtige Kombination ist beispielsweise gegeben durch die Verhältnisse zwischen dem langlebigen Radium und dessen relativ kurzlebiger Emanation Rn, oder aber zwischen Uran und dem ersten Folgeprodukt U X_1.

Der Ansatz ergibt sich aus der Tatsache, daß λ_2 (Tochtersubstanz) viel größer ist als λ_1 (Muttersubstanz), also $\lambda_2 \gg \lambda_1$. Man darf daher N_1 (Muttersubstanz) in der in Betracht fallenden Zeit als zeitlich konstant annehmen. Damit würde auch die Zerfallsgeschwindigkeit der Muttersubstanz konstant sein, also

$$-\frac{d N_1}{d t} = \lambda_1 N_1 = k.$$

Mit dieser Geschwindigkeit würden aber die Atome der Tochtersubstanz ohne Zerfall nachgebildet werden und damit ihre Zahl N_2 mit der Zeit anwachsen. Zerfällt nun die Tochtersubstanz mit der Zerfallskonstante λ_2, so muß ihre Zahl in der Zeiteinheit um die Anzahl $\lambda_2 N_2$ wieder abfallen. Es gilt also $\frac{d N_2}{d t} = k - \lambda_2 N_2$ und damit

$$N_2(t) = \frac{k}{\lambda_2}(1 - e^{-\lambda_2 t}) = N_1 \frac{\lambda_1}{\lambda_2}(1 - e^{-\lambda_2 t}).$$

Bei großen Zeiten strebt somit die Zahl der Atome der Tochtersubstanz einem konstanten Grenzwert, dem Gleichgewicht, zu:

$$N_{2\infty} = N_1 \frac{\lambda_1}{\lambda_2}.$$

Auf ein pro s zerfallendes Atom N_1 sind deshalb jeweils vorhanden

$$N_2 = \frac{1}{\lambda_2}(1 - e^{-\lambda_2 t})$$

Atome der Tochtersubstanz. Die Anstiegsverhältnisse sind in Abb. 124, S. 262, für die Radiumemanation Rn wiedergegeben.

γ) *Der kurzlebige aktive Niederschlag der Radiumemanation*

Die zeitlichen Verhältnisse der kurzlebigen Folgeprodukte der Radiumemanation Rn sind von erheblichem meßtechnischem Interesse, weswegen sie hier noch im Ergebnis angeführt sein sollen. Ist das gasförmige Radon nach sehr kurzer Exposition zum Zeitpunkt $t = 0$ von

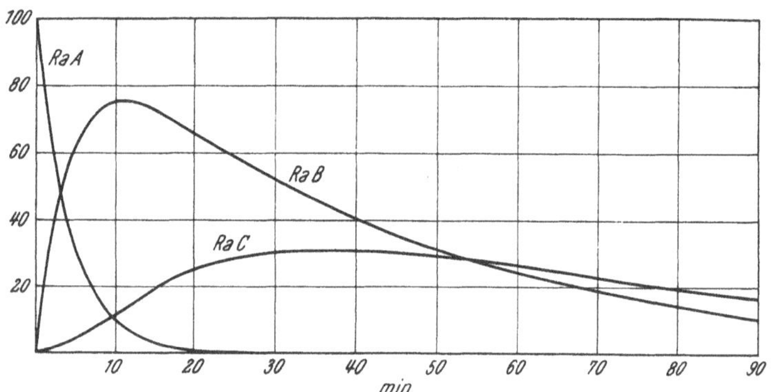

Abb. 19. Zerfall und Bildung der Glieder des „kurzlebigen aktiven Niederschlages" der Radiumemanation

seinem ersten festen Folgeprodukt Ra A abgetrennt worden, so beginnt dessen Zerfall und damit die Bildung der weiteren Folgeprodukte Ra B und Ra C. Bezeichnet man die Zerfallskonstanten von Ra A, Ra B und Ra C der Reihe nach mit λ_A, λ_B und λ_C und nimmt man zur Zeit $t = 0$ die Ra A-Menge zu 100% an, während die Nachfolgeprodukte nicht vorhanden sein sollen (reines Ra A), so gelten:

$$\text{Ra A} = 100 \cdot e^{-\lambda_A t}$$

$$\text{Ra B} = 100 \cdot \frac{\lambda_A}{\lambda_B - \lambda_A} (e^{-\lambda_A t} - e^{-\lambda_B t})$$

$$\text{Ra C} = 100 \cdot (k_1 e^{-\lambda_A t} + k_2 e^{-\lambda_B t} + k_3 e^{-\lambda_C t})$$

$$k_1 = \frac{\lambda_A \lambda_B}{(\lambda_B - \lambda_A)(\lambda_C - \lambda_A)}; \quad k_2 = \frac{\lambda_A \lambda_B}{(\lambda_C - \lambda_B)(\lambda_A - \lambda_B)};$$

$$k_3 = \frac{\lambda_A \lambda_B}{(\lambda_A - \lambda_C)(\lambda_B - \lambda_C)};$$

Diese Verhältnisse sind in Abb. 19 kurvenmäßig wiedergegeben.

5. Radioaktive Stoffe

a) Allgemeine Bemerkungen

Die Zahl der gegenwärtig verfügbaren radioaktiven Stoffe ist relativ sehr groß und beträgt über 700. Von den meisten chemischen Grundstoffen sind mehr radioaktive Isotope bekannt und stehen unter Umständen zu wissenschaftlichen oder praktischen Zwecken zur Verfügung, als stabile Isotope. Gleiches gilt in stark vermehrtem Maße auch für die verfügbaren Mengen und Aktivitäten, die heutzutage — für die Substanzen, die bei der praktischen Realisierung der Atomenergieaufgabe als erwünschte oder meist unerwünschte Produkte anfallen — nach Kilogrammen und Megacurie messen. Leider ist die Verwendbarkeit vieler Radioisotope sehr beschränkt oder als solche überhaupt nicht vorhanden, so daß dieselben keinen Gewinn, sondern vielmehr eine Erschwerung der Arbeit, eine Belastung der Energiewirtschaft und im Frieden eine erhebliche, in einem eventuellen Krieg aber eine ungeheure Gefahr darstellen.

Nach ihrem Vorkommen in der Natur resp. nach ihrem Auftreten bei menschlichen Tätigkeiten unterscheidet man sinnvoll *natürliche* und *künstliche* radioaktive Stoffe. Die erstern umfassen 47 Isotope von 19 chemischen Elementen, von denen 40 Isotope den 12 schwersten Grundstoffen (zwischen Tl und U) angehören.

b) Natürliche radioaktive Stoffe

Mit Ausnahme der nur wissenschaftlich interessierenden Radioisotope ^{40}K, ^{87}Rb, ^{124}Sn, ^{154}Nd, ^{159}Sm, ^{176}Cp und ^{187}Re sind alle natürlich radioaktiven Grundstoffe solche mit hohem Atomgewicht resp. hoher Kernladungszahl über $_{81}$Tl. Die Ursache dieser Erscheinung liegt in der relativen Instabilität von Atomkernen großer Masse. Diese sogenannten schweren natürlichen radioaktiven Elemente lassen sich in drei natürliche Zerfallsreihen zusammenfassen, die bei den schwersten bekannten Elementen, beim Uran und beim Thorium, ihren Anfang nehmen. Als Ausgangsstoffe der drei Zerfallsreihen sind das Uran ^{238}U für die *Uran-Radium-Reihe*, das ^{232}Th für die *Thoriumreihe* und das ^{235}U für die *Actiniumreihe* anzusehen. Es ist klar, daß die Menge der Einzelstoffe einer derartigen Reihe neben der relativen Konzentration der Ausgangsstoffe, von der Zerfallszeit desjenigen Gliedes abhängig ist, welches die höchste Lebensdauer, oder, was dasselbe bedeutet, die kleinste Zerfallskonstante aufweist. Es sind dies die drei oben erwähnten Ausgangsstoffe, deren Halbwertszeiten alle in der Größenordnung von Milliarden Jahren liegen. Demgegenüber sind die Tochtersubstanzen aller drei Zerfallsreihen wesentlich kürzerlebig als alle drei Muttersubstanzen, so daß zum mindesten in den geologisch älteren natürlichen Uran- und

Thorvorkommen das radioaktive Gleichgewicht aller Tochterelemente mit der Muttersubstanz vorliegt. Dies bedeutet im konkreten Fall, daß in einer bestimmten Zeit von allen einer Zerfallsreihe angehörenden Stoffen gleich viele Atome zerfallen, oder aber umgekehrt, daß alle Tochterstoffe zur Muttersubstanz in einem bestimmten und konstanten Konzentrationsverhältnis stehen (Tab. 6 und 7).

Wenn man demnach die Menge N und die Zerfallskonstante irgendeiner Tochtersubstanz kennt und gleichzeitig die Zerfallskonstanten irgendwelcher anderer Glieder oder aber deren Mengen N bekannt sind, so lassen sich in einfachster Weise deren Mengen N oder aber deren Zerfallszeiten (T) berechnen. Je höher somit die Halbwertszeit eines natürlichen Radioelementes ist, desto größer ist auch dessen heutige Konzentration. Damit ist unmittelbar die praktische Tatsache verbunden, daß von den zahlreichen natürlichen Radioelementen eigentlich nur wenige für die Praxis Bedeutung erlangt haben, nämlich Radium $^{226}_{82}$Ra mit einer Halbwertszeit von $T = 1620$ Jahren, das Mesothor 1 und das Radiothor mit Halbwertszeiten von 6,7 resp. 1,9 Jahren und das Th X und die Radiumemanation Radon mit den Halbwertszeiten von 3,64 und 3,825 Tagen. Aber auch die beiden letztgenannten wären praktisch nur von sehr untergeordneter Bedeutung, wenn sie nicht beide aus langlebigen Muttersubstanzen gebildet würden. So entsteht die Radiumemanation Rn durch einen einfachen α-Zerfall aus dem langlebigen Radium, und das Th X aus dem Radiothor mit der Halbwertszeit $T = 1{,}9$ Jahre.

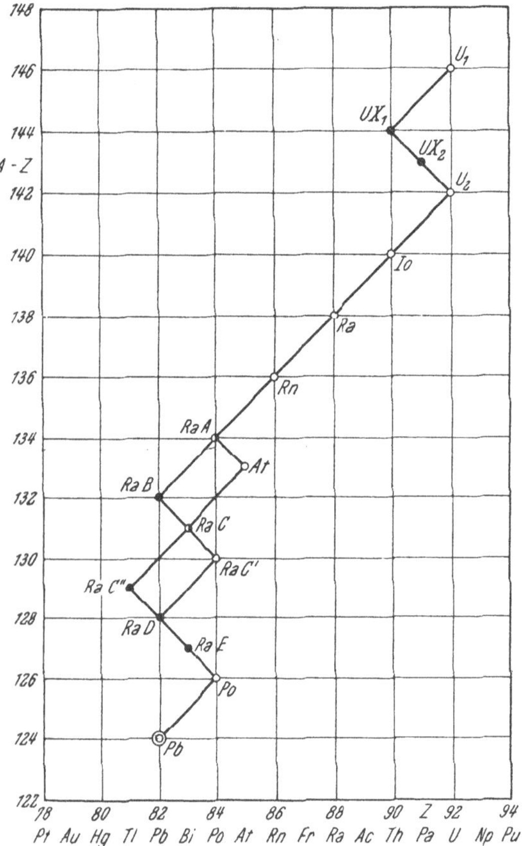

Abb. 20. Schema des Zerfalls der Uran-Radium-Reihe. Abszisse: Protonenzahl; Ordinate: Neutronenzahl

Für das allgemeine Verständnis der Verhältnisse dürfte es wohl von Vorteil sein, die Zerfallsvorgänge der wichtigsten Zerfallsreihe, der Uranreihe, kurz zu skizzieren. Die Muttersubstanz U_I ($^{238}_{92}U$) geht unter α-Strahlung mit einer Halbwertszeit von 4,5 · 10^9 Jahren über in U X_1, ein Isotop des Thoriums. Dieses zerfällt in U X_2 (β-Zerfall) und nachträglich (nochmaliger β-Zerfall, $T = 1{,}17$ m) in U_{II}, ein Uranisotop mit dem Atomgewicht 234. Dieses verwandelt sich unter α-Abgabe in das Th-Isotop Ionium ($T = 8 \cdot 10^4$ a), und dieses geht seinerseits ebenfalls unter α-Zerfall über in das wichtigste Glied der Reihe, in Radium Ra. Radium zerfällt unter α-Ausgabe mit einer Halbwertszeit von $T =$ 1620 Jahren in das Edelgas Emanation Rn und diese ($T = 3{,}825$ Tage) in Radium A. Die Zerfallsverhältnisse dieses Grundstoffes (Po-Isotop $Z = 84$, $A = 218$) sind komplizierter Natur, indem etwa 99,93% der Atome unter β-Abgabe in Radium B, Ra B, und etwa 0,07% durch β-Zerfall in das Halogen At, $Z = 85$ übergehen. Ra B verwandelt sich unter β-Abgabe in Ra C, und At unter α-Abgabe ($T = 1{,}5$ s) ebenfalls in dasselbe Element. Auch Radium C (Ra C) weist einen sogenannten *dualen Zerfall* auf; 19,3% der Atome zerfallen unter β-Abgabe in Ra C′ und der Rest unter α-Zerfall in Ra C″. Beide Grundstoffe, der erstere unter α-Zerfall, der letztere unter β-Abgabe, vereinigen sich wieder bei Ra D, einem Pb-Isotop mit dem Atomgewicht 210. Ein β-Übergang ($T = 19{,}4$ a) führt Ra D in Ra E, und ein weiterer dieses in Polonium, das erste entdeckte Radioelement, über. Po zerfällt unter Emission von α-Strahlung schließlich in das inaktive Pb-Isotop mit dem Atomgewicht 206. Hier findet die Uranreihe ihren Abschluß. Sehr ähnlich sind ebenfalls die Verläufe der *Thoriumreihe* (Muttersubstanz ^{232}Th) und der *Actiniumreihe* (Muttersubstanz ^{235}U), die bei ^{208}Pb resp. ^{207}Pb ihren Abschluß finden. Die Zerfallsverhältnisse der Uranreihe sind im Schema der Abb. 20 und in Tab. 6 wiedergegeben.

Tabelle 6. Elemente der Uran-Radium-Reihe

Element	Strahlung	Halbwertszeit T	Menge im Gleichgewicht mit 1 g Ra
U I	α	4,5 · 10^9 a	2,92 t
U X_1	β, γ	23,8 d	0,0416 mg
U X_2	β, γ	1,17 m	0,329 · 10^{-7} g
U II	α	2,6 · 10^5 a	161 g
Io	α, γ	8 · 10^4 a	49,8 g
Ra	α, γ	1620 a	1,0 g
Rn	α	3,825 d	4,82 μg
Ra A	α, β	3,05 m	0,858 · 10^{-7} g
Ra B	β, γ	26,8 m	7,54 · 10^{-7} g
At	α	1,5 s	~ 10^{-12} g
Ra C	α, β	19,7 m	5,55 · 10^{-7} g

Fortsetzung der Tabelle 6

Element	Strahlung	Halbwertszeit T	Menge im Gleichgewicht mit 1 g Ra
Ra C′	α, γ	$1{,}5 \cdot 10^{-5}$ s	$0{,}73 \cdot 10^{-14}$ g
Ra C″	β, γ	1,32 m	$0{,}370 \cdot 10^{-7}$ g
Ra D	β, γ	19,4 a	15,7 mg
Ra E	β, γ	4,85 d	6,11 μg
Ra F (Po)	α	138 d	0,241 mg
Ra G (Pb)	—	∞	—

Wegen ihrer praktischen Bedeutung sollen auch noch die Verhältnisse der Thoriumreihe kurz tabellarisch aufgeführt werden.

Tabelle 7. Elemente der Thoriumreihe

Element	Strahlung	Halbwertszeit T	Gleichgewicht
Th	α	$1{,}39 \cdot 10^{10}$ a	$2{,}08 \cdot 10^{9}$
M Th_1	β	6,7 a	1,00
M Th_2	β, γ	6,13 h	$1{,}05 \cdot 10^{-4}$
R Th	α, γ	1,90 a	0,28
Th X	α, γ	3,64 d	$1{,}46 \cdot 10^{-3}$
Th Em. . . .	α	54,5 s	$2{,}57 \cdot 10^{-7}$
Th A	α, β	0,16 s	$7{,}60 \cdot 10^{-10}$
At	α	$3 \cdot 10^{-4}$ s	$\sim 10^{-16}$
Th B	β, γ	10,6 h	$1{,}81 \cdot 10^{-4}$
Th C	α, β	60,5 min	$1{,}72 \cdot 10^{-5}$
Th C′	α, γ	$3 \cdot 10^{-7}$ s	$\sim 10^{-16}$
Th C″	β, γ	1,32 min	$3{,}88 \cdot 10^{-7}$
Th D (Pb) .	—	∞	—

Die Thoriumreihe findet somit schon beim Th D ihren Abschluß, während die Uran-Radium-Reihe noch drei weitere Glieder aufweist.

Die Actiniumreihe ist für die Praxis ohne Bedeutung, da ihre Folgeelemente so selten sind, daß sie nicht in größeren Mengen gewonnen werden können.

Für die Praxis sind von allen natürlichen Zerfallsprodukten besonders wegen ihrer Lebensdauer wichtig das Radium und die Radiumemanation und für die Verwendung von reinen α-Strahlen das Polonium. Aus der Thoriumreihe haben das M Th_1, Ra Th und das Th X praktische Bedeutung erlangt.

Wie aus den beiden Tabellen ersehen werden kann, umschließen die Halbwertszeiten (und damit die Zerfallskonstanten) 24 Größenordnungen. Einzelne Grundstoffe (Th, U) sind relativ stabil und zerfallen nur sehr langsam, während andere (Ra C′, Th C′) Zerfallszeiten von nur Mikrosekunden aufweisen.

Für eine große Anzahl radioaktiver Elemente sind die Zerfallszeiten (T) unmittelbar meßbar. Für sehr langlebige oder sehr kurzlebige α-strahlende Isotope lassen sie sich mit Hilfe der GEIGER-NUTTALL-Beziehung aus der Reichweite der emittierten α-Strahlen berechnen. Diese Beziehung lautet:

$$\log \lambda = A + B \log R_0,$$

wobei nach den neuesten Messungen der Reichweiten und Zerfallskonstanten der meßbaren Elemente die Konstanten $A = -41{,}6$ und $B = 60{,}04$ für die Uranreihe betragen. Für die übrigen Zerfallsreihen gelten ganz ähnliche Gesamtverhältnisse und die Konstanten der GEIGER-NUTTALL-Beziehung haben ähnliche Werte.

Aus der Beziehung zwischen Reichweite und Zerfallskonstante ist zu ersehen, daß die sehr instabilen Elemente Strahlen (α, β) höherer Energie aussenden als die relativ stabilen. Diese Tatsache hängt mit der Stabilität des entsprechenden Atomkernes zusammen. Für die Praxis ergibt sich daraus die Folgerung, aus der Zerfallsreihe diejenigen Glieder auszuwählen, die bei genügend langer Lebensdauer auch eine genügend intensive Strahlung ihrer Folgeprodukte aussenden.

c) Künstliche Radioaktivität

Wie die vorhergehenden Kapitel gezeigt haben, beruht die Radioaktivität auf einem spontanen Zerfall gewisser Atomkerne, die einen mehr oder weniger instabilen Aufbau haben. Einige Elemente (Pb, Bi) weisen neben stabilen Isotopen auch instabile Isotope auf, derart, daß z. B. Pb ($Z = 82$) ein Gemisch aus Isotopen darstellt, die alle dieselbe Kernladung und damit dieselben chemischen Eigenschaften aufweisen, die sich aber in ihrem Atomgewicht ganz erheblich voneinander unterscheiden. Die Isotopen des Pb umfassen die Massen 197, 199, 200, 201, 203, 204, 205, 206, 207, 208, 209, 210, 211, 212, 214. Die vier letzteren, Ra D, Ac B, Th B, Ra B, sind alle radioaktiv und wichtige β-Strahler. Die Isotopen 197, 199, 200, 201 und 209 sind künstlich hergestellt worden.

Es stellt sich die allgemeine Frage nach der Stabilität eines Atomkernes und deren Beziehung zur Zerfallskonstanten. Dabei kann auf theoretischem Wege gezeigt werden, daß, obschon grundsätzlich alle Mischungsverhältnisse zwischen Neutronen und Protonen in den Atomkernen denkbar wären, nur ganz bestimmte Mischungsverhältnisse eine wahrnehmbare Lebensdauer besitzen können, und daß unter den bestehenden Mischungsverhältnissen einige wenige stabil, also nicht radioaktiv sein können. Es ist somit die Radioaktivität keine besondere Eigenschaft der schwersten Elemente, sondern eine Eigenschaft, die grundsätzlich alle Elemente aufweisen können. Sie wird aber nicht bei allen natürlichen Elementen gefunden, weil die Stabilität der leichteren Kerne bei

Änderung des Protonen-Neutronen-Verhältnisses rasch derart gering wird, daß nur einige wenige noch solche Isotopen in feststellbarer Konzentration aufweisen. Es war deshalb naheliegend zu untersuchen, ob bei den nichtradioaktiven Elementen nicht auch künstliche Umwandlungen möglich sind.

Die erste derartige künstliche Umwandlung gelang RUTHERFORD 1919, als er Stickstoff mit Polonium-α-Strahlen bestrahlte. Dabei konnte die Emission von positiv geladenen Strahlen beobachtet werden, deren Reichweite sie als freie Protonen, also als positiv geladene Wasserstoffkerne erkennen ließ. Vier Jahre später konnte RUTHERFORD auch bei Al Protonenemission bei α-Bestrahlung feststellen. Ähnliche „Zertrümmerungen" gelangen in der Folge bei Li, Be, B, F, Na, Mg, S, K, Zn.

Im Jahre 1934 konnten nun JOLIOT-CURIE beobachten, daß mit α-Strahlen bestrahltes B die Fähigkeit, Strahlungen zu emittieren, nicht sofort nach der Bestrahlung wieder verlor, sondern weiter positive Elektronen aussandte, und daß diese Fähigkeit einen exponentiellen Verlauf mit der Zeit aufwies, d. h. formal denselben Gesetzen gehorchte, wie der radioaktive Zerfall. Damit war die neue Erscheinung der *künstlichen Radioaktivität* entdeckt.

Seit dieser Entdeckung und der damit gegebenen Möglichkeit zur Herstellung künstlich radioaktiver Stoffe sind alle Grundstoffe auf derartige Umwandlungen hin untersucht worden, und es sind auch von allen Elementen künstlich radioaktive Isotope hergestellt worden.

Neben den Strahlungen natürlich radioaktiver Stoffe, d. h. α- und γ-Strahlen, stehen heute zur Atomumwandlung künstlich erzeugte Protonen-, Deuteronen-, α-Strahlen sowie besonders γ-Strahlen und Neutronenstrahlen fast jeder beliebigen Energie zur Verfügung, wobei neben den als Cyklotron, Betatron und Synchrotron bezeichneten Beschleunigungsapparaturen insbesondere der Atomreaktor (Atomic Pile) als außerordentlich starke Neutronenquelle mit Intensitäten bis zu 10^{16} Neutronen/$cm^2 \cdot s$ zur Atomkernumwandlung dient.

α) Erzeugung künstlich radioaktiver Stoffe

Alle künstlich radioaktiven Stoffe stellen *instabile Isotope* chemischer Elemente dar, welche wegen ihrer Bildungsbedingungen oder ihrer radioaktiven Zerfallsverhältnisse in der Natur nicht vorkommen. Ausnahmen von dieser allgemeinen Tatsache bilden die beiden Radioisotopen Tritium ^{3}H (T) und ^{14}C, welche in der Natur durch die Wirkung der kosmischen Strahlung aus den stabilen Isotopen ^{2}H (*d*) und ^{14}N dauernd in geringen Mengen gebildet werden und deshalb in einer geringen Gleichgewichtskonzentration im Wasserstoff und im Kohlenstoff vorhanden sind. Die Bildung eines künstlich radioaktiven Atomkerns beruht auf einer *Atomkernreaktion*, deren Ergebnis eine nicht vollständig stabile, aber auch nicht vollständig instabile Kernzusammensetzung darstellt, so daß dieselbe über eine endliche Zeit existenzfähig ist und innerhalb derselben in eine stabilere oder vollständig stabile „zerfallen“ muß. Dabei müssen sich dieselben Zerfallsgesetze wie für natürliche radioaktive Stoffe ergeben.

Jede Atomkernreaktion besteht grundsätzlich in einer Änderung der Kernzusammensetzung durch den erzwungenen Eintritt oder Austritt einer Partikel oder beider zugleich, wodurch auch eine Änderung des Verhältnisses der Neutronenzahl $A - Z$ zu der Protonenzahl Z und damit verbunden eine Änderung der Kernstabilität verursacht wird (vgl. S. 14ff.). Grundsätzlich sind neben energiereichen, geladenen schweren Korpuskeln auch γ-Quanten (und β-Strahlen) oberhalb der „Schwellenenergie“, insbesondere aber Neutronen zur Induktion von Kernreaktionen befähigt. Hierbei besteht aber ein wesentlicher Unterschied. Während bei positiv geladenen schweren Korpuskeln, d. h. Protonen, Deuteronen und α-Strahlen eine Minimalenergie von mehreren keV bis einigen MeV erforderlich ist, um gegen das hohe elektrische Feld des Kerns in genügend geringe Abstände vordringen zu können, ist dies bei den ladungslosen Neutronen keineswegs erforderlich, sondern Reaktionen sind mit *langsamen* oder sogar *thermischen* Neutronen (wegen der dabei für die Wechselwirkung zur Verfügung stehenden längeren Zeit) meist viel wahrscheinlicher, als mit schnellen. Photonen (und β-Strahlen) können dem Atomkern nur Energie, nicht aber Masse zuführen. Sie müssen demnach aus dem Kern eine schwere Partikel freimachen. Dazu ist mindestens deren Bindungsenergie von etwa 8 MeV (Massedefekt pro Teilchen etwa 0,008 Atomgewichtseinheiten) erforderlich. Diese Kernreaktionen sind damit durch ausgesprochene *Schwellenwerte* der Energie gekennzeichnet, unterhalb denen die Reaktionen nicht eintreten können. Im Gegensatz dazu sind bei schweren Teilchen, besonders aber für den Neutroneneinfang, meist eine oder mehrere Resonanzenergien vorhanden, bei denen die Kernreaktion besonders wahrscheinlich wird (sogenannter *Tunneleffekt*).

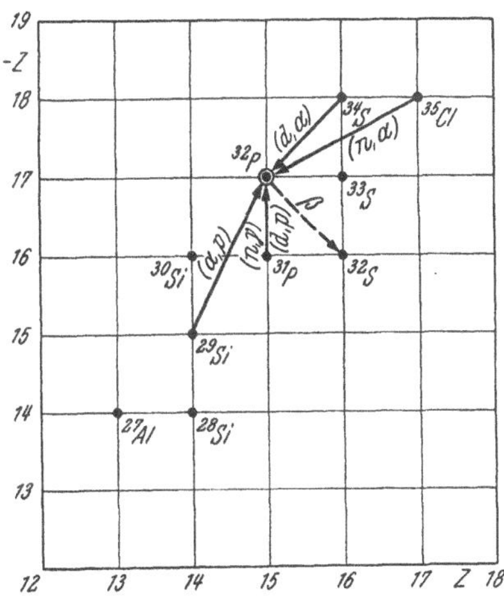

Abb. 21. Darstellung der verschiedenen bekannten Bildungswege von ^{32}P. Der dem Zerfall in ^{32}S entgegengerichtete Bildungsvorgang ^{32}S (n, p) ^{32}P ist der Übersichtlichkeit wegen weggelassen

Für die meisten künstlich radioaktiven Isotope gibt es nicht nur theoretisch, sondern auch tatsächlich mehrere Wege, über welche dieselben erzeugt werden könnten. Selbstverständlich ist dabei einer der einfachste und deshalb praktisch wichtigste. So wird z. B. das Isotop ^{32}P heute ausschließlich durch den $^{31}P\,(n, \gamma)$ ^{32}P-Prozeß erzeugt, trotzdem es, wie Abb. 21 zeigt, noch durch andere Vorgänge herstellbar wäre.

Nach der Strahlung, mit welcher die Kernreaktion erzwungen wird, unterscheidet man verschiedene Reaktionstypen. Zu deren Charakterisierung ist von Bothe und Weizsäcker eine besondere Symbolik eingeführt worden, welche allgemeine Verwendung gefunden hat.

β) *Einfache Kernreaktionen*

Die von Rutherford 1919 erstmals beobachtete künstliche Kernreaktion trat ein bei der Bestrahlung von Stickstoff mit α-Strahlen. Dabei wurde das Auftreten von Protonenstrahlen beobachtet. Diese Kernreaktion führt zu einem stabilen Endprodukt und erfolgt nach der Gleichung

$$^{14}_{7}N + ^{4}_{2}He \longrightarrow ^{17}_{8}O + ^{1}_{1}H.$$

Unter Eintritt des α-Teilchens (^4_2He) in den Stickstoffkern und gleichzeitigem Austritt eines Protons (^1_1H) entsteht ein Sauerstoffkern $^{17}_{8}O$. Die Summen der Massen und Ladungen müssen dabei erhalten bleiben. Nach der vorstehend erwähnten Symbolik wird diese Kernreaktion geschrieben

$$^{14}N\,(\alpha, p)\,^{17}O.$$

Von den mit α-Strahlen an sich möglichen Reaktionen

$$^{m}_{n}A\,(\alpha, p)\,^{m+3}_{n+1}B;\quad ^{m}_{n}A\,(\alpha, d)\,^{m+2}_{n+1}B;$$
$$^{m}_{n}A\,(\alpha, n)\,^{m+3}_{n+2}B;\quad ^{m}_{n}A\,(\alpha, \gamma)\,^{m+4}_{n+2}B$$

sind nur die drei ersten (α, p), (α, d) und (α, n) sicher bekannt geworden. Besonders die letztere dient zur Herstellung kleiner Neutronenquellen für experimentelle Zwecke durch die Vermischung eines α-Strahlers (Radium oder Polonium) mit Beryllium. Die Neutronenerzeugung erfolgt nach der Reaktion

$$^{9}Be\,(\alpha, n)\,^{12}C.$$

Am Umwandlungsvorgang $^{10}B\,(\alpha, n)\,^{13}N$ wurde 1934 durch I. Curie und Joliot die künstliche Radioaktivität entdeckt.

Neben den vorstehend etwas ausführlicher besprochenen künstlichen Umwandlungsvorgängen mit α-Strahlen sind mit *Protonenstrahlen* grundsätzlich möglich die Reaktionen

$$^{m}_{n}A\,(p, \alpha)\,^{m-3}_{n-1}B;\quad ^{m}A\,(p, d)\,^{m-1}A;\quad ^{m}_{n}A\,(p, n)\,^{m}_{n+1}B$$
$$\text{und}\quad ^{m}_{n}A\,(p, \gamma)\,^{m+1}_{n+1}B.$$

In ähnlicher Weise könnten mit *Deuteronen* die Kernumwandlungen (d, α), (d, p), (d, n) und (d, γ) mit *Neutronen* die Reaktionen (n, α), (n, p)

(n, d) und (n, γ) und mit γ-Strahlen (sogenannter *Kernphotoeffekt*) die Vorgänge (γ, α), (γ, p), (γ, d) und (γ, n) bewirkt werden. In Ausnahmefällen treten bei Kernreaktionen gleichzeitig zwei Neutronen nach den Schemata $(\alpha, 2n)$, $(d, 2n)$, $(p, 2n)$ $(n, 2n)$ und $(\gamma, 2n)$ aus.

Von diesen grundsätzlich möglichen Kernreaktionen sind von Bedeutung nur die Vorgänge (α, p), (α, n), (p, n), (d, α), (d, p), (d, n), (n, p), (n, α), (n, γ) und (n, p). Von höchstem praktischem Interesse sind die Reaktionen (n, p) und besonders (n, γ) im Atomreaktor. Nach dem letzterwähnten Prozeß werden die beiden therapeutisch wichtigen künstlichen Radioisotopen ^{60}Co und ^{32}P hergestellt. Wegen der hohen praktischen Bedeutung soll hier deshalb etwas näher darauf eingegangen werden.

Die künstlich erzeugbare Aktivität hängt von mehreren Faktoren resp. physikalischen Gegebenheiten ab. Zunächst ist unmittelbar einzusehen, daß bei einem (n, γ)-Prozeß die *spezifische Aktivität*, ausgedrückt in c/g, offenbar um so größer werden muß, je mehr Neutronen pro Zeiteinheit das zu aktivierende Element durchlaufen. Die resultierende Aktivität ist also dem *Neutronenfluß* (Pile Faktor) Φ, d. h. der Anzahl Neutronen pro cm^2 und s proportional. Weiter ist die Zahl der pro Zeiteinheit erzeugbaren radioaktiven Atomkerne der Wahrscheinlichkeit proportional, mit welcher ein Neutron die Umwandlung bewirkt, also dem *Aktivierungsquerschnitt* σ (ausgedrückt in barn $= 10^{-24}$ cm^2). Schließlich ist die spezifische Aktivität auch noch abhängig von der Anzahl Atomkerne pro g, von der Einwirkungszeit der Neutronen t und der Zerfallskonstante λ des entstehenden Radioisotops, da dessen Atome ja sofort nach ihrer Bildung dem radioaktiven Zerfall unterworfen sind. Aus diesen Voraussetzungen ergibt sich die Bildungsgeschwindigkeit der Atome des Radioisotops zu

$$\frac{dN}{dt} = \frac{\sigma \cdot \Phi \cdot N}{A} - \lambda N \quad \text{Atome/g s.}$$

Die Zahl der nach einer bestimmten Zeit t gebildeten radioaktiven Atomkerne $N_{(t)}$ ist somit

$$N_{(t)} = \frac{\sigma \cdot \Phi \cdot N}{\lambda \cdot A} (1 - e^{-\lambda t}).$$

Um diese Zahl in der spezifischen Aktivität (c/g) auszudrücken, muß sie mit der Zerfallskonstanten multipliziert (ergibt Zahl der pro Zeiteinheit zerfallenden Atome) und durch die pro Curie in der Zeiteinheit zerfallenden Atome dividiert werden, also:

$$A_s = \frac{\sigma \cdot \Phi N}{3{,}7 \cdot 10^{10} \cdot A} (1 - e^{-\lambda t}).$$

Schließlich können die Werte von σ (10^{-24}) und die AVOGADROsche Zahl $(N = 6{,}03 \cdot 10^{23}$ Atome/Mol) miteinander multipliziert und die Zerfallskonstante durch den Ausdruck (Halbwertszeit) $\lambda = \frac{0{,}693}{T}$ ersetzt werden. Damit resultiert

$$A_s = \frac{0{,}603 \cdot \sigma \cdot \Phi}{3{,}7 \cdot 10^{10} \cdot A} \left(1 - e^{-\frac{0{,}693}{T} t}\right) \text{ Curie/g.}$$

Darin bedeuten:

A_s: spezifische Aktivität in c/g;
σ: Aktivierungsquerschnitt in barn;
Φ: Neutronenfluß in $n/\mathrm{cm}^2 \cdot \mathrm{s}$;
A: Atomgewicht des bestrahlten Elementes;
T: Halbwertszeit des gebildeten Radioisotops;
t: Bestrahlungszeit im Reaktor (ausgedrückt in derselben Einheit wie T).

Die vorstehenden Überlegungen sollen durch zwei praktische Beispiele erläutert werden:

Die Erzeugung von Radiokobalt geschieht durch den Prozeß $^{59}\mathrm{Co}\,(n, \gamma)\,^{60}\mathrm{Co}$ mit einem Aktivierungsquerschnitt von $\sigma = 36$ barn. Die Halbwertszeit beträgt 5,25 a, das Atomgewicht $A = 58{,}94$. Nach einer Bestrahlungszeit von z. B. 100 d = 0,274 a bei einem Neutronenfluß von $\Phi = 10^{12}\ n/\mathrm{cm}^2 \cdot \mathrm{s}$ ergibt sich die spezifische Aktivität von

$$A_s = \frac{0{,}603 \cdot 36 \cdot 10^{12}}{3{,}7 \cdot 10^{10} \cdot 58{,}94} \cdot \left(1 - e^{-\frac{0{,}693 \cdot 0{,}274}{5{,}25}}\right)$$

$$A_s \mathrel{\hat{=}} 0{,}34 \text{ Curie/g.}$$

Als Beispiel mit relativ kurzer Halbwertszeit diene $^{198}\mathrm{Au}$ mit $T = 2{,}68$ d. Bei einer Woche Bestrahlungszeit ($t = 6$ d) und einem Aktivierungsquerschnitt von $\sigma = 96$ barn ergibt sich

$$A_s = \frac{0{,}603 \cdot 96 \cdot 10^{12}}{3{,}7 \cdot 10^{10} \cdot 197} \left(1 - e^{-\frac{0{,}693 \cdot 6}{2{,}68}}\right)$$

$$A_s = 6{,}2 \text{ c/g.}$$

Wird die Aktivierungszeit viel größer als die Halbwertszeit des Radioisotops (etwa bei $t = 10\,T$), verschwindet das zweite Glied des Klammerausdruckes und die spezifische Aktivität erreicht den *Sättigungswert*

$$A_{s\infty} = \frac{0{,}603 \cdot \sigma \cdot \Phi}{3{,}7 \cdot 10^{10} \cdot A} \text{ c/g.}$$

Solche Sättigungsaktivitäten sind in Tab. 8 für einige praktisch wichtige Radioisotopen, welche durch (n, γ)-Prozesse hergestellt werden, wiedergegeben.

Sie sind nach der vereinfachten Formel

$$A_{s\infty} = 16{,}3 \cdot \frac{\sigma}{A} \text{ c/g}$$

für einen Neutronenfluß von $\Phi = 10^{12}\, n/\text{cm}^2 \cdot \text{s}$ berechnet worden. Es versteht sich von selbst, daß die Aktivitäten bei höherem Neutronenfluß diesem proportional höher werden und umgekehrt.

Bei wirklichen Bestrahlungen sind die erzielbaren Aktivitäten meist aber erheblich geringer, als die nach der vereinfachten Theorie berechenbaren Werte. Dafür sind zwei Gründe vorhanden. Zunächst wird ja durch die fortschreitende Kernumwandlung die Menge des zu bestrahlenden Isotops immer geringer, so daß dieselbe mit fortschreitender Bestrahlungszeit nicht als konstant angesehen werden darf. Meist ist aber die Konzentration der umgewandelten Atome doch so gering, daß sie für die Berechnung vernachlässigt werden darf. Demgegenüber haben mehrere praktisch wichtige Isotope so hohe Wirkungsquerschnitte für thermische Neutronen, daß deren Fluß schon nach dünnen Schichten auf relativ sehr geringe Werte abfällt. Damit sind Aktivierungen dann nur an relativ dünnen Schichten möglich und auch da nur unter Inkaufnahme einer inhomogenen Verteilung über das aktivierte Material. Abb. 22 zeigt Schwächungskurven thermischer Neutronen in Iridium, Kobalt und Platin, aus denen die praktisch noch sinnvollen Größen der zu aktivierenden Körper sofort entnommen werden können.

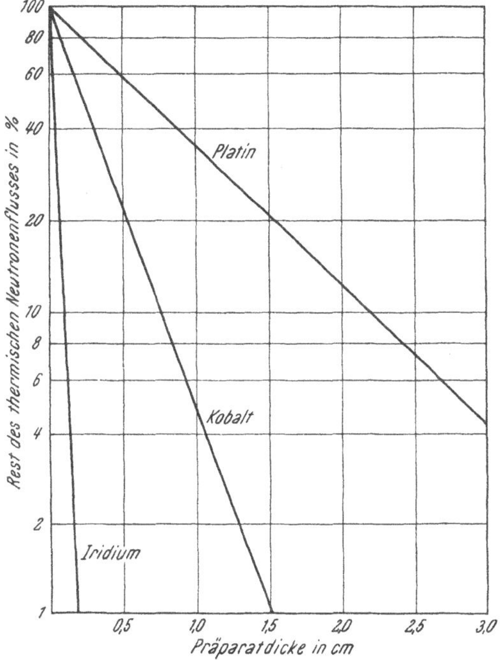

Abb. 22. Schwächung thermischer Neutronen (Absorption) durch Platin, Kobalt und Iridium

Tabelle 8. Einige durch den (n, γ)-Prozeß herstellbare Radioisotope

Radioisotop	Ausgangsisotop	T	σ_a barn	$A_{s\infty}$ in c/g bei $\Phi = 10^{12}$ $n/\text{cm}^2 \cdot s$
^{32}P	^{31}P	14,3 d	0,19	0,10
^{45}Ca	^{44}Ca	164 d	0,013	0,0053
^{51}Cr	^{50}Cr	27,8 d	0,48	0,15
^{60}Co	^{59}Co	5,25 a	36	9,9
^{71}Ge	^{70}Ge	11,4 d	0,62	0,14
^{82}Br	^{81}Br	1,5 d	1,7	0,34
^{86}Rb	^{85}Rb	18,6 d	0,52	0,099
^{122}Sb	^{121}Sb	2,8 d	3,9	0,52
^{124}Sb	^{123}Sb	60 d	1,07	0,14
^{134}Cs	^{133}Cs	2,3 a	26	3,2
^{175}Hf	^{174}Hf	70 d	2,7	0,25
^{192}Ir	^{191}Ir	74 d	370	32
^{198}Au	^{197}Au	2,69 d	96	8,1
^{203}Hg	^{202}Hg	47 d	1,13	0,091

Abb. 23. Nebelkammerbild eines Spaltvorganges von ^{235}U. Die Neutronen kommen von oben und treffen auf die von links nach rechts durch die Kammer gespannte Uranfolie. (Nach BÖGGILD)

γ) *Die Kernspaltung*

Mengenmäßig betrachtet, stellen die um viele Größenordnungen weitaus wichtigste Quelle künstlich radioaktiver Stoffe die Vorgänge in Atomenergieanlagen dar, bei denen die mit thermischen Neutronen spaltbaren Materialien in technischem Maßstab verwertet werden. Bei der 1939 von HAHN und STRASSMANN entdeckten und in der Folge besonders von FRISCH, NIER und KENNEDY genauer aufgeklärten *Atomkernspaltung* (Fission) werden beim Eintritt eines Neutrons in den Atomkern eines „spaltbaren" Materials zwei Spaltstücke gebildet (vgl. Abb. 23), welche primär mit wenigen Ausnahmen einen viel zu hohen Neutronengehalt aufweisen, um stabil zu sein. Spaltbar in technisch interessantem Maße mit thermischen Neutronen sind bisher nur die Isotopen (^{235}U, ^{233}U und ^{239}Pu). Diese reagieren resp. werden nach den folgenden Reaktionsgleichungen gebildet:

$$^{235}_{92}U + {}^{1}_{0}n \begin{cases} \nearrow (\text{Ba}) \\ \searrow (\text{Kr}) \end{cases} + 2{,}6\,{}^{1}_{0}n + 200\,\text{MeV}.$$

$$^{238}_{92}\mathrm{U} + ^{1}_{0}n \longrightarrow ^{239}_{92}\mathrm{U} \xrightarrow{\beta} ^{239}_{93}\mathrm{Np} \xrightarrow{\beta} ^{239}_{94}\mathrm{Pu}.$$

$$^{232}_{90}\mathrm{Th} + ^{1}_{0}n \longrightarrow ^{233}_{90}\mathrm{Th} \xrightarrow{\beta} ^{233}_{91}\mathrm{Pa} \xrightarrow{\beta} ^{233}_{92}\mathrm{U}.$$

Die bei der Kernspaltung als Bruchstücke gebildeten Atomkerne liegen zwischen den Elementen der Kernladungszahl 30 (Zn) und 75 (Re) und den Kernmassen 70 und 164. Dabei sind Spaltprodukte in der Umgebung der Massen $A \triangleq 96$ und $A \triangleq 140$ ausgesprochen bevorzugt, wie die Abb. 24 der relativen Häufigkeiten der bei der Spaltung auftretenden Spaltprodukte zeigt. Die Verteilung dieser *Spaltausbeuten* ist vom Ausgangsprodukt in nur geringem Maße abhängig.

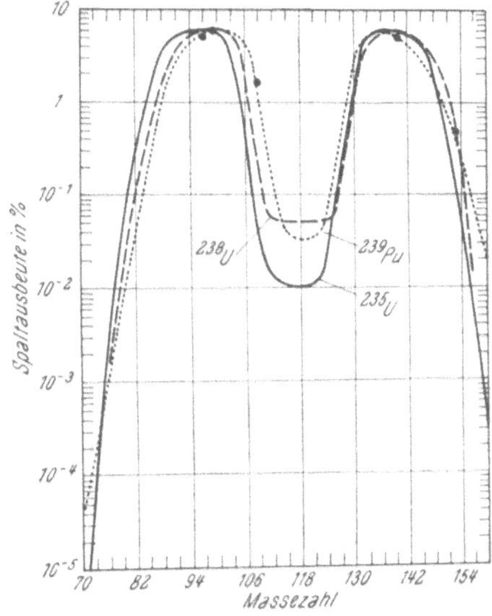

Abb. 24. Relative Spaltausbeuten für ^{238}U, ^{235}U und ^{239}Pu in Abhängigkeit von der Massezahl

Die primär gebildeten Spaltstücke, je deren zwei pro Spaltvorgang, gehen über einen oder mehrere β-Zerfallsvorgänge in stabile Isotope über, wie die drei nachfolgenden Zerfallsreihen (aus etwa 30 bekannten) zeigen sollen.

$$^{90}_{36}\mathrm{Kr} \xrightarrow[33\,\mathrm{s}]{\beta} ^{90}_{37}\mathrm{Rb} \xrightarrow[\mathrm{kurz}]{\beta} ^{90}_{38}\mathrm{Sr} \xrightarrow[28\,\mathrm{a}]{\beta} ^{90}_{39}\mathrm{Y} \xrightarrow[61\,\mathrm{h}]{\beta} ^{90}_{40}\mathrm{Zr}.$$

$$^{137}_{52}\mathrm{Te} \xrightarrow[1\,\mathrm{m}]{\beta} ^{137}_{53}\mathrm{J} \xrightarrow[22\,\mathrm{s}]{\beta} ^{137}_{54}\mathrm{Xe} \xrightarrow[3{,}9\,\mathrm{m}]{\beta} ^{137}_{55}\mathrm{Cs} \xrightarrow[29\,\mathrm{a}]{\beta} ^{137}_{56}\mathrm{Ba}.$$

$$^{144}_{54}\mathrm{Xe} \xrightarrow[\mathrm{kurz}]{\beta} ^{144}_{55}\mathrm{Cs} \xrightarrow[\mathrm{kurz}]{\beta} ^{144}_{56}\mathrm{Ba} \xrightarrow[\mathrm{kurz}]{\beta} ^{144}_{57}\mathrm{La} \xrightarrow[\mathrm{kurz}]{\beta}$$

$$^{144}_{58}\mathrm{Ce} \xrightarrow[282\,\mathrm{d}]{\beta} ^{144}_{59}\mathrm{Pr} \xrightarrow[17{,}5\,\mathrm{m}]{\beta} ^{144}_{60}\mathrm{Nd}.$$

Sie sind damit in höchstem Maße radioaktiv und stellen deshalb eine der größten Schwierigkeiten der gesamten Atomenergieaufgabe dar. Ihre Halbwertszeiten liegen, ganz ähnlich wie bei den natürlich radioaktiven Stoffen, zwischen Bruchteilen von Sekunden und vielen Jahren. Dabei sind grundsätzlich solche Isotope von „praktischem" Interesse, deren Halbwertszeiten größer sind als einige Tage. In Tab. 9 sind die wichtigsten bei der Spaltung von ^{235}U auftretenden Radioisotopen zusammengestellt worden.

Tabelle 9. Spaltausbeuten der wichtigsten langlebigen radioaktiven Spaltprodukte aus ^{235}U

Isotop	Halbwertszeit	Spaltausbeute %	Energie der Strahlung MeV	
			Beta	Gamma
^{85}Kr	10 a	1,5	0,695	0,54
^{89}Sr	53 d	4,8	1,463	—
^{90}Sr	28 a	5,9	0,61	—
^{90}Y.........	61 h	^{90}Sr-^{90}Y	2,18	—
^{91}Y.........	61 d	5,9	1,537	1,2
^{95}Zr	65 d	6,4	0,371	0,721
^{95}Nb	35 d	^{95}Zr-^{95}Nb	0,160	0,745
^{103}Ru	39,8 d	2,85	0,217	0,498
^{106}Ru	1,0 a	0,38	0,04	—
^{106}Rh	30 s	^{106}Ru-^{106}Rh	3,53	0,62
^{129}Te	33,5 d	0,34	1,8	0,106
^{131}J	8,1 d	2,9	0,608	0,364
^{133}Xe........	5,27 d	6,5	0,345	0,081
^{137}Cs	29 a	5,9	0,523	0,662
^{140}Ba	12,8 d	6,3	1,02	0,537
^{140}La........	40 h	^{140}Ba-^{140}La	1,67	1,596
^{141}Ce	33,1 d	6,0	0,442	0,145
^{144}Ce	282 d	6,1	0,360	0,134
^{143}Pr	13,7 d	6,2	0,932	—
^{144}Pr	17,5 m	^{144}Ce-^{144}Pr	2,97	2,19
^{147}Nd	11,3 d	2,6	0,83	0,52
^{147}Jl	3,7 a	^{147}Nd-^{147}Jl	0,223	—
^{151}Sm	80 a	0,5	0,079	—

Radioaktive Spaltstoffe werden, verglichen mit konventionellen, in mc oder c gemessenen Aktivitäten, bei der Atomkernenergietechnik in außerordentlich großen Mengen gebildet. Da pro Spaltvorgang die Energie von ziemlich genau 200 MeV $= 3{,}2 \cdot 10^{-4}$ erg frei wird, so sind für die rohe Leistung von 1 kW $3{,}1 \cdot 10^{12}$ Sp/s (Spaltvorgänge pro Sekunde) erforderlich. Damit entspricht einer Reaktorrohleistung von 1000 kW während 24 Stunden die Bildung von ziemlich genau 1 g Spaltstoffen. Aus den vorstehenden Zahlen kann die Radioaktivität eines bestimmten Isotops, das mit der Spaltausbeute f% entsteht, und das die Zerfallskonstante λ aufweist, berechnet werden nach

$$A = 8{,}45 \cdot L \cdot f \cdot (1 - e^{-\lambda t})\, e^{-\lambda \vartheta} \text{ Curie.}$$

Dabei bedeuten:

L: Reaktorrohleistung in kW
f: Spaltausbeute in %
λ: Zerfallskonstante
t: „Brennzeit" im Reaktor
ϑ: „Kühlzeit" (außerhalb des Reaktors).

Es läßt sich aus der vorstehenden Formel leicht berechnen, daß in einem Reaktor von der Leistung von 1000 MW = 10^6 kW, pro Jahr beispielsweise etwa 10^6 c ^{137}Cs gebildet werden (entsprechend etwa $\frac{1}{2}\,T$ Radium). In Tab. 10 sind die beim ^{235}U (n, f) X-Prozeß mit höchsten Spaltausbeuten gebildeten γ-strahlenden Radioisotopen mit Halbwertszeiten von $T > 10$ d wiedergegeben. Die Tabelle wurde berechnet für eine rohe Leistung von 1 kW, für eine „Brenndauer" t und eine „Kühldauer" ϑ von je 100 Tagen.

Tabelle 10. Aktivitäten der wichtigsten γ-strahlenden Spaltprodukte nach 100 Tagen Brenndauer und 100 Tagen Kühldauer für die Reaktorrohleistung von 1 kW

Isotop	Halbwertszeit	Spaltausbeute %	Energie der γ-Strahlung MeV	Aktivität in Curie
^{85}Kr	10 a	1,5	0,54	0,3
^{91}Y	61 d	5,9	1,2	11,2
^{95}Zr-^{95}Nb	65/35 d	6,4	0,75	18,3
^{103}Ru	40 d	2,9	0,50	3,6
^{106}Ru-^{106}Rh	1 a	0,38	0,62	0,5
^{137}Cs	29 a	5,9	0,66	0,3
^{140}Ba-^{140}La	12,8 d	6,3	1,60	0,3
^{141}Ce	31,1 d	6,0	0,15	5,0
^{144}Ce-^{144}Pr	282 d	6,1	2,19	8,7

Summe $\Sigma = 48{,}1$ c

Von den in der therapeutischen Praxis in größerem Maße verwendeten Radioisotopen werden ^{90}Sr und ^{137}Cs ausschließlich aus Spaltprodukten hergestellt. Dieselben entstehen als langlebige Glieder in den beiden ersten der vorstehend angeführten Zerfallsreihen. Das Isotop ^{131}J wird ebenfalls teilweise aus Spaltprodukten gewonnen, zu einem anderen Teil wird es in größeren Mengen auch durch die Prozesse:

$$^{130}_{52}\mathrm{Te}\,(n, \gamma)\ ^{131}_{52}\mathrm{Te} \xrightarrow[30\,\mathrm{h}]{\beta} {}^{131}_{53}\mathrm{J} \quad \text{hergestellt.}$$

Die Methoden der Präparation von praktisch verwendbaren, reinen künstlichen Radioisotopen aus Spaltstoffen sind solche einer der hohen Radioaktivität angepaßten, besondern analytischen und präparativen Chemie.

Literatur

A. Zusammenfassende Werke

Bressler, S. J.: Die radioaktiven Elemente. Berlin: VEB Verlag Technik, 1957.

De Broglie, M. et L.: Physique des Rayons X et gamma. Paris: Alb. Blanchard, 1922.

Comar, L. C.: Radioisotopes in Biology and Agriculture. New York: McGraw Hill, 1955.

CORK, J. M.: Radioactivity and Nuclear Physics. New York: Van Nostrand Co. Inc., 1947.

CURIE, Mme. P.: Die radioaktiven Substanzen. Braunschweig: Vieweg & Sohn, 1904.

— Die Radioaktivität, 2 Bde. Leipzig: Akademische Verlagsgesellschaft, 1911, 1912.

DIEBNER, K., und E. GRASSMANN: Künstliche Radioaktivität. Leipzig: S. Hirzel, 1938.

ERRERA, J.: Chimie physique nucléaire appliquée. Paris: Masson et Cie., 1956.

FAJANS, K.: Radioaktivität. Braunschweig: Vieweg & Sohn, 1922.

FERNAU, A.: Physik und Chemie des Radiums und Mesothor. Wien: Springer, 1926.

FIEBELKORN, H. J., und W. MINDER: Therapie mit Röntgenstrahlen und radioaktiven Stoffen. Bern und Stuttgart: H. Huber, 1959.

FLÜGGE, S. (Herausgeber): Handbuch der Physik, Bde. 39, 40 und 42. Berlin-Göttingen-Heidelberg: Springer, 1957—1958.

GEIGER, H., und K. SCHEEL (Herausgeber): Handbuch der Physik, Bde. 14, 17, 19 bis 24. Berlin: Springer, 1926—1933.

GENTNER, W., H. MAIER-LEIBNITZ und W. BOTHE: Atlas typischer Nebelkammerbilder. Berlin: Springer, 1940.

GLASSER, O. (Editor): The Science of Radiology. Springfield: C. Thomas, 1933.

— (Editor): Medical Physics, Vol. 1, 2 and 3. Chicago: The Year Book Publishers Inc., 1944, 1950, 1959.

— E. H. QUIMBY, L. S. TAYLOR and J. L. WEATHERWAX: Physical Foundations of Radiology, 2nd Ed. New York: P. B. Hoeker, 1954.

GOCKEL, A.: Die Radioaktivität von Boden und Quellen. Braunschweig: Vieweg & Sohn, 1914.

GRUNER, P.: Kurzes Lehrbuch der Radioaktivität. Bern: P. Haupt, 1911.

GUSSEW, N. G.: Leitfaden für Radioaktivität und Strahlenschutz. Berlin: VEB Verlag Technik, 1957.

HAISSINSKY, M.: La Chimie nucléaire et ses applications. Paris: Masson et Cie., 1957.

HALNAN, K. E.: Atomic Energy in Medicine. London: Butterworth's Publ., 1957.

HEITLER, W.: Quantum Theory of Radiation, 3rd Ed. Oxford: University Press, 1954.

HEVESY, G. v.: Radioactive Indicators. New York: Interscience Publ. Co., 1948.

— und F. PANETH: Lehrbuch der Radioaktivität. Leipzig: J. A. Barth, 1931.

HINE, G. J., and G. L. BROWNELL (Editors): Radiation Dosimetry. New York: Academic Press Inc., 1956.

JOLIOT-CURIE, I.: Les Radioéléments naturels. Paris: Hermann & Cie., 1946.

KOHLRAUSCH, K. W. F.: Probleme der Gammastrahlung. Braunschweig: Vieweg & Sohn, 1927.

— Handbuch der Experimentalphysik, Bd. XV. Leipzig: Akademische Verlagsgesellschaft, 1928.

LAPP, R. E., and H. L. ANDREWS: Nuclear Radiation Physics. New York: Prentice Hall Inc., 1955.

MARX, E.: Handbuch der Radiologie, Bde. I—VII. Leipzig: Akademische Verlagsgesellschaft, 1913—1926.

MATTAUCH, J., und A. FLAMMERSFELD: Isotopenbericht. Tübingen: Verlag Z. f. Naturforschung, 1949.
MEITNER, L., und M. DELBRÜCK: Der Aufbau der Atomkerne. Berlin: Springer, 1935.
MEYER, ST., und E. v. SCHWEIDLER: Radioaktivität. Leipzig und Berlin: B. G. Teubner, 1927.
MIEHLNICKEL, E.: Höhenstrahlung. Dresden und Leipzig: Th. Steinkopff, 1938.
PHILIPP, K.: Kernspektren. Hand- und Jahrbuch der chemischen Physik, Bd. IX. Leipzig: Akademische Verlagsgesellschaft, 1937.
RIEZLER, W.: Einführung in die Kernphysik, 6. Aufl. München: R. Oldenbourg, 1959.
ROSSI, B.: High Energy Particles. New York: Prentice Hall Inc., 1952.
RUTHERFORD, E.: Radioaktivität. Berlin: Springer, 1907.
— Radioaktive Umwandlungen. Braunschweig: Vieweg & Sohn, 1907.
— E. J. CHADWICK and C. D. ELLIS: Radiations from Radioactive Substances. Cambridge: University Press, 1930.
SCHINZ, H. R.: Sechzig Jahre medizinische Radiologie. Stuttgart: G. Thieme, 1959.
SELMAN, J.: The Fundamentals of X-ray and Radium Physics, 2nd Ed. Oxford: Blackwell & Co., 1958.
SIEGBAHN, K. (Editor): Beta- and Gamma-ray Spectroscopy. New York: Interscience Publ. Co., 1955.
SIRI, W. E.: Isotopic Tracers and Nuclear Radiations. New York: McGraw Hill, 1949.
SPRING, K. H.: Photons and Electrons. London: Methuen & Co. Ltd., 1950.
THIBAUD, J.: Vie en transmutations des atomes. Paris: Albin Michel, 1937.
WACHSMANN, F.: Die radioaktiven Isotope. Bern: A. Francke, 1955.
WEYL, C., S. R. WARREN and D. B. O'NEILL: Radiologic Physics. Springfield: C. Thomas, 1941.
YOUNG, M. E. J.: Radiological Physics. London: Lewis & Co. Ltd., 1957.
ZIMEN, K. E.: Angewandte Radioaktivität. Berlin-Göttingen-Heidelberg: Springer, 1952.
ZIMMER, K. G.: Radiumdosimetrie. Fortschr. Röntgenstr., Erg.-Bd. 49. Leipzig: G. Thieme, 1936.

B. Originalarbeiten

AEBERSOLD, P. C.: Radioisotopes as Sources of Gamma Rays in Therapy. Amer. J. Roentgenol. **70**, 126 (1953).
ATTIX, F. H., and V. H. RITZ: Determination of the Gamma Ray Emission of Radium. J. Res. Nat. Bur. Stand. **59**, 293 (1957).
CASWELL, R. S.: The Average Energy of β-Ray Spectra. Phys. Rev. **86**, 82 (1952).
FLÜGGE, S.: Die Bedeutung der Entdeckung des Radiums für die Physik. Strahlenther. **79**, 327 (1949).
FRESCO, J., E. JETTER and J. HARLEY: Radiometric Properties of the Thorium Series. Nucleonics **10**/8, 60 (1952).
GAMOW, G.: Über den heutigen Stand der Theorie des Beta-Zerfalls. Physik. Z. **38**, 800 (1937).
GHOSH, A., J. KASTNER and N. G. WHYTE: Gamma Ray Output of Radium. Nucleonics **11**/6, 70 (1953).
GLOCKER, R.: Die Bedeutung der Radioaktivität für die Medizin. Strahlenther. **79**, 331 (1949).

GRAY, L. H.: The Experimental Determinations by Ionization Methods of the Rate of Emission of Beta- and Gamma-Ray Energy by Radioactive Substances. Brit. J. Radiol. **22**, 677 (1949).
GÜRTLER, J.: Schwankungserscheinungen an Gammastrahlen. Ann. Phys. **34**, 561, 575 (1939).
MANN, W. B., and H. H. SELIGER: Radioactivity Standardization in the United States. Proc. Second Int. Conf. Geneva **21**, 90 (1958).
MARINELLI, L. D., R. F. BINKERHOFF and G. J. HINE: Average Energy of Beta-Rays Emitted by Radioactive Isotopes. Rev. mod. Phys. **19**, 25 (1947).
MARSCHALL, H. J.: How to Figure the Shapes of Beta-Ray Spectra. Nucleonics **13**/8, 34 (1955).
MEYER, H.: 50 Jahre Radium. Strahlenther. **79**, 324 (1948).
MILLIKAN, R. A.: A New Determination of e, N and Relative Constants. Phil. Mag. J. Sci. **34**, 1 (1917).
MINDER, W.: Über den gegenwärtigen Stand der Anwendung radioaktiver Stoffe in der Medizin. Radiol. Clin. **21**, 79 (1952).
— Radioisotope als Heilmittel. Schweiz. Ap. Ztg. **93**, 204 (1955).
NICOLAE, M.: A New Method of the Determination of the Alpha Activity of Solutions by Means of Nuclear Emulsions. Proc. Second Int. Conf. Geneva **21**, 154 (1958).
ONG PING HOK, P. KRAMER and G. MEIJER: The Decay of ^{90}Nb. Physica **20**, 1200 (1954).
PARKER, H. M.: Limitations of Physics in Radium Therapy. Radiology **41**, 330 (1943).
PHILIPP, K.: Anwendung radioaktiver Isotope in der Medizin. Strahlenther. **83**, 51 (1950).
SIEVERT, R.: Medical Radiophysics in Sweden. Acta Radiol. **23**, 191 (1950).
SINCLAIR, W. K., and L. F. LAMERTON: Physical Principles Underlaying the Clinical Use of Radioactive Isotopes. Progr. Biophys. Chem. **2**, 96 (1951).
SITTE, K.: Gesetzmäßigkeiten in der Zerfallsenergien von β-Strahlern. Acta phys. Austr. **2**, 1 (1948).
STOCKER, P. H., and ONG PING HOK: The Beta-Spectrum of Arsenic-71. Physica **19**, 279 (1953).
WILES, D. R.: Principles of Beta-Decay Theory. Nucleonics **11**/11, 32 (1953).
WU, C. S.: Recent Investigations of the Shapes of β-Ray Spectra. Rev. mod. Phys. **22**, 386 (1950).

Zweiter Abschnitt

Wechselwirkung zwischen Strahlung und Materie

1. Die Erscheinungen der Strahlenschwächung

a) Formale Gesetzmäßigkeiten

Beim Durchgang einer beliebigen Strahlung durch einen beliebigen Körper erleidet die Strahlung eine *Schwächung*. Diese Tatsache ist der unmittelbare, sinnfällige und meßbare Ausdruck dafür, daß die Strahlung mit dem Körper in *Wechselwirkung* tritt. Das Ausmaß dieser Wechselwirkung ist in hohem Maße von der Natur und Energie der Strahlung, ebenso aber in hohem Maße von der Phase und der chemischen Zusammensetzung des Körpers abhängig. Dabei kann es keinem Zweifel unterliegen, daß in einem beliebigen Medium nur derjenige Anteil einer Strahlung irgend eine Wirkung verursachen kann, der beim Durchgang dieser Strahlung im Medium zurückgehalten wird (sogenanntes Gesetz von GROTTHUS-DRAPER). Alle feststellbaren Wirkungen, seien sie physikalischer, chemischer oder biologischer Natur, sind demnach mit dem Schwächungsvorgang der Strahlung im beobachteten Medium ursächlich aufs engste verknüpft. Die Frage, welche Wirkungen bei einer Bestrahlung auftreten, ist zunächst weniger eine solche nach der Art der Strahlung, als vielmehr eine solche nach den Reaktionsmöglichkeiten des die Strahlung aufnehmenden Systems. Es ist deshalb der Schwächungsvorgang Ursache und Ausgang aller Strahlenwirkungen und die manifest werdenden Wirkungen wesentlich Folgen der Natur des schwächenden Objekts. Es darf demnach gesagt werden, daß in einem bestrahlten Objekt alle beobachtbaren Reaktionen (z. B. Photoeffekt, Lumineszenz, Erwärmung, Ionisation, chemische Reaktionen) in mehr oder weniger hohem Maße ausgelöst werden, wobei allerdings der die Strahlung schwächende Körper in sehr verschiedenem Maße im einzelnen auf die Strahlung manifest reagiert.

Von geringerer Bedeutung ist dabei die Art der Strahlung, da bei allen Strahlungen die für alle Reaktionsmöglichkeiten notwendigen Energien weit überschritten sind. Es soll hier beigefügt werden, daß dies beispielsweise für Licht nicht in dieser allgemeinen Formulierung gilt, da hier zur Anregung eines Quantensprunges (*Anregung*) oder zur Ablösung eines Elektrons (Photoeffekt) die notwendigen Energien durch Quanten geringerer Energie eben nicht erreicht werden. Deshalb kann es bei ionisierenden Strahlungen auch keine sogenannten „charakteristischen“ oder „spezifischen“ Strahlenwirkungen geben.

Das quantitative Ausmaß der Wechselwirkungen zwischen Strahlungen und durchstrahlter Materie wird beschrieben durch das *formale Schwächungsgesetz*. Dieses ist auf schwere, geladene Korpuskeln, also beispielsweise auf α-Strahlen nicht anwendbar. Demgegenüber beschreibt es die quantitativen Verhältnisse bei γ-Strahlen exakt und diejenigen bei β-Strahlen mit einer für die meisten praktischen Aufgaben genügenden Annäherung. Dasselbe soll an Hand der Abb. 25 kurz hergeleitet werden:

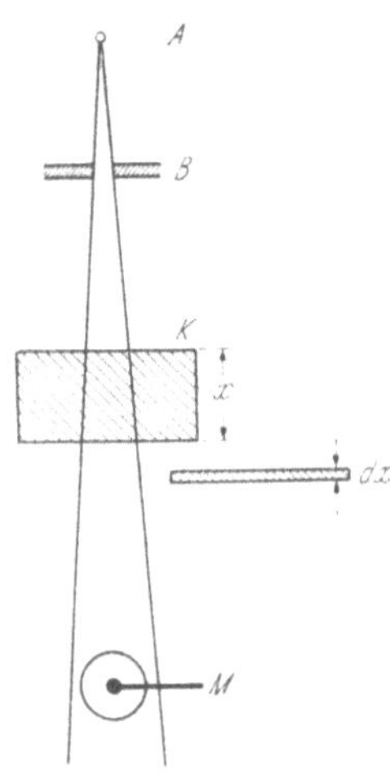

Abb. 25. Zur Ableitung des Schwächungsgesetzes. A: Strahlenquelle; B: Blende; K: schwächender Körper von der Dicke x; M: Meßinstrument

Von der Strahlenquelle A soll eine homogene, d. h. eine auf bestimmte Partikel- oder Quantenenergie beschränkte Strahlung ausgehen, welche durch das Blendensystem B auf das Meßinstrument M begrenzt wird. Ohne den schwächenden Körper K soll das Meßinstrument die *Strahlenintensität* (Dimension: [erg/cm² · s]) I anzeigen. Zwischen die Strahlenquelle A und das Meßinstrument M werden nun in steigender Zahl gleiche Schichten des Körpers K gebracht. Dabei nimmt die Intensität jeweils um einen bestimmten Betrag ab. Ist die gesamte Dicke der zwischengeschalteten Schichten x cm, so soll die Strahlung die Intensität I_x aufweisen. Die Differenz $I_0 - I_x$ ist der Strahlenanteil, der dem Bündel durch den Schwächungsvorgang entzogen worden ist. Werden nun die einzelnen Schichtdicken unendlich dünn, so wird für jede Schicht von der Dicke $d\,x$ die Strahlenintensität um einen unendlich kleinen Betrag $d\,I$ abnehmen. Der absolute Betrag dieser Abnahme muß aber der gesamten noch vorhandenen Intensität I und der dazugelegten Schichtdicke $d\,x$ proportional sein:

$$d\,I = -\,\mu\,I\,d\,x.$$

Das Minuszeichen bringt zum Ausdruck, daß die Änderung der Intensität eine Abnahme derselben ist. Die Größe μ ist zunächst der Proportionalitätsfaktor für das Ausmaß dieser Abnahme. Er stellt die relative Intensitätsabnahme für die Einheit der Schichtdicke (1 cm) dar und wird als *Schwächungskoeffizient* bezeichnet:

$$\mu = -\frac{1}{I}\,\frac{d\,I}{d\,x}.$$

Der Schwächungskoeffizient μ hat die Dimension einer reziproken Länge [cm^{-1}] und bezieht sich auf die gegebene Strahlung und auf das Material des gegebenen Körpers.

Die vorstehende Gleichung kann auch geschrieben werden

$$\frac{dI}{I} = -\mu\, dx,$$

d. h. die relative Schwächung einer homogenen Strahlung ist der durchstrahlten Schichtdicke eines homogenen Körpers proportional. *Gleiche Schichtdicken eines homogenen Körpers schwächen eine homogene Strahlung um den gleichen relativen Anteil ab.*

Die Integration der Gleichung $\frac{dI}{I} = -\mu\, dx$ lautet $\lg I = -\mu x$ zwischen den Grenzen I_0 für die Schichtdicke 0 und I_x für die beliebig wählbare Schichtdicke x, also

$$\lg I_x - \lg I_0 = \lg \frac{I_x}{I_0} = -\mu x;$$

$$\underline{I_x = I_0\, e^{-\mu x}}.$$

Das *Schwächungsgesetz* erlaubt, bei Kenntnis der Intensität I_0 der Strahlung, ferner des Schwächungskoeffizienten und der Schichtdicke, die Intensität an jedem beliebigen Punkte ihres Weges zu berechnen. Ferner gestattet es, den dem Strahlenbündel entzogenen Anteil zu bestimmen. Dieser ist bekanntlich

$$I_0 - I = I_0\,(1 - e^{-\mu x}).$$

Von wesentlicher praktischer Bedeutung ist die *Halbwertsschicht* HWS der schwächenden Substanz. Sie ist diejenige Schichtdicke x = HWS, welche die Strahlung auf die Hälfte der Anfangsintensität zu schwächen vermag.

$$I_0 = \frac{I_0}{2}; \quad \frac{I_0}{2} = I_0\, e^{-\mu x},$$

$$\lg \frac{I_0}{2 I_0} = -\mu x; \quad \lg \frac{1}{2} = -\mu x$$

$$\lg 2 = \mu x; \quad x = \mathrm{HWS};$$

$$\mathrm{HWS} = \frac{1}{\mu} \lg 2 = \frac{0{,}693}{\mu}.$$

$$\mu = \frac{0{,}693}{\mathrm{HWS}}.$$

Die Halbwertsschicht (Christen 1913) bildet somit ein verhältnismäßig einfaches Mittel zur Bestimmung des Schwächungskoeffizienten.

Zur praktischen Bestimmung der HWS verfährt man so, daß man die Strahlung so lange durch steigende Dicken der schwächenden Substanz hindurchgehen läßt, bis ihre Intensität auf die Hälfte gefallen ist.

Nach internationaler Übereinkunft mißt man die Halbwertsschichten für Strahlungen oberhalb 1 Å = 1000 XE in Cellon, diejenigen zwischen 1 Å und etwa 0,15 Å = 150 XE in Al, weiter für Strahlungen zwischen 0,15 Å bis etwa 0,04 Å = 40 XE in Cu und schließlich für die härtesten Strahlungen von 40 — 5 XE in Sn oder besser Pb. Von diesen Messungen hat diejenige in Al ihre besondere Bedeutung für die Charakterisierung der β-Strahlen, während für γ-Strahlen Schwächungsmessungen in Pb oder Pt allgemein üblich sind.

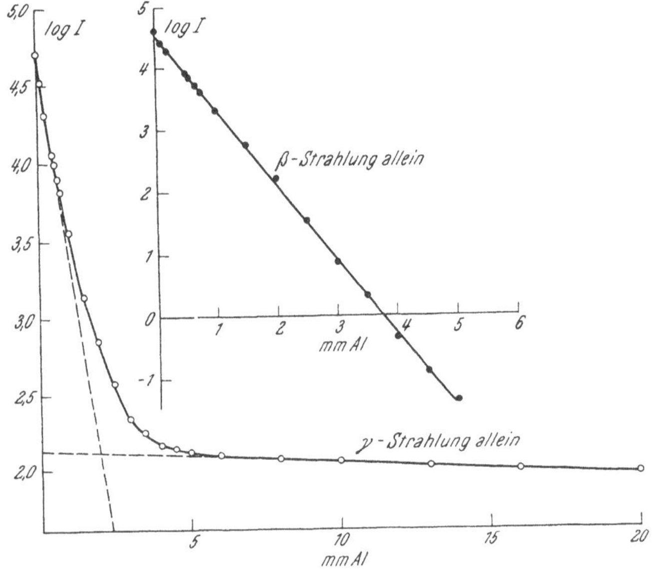

Abb. 26. Schwächungsverlauf der Gesamtstrahlung eines mit 0,2 mm Stahl (Monel) gefilterten Radiumpräparates in Aluminium. Aufgetragen ist der Logarithmus der Gesamtintensität, gemessen in einer wandlosen Ionisationskammer (untere Kurve), und der β-Strahlung allein (obere Kurve) in Abhängigkeit von der Al-Dicke

Die graphische Darstellung des Schwächungsgesetzes ergibt mit steigender Schichtdicke x eine *Exponentialkurve* für die Intensität.

In der logarithmischen Form

$$\lg \frac{I_x}{I_0} = -\mu x$$

ist der Zusammenhang zwischen Intensität und durchstrahlter Schichtdicke linear. Dabei ist es besonders vorteilhaft, wenn man zur Darstellung von Schwächungsmessungen ein Koordinatensystem mit semilogarithmischer Teilung verwendet. Es werden dann die Intensitätswerte I_x

auf der logarithmisch geteilten Ordinate direkt aufgetragen, in Abhängigkeit von der durchstrahlten Schichtdicke x in linearem Maßstab. Abb. 26 zeigt eine derartige Darstellung für die komplexe Strahlung des Radiums (β- und γ-Strahlung).

Solche Darstellungen erlauben in einfacher Weise eine Analyse der Strahlung. Ein nicht linearer Verlauf ist der sichere Beweis für eine aus mehreren Energieanteilen zusammengesetzten Strahlung, während eine monoenergetische Strahlung einen linearen Verlauf ergeben muß. Ein solcher ist aber andererseits kein Beweis einer Strahlung einheitlicher Energie, wie die beiden Anteile der Abb. 26 deutlich zeigen.

Eine bestimmte Strahlung wird nun aber von gleichen Schichtdicken verschiedener Substanzen sehr verschieden geschwächt. Bei Gasen ist der Schwächungskoeffizient dem Gasdruck streng proportional. Es gilt die Beziehung $\mu = a \cdot p$. Damit ist das Verhältnis von Schwächungskoeffizient zu Dichte für ein bestimmtes Gas und eine bestimmte Strahlung eine Konstante. Diese Konstanz gilt aber für eine bestimmte Strahlung und einen bestimmten Stoff weiter auch unabhängig vom Aggregatszustand. Man bezeichnet das Verhältnis zwischen Schwächungskoeffizient μ und Dichte ρ als *Masseschwächungskoeffizienten* $\frac{\mu}{\rho}$. Dieser stellt die Schwächung pro Masseeinheit (1 g) auf der Einheitsfläche von 1 cm^2 (*Flächendichte* = 1) dar. Er ist damit eine spezifische Größe für einen bestimmten Stoff und eine bestimmte Strahlung. Er hat die Dimension

$$\left[\frac{\mu}{\rho}\right] = \left[\frac{\text{cm}^2}{\text{g}}\right]$$

und stellt den für den Schwächungsvorgang wirksamen Querschnitt der Substanz dar (*Wirkungsquerschnitt*). Der Masseschwächungskoeffizient ist von äußeren Bedingungen somit vollständig unabhängig und deshalb einer theoretischen Behandlung zugänglich.

Für β-Strahlen mit relativ sehr hohen Zahlenwerten von μ mißt man den Masseschwächungskoeffizienten meist in $\left[\frac{\text{cm}^2}{\text{mg}}\right]$, also im tausendsten Teil der Dimension der Definition.

b) Die Schwächungsvorgänge bei γ-Strahlen

Die Schwächung von γ-Strahlen in Materie ist ein relativ komplexes Phänomen. Nicht nur wird jeder durch γ-Strahlen bestrahlte Körper selber zur Quelle einer Photonenstrahlung, sondern mit der γ-Strahlenschwächung ist gleichzeitig auch eine Emission von Elektronen aus dem durchstrahlten Körper verbunden. Eine genauere Analyse dieser *Sekundärstrahlung* zeigt, daß sowohl die Photonenstrahlung, als auch die Elektronenstrahlung, aus denen dieselbe zusammengesetzt ist, bezüglich der Energien komplex sind. Neben Elektronen, deren Energie derjenigen (resp. der Wellenlänge) der Primärstrahlung angenähert oder sehr angenähert entspricht, liegt zusätzlich ein Energiekontinuum vor, dessen Maximum etwa bei einem Drittel der Primärenergie liegt. Grundsätzlich dasselbe gilt auch für die Energie- oder Wellenlängenverteilung der aus dem bestrahlten Körper außerhalb des Primärstrahlenbündels austretenden Photonenstrahlung.

Werden Schwächungsexperimente an ein und demselben Körper mit γ-Strahlen verschiedener Photonenenergie (Wellenlänge) gemacht, so resultieren nicht nur verschiedene zahlenmäßige Größen des Masseschwächungskoeffizienten $\frac{\mu}{\rho}$, sondern ebenso eine Verschiedenheit der relativen Anteile der Sekundärstrahlung des Schwächungskörpers, und zwar sowohl bei der Photonenstrahlung wie bei der Elektronenstrahlung. Aus all diesen experimentellen Tatsachen folgt, daß die Phänomene der Schwächung von γ-Strahlen zu einem sehr wesentlichen Anteil solche der Wechselwirkung mit den Hüllelektronen des schwächenden Stoffes sein müssen, wobei die Photonenenergie vollständig oder teilweise bei den aus dem schwächenden Körper austretenden Elektronen wieder manifest wird.

Zusätzlich muß die primäre γ-Strahlung *gestreut* werden. Insgesamt sind an der Schwächung der γ-Strahlung drei ihrem Wesen nach verschiedene Phänomene beteiligt, wobei die relativen Anteile der Einzelvorgänge sehr stark von der Natur des schwächenden Körpers einerseits und von der Energie der γ-Strahlung andererseits (Wellenlänge) abhängig sind. Es sind dies die Vorgänge der *Absorption* (*Photoeffekt*), diejenigen der *Streuung* (Compton-*Effekt* und *elastische Streuung*) und der *Paarbildungsvorgang*. Für jeden der drei Anteile gelten grundsätzlich dieselben formalen Voraussetzungen, daß für eine unendlich dünne Schichtdicke $d\,x$ die Intensitätsabnahme $-d\,I$ durch den einzelnen Schwächungsvorgang (Absorption, Streuung, Paarbildung) der Gesamtintensität I und der Schichtdicke $d\,x$ proportional sein muß.

Es ergibt sich somit für die Absorption allein

$$-d\,I = \tau\,I\,d\,x.$$

Die derart geschwächte Strahlenintensität würde nun weiter durch den Streuvorgang nach derselben Gesetzmäßigkeit geschwächt, jedoch mit anderem Proportionalitätsfaktor

$$-d\,I = \sigma\,I\,d\,x;$$

und schließlich kommt bei sehr energiereichen Strahlungen noch die Schwächung durch den Paarbildungseffekt hinzu

$$-d\,I = \varkappa\,I\,d\,x.$$

Damit wird die Gesamtschwächung zu

$$-dI = (\tau + \sigma + \varkappa)\, I \cdot dx$$

also

$$I = I_0\, e^{-(\tau + \sigma + \varkappa)\, x},$$

woraus sich der Schwächungskoeffizient

$$\mu = \tau + \sigma + \varkappa$$

als die Summe der Koeffizienten der einzelnen Schwächungsanteile darstellt.

Man bezeichnet den Koeffizienten der Absorption τ als *Absorptionskoeffizienten*, denjenigen der Streuung σ als *Streukoeffizienten* und schließlich denjenigen der Paarbildung $\varkappa$ als *Paarbildungskoeffizienten*.

Für alle Einzelkoeffizienten gelten dieselben Überlegungen bezüglich der Dichte des schwächenden Stoffes, so daß man schließlich den Masseschwächungskoeffizienten zerlegen kann in die Summe aus *Masseabsorptionskoeffizient*, *Massestreukoeffizient* und *Massepaarbildungskoeffizient*

$$\frac{\mu}{\rho} = \frac{\tau}{\rho} + \frac{\sigma}{\rho} + \frac{\varkappa}{\rho}.$$

Entsprechend dem Mechanismus der Streuung zerfällt σ noch weiter in den Streustrahlungskoeffizienten σ_s und den Rückstoßkoeffizienten σ_a.

Für das Ausmaß der *Strahlenwirkungen* auf das schwächende System ist der letztere allein maßgebend, da nur die den Elektronen („Rückstoßelektronen") übertragene Energie (*Streuabsorption*) zur Wirkung kommen kann. Für alle Schwächungsbetrachtungen, die Strahlenwirkungen zum Gegenstand haben, ist deshalb der *wirksame* (in bewegte Elektronen übergeführte Anteil) Schwächungskoeffizient $(\mu - \sigma_s)$ resp. Masseschwächungskoeffizient $\frac{\mu - \sigma_s}{\rho}$ in Rechnung zu setzen.

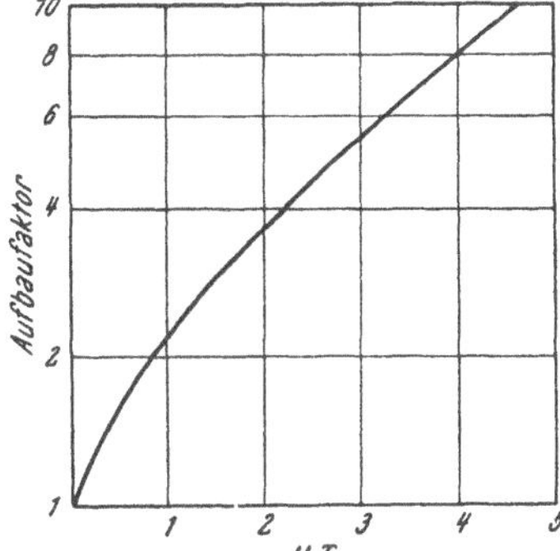

Abb. 27. „Aufbaufaktor" $f(\mu\, x)$ für eine γ-Strahlung von 1 MeV Photonenenergie in Wasser in Abhängigkeit vom Schwächungsterm $\mu\, x$. Die Einheit der Abszisse entspricht einer Wasserdicke von $x \approx 14$ cm

Ist demgegenüber das primäre γ-Strahlenbündel sehr „weit", und findet die Schwächung in einem mit der *Relaxationslänge* („mittlere Reichweite" der γ-Strahlung) $\frac{1}{\mu}$ vergleichbaren Körper statt, so darf der Zusatz durch die Streuphotonen nicht mehr vernachlässigt werden. Das (formale) Schwächungsgesetz wird dann erheblich komplizierter und muß durch die Form

$$I = I_0 \cdot f(\mu\, x) \cdot e^{-\mu\, x}$$

dargestellt werden. Die Funktion $f(\mu x)$ heißt *Aufbaufaktor* und berücksichtigt die Verringerung der Intensitätsabnahme, welche durch den *Streuzusatz* verursacht wird. In Abb. 27 ist dessen Verlauf für Wasser und eine Photonenenergie von 1 MeV wiedergegeben. Für die in der Therapie in Frage stehenden (μx)-Werte darf dessen Einfluß aber meist vernachlässigt resp. durch etwas geringere Werte des Schwächungskoeffizienten korrigiert werden.

α) *Der Photoeffekt (Absorptionsvorgang)*

Wird die Energie $h\nu$ eines Photons von einem stärker gebundenen Elektron des schwächenden Stoffes (im wesentlichen durch Übertragung des elektrischen, bei höheren Energien auch des magnetischen Vektors) aufgenommen, so erfährt dasselbe eine so starke Beschleunigung, daß es das Atom mit hoher kinetischer Energie verläßt. Bei *stärker gebundenen* Elektronen und nicht sehr hoher Photonenenergie ist dabei die Energieübertragung eine vollständige. Das Photon verschwindet, und seine Energie findet sich in der kinetischen Energie des Elektrons wieder, vermindert um den Energiebetrag, der zu seiner Ablösung aus dem Atomverband erforderlich war. Die Energiebeziehung lautet somit:

$$h\nu = E_k + A.$$

Dabei bedeuten $E_k = m_0 c^2 \left(\frac{1}{\sqrt{1-\beta^2}} - 1 \right)$ die *kinetische* Energie des Elektrons und A die *Ablösearbeit*, welche je nach Niveau (K-, L-, M- . . .) verschiedene Werte annehmen kann, aber nicht größer sein kann, als die Bindungsenergie auf dem (energiereichsten, innersten) K-Niveau.

Nach Austritt des Elektrons muß sofort von einem äußeren Niveau ein Elektron auf den freien Platz (*Loch*) einfallen unter Emission der für diesen Übergang und damit für das absorbierende Atom *charakteristischen Fluoreszenzstrahlung.* Wurde das Atomelektron aus dem K-Niveau freigemacht, so emittiert das Atom (anschließend beim Auffüllen des Loches = Übergang in den *Grundzustand*) die K-Fluoreszenzstrahlung und zusätzlich, wenn der Übergang aus benachbarten Niveaus erfolgte, auch noch andere Fluoreszenzquanten. Die Ablösung aus einem bestimmten Niveau wird dann besonders wahrscheinlich, wenn die Energie des absorbierten Photons mit der Bindungsenergie des betreffenden Niveaus übereinstimmt oder wenig höher ist (Resonanz, *Absorptionskanten*). Ist sie geringer, so kann die Ablösung natürlich nicht erfolgen. In Tab. 11 sind die Energien der Bindung auf den verschiedenen Niveaus für einige Elemente wiedergegeben.

Das Wesentliche des Energieumsatzes beim Photoeffekt ist also, daß dabei aus dem absorbierenden Atom ein *Photoelektron* mit der um die Ablösearbeit A verminderten Photonenenergie herausgeworfen wird, und anschließend die Ablösearbeit in Form von einem oder mehreren Fluoreszenzquanten bestimmter (charakteristischer) Energie abgestrahlt wird. Die Fluoreszenzstrahlung ist insbesondere bei niederatomigen Stoffen so energiearm, daß sie im schwächenden Körper meist absorbiert wird. Deshalb wird beim Absorptionsvorgang praktisch die *gesamte Photonenenergie* in Elektronenenergie übergeführt. Der Masseabsorptionskoeffizient $\frac{\tau}{\rho}$ gibt damit den relativen Anteil der durch den Photoeffekt pro g Substanz auf der Fläche von 1 cm² der Strahlung entzogenen und in (wirksame) Elektronenenergie übergeführten Photonenenergie wieder.

Tabelle 11. Bindungsenergien (Ablösearbeiten A) für Elektronen verschiedener Niveaus bei einigen Elementen in eV

Element	Z	K	L	M	N	O
H	1	13	—	—	—	—
C	6	288	16	—	—	—
N	7	402	22	—	—	—
O	8	1070	28	—	—	—
Na	13	1537	64	4	—	—
P	15	2140	186	12	—	—
Cu	29	9000	1100	123	—	—
Pb	82	88200	13100	2388	907	149

β) *Der Streuvorgang (Compton-Effekt)*

Bei *lose gebundenen* (theoretisch „freien“) Elektronen und besonders bei höheren Photonenenergien kann das Elektron nicht mehr die gesamte Quantenenergie übernehmen, bevor es aus dem Atom freigemacht wird. Fester gebundene Elektronen werden hierbei unter Umständen überhaupt nicht abgelöst, sondern nur zu Schwingungen mit der Frequenz der Photonenstrahlung gezwungen. In beiden Fällen muß dabei eine in ihrer *Richtung veränderte Streustrahlung* emittiert werden, im ersteren Fall eine solche mit *geringerer Energie* (größerer Wellenlänge) (COMPTON-*Effekt*) im zweiten Fall eine solche *unveränderter Energie* (sogenannte *klassische Streuung*).

Bestrahlt man deshalb einen (leichtatomigen) Körper mit einer γ-Strahlung, so ist in allen Richtungen eine Streuphotonenstrahlung nachweisbar. Dieselbe setzt sich zusammen aus einem nach der Energie unveränderten und nur in der Richtung abgelenkten Anteil, dessen Intensitätsverteilung der klassischen Theorie von THOMSON folgt, und einem Anteil, der neben der Richtungsänderung auch eine Energieverkleinerung (Wellenlängenvergrößerung) erfahren hat. Hierfür haben DEBYE und COMPTON durch Anwendung verfeinerter Stoßgesetze zwischen Photon und (freiem) Elektron die theoretischen Grundlagen geliefert.

Energetisch gilt für den COMPTON-Effekt die Beziehung

$$h\nu = E_k + h\nu';$$

die primäre Photonenenergie findet sich wieder in der kinetischen Energie E_k des *Streuelektrons* und in der Energie $h\nu'$ des *Streuphotons*. Die Ablösearbeit ist hier so gering, daß sie vernachlässigt werden darf.

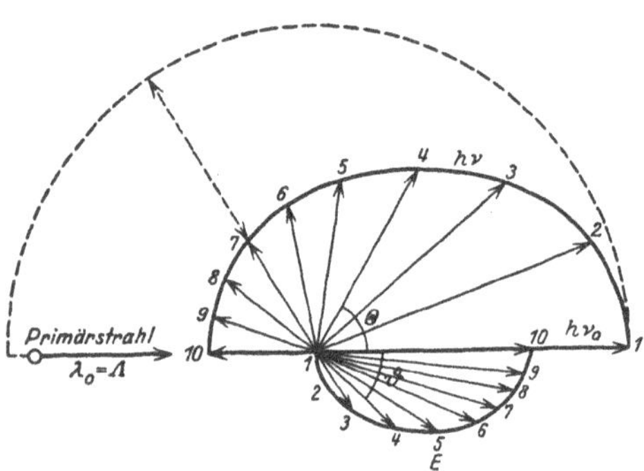

Abb. 28. Darstellung des COMPTON-Effektes. Im Zentrum der Abbildung trifft ein Photon mit der Wellenlänge Λ auf ein „loses“ Elektron. Das Photon kann dabei unter den Winkeln Θ in den Richtungen 1 bis 10 der oberen Hälfte der Abbildung gestreut werden. Das Elektron wird unter den Winkeln ϑ beschleunigt. Je zwei Vektoren mit derselben Nummer gehören zusammen

Wie aus Abb. 28 ersehen werden kann, gehört zu jeder (bestimmten) Richtung der Bewegung eines Streuelektrons auch eine *bestimmte Richtung* des Streuphotons. Ferner gehört zu jeder Streuphotonenrichtung auch eine bestimmte Änderung der Photonenenergie (Wellenlänge). Sind λ resp. λ' die Wellenlängen der Primär- resp. Streuphotonenstrahlung, so gilt die Beziehung

$$\Delta\lambda = \lambda' - \lambda = \frac{h}{m_0 c}(1 - \cos\Theta),$$

wobei Θ den Ablenkungswinkel, h die PLANCKsche Konstante, m_0 die Ruhemasse des Elektrons und c die Lichtgeschwindigkeit bedeuten. Die Wellenlängenänderung ist nur von der Streurichtung abhängig, also für einen bestimmten Streuwinkel für alle Wellenlängen und streuenden Materialien gleich groß. Die *relative* Änderung der Photonenenergie (Wellenlänge) ist demnach um so größer, je energiereicher (kürzerwellig) die Primärstrahlung ist.

Wie Abb. 28 zeigt, kann der Winkel der Streuphotonen alle beliebigen Werte zwischen 0 und 180° annehmen. Demgegenüber liegen die Streuelektronen alle im Winkelbereich $\vartheta = 0 - 90°$. Sie haben also alle eine Bewegungskomponente nach „vorn“, in Richtung des Primärquants. Wenig abgelenkte Streustrahlenquanten sind zahlenmäßig stark bevorzugt, und zwar um so mehr, je energiereicher die Primärstrahlung ist, wie durch Abb. 29 gezeigt wird. Zum Vergleich ist in derselben auch die „klassische“ Richtungsverteilung dargestellt, welche für ganz geringe Primärenergien annähernd erreicht wird.

Die Konstante $\frac{h}{m_0 c} = \Lambda = 0{,}02426$ Å heißt COMPTONsche Grundwellenlänge. Ihre Frequenz $\frac{c}{\Lambda}$ multipliziert mit der PLANCKschen Konstanten h ergibt die *Ruheenergie* des Elektrons

$$\frac{h\,c}{\Lambda} = m_0\,c^2 = 8{,}186 \cdot 10^{-7}\,\text{erg} = 0{,}511\,\text{MeV}.$$

Der Massestreukoeffizient $\frac{\sigma}{\rho}$ gibt den relativen Anteil an, welcher der Primärstrahlung pro Gramm streuender Substanz auf der Fläche von 1 cm² entzogen wird. Die gestreute Photonenstrahlung (klassisch oder COMPTON) ist aber so energiereich, daß sie den dem Streuort unmittelbar benachbarten Bereich des streuenden Körpers zum weitaus größten Teil ungeschwächt verläßt und damit zu irgendwelchen Strahlenwirkungen an demselben keinen Beitrag liefert. Es ist deshalb nach den vorstehenden Erörterungen sinnvoll, den Massestreukoeffizienten auf die beiden Energieanteile Streuelektron (Index a) und Streuphoton (Index s) aufzuteilen nach

$$\frac{\sigma}{\rho} = \frac{\sigma_a}{\rho} + \frac{\sigma_s}{\rho},$$

wobei nur der Anteil der Streuung, welcher in Elektronenenergie übergeführt wird, also $\frac{\sigma_a}{\rho}$, wirksam sein kann. In Tab. 12 sind die beiden Anteile für Wasser nach Berechnungen von LEA und APPLEYARD wiedergegeben.

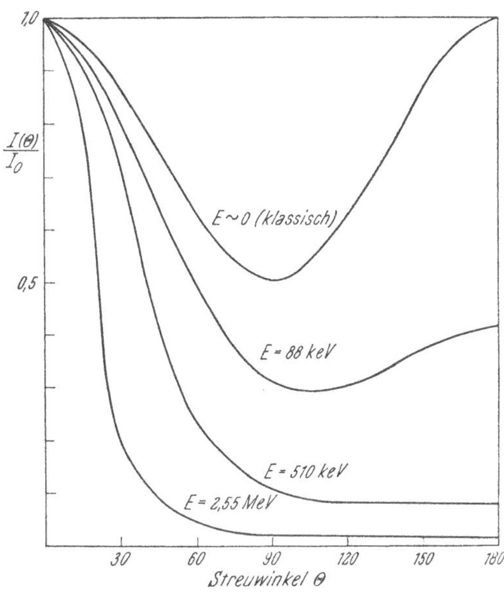

Abb. 29. Richtungsverteilung der Streuphotonen für verschiedene Energien bei der Schwächung in Wasser. Die Ordinate gibt den Anteil im Vergleich zur Primärstrahlung wieder

Tabelle 12. Massestreukoeffizienten und deren Anteile für Wasser

Photonen-energie keV	$\frac{\sigma}{\rho}$	$\frac{\sigma_a}{\rho}$	$\frac{\sigma_s}{\rho}$	Photonen-energie MeV	$\frac{\sigma}{\rho}$	$\frac{\sigma_a}{\rho}$	$\frac{\sigma_s}{\rho}$
5	0,218	0,002	0,216	1	0,071	0,031	0,040
10	0,214	0,004	0,210	2	0,049	0,026	0,023
20	0,206	0,008	0,198	4	0,032	0,019	0,013
40	0,194	0,013	0,181	10	0,017	0,012	0,005
100	0,164	0,023	0,141	20	0,010	0,007	0,003
200	0,136	0,029	0,107	40	0,0058	0,0045	0,0013
400	0,106	0,033	0,073	100	0,0027	0,0022	0,0005

γ) *Der Paarbildungsvorgang*

Die quantitative Theorie des COMPTON-Effektes (vgl. S. 67) fordert, daß der Massestreukoeffizient bei sehr hohen Photonenenergien gegen 0 strebt. Umgekehrt liefern aber Schwächungsexperimente mit Photonenstrahlungen sehr hoher Energie eine *Zunahme* der Masseschwächung, welche bei schweratomigen Stoffen schon bei etwa 3 MeV merkbar wird. Es muß also in diesem Energiebereich ein weiterer Schwächungsvorgang wirksam werden; es ist dies der *Paarbildungsprozeß*. Dieser kann durch eine elementare, anschauliche Theorie nicht dargestellt werden. Grundsätzlich sind die Erscheinungen mit denjenigen der Photonenemission vergleichbar; bei dieser geht ein Elektron von einem bestimmten *positiven* Energiezustand in einen anderen positiven Zustand über unter Emission der Energiedifferenz als Strahlung. Nach der von DIRAC (1927) formulierten Theorie kann ein Photon hoher Energie im hohen Kernfeld eines Atoms absorbiert werden und dabei ein Elektron aus dem „Energiekontinuum" ($E = 0$) in einen *positiven* Energiezustand heben. Dadurch tritt dasselbe als negatives Elektron in Erscheinung. Das dabei entstehende „Loch" im Kontinuum entspricht einem *negativen* Energiezustand und manifestiert sich als positive Ladung, als *Positron*. Der dem Kern selber übermittelte Energiebetrag ist wegen dessen relativ sehr hoher Maße vernachlässigbar. Dadurch wird die Energiebeziehung zu

$$h\nu = 2\, m_0\, c^2 + E_{k_1} + E_{k_2}\,.$$

Von der Photonenenergie $h\,\nu$ muß zweimal die Ruheenergie des Elektrons, also $2\, m_0\, c^2 = 1{,}022$ MeV zur Bildung des Elektronenpaares verbraucht werden; der Rest verteilt sich statistisch als kinetische Energien E_k auf die beiden Partner des Elektronenpaares, welche das Kernfeld mit einer starken Komponente nach „vorn" (in Richtung des Photons) verlassen.

Der Paarbildungsprozeß kann nur bei Photonenenergien auftreten, die größer sind als die zur Bildung des Paares erforderliche, also bei $h\nu > 1{,}022$ MeV. Dabei wird er um so wahrscheinlicher, je stärker das Kernfeld ist, er muß also mit steigender Kernladungszahl des schwächenden Materials ansteigen.

Das beim Paarbildungsprozeß entstandene negative Elektron unterscheidet sich in keiner Weise von andern schnellen Elektronen. Hat dagegen das Positron in Materie seine Bewegungsenergie E_k abgegeben, so tritt es mit einem „freien" Elektron dieser Materie zusammen, wobei die beiden Massen verschwinden („vernichtet" werden) unter Emission eines, oder häufiger zwei nach entgegengesetzter Richtung emittierter Quanten der *Vernichtungsstrahlung*. Da die beiden Elektronen beim Zusammentritt praktisch in Ruhe sind, so ist die Energie der Vernichtungsstrahlung total das Äquivalent der beiden Elektronenmassen, also (2) $h\,\nu = 1{,}022 \text{ MeV} = 2\, m_0\, c^2$.

Aus diesen Gründen ist es bei nicht zu hohen Photonenenergien, wie sie besonders beim radioaktiven Zerfall als γ-Strahlen vorliegen, sinnvoll, den Massepaarbildungskoeffizienten in zwei Anteile zu zerlegen, in einen Anteil $\frac{\varkappa_a}{\rho}$, der der Bewegungsenergie der Partner des Elektronenpaares entspricht und in den Anteil $\frac{\varkappa_s}{\rho}$, der der Vernichtungsstrahlung entspricht. Der Anteil des letzteren kann unmittelbar aus der Photonenenergie berechnet werden. Der *wirksame* Massepaarbildungskoeffizient ergibt sich so zu

$$\frac{\varkappa_a}{\rho} = \frac{\varkappa}{\rho}\left(1 - \frac{1{,}022}{E}\right).$$

Es ist leicht einzusehen, daß der Anteil der Vernichtungsstrahlung (negatives Glied des Klammerausdruckes) bei sehr hohen Photonenenergien unbedeutend wird, nicht dagegen bei konventionellen γ-Strahlen. Hier ist der beim Paarbildungsvorgang eines Photons der Energie E wirksame Anteil gegeben durch das Verhältnis $\frac{E - 1{,}022}{E}$ MeV.

δ) Gegenseitige Beziehungen der Einzelvorgänge und theoretische Übersicht

Zum quantitativen Verständnis der Strahlenwirkungen ist die Kenntnis der Anteile der gesamten Schwächung von hoher Bedeutung. Schwächungsmessungen liefern aber stets nur die Summe aller Anteile, also $\frac{\mu}{\rho}$. Eine quantitative Bestimmung der wirksamen Masseschwächung, also des Koeffizienten $\frac{\mu - \sigma_s}{\rho}$ setzt demnach eine Berechnung von σ_s voraus.

Aus der klassischen Theorie des Streuvorganges (THOMSON) ergibt sich die einfache Beziehung:

$$\frac{\sigma}{\rho} = \frac{N\,Z}{A}\,\sigma_e{}',$$

worin $\sigma_e{}' = \frac{8\,\pi\,e^4}{3\,m_0^2\,c^4} = 0{,}665 \cdot 10^{-24}$ den „klassischen" *Streukoeffizienten pro Elektron*, N die AVOGADROsche Zahl, Z die Kernladungszahl und A das Atomgewicht bedeuten. Der Ausdruck $\frac{N\,Z}{A}$ entspricht der Anzahl Elektronen pro Gramm Substanz. Der obige Ausdruck wird bei Verwendung der Zahlenwerte und bei leichtatomigen Substanzen, bei denen $A \sim 2\,Z$ ist, zu

$$\frac{\sigma}{\rho} \simeq 0{,}2,$$

in recht guter Übereinstimmung mit empirischen Schwächungsformeln.

Bei sehr harten Strahlungen ist aber der Masseschwächungskoeffizient $\frac{\mu}{\rho}$ viel kleiner als der obige Wert, und der Streuvorgang folgt sicher nicht den Voraussetzungen der klassischen Theorie, welche die Energieänderung des gestreuten Photons (COMPTON-Effekt) nicht berücksichtigt. Nach früheren Ansätzen von COMPTON, WOO und BOTHE haben KLEIN und NISHINA eine vollständige und quantitative Theorie des Streuvorganges gegeben, die allerdings zu nicht ganz einfachen Ergebnissen führt. Darnach ist der Streukoeffizient pro Elektron darstellbar durch die Gleichung:

$$\sigma_e = \frac{2\pi e^4}{m_0^2 c^4}\left[\frac{2(1+a)^2}{a^2(1+2a)} + \left(\frac{1}{2a} - \frac{1+a}{a^3}\right)\lg(1+2a) - \frac{1+3a}{(1+2a)^2}\right].$$

wobei $\alpha = \frac{h\nu}{m_0 c^2} = \frac{E\,(\text{ke V})}{511}$ das Verhältnis der Photonenenergie zur Ruheenergie des Elektrons bedeutet.

Wenn $\alpha = \frac{h\nu}{m_0 c^2} \ll 1$, d. h. für energiearme konventionelle Strahlungen bis zu etwa 0,3 MeV, kann der obige komplizierte Ausdruck dargestellt werden durch die Reihe

$$\sigma_e = \frac{8\pi e^4}{3 m_0^2 c^4}(1 - 2a + 5{,}2\,a^2 - 13{,}3\,a^3 + 32{,}7\,a^4 \ldots),$$

wobei der Faktor mit den Atomkonstanten dem klassischen Elektronenstreukoeffizienten $\sigma' = 0{,}665 \cdot 10^{-24}$ entspricht.

In vielen Fällen, wenn die Strahlenqualität durch die Wellenlänge in Å ausgedrückt wird (zwischen $0{,}03 < \lambda < 0{,}2$ Å), darf der Elektronenstreukoeffizient durch die sehr einfache Näherungsformel nach GREENING

$$\sigma_e = \frac{6{,}65 \cdot 10^{-25} \cdot \lambda}{\lambda + 0{,}0311}$$

berechnet werden.

Für sehr hohe Photonenenergien, bei $\alpha \gg 1$, wird

$$\sigma_e = \frac{2\pi c^4}{m_0^2 c^4}\left[\frac{1}{4a} + \left(\frac{1}{2a} - \frac{1}{a^2}\right)\lg 2a\right].$$

Der Massestreukoeffizient ergibt sich durch Multiplikation mit der Elektronenzahl pro g, also zu

$$\frac{\sigma}{\rho} = \frac{NZ}{A}\sigma_e.$$

In Abb. 30 sind berechnete Werte $F(\lambda) = N\,\sigma_e$ der Streuformel in Abhängigkeit von der Wellenlänge dargestellt. Die Angaben der Abbildung

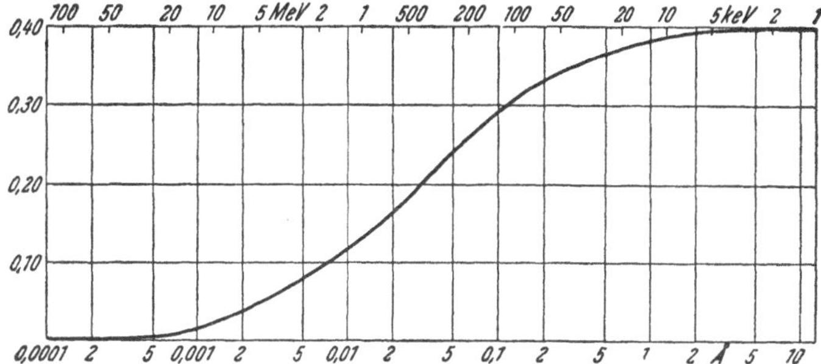

Abb. 30. Zahlenwerte der Funktion $F(\lambda) = N\,\sigma_e$ zur angenäherten Berechnung des Massestreukoeffizienten. Die Werte der Abbildung sind für einen bestimmten Stoff mit dessen Verhältnis $\frac{Z}{A}$ zu multiplizieren

sind für einen bestimmten Stoff mit dem Verhältnis $\frac{Z}{A}$ zu multiplizieren, um den wirklichen Massestreukoeffizienten $\frac{\sigma}{\rho}$ zu erhalten. Der „klassische" Massestreukoeffizient stellt den Grenzwert dar, welchem die Werte der exakten Berechnung nach KLEIN-NISHINA bei großen Wellenlängen zustreben.

Für die Absorption existiert eine derartige quantitative Theorie nicht. Eine solche wäre hier auch sehr viel komplexer wegen der Fluoreszenzerscheinungen an den zahlreichen Absorptionskanten. Halbquantitative Rechnungen führen unter Vernachlässigung der selektiven Absorption aber zu befriedigenden Formulierungen. Sie zeigen die große Abhängigkeit des Masseabsorptionskoeffizienten sowohl von der Wellenlänge der Strahlung als auch von der Natur (Kernladungszahl Z) des absorbierenden Stoffes. Für Wellenlängen weit unterhalb der selektiven Absorption kann der Elektronenabsorptionskoeffizient formuliert werden zu (GREY, HEITLER u. a.):

$$\tau_e = k' \frac{Z^3}{E^3} (1 + 0{,}008\,Z),$$

wobei die Konstante $k' = 2{,}04 \cdot 10^{-30}$ beträgt, wenn E in MeV gemessen wird.

Der Masseabsorptionskoeffizient wird wieder zu

$$\frac{\tau}{\rho} = \frac{N\,Z}{A}\,\tau_e.$$

Bei Umrechnung der Konstanten und Vernachlässigung des Klammerausdrucks (kleines Z) ergibt er sich zu

$$\frac{\tau}{\rho} = k\,\lambda^3 \frac{Z^4}{A},$$

wobei die Konstante $k = 0{,}0128$ beträgt, bei Messung von λ in Å. Mit dieser einfachen Formel sind Berechnungen des Masseabsorptionskoeffizienten mit etwa 15% Genauigkeit möglich.

Für den bei sehr hohen Energien wirksam werdenden Paarbildungskoeffizienten $\varkappa$ sind die Einzelheiten der Theorie ebenfalls recht kompliziert, so daß auf deren Wiedergabe verzichtet werden soll (Bethe, Heitler, Rossi). Trotzdem können aber recht einfache Näherungsformeln angegeben werden, die für den praktischen Gebrauch meist genügen, und aus denen besonders die funktionelle Abhängigkeit des Massepaarbildungskoeffizienten von der Energie der Strahlung und der Natur des schwächenden Stoffes hervorgeht.

Für Energien $h\nu \lesssim 10\, m_0 c^2$, d. h. bis zu etwa 5 MeV kann der Paarbildungskoeffizient pro Elektron befriedigend dargestellt werden durch die einfache Formel

$$\varkappa_e = 2{,}87 \cdot 10^{-28}\, Z\,(E - 1{,}19),$$

wobei E in MeV gemessen wird und der konstante Koeffizient $2{,}87 \cdot 10^{-28} = \frac{1}{137}\,\frac{e^4}{2\, m_0^2 c^4}$ bedeutet.

Für höhere Energien, wenn $m_0 c^2 \ll h\nu \ll 137\, m_0 c^2/\sqrt[3]{Z}$, d. h. bis etwa 50 MeV wird

$$\varkappa_e = \frac{e^4}{m_0^2 c^4} \cdot \frac{Z}{137}\left[\frac{28}{9} \lg \frac{2\,h\nu}{\sqrt[3]{Z}} - \frac{2}{27}\right].$$

Darin beträgt $\frac{e^4}{m_0^2 c^4} = 794 \cdot 10^{-28}$ und $\frac{2\pi e^2}{h c} = \frac{1}{137}$ die sogenannte *Feinstrukturkonstante*, welche in der verfeinerten Theorie der Spektren und insbesondere in der Theorie der Atomkernkräfte eine fundamentale Bedeutung hat (vgl. S. 7).

Wiederum ist der Massepaarbildungskoeffizient eines Stoffes um die Zahl der Elektronen pro Gramm höher als der Elektronenpaarbildungskoeffizient:

$$\frac{\varkappa}{\rho} = \frac{N Z}{A}\, \varkappa_e .$$

Hieraus folgt für geringere Energien

$$\frac{\varkappa}{\rho} = 1{,}728 \cdot 10^{-4}\, \frac{Z^2}{A}\,(E - 1{,}19)$$

und für höhere Energien

$$\frac{\varkappa}{\rho} = 3{,}456 \cdot 10^{-4}\, \frac{Z^2}{A}\left[\frac{28}{9} \lg \frac{h\nu}{\sqrt[3]{Z}} - \frac{2}{27}\right].$$

Aus den angeführten Näherungsformeln ergibt sich, daß der Massepaarbildungskoeffizient mit dem Quadrat der Kernladungszahl des schwächenden Stoffes ansteigt, während die Photonenenergie bei geringeren Energien bis zu etwa 10 MeV linear, bei höheren Energien aber nur noch mit deren Logarithmus in die Formel eingeht, also bei höheren Energien von geringerer Bedeutung wird.

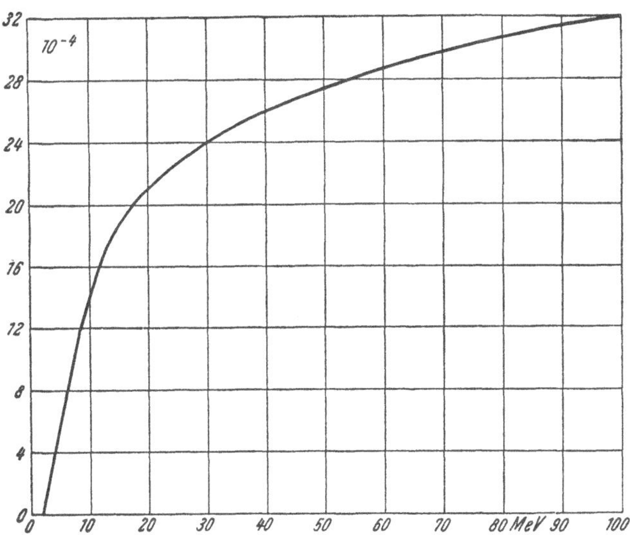

Abb. 31. Zahlenwerte der Funktion φ (E), mit welcher das Verhältnis $\frac{Z^2}{A}$ multipliziert werden muß, um angenäherte Werte des Massepaarbildungskoeffizienten zu erhalten

In Abb. 31 sind die Faktoren φ (E) enthalten, mit welchen die Verhältnisse $\frac{Z^2}{A}$ zu multiplizieren sind, wobei sich die Zahlenwerte des Massepaarbildungskoeffizienten ergeben nach

$$\frac{\varkappa}{\rho} = \frac{Z^2}{A} \varphi(E).$$

Aus dem Vorstehenden folgt zunächst, daß die drei Anteile, aus welchen der Masseschwächungskoeffizient zusammengesetzt ist, von der Änderung der Wellenlänge resp. der Energie der Strahlung einerseits und der Änderung der chemischen Natur des schwächenden Stoffes andererseits sehr verschieden abhängig sind. Bei energiearmen Strahlungen ist die Schwächung fast ausschließlich durch den Absorptionsvorgang und bei extrem energiereichen Strahlungen fast ausschließlich durch den Paarbildungsvorgang bedingt. Im mittleren Qualitätsbereich dagegen ist der Streuvorgang das weitaus wichtigste Schwächungsphänomen. In ähnlicher Weise überwiegt bei hoher Kernladungszahl die Absorption im weichen und die Paarbildung im sehr harten Qualitätsgebiet wegen der starken Abhängigkeit der entsprechenden Koeffizienten von Z.

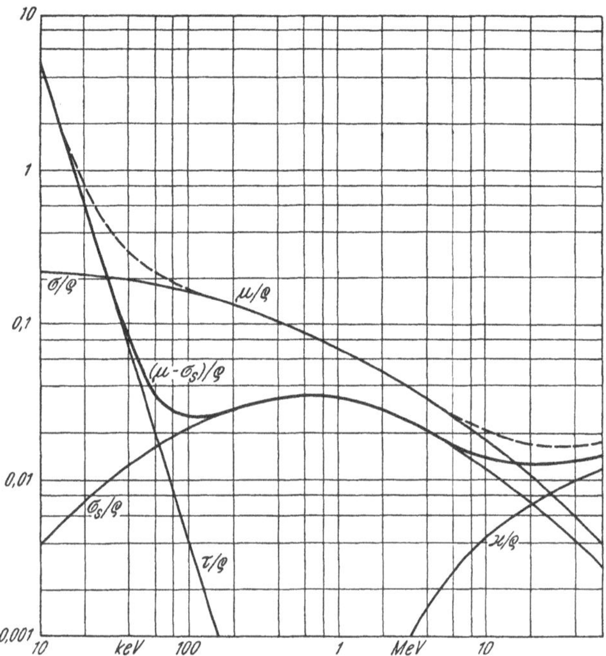

Abb. 32. Masseschwächungskoeffizient μ/ρ von Photonenstrahlen in Wasser mit den Anteilen, aus denen er zusammengesetzt ist: Photoeffekt τ/ρ, COMPTON-Effekt σ/ρ und Paarbildungseffekt $\varkappa/\rho$. Wirksam ist nur der in Elektronenenergie übergeführte Anteil der Photonenenergie, also $(\mu - \sigma_s)/\rho$. (σ_s: Streuphotonenanteil, σ_a: Streuelektronenanteil)

Für das bei der γ-Strahlung radioaktiver Stoffe in Frage kommende Energiegebiet zwischen etwa 0,1 und 3 MeV und die Stoffzusammensetzung des menschlichen Körpers sind die Variationen des Masseschwächungskoeffizienten relativ gering. Abb. 32 zeigt dessen Verlauf für Wasser zwischen 10 keV und 60 MeV sowie die Anteile, aus denen er zusammengesetzt ist.

c) Die Schwächung von β-Strahlen

Die Schwächungsvorgänge von β-Strahlen in Materie sind von dreierlei Art. Bei sogenannten *elastischen* Stößen mit den Atomen des schwächenden Stoffes werden die β-Strahlen ohne stärkeren Energieverlust *gestreut*, d. h. aus ihrer Richtung abgelenkt. Wird dagegen beim *unelastischen* Zusammenstoß ein Hüllelektron aus dem Atom unter *Ionisation* herausgeworfen, so können demselben beliebig große Energiebeträge bis zur Gesamtenergie des „stoßenden“ Elektrons übermittelt werden. Führt der

Stoß nur zur Hebung eines Hüllelektrons auf ein höheres Energieniveau (*Elektronenanregung*), so ist der hierbei dem stoßenden Elektron entzogene Energiebetrag durch den Anregungszustand des gestoßenen Atoms bestimmt. Wird das Elektron im Kernfeld eines Atoms *absorbiert*, d. h. vollständig verzögert, so wird seine Energie in Form von elektromagnetischer Strahlung (sogenannte *Bremsstrahlung*) emittiert. Abb. 33 zeigt den Energieverlust in erg pro g/cm² sowie bei höheren Energien den Anteil der Bremsstrahlung für Wasser.

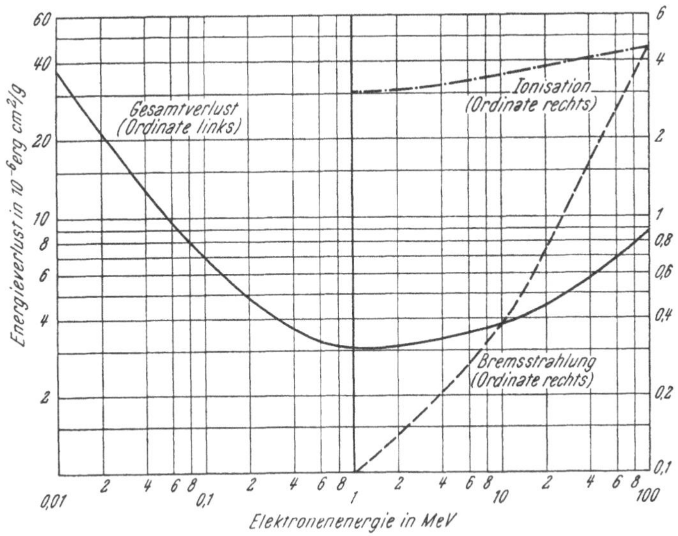

Abb. 33. Energieverlust von Elektronen verschiedener Energie in 10^{-6} erg pro g/cm² in Wasser. Rechts: Trennung in die Anteile „Ionisation" und „Bremsstrahlung"

Zur rechnerischen Betrachtung des Ausmaßes der Schwächung darf man nach der formalen Theorie von LENARD ein paralleles β-Strahlenbündel mit dem Energiefluß E zusammengesetzt denken aus n Elektronen, denen jedem die Energie ε zugeordnet werden kann, also:

$$E = n \cdot \varepsilon.$$

Die Energieabnahme auf der Wegstrecke $d\,x$ erfolgt einerseits durch eine Abnahme der Elektronenzahl $d\,n$, andererseits durch Abnahme der Einzelenergie $d\,\varepsilon$. Man darf grob die erstere Abnahme mit Absorption, die letztere mit Streuung konkretisieren. Für beide zusammen gilt der Ansatz:

$$\frac{d\,E}{d\,x} = -\varepsilon\frac{d\,n}{d\,x} - n\frac{d\,\varepsilon}{d\,x}.$$

Damit wird die relative Energieabnahme auf der Einheitswegstrecke (Schwächungskoeffizient) zu

$$\frac{1}{E}\frac{dE}{dx} = -\frac{1}{n}\frac{dn}{dx} - \frac{1}{\varepsilon}\frac{d\varepsilon}{dx};$$

$$\mu_\beta = \mu_n + \mu_\varepsilon.$$

Der Schwächungskoeffizient setzt sich somit aus zwei Anteilen zusammen, aus einem Schwächungskoeffizienten für die Elektronenzahl und einem solchen für die Einzelenergie. Wenn sich auch gezeigt hat, daß dieser einfache Ansatz der Wirklichkeit nur teilweise entspricht, und es besonders auch experimentell nicht gelingt, die beiden Anteile auseinanderzuhalten, so darf doch mit guter Näherung ein exponentieller Verlauf der Schwächung nach der Form

$$I_x = I_0\, e^{-\mu_\beta x}$$

angenommen werden, wenn I die „Intensität" der Elektronenstrahlen bedeutet. In Abb. 34 sind approximative Masseschwächungskoeffizienten von β-Strahlen μ_β radioaktiver Stoffe in cm^2/mg für verschiedene Maximalenergien E_0 wiedergegeben.

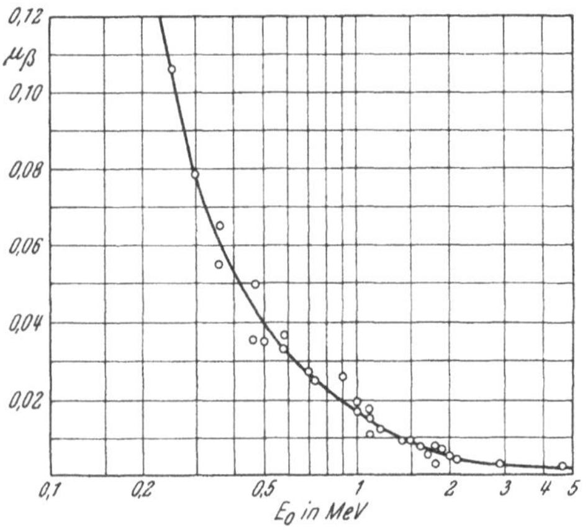

Abb. 34. Approximativer Verlauf des Masseschwächungskoeffizienten von β-Strahlen in cm^2/mg in Abhängigkeit von der Energie E_0. Die Punkte entsprechen Messungen

Nach neueren theoretischen Überlegungen, insbesondere von HEITLER, kann für die Luft der Energieverlust von Elektronen pro cm Weglänge berechnet werden. Sein Hauptanteil entfällt dabei auf die Ionisation. Diese ist aber wieder in hohem Maße von der Elektronengeschwindigkeit $\beta = \frac{v}{c}$ abhängig und, ausgedrückt als *spezifische Ionisation*, d. h. Ionisation pro cm Bahnlänge, angenähert gegeben durch die sehr einfache Beziehung

$$k \approx \frac{46}{\beta^2}\ \text{Ionenpaare/cm}.$$

Wird pro Ionenpaar die Energie $W \approx 34$ eV verbraucht, so wird der Energieverlust pro cm Bahnlänge zu

$$-\frac{dE}{dx} \approx k \cdot W \approx \frac{46}{\beta^2} W\ \text{eV/cm}.$$

Die Ionisationsarbeit (Energie, welche pro Ionenpaar der Strahlung entzogen wird) ist etwas energieabhängig, ferner abhängig von der Strahlenart und in höherem Maße von der Natur des ionisierten Gases.

Die Absorption unter Photonenemission (Bremsstrahlung) ist nur bei höheren Elektronenenergien von wesentlicher Bedeutung und steigt mit der Kernladungszahl des durchstrahlten Stoffes an. In guter Annäherung kann das Verhältnis des Energieverlustes unter Photonenemission (Index p) zu demjenigen durch Ionisation (Index i) durch die einfache Beziehung

$$\frac{d\,E/d\,x\,(p)}{d\,E/d\,x\,(i)} \approx \frac{Z \cdot E_0}{850}$$

formuliert werden. Darin wird E_0 in MeV gemessen. Für eine β-Strahlung von 1 MeV beträgt also der Energieverlust durch Photonenemission in Wasser annähernd 1% desjenigen durch Ionisation. Abb. 35 zeigt den Verlauf der spezifischen Ionisation in Luft in Abhängigkeit von der β-Strahlenenergie E_0.

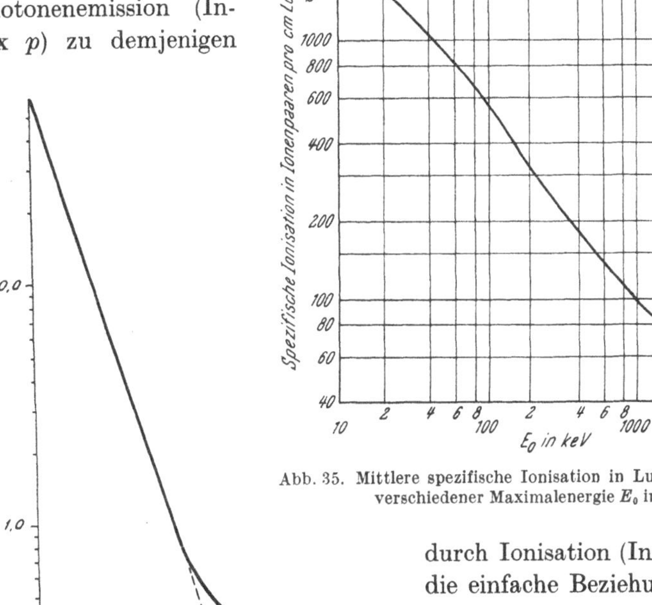

Abb. 35. Mittlere spezifische Ionisation in Luft für β-Strahlen verschiedener Maximalenergie E_0 in keV

Abb. 36. Bestimmung der „Reichweite" von β-Strahlen nach der FEATHERschen Regel. R_p: „praktische", R_0: „maximale" Reichweite

Häufig wird aus praktischen Gründen auch eine sogenannte *Reichweite* für Elektronen angegeben. Dieser Zahlenwert ist vor allem auch bei Bestrahlungen von Wichtigkeit, da er verläßliche Angaben über die Dicke des bestrahlten Systems vermittelt. Nach der sogenannten FEATHERschen Regel, deren Zahlenwerte von GLENDENIN verbessert worden sind, besteht zwischen der Maximalenergie E_0 einer β-Strahlung und der „praktischen" Reichweite R_p (besonders in Al) bei $E_0 > 0{,}8$ MeV die einfache Beziehung:

$$R \approx 0{,}542\ E_0 - 0{,}133\ \mathrm{g/cm^2}$$

bzw. für Energien $E_0 < 0{,}8$ MeV

$$R \approx 0{,}407 \cdot E^{1,30}\ \mathrm{g/cm^2}.$$

In Abb. 36 ist die Reichweitebestimmung nach FEATHER wiedergegeben. Sie dient zur einfachen, approximativen Energiebestimmung aus einer einfach logarithmisch aufgetragenen Schwächungskurve in Al. Da die Zahl der Elektronen pro Gramm $\frac{N Z}{A}$ bei verschiedenen schwächenden Stoffen nur wenig veränderlich ist, so sind die obgenannten vereinfachten

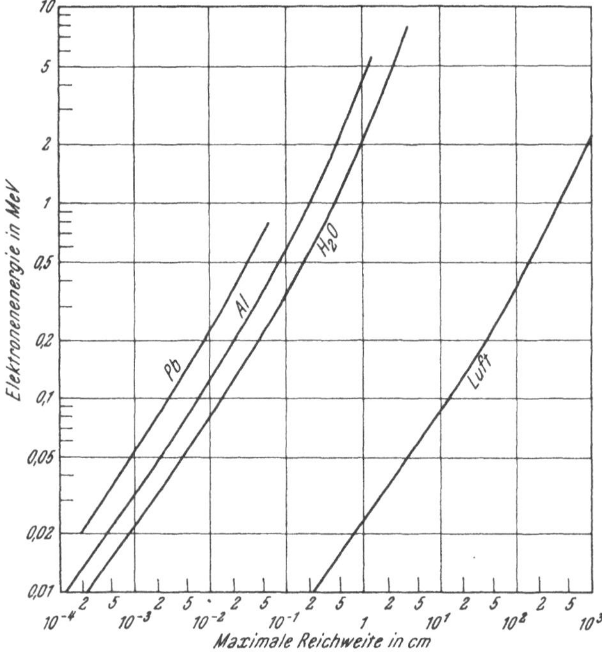

Abb. 37. Maximale Reichweiten von Elektronen verschiedener Energie in Blei, Aluminium, Wasser und Luft

Formeln zur Abschätzung der Reichweiten (in g/cm²) auch für andere Stoffe mit recht guter Annäherung verwendbar, weil der Abfall der Elektronenzahl pro Gramm mit $\frac{Z}{A}$ teilweise durch die Zunahme der Schwächung durch Photonenemission wieder kompensiert wird.

Zahlenwerte der Reichweite von Elektronen in verschiedenen Stoffen können der Abb. 37 entnommen werden. Dabei handelt es sich allerdings um „maximale" Reichweiten R_0. „Praktische" Reichweiten sind um etwa $^1/_3$ geringer.

d) Die Schwächung von α-Strahlen

Allgemein darf für *schwere Korpuskeln* in Materie eine *definierte Reichweite* angenommen werden. Diese beträgt für α-Strahlen in Luft von Normalbedingungen in der Größenordnung cm, in kondensierter Materie in der Größenordnung 1000fach weniger. Die Bahn einer schweren Korpuskel in Materie ist meist weitgehend geradlinig, größere Ablenkungen treten nur bei Kernzusammenstößen auf. Das gilt auch, wie die neuen Untersuchungen mit Hilfe der *Blasenkammer* gezeigt haben, in kondensierter Materie. Dabei ist die spezifische Energieabgabe $\frac{dE}{dx}$ zunächst annähernd konstant mit einem geringen Anstieg mit sinkender Energie, mit einem sehr starken Anstieg gegen das Ende der Bahn und einem anschließenden sehr raschen Abfall (sogenannte BRAGG-Kurve, vgl. Abb. 38).

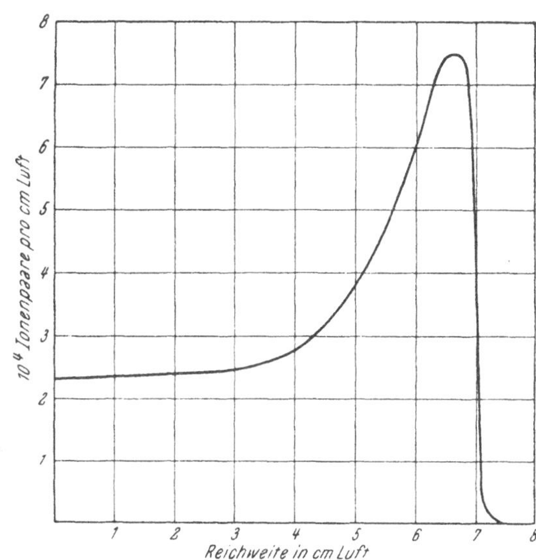

Abb. 38. Verlauf der spezifischen Ionisation in Abhängigkeit vom Ort auf der Bahn eines α-Strahles von ThC (sogenannte BRAGG-Kurve)

Für Luft folgt die spezifische Energieabgabe mit guter Annäherung der Theorie von BETHE:

$$-\frac{dE}{dx} = \frac{4\pi e^4 z^2}{M v^2} \cdot \frac{N\rho}{A} \cdot B.$$

Dabei bedeuten e die Elektronenladung, z die Ladung der Partikel, M ihre Masse und v ihre Geschwindigkeit. Der Ausdruck $\frac{N\rho}{A}$ stellt die Zahl der Atome pro cm³ der durchstrahlten Substanz und der Faktor

$$B = Z\left[\lg\frac{2Mv^2}{I} \lg(1-\beta^2) - \beta^2\right],$$

das sogenannte „*Bremsvermögen*" der Substanz dar. Die Größe I ist das *mittlere Anregungspotential* des durchstrahlten Stoffes. Dieses darf mit vernünftiger Annäherung (Bloch) zu

$$I = 11{,}5 \cdot Z \text{ eV}$$

gesetzt werden.

Die Reichweite ergibt sich allgemein zu

$$R = \int_0^{E_0} \frac{d\,E}{-d\,E/d\,x}\,.$$

Sie kann z. B. für α-Strahlen in Luft in einfacher Weise nach der Formel von Bothe

$$R_L \approx 0{,}32\; E^{3/2}\,\text{cm}$$

berechnet werden, wobei die Energie E in MeV ausgedrückt wird.

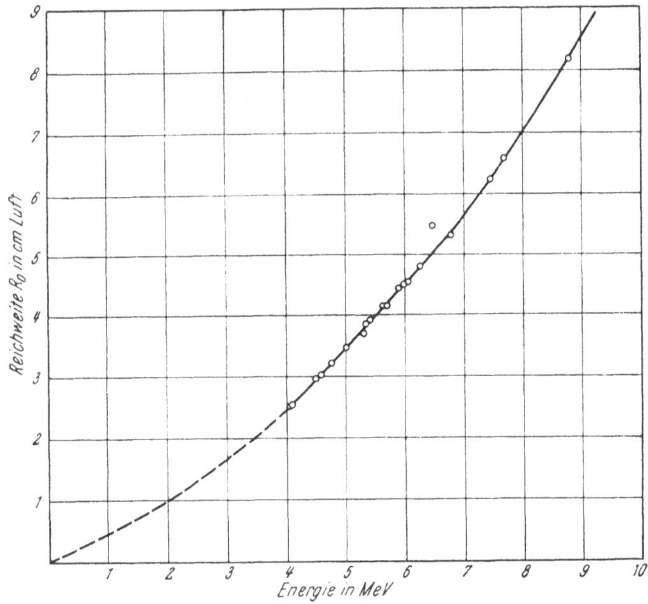

Abb. 39. Zusammenhang zwischen Reichweite in Luft und Energie der α-Strahlen natürlicher α-Strahler

In einem beliebigen Körper mit der Dichte ρ und dem Atomgewicht A gilt mit guter Näherung

$$R_K \approx \frac{3{,}2 \cdot 10^{-4}\, R_L \sqrt{A}}{\rho}\,\text{cm}.$$

Schließlich kann die Reichweite R_c einer beliebigen Korpuskel mit der

Ladung z_c und der Masse M_c aus der Reichweite R_a, der Masse M_a und der Ladung z_a von α-Strahlen abgeschätzt werden nach der Gleichung

$$R_c = \frac{M_c}{M_a}\left(\frac{z_a}{z_c}\right)^2 R_a \text{ cm}.$$

Diese Formel ist besonders brauchbar für leichte Korpuskeln, wobei für Protonen ein konstantes Zusatzglied von 0,2 addiert werden muß.

Für die Wirkung von schweren Korpuskeln sind besonders die aus der Bahn der Korpuskel herausgeworfenen Elektronen, δ-Strahlen, von wesentlicher Bedeutung. So beträgt ihr Ionisationsanteil für α-Strahlen in Luft in der Größenordnung etwa ein Drittel der Gesamtionisation. Die Energieübertragung auf δ-Strahlen folgt einfachen Stoßgesetzen und beträgt vereinfacht maximal

$$E_m \approx \frac{4\,m\,E}{M},$$

wobei m die Elektronenmasse, M die Masse und E die Energie der schweren Korpuskel bedeuten.

In Abb. 39 sind Reichweiten von α-Strahlen für verschiedene Energien in Luft wiedergegeben.

e) Strahlengemische, Filterung

Die Strahlungen radioaktiver Stoffe sind, von den seltenen Fällen einer monoenergetischen α-Strahlung abgesehen, stets komplex (vgl. Abschnitt I, 3), sowohl nach Energie, wie häufig (bei γ-strahlenden Stoffen) auch nach Natur. Demgegenüber sind die vorstehenden Gesetzmäßigkeiten der Strahlenschwächung für „homogene" Strahlungen, also für solche einheitlicher Natur und Energie formuliert worden. Eine Übertragung derselben auf *Strahlengemische* ist mit sehr erheblichen Schwierigkeiten verbunden und rechnerisch nur mit Hilfe von Vereinfachungen möglich. Grundsätzlich müßten die Schwächungsgesetze über alle vorhandenen Energien integriert und über alle Strahlungen verschiedener Natur zusätzlich summiert werden, wobei die in Frage stehenden Parameter, wie z. B. relative Anteile, Schwächungskoeffizienten, Bremsvermögen von Fall zu Fall verschieden, resp. selbst energieabhängig wären. Derartige Formulierungen haben, nach praktischen Gesichtspunkten beurteilt, wenig Sinn, und es soll deshalb auf eine Wiedergabe verzichtet werden.

Demgegenüber ist eine *Trennung* der Strahlengemische nach Natur und Energie für die meisten konkreten Bestrahlungsaufgaben und die damit verbundenen Dosierungsprobleme die Voraussetzung. Das bei weitem einfachste Verfahren zur Homogenisierung von Strahlengemischen besteht in der *Filterung* derselben. Dabei bestehen für die Abtrennung der α-Strahlung gar keine Schwierigkeiten, da dieselbe schon durch sehr dünne Materieschichten, z. B. durch ein stärkeres Papierblatt, vollständig zurückgehalten wird. Etwas schwieriger ist die Trennung zwischen β-Strahlen und γ-Strahlen. Materieschichten, welche die β-Strahlung vollständig oder praktisch vollständig absorbieren, bewirken auch schon eine erhebliche Schwächung der γ-Strahlung. Dieser Verlust wird aber andererseits für praktische Bestrahlungsaufgaben durch eine an sich erwünschte Homogenisierung wieder wettgemacht.

Da besonders bei Präparaten, die zu direkten Einlagen in das zu bestrahlende Gewebe dienen, deren äußere Dimensionen meist maßgeblich sind, so können als Strahlenfilter nur Metalle und besonders solche mit hoher Dichte und hoher Kernladungszahl verwendet werden, also Blei, Gold und besonders Platin. Auf die letztere Substanz sind die Filterungen von Radiumpräparaten allgemein standardisiert worden, und die Filterung durch andere Stoffe wird allgemein als Pt-Äquivalent ausgedrückt.

Eine Schichtdicke von 0,5 mm Pt nimmt die primäre β-Strahlung von Radium und seinen Zerfallsprodukten praktisch vollständig weg. Deshalb ist diese Schichtdicke die *Standardfilterung* für die therapeutische Verwendung von Radium. Auf diese Standardfilterung wird auch die Angabe der Dosiskonstante (vgl. S. 151) bezogen. Häufig wird auch noch eine Filterdicke von 1,0 mm Pt oder dessen Äquivalent verwendet, wenn eine höhere Homogenität der Strahlung erwünscht scheint. Die Filterwirkung von Gold ist derjenigen von Pt gleichwertig, für Blei sind ziemlich genau doppelte Dicken wie für Pt oder Au erforderlich.

Dünnere Filter aus leichteren Stoffen, besonders Monelmetall, werden dann verwendet, wenn die Wirkung der β-Strahlung erwünscht ist, und wenn man die Wirkungen auf die oberflächlichsten Schichten, besonders der Haut, begrenzen will. Präparate der Oberflächentherapie oder solche für die Bestrahlung der Tuben sind deshalb nur mit 0,2 mm Monelmetall gefiltert. Sie lassen deshalb einen sehr erheblichen Anteil der primären β-Strahlung durchtreten. Abb. 26, S. 58, zeigt die Zusammensetzung einer solcherart gefilterten Strahlung und deren Schwächung und Zerlegung in β- und γ-Strahlung beim Durchgang durch Aluminium.

2. Energieübertragung auf stoffliche Systeme

Erscheinungen, Gesetzmäßigkeiten und Theorien der Energieübertragung von Strahlungen auf stoffliche Systeme bilden den Gegenstand eines breiten Wissenskomplexes, der in seinen Verzweigungen und Einzelheiten in alle Bereiche der Struktur und der Energetik der Materie einerseits und in alle Einzelheiten der Wechselwirkung von Strahlungen mit derselben andererseits eindringt. Es kann deshalb im vorgegebenen

Rahmen nur ein Überblick über die Tatsachen und Phänomene gegeben werden und auch nur soweit, als dies besonders hinsichtlich der Meßmethodik und der primären Wirkungen zum Verständnis erforderlich scheint. Dabei soll nur zwischen gasförmigen stofflichen Systemen einerseits und kondensierten Systemen andererseits unterschieden werden. Auch eine solche Unterscheidung ist nicht frei von Willkür, da selbstverständlich Übergangszustände (Gase unter hohen Drucken) möglich sind. Mit Absicht sollen biologische Systeme nur in der Übersicht behandelt werden, da diese für die *Primärwirkungen* keine grundsätzlich abweichenden Verhältnisse bieten.

a) Strahlenwirkungen auf Gase

Die ohne Zweifel auffallendste Änderung des Zustandes eines Gases bei Bestrahlung besteht in der Erhöhung seiner elektrischen Leitfähigkeit. Alle Gase sind unter Bedingungen, bei denen keine chemischen Reaktionen in ihnen ablaufen, ausgezeichnete Isolatoren. Sie leiten den elektrischen Strom praktisch überhaupt nicht. Ist eine Leitfähigkeit vorhanden, so ist dieselbe an freie *Ladungsträger*, *freie Elektronen* oder *Ionen* gebunden. Voraussetzung der elektrischen Leitfähigkeit eines Gases ist also die *Ionisation* desselben. Die Ionisation stellt in jedem Fall einen erhöhten Energiegehalt des Gases dar und kann nur durch Energiezufuhr verursacht werden (Wärme, chemische Reaktionen, Stoß, Strahlung).

Die Ionisation eines Gases durch Strahlung beruht auf der Abtrennung von Elektronen aus den Elektronenhüllen der das Gas aufbauenden Atome oder Moleküle. Hierdurch werden (im Gleichgewichtszustand) gleich viele positive und negative Ionen gebildet. Letztere können zum Teil auch in Form freier Elektronen vorhanden sein.

Die Einzelphänomene bei der Gasionisierung durch Strahlungen sind bei Photonenstrahlungen primär Photoeffekt, COMPTON-Effekt, und bei höheren Photonenenergien Paarbildungseffekt. Die dabei auftretenden *Primärelektronen* haben aber alle bei weitem genügend Energie, um auf ihrer Bahn durch das Gas zahlreiche weitere Ionisationen zu bewirken. Bei der γ-Strahlung radioaktiver Stoffe ist das Verhältnis der Ionisierung durch die Primärelektronen zu derjenigen der Schwächungsakte der Photonenstrahlung so stark zugunsten der ersteren verschoben, daß die Primärionisierung zahlenmäßig nicht ins Gewicht fällt. Die Ionisation eines Gases durch γ-Strahlen beruht auf dem Energieabbau der bei den Schwächungsakten auftretenden Primärelektronen.

Die Energieübertragung zwischen einem bewegten Elektron und den Molekülen eines Stoffes erfolgt zum Teil durch sogenannte *inelastische Stöße*, bei welchen der Elektronenhülle oder dem innern potentiellen Energiezustand (Kernschwingungen, Rotationen) des gestoßenen Moleküls Energie übermittelt wird. Bei den Wirkungen auf die Hüllelektronen sind grundsätzlich zwei Fälle möglich, die Hebung eines Elektrons auf ein höheres (äußeres) Energieniveau (*Elektronenanregung*) und die Abtrennung eines oder (selten) einiger Elektronen (*Ionisation*). Beide Vorgänge finden statt und ihr relativer Anteil ist von Elektronenenergie und stofflicher Zusammensetzung des Gases weitgehend unabhängig.

Bei Wechselwirkungen auf das hohe positive Feld in der näheren Umgebung der Atomkerne treten ebenfalls zwei Phänomene auf, die Anregung von Kernschwingungen oder Rotationen (*Molekülanregung*) und die Absorption der Energie des Elektrons im Kernfeld unter Emission der dabei entstehenden *Bremsstrahlung*. Die letztere ist stark von der Elektronenenergie einerseits und von der Stärke des Kernfeldes (Kernladungszahl Z) andererseits abhängig.

Neben den besprochenen inelastischen Molekularwirkungen müssen aber zwischen bewegten Elektronen und Atomen und Molekülen auch *elastische* Energieübertragungen auftreten. Bei der Annäherung eines Elektrons an die Elektronenhülle eines Atoms oder Moleküls treten die durch das Coulombsche Gesetz beschriebenen, abstoßenden Kräfte auf, welche einen Teil der Elektronenenergie in Form von *Translationsenergie* auf die Stoffteilchen überträgt. Ein Gas erleidet demnach bei Bestrahlung auch eine unmittelbare Erhöhung seiner Temperatur.

Grundsätzlich die gleichen Phänomene beherrschen auch die Energieübertragung auf Gase durch geladene schwere Korpuskularstrahlen, wie z. B. α-Strahlen. Die von einer derartigen Korpuskel mitgeführte Ladung verursacht bei genügender Annäherung an ein Molekül Elektronenanregungen und Ionisationen, ebenso aber Molekularanregungen und elastische „Stöße". Der relative Anteil der letzteren ist bei schweren Korpuskeln wesentlich größer als bei Elektronen. Allgemein gilt, daß der einem „freien" Körper von der Masse M bei einem vollkommen elastischen Stoß durch einen stoßenden Körper mit der Masse m und der Energie E_m übermittelte Energiebetrag E_M gegeben ist durch die Beziehung:

$$E_M = E_m \cdot \frac{4\,M\,m}{(M+m)^2} \cdot \sin^2 \frac{\theta}{2}$$

wenn θ den Winkel darstellt, um den der stoßende Körper aus seiner ursprünglichen Richtung abgelenkt wird.

Es ist nun sofort einzusehen, daß die translatorische Energieübertragung maximal groß werden muß, wenn $M = m$ ist, da hierbei der Bruch den Wert 1 annimmt. Für geladene, schwere Korpuskeln ist deshalb dieser Anteil dann von besonderer Bedeutung, wenn die Masse der Korpuskeln mit derjenigen der gestoßenen Atomkerne vergleichbar wird, also für α-Strahlen in leichtatomigen Stoffen. Für Elektronen gilt die Relation $m \ll M$, so daß die elastische Stoßübertragung hier geringer sein muß, als etwa 1 ‰ der Gesamtenergiezufuhr (Massey).

Aus der Zahl der Ionenpaare k, welche durch eine Strahlenpartikel der Energie E verursacht worden ist, läßt sich die mittlere Arbeit, welche der Strahlung zur Erzeugung eines Ionenpaares entzogen worden ist, berechnen. Für Gase stellt die durch die Strahlung erzeugte Ionenzahl ein quantitatives *Äquivalent der vom gasförmigen System aufgenommenen Strahlenenergie dar* und bildet damit auch die Grundlage zu deren Messung. Für Luft wird heute allgemein der Wert von

$$W \triangleq 34\ \mathrm{eV}$$

zur Bildung eines Ionenpaares durch Elektronen angenommen. Für schwere Partikel, besonders α-Strahlen, ist er etwa 2 bis 6% höher.

Genauere Zahlenwerte der Arbeit pro Ionenpaar W für verschiedene Strahlungen in verschiedenen Stoffen können der gekürzten Tab. 13, welche LAUGHLIN unter Verwendung der Meßergebnisse von zahlreichen Autoren zusammengestellt hat, entnommen werden.

Tabelle 13. Arbeit pro Ionenpaar W in eV verschiedener Strahlungen in verschiedenen gasförmigen Stoffen

Partikel	A	He	H_2	N_2	Luft	O_2	CH_4	CO_2	C_2H_2	C_2H_4	C_2H_6	C_4H_{10}
Elektronen Mittelwerte	26,4	42,3	36,3	34,9	34,0	30,9	27,3	33,0	25,9	26,2	24,7	
Elektronen von 2-MeV-Röntgenstrahlen . . .	25,5			34,8	33,9	30,9	26,8	32,6				26,3
Protonen 340 MeV . .	25,5		35,3	33,6	33,3	31,5						
Po-α-Strahlen . .	26,4	42,7	36,3	36,6	35,5	32,5	29,2	34,5	27,5	28,0	26,6	
Pu-α-Strahlen . .	26,3	42,0		36,4	35,6	32,9	29,1	34,2		28,0		25,9

Allgemein geht aus dieser Zusammenstellung hervor, daß diese Fundamentalgröße der Strahlenmessung und damit der quantitativen Betrachtung von Strahlenwirkungen aller Art von äußeren Bedingungen, wie Natur und Energie der Strahlung und auch chemischer Zusammensetzung des Gases, in nur relativ geringem Maße abhängig ist. Allen Gasen wird durch alle Arten ionisierender Strahlungen pro gebildetes Ionenpaar in der Größenordnung derselbe Energiebetrag übermittelt. Der Tabelle kann wohl, im einzelnen betrachtet, nur die allgemeine Regel entnommen werden, daß der W-Wert für Gase mit großen Molekülen etwas kleiner ist als für solche, die aus kleinen Molekülen bestehen. Kürzlich ist von FAILLA ein möglichst präziser Vergleich der Arbeit pro Ionenpaar zwischen

Luft und Wasserdampf vorgenommen worden. Das Ergebnis dieser sehr wichtigen Messung beträgt

$$W_{H_2O} = 0{,}893 \cdot W_L\,.$$

Der Energiewert W ist die Arbeit, welche im Mittel durch die Strahlung an einem gasförmigen, stofflichen System zur Bildung eines Ionenpaares geleistet wird. Er ist für Luft und für die Komponenten, aus denen diese besteht, etwa 18 bis 20 eV höher als die I. Ionisationspotentiale dieser Stoffe. Ähnliche Zahlenwerte gelten auch für alle anderen untersuchten Gase, wie durch die Angaben der Tab. 14 an Mittelwerten für Elektronen gezeigt werden soll.

Tabelle 14. Ionisationspotentiale P_i, Energiewerte pro Ionenpaar W und deren Differenzen in eV

Substanz	P_i in eV	W in eV	$(W - P_i)$ in eV
He	24,66	42,2	17,7
A	15,75	36,4	20,6
H_2	15,6	36,3	20,7
N_2	15,51	34,9	19,4
O_2	12,5	30,9	18,4
H_2O	12,56	30,3	17,7
CH_4	14,5	27,3	12,8
C_2H_2	12,8	24,7	11,9

Mit Ausnahme der beiden Kohlenwasserstoffe und des He liegen die Differenzen zwischen Arbeit pro Ionenpaar und Ionisationspotential durchwegs höher als dieses selbst. Es ist deshalb bei der Bestrahlung eines Gases im Mittel nur etwa ein Drittel bis die Hälfte der total vom Gas aufgenommenen Strahlenenergie wirklich zur Ionenbildung notwendig. Der ebenso große oder sogar größere Energierest von, je nach Zusammensetzung, etwa 12 bis 20 eV muß dem Gas in anderer Form übermittelt werden. Dieser Energieüberschuß ist, in dem für die Diskussion chemischer Reaktionen üblichen Energiemaß ausgedrückt, sehr hoch. Es entspricht

$$1\ \text{eV/Molekül} = 23{,}05\ \text{kcal/Mol},$$

und damit werden die erwähnten Überschüsse, je nach chemischer Zusammensetzung, zu 275 bis 480 kcal/Mol, d. h. in der Größenordnung um einen Faktor 5 bis 10 mehr als die bei chemischen Reaktionen üblichen Reaktionswärmen. Es ist klar, daß derartige Energiebeträge, einzelnen Molekülen zugeführt, in denselben mannigfaltige und tiefgreifende Änderungen verursachen müssen.

Den Erscheinungen der Ionisation und der Atomanregung wirken die „von selbst ablaufenden“ Rückbildungen entgegen. Ein angeregtes oder ionisiertes Molekül ist energetisch in einem Zustande des Ungleichgewichtes. Ist ein Molekül im angeregten Zustand eine gewisse Zeit existenzfähig, so muß es nach dieser *Verweilzeit* (10^{-8} bis 10^{-6} s) wieder in den *Grundzustand* übergehen, zurückfallen. Dabei wird die (vorher) aufgenommene Anregungsenergie als *Fluoreszenzlicht* ausgestrahlt. Sehr zahlreiche Gase (z. B. Luft) fluoreszieren unter Bestrahlung als sichtbarer Ausdruck des Rückfalls ihrer angeregten Moleküle in den Grundzustand. Ionisierte Moleküle müssen durch eine ihrer Ionisierung entsprechende, entgegengesetzte Ladung neutralisiert werden. Dieser der Ionisierung entgegen wirkende Vorgang heißt *Rekombination.* Er kann grundsätzlich stattfinden zwischen entgegengesetzt geladenen Ionen, oder zwischen positiven Ionen und freien Elektronen. Beide Vorgänge sind sehr stark „exotherm", also mit Energieüberschuß für das Produkt der Rekombination verbunden.

Sind in einem ionisierten Gas pro Volumeneinheit n_1 positive und n_2 negative Ladungsträger vorhanden, so rekombinieren dieselben mit der Geschwindigkeit (THOMSON):

$$\frac{dn}{dt} = -\alpha \cdot n_1 \cdot n_2 \, .$$

Häufig ist dabei die Zahl der entgegengesetzt geladenen Ladungsträger annähernd gleich groß, also $n_1 = n_2 = n$. Dabei wird dann

$$\frac{dn}{dt} = -\alpha \cdot n^2$$

und damit

$$\frac{1}{n_0} - \frac{1}{n} = -\alpha t,$$

$$n = \frac{n_0}{n_0 \alpha t + 1} \, .$$

Die Größe $\alpha = 1{,}6 \cdot 10^{-6}\,\mathrm{cm^3/s}$ heißt *Rekombinationskoeffizient.* Die vollständige Rekombination erfordert, wie eine zahlenmäßige Rechnung sofort zeigt, Zeiten von der Größenordnung einiger Sekunden, trotzdem die Zahl der Zusammentritte zwischen Ionen in einem Gas viel größer sein muß, als die *Stoßzahl* ungeladener Moleküle in demselben.

Über die Natur der Gasionen gibt deren Wanderungsgeschwindigkeit im elektrischen Feld qualitativ Auskunft. Diese wird gemessen in $\mathrm{cm^2/V \cdot s}$. Die allgemein geringen Wanderungsgeschwindigkeiten können nur verstanden werden durch *Clusterbildung,* d. h. durch Anlagerung von neutralen Molekülen mit polarem Aufbau (insbesondere H_2O) an die Ladungsträger, wobei in geringerer Zahl auch sehr schwere Komplexe (sogenannte *Molionen*) entstehen können.

Elektronenanregungen und besonders Ionisationen von Molekülen führen in erheblichen Ausmaßen zu energetischen Zuständen, die als solche nicht über längere Zeiten existenzfähig sind. Es müssen also als Folge der Energieaufnahme chemische Reaktionen der energiegeladenen Einheiten eintreten. Dieselben werden als *primäre Strahlenwirkungen* bezeichnet. Sie sollen ihrer allgemeinen Bedeutung wegen im folgenden etwas ausführlicher dargestellt werden.

Zunächst ist, abgesehen von der Molekulartranslation, der Energiebetrag, welcher einem Molekül unter bestimmten Änderungen seines (energetischen) Zustandes übermittelt werden kann, durch dessen Aufbau und durch dessen Bestandteile weitgehend bestimmt. Die Frequenzänderung einer innermolekularen Schwingung oder Rotation (Molekular-

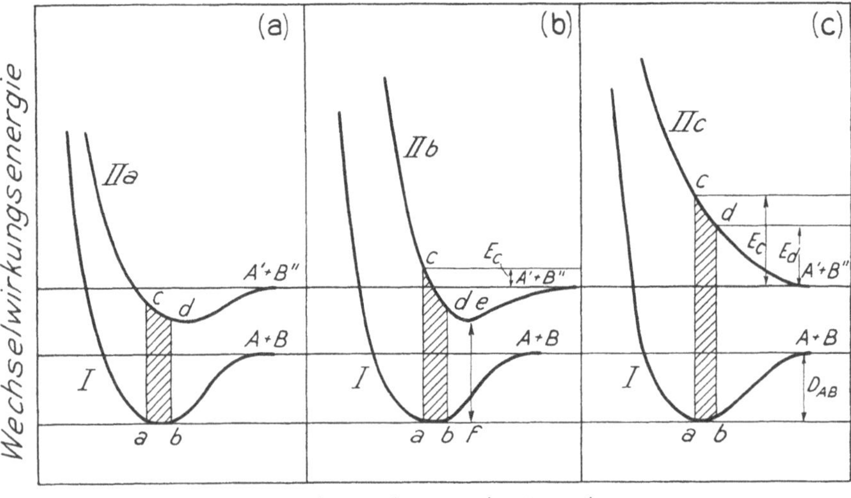

Abb. 40. Einfachste Formen der Potentialverläufe eines zweiatomigen Moleküls mit Grundzustand (untere Kurven) und angeregtem (oder ionisiertem) Zustand (obere Kurven), etwas modifiziert nach MASSEY und BURHOP (vgl. Text)

anregung) erfordert einen bestimmten Energiebetrag (Größenordnung 10^{-2} bis 10^{-1} eV). In gleicher Weise ist zur Hebung eines Elektrons auf ein bestimmtes höheres Niveau (Elektronenanregung) eine bestimmte Energiezufuhr von einigen eV notwendig. Dasselbe gilt für die Ablösung von Elektronen (Ionisation) für den dem Molekül übermittelten Energiebetrag, wie die genau bestimmbaren Zahlenwerte der Tab. 14 zeigen. Dabei kann allerdings dem abgelösten Elektron *zusätzlich jeder beliebige Energiebetrag* als kinetische Energie übertragen werden. Schließlich führt auch die (geschwindigkeitslose) Anlagerung eines Elektrons an ein Molekül demselben einen bestimmten Energiebetrag zu.

Die Energieverhältnisse und die sich daraus ergebenden Folgen bei Energieänderungen können anschaulich gemacht werden durch eine Betrachtung der Potentialverläufe im Molekül. In Abb. 40 sind die drei im einfachsten Fall eines zweiatomigen Moleküls möglichen Potentialverläufe für den *Grundzustand* (I) einerseits und einen *energetisch höheren Zustand* andererseits (z. B. Elektronenanregung) (II) nach MASSEY und BURHOP dargestellt worden. Auf der Abszisse ist der Abstand der Atomzentren, auf der Ordinate die potentielle Energie des Moleküls aufgetragen. Im Grundzustand weist der Potentialverlauf ein ausgesprochenes Minimum auf. Dieses liegt bei einem Atomabstand, bei welchem das Molekül AB als solches normalerweise existenzfähig ist. Wird der Abstand größer, so wächst (geradzahlige Spinverteilung) die Anziehungskraft zwischen den Atomen, sinkt er unter den Gleichgewichtswert des Minimums, so steigt die Abstoßung rasch sehr stark an (einfacher mechanischer Vergleich: Schraubenfeder). Unter den gegebenen Zustandsverhältnissen werden die beiden Atomkerne um die Gleichgewichtslage gegeneinander oszillieren, innerhalb von Amplituden, die durch die Breite des schraffierten Feldes $a\,b$ gegeben sind. Ein sehr geringer Atomabstand ist wegen der Raumerfüllung nicht möglich, bei sehr großem Abstand würde das Molekül in seine Bestandteile $A + B$ zerrissen (*Dissoziationsarbeit* $D_{A\,B}$). Die Zeit einer Atomschwingung beträgt in der Größenordnung 10^{-12} bis 10^{-13} s (Infrarotspektren), ist also sehr viel größer als z. B. diejenige eines Durchganges eines schnellen Elektrons, welcher nur etwa 10^{-17} bis 10^{-18} s dauert. Weiter ist die Zeit, während welcher die Atomkerne (Massezentren des Systems) an den Umkehrpunkten a und b liegen (Geschwindigkeit $= 0$) viel größer als diejenige für die Lage im Potentialminimum (maximale Geschwindigkeit). Wird deshalb einem solchen Molekülsystem beispielsweise bei einem Elektronendurchgang Energie zugeführt (z. B. durch Hebung eines Hüllelektrons auf ein höheres Niveau), so wird diese in den weitaus meisten Fällen in einem Potentialzustand innerhalb des schraffierten Feldes, vorzugsweise aber in Zuständen, die durch die Begrenzungen desselben dargestellt werden, aufgenommen.

Für jeden energetisch höheren Molekularzustand (Elektronenanregungen, Ionisationen) bestehen nun grundsätzlich ebenfalls entsprechend höher gelegene Potentialverläufe (II), deren Form, Lage und Ausmaß dafür maßgeblich sind, welches die Folgen einer solchen Energiezufuhr sein werden. Hat auch der angeregte (oder ionisierte) Zustand ein ausgesprochenes Potentialminimum (Fall IIa), so wird das Molekül (verglichen mit der zur Anregung notwendigen Zeit und der Schwingungsdauer) längere Zeit (etwa 10^{-7} bis 10^{-8} s) im energetisch höheren Zustand verharren, um dann, z. B. nach einem Zusammenstoß mit einem anderen Molekül, unter Emission eines *Fluoreszenzquants* wieder in den Grundzustand zurückzufallen (Vergleich: schwingende Schraubenfeder, die durch einen kurzen, starken Schlag während ihrer Schwingung zusätzlich zur Abgabe von viel höher frequenten Tönen veranlaßt worden ist und dieselben in kurzer Zeit „abstrahlt").

Ist das Potentialminimum des energetisch höheren Zustandes erheblich gegen dasjenige des Grundzustandes verschoben (Fall II*b*), (ist also der z. B. angeregte Zustand nur bei größeren Atomabständen wirklich existenzfähig), so hat die Energiezufuhr, je nachdem sie im Grundzustand bei *a* oder bei *b* erfolgt, verschiedene Konsequenzen. Bei *b* ist sie von den vorstehend besprochenen Verhältnissen nicht grundsätzlich verschieden, abgesehen davon, daß die Energiedifferenz zwischen *d* und *e* an innermolekulare Schwingungen übermittelt werden kann (dies gilt auch für die Lage *c* bei II*a*), also zusätzlich zu der Elektronenanregung oder Ionisation noch molekulare Frequenzen angeregt werden. Erfolgt dagegen die Energiezufuhr bei *a*, so wird dadurch das Molekül in den durch *c* charakterisierten Zustand übergeführt, und seine Energie übersteigt jetzt den „Rand" der Potentialmulde für den angeregten oder ionisierten Zustand des Moleküls $A\,B$ um den Betrag E_c. Es muß deshalb *Dissoziation* $A\,B \rightarrow A' + B''$ eintreten, wobei den Fragmenten zusätzlich kinetische Energie (je nach der Lage) zwischen 0 und E_c übertragen wird. Bei einem solchen Potentialzustand tritt also bei Anregung neben der Fluoreszenz mit einer gewissen Wahrscheinlichkeit (im gezeichneten Beispiel in etwa einem Drittel der Fälle) auch Dissoziation des Moleküls auf.

Verläuft schließlich das Potential des energetisch höheren Zustandes (Fall II*c*) ohne Mulde in der Umgebung des Minimums des Grundzustandes, so führt eine Energiezufuhr in jedem Fall zu einer Dissoziation in die Bruchstücke $A' + B''$. Die kinetische Energie der Fragmente liegt hierbei zwischen E_c und E_d.

Bei mehratomigen Molekülen wäre für jede Atombindung ein entsprechendes System von Potentialkurven, die sich zu Potentialflächen vereinigen müßten, aufzustellen, da die Bindungsverhältnisse stark voneinander abhängig sind. Die Potentialverhältnisse sind deshalb schon bei dreiatomigen Molekülen sehr kompliziert und nur noch unter Einschränkungen angebbar. Zum grundsätzlichen Verstehen genügen aber die einfachen Verhältnisse des zweiatomigen Modells.

Nach den vorstehenden, sehr vereinfachten Modellbetrachtungen sind somit bei Bestrahlung im Gaszustand in den einfachsten Fällen die folgenden Primärwirkungen zu erwarten:

a) Anregung:

$$AB \rightsquigarrow AB^* \xrightarrow{h\nu} AB \qquad \text{(II a)}$$

$$AB \rightsquigarrow AB^* \left\langle \begin{array}{l} \xrightarrow{h\nu} AB \\ \rightarrow A' + B'' \end{array} \right. \qquad \text{(II b)}$$

$$AB \rightsquigarrow AB^* \longrightarrow A' + B'' \qquad \text{(II c)}$$

(II a) und oberer Zweig von (II b): Fluoreszenz; unterer Zweig von (II b) und (II c): Dissoziation

b) Ionisation:

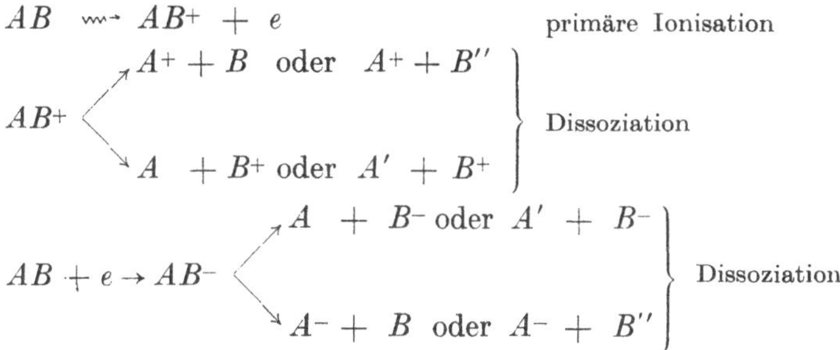

(AB bedeutet ein Molekül im Grundzustand, AB^* ein elektronisch angeregtes Molekül, A' und B'' entsprechen Fragmenten, die zusätzlich elektronisch angeregt sind und kinetische Energie erworben haben können. Das letztere kann auch für die ionisierten Fragmente der Fall sein. $\rightsquigarrow$: Übergang bei Bestrahlung, $\xrightarrow{h\nu}$: Übergang unter Fluoreszenz, $\longrightarrow$: direkter Übergang).

Die so gebildeten Primärprodukte können weiter durch Kombinationen unter sich (sogenannte Stöße II. Art) „physikalisch", d. h. ohne stoffliche Änderungen, oder aber „chemisch", also mit solchen Änderungen, weiter reagieren nach den folgenden Schemata:

a) physikalisch:

$A' + e \longrightarrow A + \overset{\nearrow}{(e)}$ Übertragung der Anregungsenergie des Fragmentes auf ein Elektron.

$A' + B \longrightarrow A + \overset{\nearrow}{(B)}$ Übertragung der Anregung in Bewegungsenergie (selten).

$A' + B \longrightarrow A + B''$ $\quad E_A > E_B$

$A' + B \longrightarrow A^{*\prime} + B''$ $\quad E_A > (E_A^* + E_B)$

$A' + B \longrightarrow A + B^+ + e$ $\quad E_A > E_{B+}^*$

($E_{A,B}$: Anregungsenergie von A', B''. E_{B+}: Ionisationsenergie von B^+.)

b) chemisch:

$A' + B \longrightarrow AB^+ + e$

$A' + BC \longrightarrow A + B + C$ $\quad E_A > E_d\ (BC)$

$A' + BC \longrightarrow AB + C$ $\quad (E_A + E_d\ [AB]) > E_d\ (BC)$

$A' + B + \mathrm{M} \longrightarrow AB + \overset{\nearrow}{(\mathrm{M})}$ (M = „dritter Körper", verhindert die Dissoziation von AB)

Die Wahrscheinlichkeit der vorstehend erwähnten Vorgänge ist allgemein um so größer, je weniger Energie in Translationsenergie schwerer Partikel übertragen werden muß (Franck-Condon-Prinzip). Ebenso ist ein Umsatz ohne Änderung des Gesamtspins wesentlich wahrscheinlicher als ein solcher mit Spinänderung.

In ähnlicher Weise sind natürlich auch unter geladenen Einheiten Reaktionen und Kombinationen möglich. Ionen, die durch Strahlung gebildet worden sind, weisen im Gegensatz zu solchen in Kristallen und Elektrolyten meistens eine *ungerade* Elektronenzahl auf, weil stabile, neutrale Verbindungen vorzugsweise gerade Elektronenzahlen haben. Erfolgt nach der Ionisierung durch die Strahlung eine Dissoziation des Moleküls in zwei Fragmente, so muß zunächst auch eines derselben ein ungerades Elektron aufweisen. Deshalb sind solche Fragmente so *hoch reaktionsfähig*, weil sich das *unpaarige Elektron* in seiner Umgebung gewissermaßen „seinen Partner" sucht (Auswahlregel: paarige, antiparallele Spinverteilung). Unpaarige Ionen werden damit besonders mit unpaarigen anderen Fragmenten, also Radikalen, reagieren, weniger mit neutralen Molekülen; mit diesen findet häufig nur ein Ladungstransport statt.

Zu den vorstehend erwähnten Möglichkeiten sind hier aber zusätzlich noch die Neutralisationsvorgänge, also die *Rekombinationen*, zu berücksichtigen. Diese können stattfinden zwischen einem positiven Ion und einem Elektron oder zwischen einem positiven und negativen Ion. Beide sind sehr hoch „exotherm":

$$AB^{+} + e \begin{cases} \nearrow A' + B \\ \rightarrow A + B'' \\ \searrow A' + B'' \end{cases}$$

(Neutralisation mit sofortiger Dissoziation mit Anregungen und Translationsenergie)

$$A^{+} + B^{-} + \mathrm{M} \longrightarrow A + B + M^{*}$$

(Der dritte Körper M muß den Hauptteil der bei der Rekombination freiwerdenden Energie fortnehmen, da sonst weitere Reaktionen erfolgen.)

$$A^{+} + B \longrightarrow A + B^{+} \text{ (Ladungstransport) } P_i(B) < P_i(A).$$

Dabei sollen nach theoretischen Überlegungen von BURTON und MAGEE die beiden Partner des Ladungstransportes in der Größenordnung eine Sekunde lang in Kontakt bleiben, also molekularkinetisch betrachtet eine extrem lange Zeit. Daß dabei, besonders in dichter assoziierten Molekularsystemen, auch andere Partner an den beim Ladungstransport auftretenden Einzelphänomenen Anteil haben, ist als sicher anzunehmen. Solche Reaktionen finden deshalb mit sehr hoher Wahrscheinlichkeit nicht an einzelnen Molekülen, sondern an größeren Molekülagglomerationen, „Reaktionseinheiten", statt, wobei die Größe dieser Einheiten durch die Phase, die Zusammensetzung sowie die Struktur der Einzelpartner bedingt wird.

Für das Verständnis biologischer Reaktionen stellen die Primärwirkungen auf das Wasser die wichtigste Grundlage dar. Dabei sind aber für diesen Stoff klare Resultate nur aus Reaktionen im verdünnten

Dampfzustand vorhanden. In Tab. 15 sind massenspektrometrische Ergebnisse von MANN, HUSTRULID und TATE mit den wahrscheinlichsten Reaktionsverläufen und den entsprechenden „*Appearence*"-*Potentialen* wiedergegeben. Dieses entspricht der Spannung, welche die Elektronen in der Ionenquelle des Massenspektrometers mindestens durchlaufen müssen, damit die entsprechende Ionenart in Erscheinung tritt. Das Appearence-Potential P_a setzt sich somit zusammen aus

$$P_a = P_i + P_d + P_s + E_c,$$

der Ionisationsenergie des beobachteten Fragmentes P_i, der Dissoziationsarbeit der Verbindung in neutrale Bruchstücke P_d, einem eventuellen Anregungspotential der Bruchstücke P_s und einer eventuellen kinetischen Energie E_c der Fragmente, wobei über die relative Größe der Einzelanteile aus den Meßergebnissen allein nichts ausgesagt werden kann.

Tabelle 15

Ionenart	Wahrscheinlicher Prozeß	Appearence-Potential eV
H_2O^+	$H_2O \rightarrow H_2O^+ + e$	13,0 ± 0,2
OH^+	$H_2O \rightarrow H + OH^+ + e$	18,7 ± 0,2
O^+	$H_2O \rightarrow H_2 + O^+ + e$	18,8 ± 0,5
	$H_2O \rightarrow 2\,H + O^+ + e$	28,1 ± 1,0
H_3O^+	$(H_2O^+ + H \rightarrow H_3O^+)$ (?)	13,8 ± 0,5
H^+	$H_2O \rightarrow OH + H^+ + e$	19,5 ± 0,2
H_2^+	$H_2O \rightarrow O + H_2^+ + e$	23,0 ± 2,0
H^-	$H_2O \rightarrow OH + H^- - e$	5,6 ± 0,5
	$H_2O \rightarrow O + H + H^- - e$	8,5 ± 1
O^-	$H_2O \rightarrow 2\,H + O^- - e$	7,5 ± 0,3
	$H_2O \rightarrow H + H^+ + O^-$	23,7 ± 0,5
	$H_2O \rightarrow H^+ + H^+ + O^- + e$	36,0 ± 3

Zu den in Tab. 15 zusammengefaßten Ergebnissen sind wegen der besonderen Bedeutung des Wassers einige Bemerkungen angezeigt. Zunächst sind die relativen Häufigkeiten der ionisierten (und damit allein nachweisbaren) Fragmente die folgenden:

H_2O^+	OH^+	H^+	H_3O^+	O^+	H_2^+
100	20	20	20	2	0,5

Ein Ion erscheint allgemein in um so größerer Zahl, je tiefer sein Appearence-Potential liegt. Diese Regel gilt nicht für H^+ und O^+, wenn man nicht annehmen will, daß ein erheblicher Anteil der O^+-Ionen durch den zweiten angeführten Prozeß gebildet wird. Da keine weiteren energiekonsumierenden Prozesse vorliegen, sind Appearence-Potential (13 eV) und Ionisationspotential (12,56 eV) beim Wasser praktisch gleich, nicht aber für alle anderen Ionen, wo das Ionisationspotential durchwegs 5 bis 8 eV geringer ist als das Appearence-Potential.

Weiter ist von Interesse, daß die Ionen mit den geringsten Appearence-Potentialen die beiden negativ geladenen Fragmente H^- (5,6 eV) und O^- (7,5 eV) sind, während zur Bildung von H_2O^+ 13 eV notwendig sind. Die beiden negativen Ionen werden somit durch direkte Anlagerungen von Elektronen gebildet, wobei aber nicht sicher entschieden werden kann, ob die Spaltung in die Fragmente vor (durch vorherige Elektronenanregung) oder aber erst nach der Elektronenanlagerung erfolgt. Ein H_2O^--Ion fehlt vollständig; wenn es primär gebildet würde, so müßte seine Lebensdauer kleiner sein als etwa 10^{-7} s. Ebenso ist das OH^--Ion in der verdünnten Gasphase nicht vorhanden. Der hohe Energiewert für die Bildung von H^+ (19,5 eV) erfordert zur Assoziation des relativ stabilen, in der Gasphase aber relativ seltenen Ions H_3O^+ den in der Tabelle angegebenen Prozeß, während in flüssigem Wasser der Zusammentritt $H^+ + H_2O \rightarrow H_3O^+$ auch bei Bestrahlung der wohl alleinige ist.

b) Strahlenwirkungen auf kondensierte Systeme

α) *Flüssigkeiten*

Bei der Übertragung vorstehender Ergebnisse und Betrachtungen auf kondensierte Systeme treten nun aber sehr erhebliche Komplikationen auf.

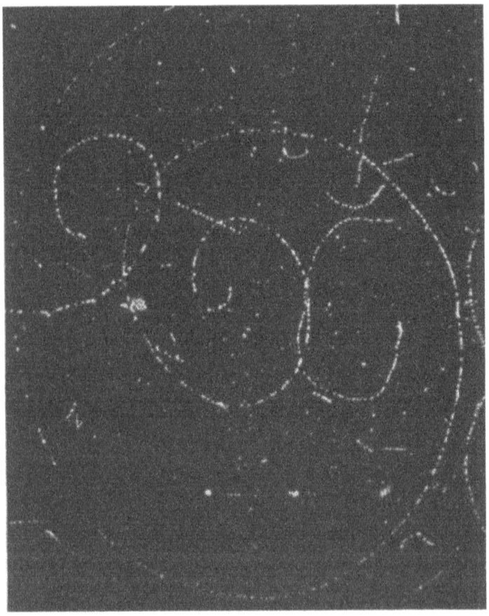

Abb. 41. Blasenkammeraufnahme energiereicher Elektronen im Magnetfeld. Kammerfüllung flüssiges Propan. Man beachte den spiralförmigen Verlauf mit abnehmender Energie. (Nach GLASER)

Bis vor kurzem beschränkten sich die Informationen im wesentlichen auf Schwächungsmessungen und bezüglich der Einzelheiten auf das Studium der Bahnspuren in photographischen Emulsionen. Erst in allerletzter Zeit ist in der sogenannten *Blasenkammer* ein neues Gerät in die Strahlenforschung eingeführt worden, welches wesentlich vertieftere Einblicke verschaffen wird. Nach den bisherigen Ergebnissen mit diesem neuen Instrument darf mit Sicherheit angenommen werden, daß zum mindesten die gröberen Wechselwirkungsphänomene in Flüssigkeiten mit energiereichen Partikeln grundsätzlich gleichartiger Natur sind wie in Gasen. Abb. 41 zeigt eine solche Blasenkammeraufnahme von Elektronen in flüssigem

Propan nach GLASER im Magnetfeld. Die Bahnspurenbilder unterscheiden sich kaum von solchen in einer Nebelkammer, trotzdem es sich hier um kleine Gasblasen in einer Flüssigkeit und nicht um Flüssigkeitskondensationen in einem Gas handelt. Die Spuren setzen sich aus distinkten Einzelbläschen zusammen, deren Dichte auf der Bahn (wie die Nebeltröpfchen in einer WILSON-Aufnahme) ein Maß für die Partikelenergie darstellt.

Mit Gewißheit sind in Flüssigkeiten zunächst drei Grunderscheinungen in nähere Berücksichtigung zu ziehen. Bei Energiezufuhr, die zu einer Elektronenanregung oder einer Ionisation eines Moleküls ausreicht, verhindert das sogenannte FRANCK-CONDON-Prinzip, daß ein wesentlicher Teil der vom Molekül aufgenommenen Energie auf intramolekulare Schwingungsfrequenzen übertragen werden kann. Die Zeit, die zu einer Anregung bzw. Ionisation eines Moleküls notwendig ist (etwa 10^{-15} s), ist in der Größenordnung 100fach geringer als diejenige einer innermolekularen Schwingung (10^{-13} s). Das gilt auch für gasförmige Stoffe. Die Tatsache aber, daß in einer Flüssigkeit jedes Molekül durch die VAN DER WAALSschen Kräfte mit seinen unmittelbaren Nachbarn eng verbunden ist, wird zunächst einer eventuellen Dissoziation entgegenwirken (sogenannter *Käfigeffekt*) und bei Verhinderung derselben später einen Energieübergang in „elastische", d. h. molekulare Frequenzen, erzwingen. In polaren Flüssigkeiten (wie z. B. Wasser) muß dieser Effekt durch den auf den Dipolcharakter zurückzuführenden „elektrischen" *Agglomerationseffekt* verstärkt werden. Man wird deshalb in einer Flüssigkeit als primäre Reaktionspartner für die Energieaufnahme niemals „freie" Moleküle zu betrachten haben, sondern stets *Agglomerationen* mehrerer Elementareinheiten, deren Zahl durch die Zusammensetzung und zusätzlich durch die parakristalline Raumerfüllung bestimmt werden. Innerhalb derartiger Reaktionseinheiten kann aber die aufgenommene Strahlenenergie zum mindesten zum Teil und teilweise sicher elektronisch an jeden beliebigen Ort übertragen werden.

Die Tatsache, daß die Masseschwächungskoeffizienten vom Phasenzustand innerhalb der bisherigen Meßgenauigkeit unabhängig sind, zeigt aber wohl mit Sicherheit, daß die Erscheinungen der Energieabgabe der Strahlung an Materie in allen Phasen grundsätzlich dieselben sind. Weiter haben die Messungen der Leitfähigkeitszunahme von Paraffin (JAFFÉ, GREINACHER), Hexan (STAHEL) und Schwefelkohlenstoff (TAYLOR) den Beweis erbracht, daß auch in zumindest hoch isolierenden Flüssigkeiten durch die Bestrahlung elektrische *Ladungsträger* mit endlicher Lebensdauer gebildet werden, welche in einem genügend hohen Feld *wandern* können. Allerdings war es bisher nicht möglich, eine Sättigung zu erzielen, und kürzlich ist von RICHARDS in einem eleganten Versuch erwiesen worden, daß bei der Bestrahlung von Hexan mit α-Strahlen nur die Ladungsträger zur Messung herangezogen werden können, welche durch die δ-Strahlen gebildet werden. Welcher Art diese erfaßbaren Ladungsträger aber sind, ob es sich um Ionen im üblichen Sinne handelt, konnte bisher aber noch nicht erwiesen werden.

Mit Sicherheit erfolgt auch in Flüssigkeiten die Energieabgabe einer ionisierenden Partikel auf in zwei Dimensionen sehr eng begrenzten *Bahnspuren* (Blasenkammerbilder) mit — je nach stofflicher Zusammensetzung des bestrahlten Systems, Ladung und Energie der Partikel — verschiedener Größe der *linearen Energieabgabe*. Für die Bahnspur selber kann auf kleinem Raum die Energiekonzentration extrem hoch werden (5,2 MeV auf einem Zylinder von 32 μ Länge und etwa 15 Å Durchmesser bei Po-α-Strahlen in Wasser). Dieser Energiekonzentration (von in der Größenordnung etwa 150 000 primär ionisierten und etwa 0,5 Millionen primär angeregten Molekülen auf der Spur eines α-Strahls) müssen die Diffusionsphänomene entgegenwirken. Dabei ist aber die Verteilung der positiven und negativen Ionen (falls dieselben auch in Flüssigkeiten endliche Lebensdauern haben, was entgegen theoretischen Bedenken von Burton und Magee aus der elektrischen Leitfähigkeit sehr wahrscheinlich ist) schon primär keine gleichmäßige. Die positiven Ionen werden ja durch Abtrennung von Elektronen am Ort der primären Wechselwirkung gebildet, während die negativen Ionen in der großen Mehrzahl erst durch die Anlagerung von auf thermische Geschwindigkeiten verzögerten Sekundärelektronen, also zum Großteil außerhalb der Achse der Bahnspur, entstehen. Die primäre Trennung der Ionen nach ihrem Vorzeichen ist um so ausgesprochener, je dichter die *lineare Energieabgabe* ist.

Auf der Achse der Bahn einer hoch ionisierenden Partikel müssen deshalb Reaktionen zwischen gleichgeladenen Fragmenten viel wahrscheinlicher sein als auf derjenigen von Elektronen. Für den wichtigsten flüssigen Stoff, das Wasser, ergibt sich daraus die Bildung von H_2O_2 (sogenannte Vorwärtsreaktion) nach

$$\begin{aligned} H_2O &\rightsquigarrow H_2O^+ + e \\ H_2O^+ &\rightarrow H^+ \quad + OH \\ 2\,OH &\rightarrow H_2O_2 + 2{,}6\,\text{eV}, \end{aligned}$$

wobei dieselbe durch die Gegenwart von Stoffen mit geringer Konzentration praktisch überhaupt nicht beeinflußt würde.

Im Gegensatz hierzu ist bei wenig ionisierenden Strahlungen die Polymerisation $2\,OH \rightarrow H_2O_2$ viel unwahrscheinlicher, und damit müssen hier die Reaktionen zwischen irgendwelchen oxydierbaren Stoffen und OH-Radikalen eine erheblich größere Ausbeute aufweisen.

β) *Feste Körper*

Strahlenwirkungen auf Festkörper sind im allgemeinen viel schwieriger zu untersuchen als solche in Flüssigkeiten oder gar in Gasen. Das hängt zum Teil mit den Untersuchungsmethoden, größtenteils aber mit der Tatsache zusammen, daß allgemein die Ausbeute, wegen der Abwesenheit freier Molekülbeweglichkeit, hier meist um Größenordnungen geringer ist. Trotzdem können aber in Festkörpern sowohl reversible wie irreversible Änderungen durch Strahlungen verursacht werden. Diese sind entweder *elektronischer* Natur (die Elektronenhülle betreffend), oder aber bestehen in *Kristallgitteränderungen*, oder im *Einbau von Fremdatomen*. Die ersteren (Änderungen der Farbe, der elektrischen Leitfähigkeit, der magnetischen Eigenschaften) können sowohl durch Elektronen, γ-Strahlen und schwere Korpuskeln (α-Strahlen) verursacht werden, während der Einbau von Fremdatomen natürlich deren Zufuhr (z. B. He und Pb in Uranverbindungen), oder aber eine Atomkernumwandlung erfordert. Auch Kristallgitteränderungen (Verschieben von Atomen auf *Zwischengitterlagen* unter Bildung von *Leerstellen*) werden durch schwere Partikel relativ häufiger verursacht als durch Elektronen oder Photonen. Diese beiden letztgenannten Effekte können bei sehr hohen Dosen zu erheblichen Eigenschaftsänderungen der bestrahlten Stoffe Anlaß geben, was besonders bei der technischen Realisierung der Atomenergie von sehr wesentlicher Bedeutung geworden ist.

c) Grundsätzliches zur Wirkung auf biologische Systeme

Wenn es auch im Rahmen des vorliegenden Buches keineswegs beabsichtigt ist, die Strahlenwirkungen auf lebende Systeme darzustellen, so sollen im Zusammenhang mit den vorstehenden Besprechungen doch darüber einige Bemerkungen grundsätzlicher Natur hier noch beigefügt werden.

Zunächst ist als „biologisches" Objekt stets ein *lebendes System* zu verstehen, welches im (engen) materiellen und thermodynamischen Rahmen seiner Existenzmöglichkeit *Funktionen* ausübt. Es tut dies *„von selbst"*, offenbar mit dem „Ziel" der *Aufrechterhaltung* seines (an sich extrem unwahrscheinlichen) Zustandes. Alle Funktionen eines lebenden Systems sind, zunächst analytisch nur nach einer Kategorie betrachtet, solche (Funktionale) der *Zeit*. Es muß daher bei der Betrachtung der *manifesten* Wirkungen von Strahlungen auf lebende Objekte stets unterschieden werden zwischen *physikalischen Primärwirkungen* (LIECHTI) unter Einschluß solcher physikochemischer Natur und *biologischen Wirkungen*, welch letztere wesentlich durch die Funktionsfähigkeit des Systems bedingt werden und als die Resultante zwischen den primär eintretenden Strahleneinflüssen (ohne endliche Zeitkoordinaten) und den Reaktionen (Re-Actio = Gegenwirkung) des lebenden Systems aufgefaßt werden müssen. Dabei werden die ersteren durch die Gesetze der Strahlenphysik und Thermodynamik beherrscht, während die letzteren ihrer Richtung nach dem „Normalzustand“ des biologischen Systems, also seiner Existenzmöglichkeit zustreben. Jede vertiefte Diskussion von Bestrahlungsergebnissen an lebenden Objekten hat diesen grundsätzlichen Tatsachen Rechnung zu tragen. Im hier vorgegebenen Rahmen sollen nur die (physikalischen und physikochemischen) Primärwirkungen gestreift werden, und zwar unter besonderer Berücksichtigung der Verhältnisse bei Bestrahlungen am Menschen und seinen Organen.

α) *Physikalische Primärwirkungen*

Im Hinblick auf die Gesetzmäßigkeiten der Strahlenschwächung und der dabei auftretenden Einzeleffekte sind keine primären physikalischen Wirkungen in biologischen Systemen denkbar, die unter gleichartigen

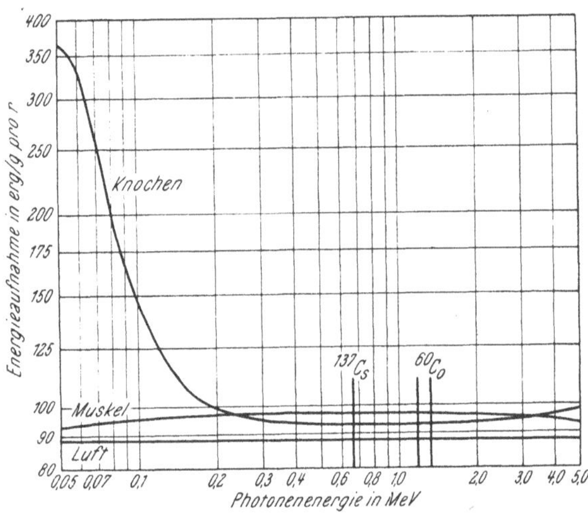

Abb. 42. Energieaufnahme in erg/g pro Röntgen bei γ-Strahlen verschiedener Energie in Muskeln und Knochen im Vergleich zu Luft. Man beachte die Lage der γ-Strahlung von $^{137}C_s$ und ^{60}Co

stofflichen Verhältnissen des die Strahlung aufnehmenden Systems und unter gleichartigen Bestrahlungsbedingungen nicht auch an nicht lebenden Systemen auftreten müssen. Jede Art ionisierender Strahlung tritt mit einem biologischen System nur nach *Maßgabe der Schwächungsgesetze* in Wechselwirkung. Das quantitative Ausmaß dieser Wechselwirkung und die dabei dem System übermittelten Energiegrößen werden einzig bestimmt durch Natur und Energie der Strahlung einerseits und durch die chemische Zusammensetzung des bestrahlten Systems andererseits. Die dabei in Frage stehenden Erscheinungen und Gesetze sind vorstehend (S. 55ff.) eingehend behandelt worden. Von wesentlichem Interesse sind hier die Ergebnisse der Schwächungsbetrachtungen hinsichtlich der Energieaufnahme in verschiedenen Systemen, wie dem Knochensystem und dem Muskelgewebe bei gleicher Strahlendosis in r. Die Abb. 42 gibt die Energieaufnahme in erg/g pro r für γ-Strahlen verschiedener Energie zwischen 0,05 MeV und 5 MeV für Knochen und Muskeln im Vergleich zu Luft wieder. Es ist daraus zu entnehmen, daß für das Energiegebiet der γ-Strahlung radioaktiver Stoffe sehr wesentliche Unterschiede der Energieaufnahme verschiedener Organsysteme nicht bestehen. Diese Gesetzmäßigkeit darf auch auf β-Strahlen übertragen werden, wobei allerdings etwas andere Zahlenverhältnisse vorliegen, wie Tab. 16 der Massebremsvermögen für Elektronen zeigt.

Tabelle 16. Massebremsvermögen verschiedener Stoffe für Elektronen im Vergleich zu Luft = 1,000

Elektronen-energie in MeV	H	C	P	Ca	H_2O
0,005	2,949	1,049	0,800	0,755	1,198
0,01	2,811	1,042	0,825	0,790	1,186
0,05	2,609	1,032	0,860	0,841	1,168
0,1	2,550	1,029	0,871	0,856	1,162
0,3	2,476	1,025	0,884	0,875	1,155
0,5	2,444	1,024	0,889	0,883	1,153
1,0	2,404	1,022	0,897	0,894	1,149
2,0	2,366	1,020	0,903	0,903	1,146
3,0	2,347	1,019	0,907	0,908	1,144
5,0	2,324	1,018	0,911	0,914	1,142

Jede primäre Strahlenwirkung muß der Energieaufnahme pro Masseeinheit zunächst proportional sein, solange keine „Gegenwirkungen" von Seiten des Objektes vorliegen und solange auch, als die Wirkung nicht an sich einen reversiblen Verlauf in Abhängigkeit von der Strahlendosis aufweist. Diese einfache Gesetzmäßigkeit hat sicher für einen erheblichen Anteil der physikochemischen Primärwirkungen auch in biologischen Systemen Geltung.

β) *Physikochemische Primärwirkungen*

Natur, Ausmaß und Richtung der der Energieaufnahme aus der Strahlung unmittelbar folgenden physikalisch-chemischen Primärwirkungen werden durch die chemischen Gegebenheiten des biologischen Systems vorgeschrieben. So außerordentlich kompliziert der Chemismus eines biologischen Systems von Seiten seines molekularen Aufbaues und der dabei in Frage stehenden Reaktionssysteme ist, so einfach ist er bezüglich der primären Möglichkeiten der Energieaufnahme aus Strahlung. Wie Tab. 17 zeigt, sind am chemischen Aufbau eines Menschen nur sechs Elemente mit größeren Anteilen als 1% (Gewicht) beteiligt, am Aufbau der weichen Gewebe gar nur deren vier.

Tabelle 17. Gewichtsprozente der häufigsten Elemente am Aufbau eines Menschen sowie an der gestreiften Muskulatur und am Knochen (Femur)

Element	Muskeln	Knochen	Ganzer Organismus
O	72,9	41,0	65
C	12,3	27,8	18
H	10,2	6,4	10
N	3,1	2,7	3,0
Ca	0,01	14,7	1,5
P	0,2	7,0	1,0

Dabei steht grundsätzlich der Sauerstoff bei weitem an erster Stelle und sein Gewichtsverhältnis zu Wasserstoff 6,5:1 zeigt, daß er fast vollständig mit demselben verbunden sein muß. Tatsächlich wird ja auch der Wassergehalt eines Menschen zu etwa 63% seines Gesamtgewichtes angenommen, wobei mit Ausnahme der „Säfte" keine erheblichen Abweichungen gegen diesen Mittelwert vorliegen. Es müssen deshalb etwa zwei Drittel aller Primärereignisse der Energieaufnahme an Wassermolekülen stattfinden, gleichgültig ob sich dieselben in freiem Zustand oder aber in mehr oder weniger gebundener Form vorfinden. Die primären Reaktionen bei Bestrahlung sind deshalb zu einem sehr wesentlichen Anteil solche des Wassers. Die Strahlenchemie des Wassers wird damit zur wichtigsten Voraussetzung des Verständnisses der primären Strahlenwirkungen in biologischen Objekten beliebiger Art.

Die bei Bestrahlung von Wasser gebildeten Primärprodukte H und OH resp. O_2H und H_2O_2 sind sehr starke Reduktions-, besonders aber Oxydationsmittel. Sie sind alle, verglichen mit den in atomaren oder molekularen Prozessen in Frage stehenden Zeiten, sehr langlebig und damit für jeden beliebigen Reaktionsort (durch Diffusion) verfügbar. Es können deshalb bei Bestrahlung alle *reduzierbaren*, besonders aber alle *oxydierbaren Bindungen* eines Moleküls durch dieselben angegriffen und geändert werden. Das Ergebnis sind Molekülspaltungen, *Radiolysen* der an sich unstabilen hochpolymeren Verbindungen bis hinunter zu einfachen „anorganischen" Molekülen wie CO_2, CO, NH_3, H_2O oder einfachen organischen Verbindungen wie etwa CH_4, C_2H_6, HCOH. Einige dieser Produkte sind ausgesprochene *Gifte*.

Die Frage, welche Bindungen besonders angegriffen werden, ist im wesentlichen eine solche nach ihrer Häufigkeit und ihrer Energie. Grundsätzlich sind durch die Primärprodukte des Wassers alle Bindungen angreifbar, deren Potential höher liegt, als dasjenige des entsprechenden Oxydations- oder Reduktionsproduktes. So sind z. B. in Polypeptiden mit Sicherheit die C—N-Bindungen (NH_3-Bildung) sehr stark angreifbar, in Nucleinsäuren diejenigen zwischen Zucker und Phosphorsäure einerseits und Purin- resp. Pyrimidinkern andererseits. Mit Sicherheit werden aber auch diese zum Teil aufgerissen, was durch die NH_3-Bildung erwiesen ist.

In der Größenordnung etwa ein Drittel der Akte der primären Energieaufnahme findet nicht am Wasser, sondern an anderen Molekülen des lebenden Objektes statt. Aber auch in diesen Fällen führt eine Ionisation oder Elektronenanregung dem betroffenen Molekül so viel Energie zu, daß dieselbe zur Dissoziation an zahlreichen Bindungen ausreicht. Welche derselben dabei gelöst wird oder gelöst werden, ist wieder eine Häufigkeits- und Energiefrage und zusätzlich eine solche der Energieleitung im Innern des betroffenen Moleküls. Aus dem Kenntnismaterial der Strahlenchemie weiß man, daß alle stark polaren Gruppen, wie z. B. NH_2, NO, COOH, OH, PO_4, CO_3, SO_4, Halogene besonders leicht abgetrennt werden, während paraffinartige Kohlenstoffketten an sich widerstandsfähiger sind. Die letzteren verlieren mit Sicherheit Wasserstoff und erleiden Kettenbrüche um so häufiger, je länger sie sind.

Vergleicht man die beiden Reaktionsmöglichkeiten, die *indirekte* über die Spaltprodukte des Wassers und die *direkte* miteinander, so ergeben sich in beiden Fällen die grundsätzlich gleichen Erscheinungen und auch die weitgehend gleichen Endprodukte. Die Strahlung zerstört das äußerst sinnvolle und höchstorganisierte Molekulargebäude eines biologischen Systems, sie führt ihm lokal unnötige, sehr hohe Energiebeträge zu, wobei nicht nur der materielle Zustand eine Änderung im Sinne einer Entropiezunahme erfahren muß, sondern auch die Prozesse, welche zu dem thermodynamisch äußerst unwahrscheinlichen Zustand führen, derart geändert werden, daß dabei ein wahrscheinlicherer Zustand resultiert, welch letzterer aber mit dem „Leben" meist nicht mehr verträglich ist.

Literatur

A. Zusammenfassende Werke

Astin, V. A. (Editor): Report of the International Commission on Radiological Units and Measurements (ICRUM). Washington: U. S. Nat. Bureau of Standards Handbook 62, 1957.

Bacq, Z. M., and P. Alexander: Fundamentals of Radiobiology. London: Butterworth's Publ., 1955.

De Broglie, M. et L.: Physique des Rayons X et gamma. Paris: Alb. Blanchard, 1922.

Cork, J. M.: Radioactivity and Nuclear Physics. New York: Van Nostrand Co. Inc., 1947.

Crowther, J. A.: Ions, Electrons and Ionizing Radiations, 8th Ed. London: Arnold & Co., 1949.

Fiebelkorn, H. J., und W. Minder: Therapie mit Röntgenstrahlen und radioaktiven Stoffen. Bern und Stuttgart: H. Huber, 1959.

Friedrich, W., und H. Schreiber (Herausgeber): Probleme und Ergebnisse aus Biophysik und Strahlenbiologie. Leipzig: VEB G. Thieme, 1956.

FRITZ-NIGGLI, H.: Strahlenbiologie. Stuttgart: G. Thieme, 1959.
GEIGER, H., und K. SCHEEL (Herausgeber): Handbuch der Physik, Bde. 23 und 24. Berlin: Springer, 1926—1933.
GREINACHER, H.: Einführung in die Ionen- und Elektronenlehre der Gase. Bern: P. Haupt, 1923.
HAISSINSKY, M.: La Chimie nucléaire et ses applications. Paris: Masson et Cie., 1957.
HEITLER, W.: Quantum Theory of Radiation. Oxford: University Press, 1954.
HINE, G. J., and G. L. BROWNELL (Editors): Radiation Dosimetry. New York: Academic Press Inc., 1956.
HOLLÄNDER, A. (Editor): Radiation Biology, 2 Vol. New York: McGraw Hill, 1954.
JÄGER, R. G.: Dosimetrie und Strahlenschutz. Stuttgart: G. Thieme, 1959.
JOHNS, H. E.: The Physics of Radiation Therapy. Springfield: C. Thomas, 1953.
KOHLRAUSCH, K. W. F.: Probleme der Gammastrahlung. Braunschweig: Vieweg & Sohn, 1927.
LAPP, R. E., and H. L. ANDREWS: Nuclear Radiation Physics, 2nd Ed. New York: Prentice Hall Inc., 1955.
LEA, D. E.: Actions of Radiations on Living Cells. Cambridge: University Press, 1946.
LENARD, P.: Quantitatives über Kathodenstrahlen aller Geschwindigkeiten. Heidelberg: C. Winter, 1925.
LIECHTI, A., und W. MINDER: Röntgenphysik, 2. Aufl. Wien: Springer, 1955.
MAYNEORD, W. V.: Some Applications of Atomic Physics to Medicine. Brit. J. Radiol., Suppl. 2, 1950.
MEYER, ST., und E. v. SCHWEIDLER: Radioaktivität. Leipzig und Berlin: B. G. Teubner, 1927.
MOHLER, H. (Herausgeber): Chemische Reaktionen ionisierender Strahlen. Aarau und Frankfurt: Sauerländer & Co., 1958.
NICKSON, J. I. (Editor): Symposium on Radiobiology. New York: John Wiley & Sons, 1952.
RAJEWSKY, B., und M. SCHÖN: Biophysik. Wiesbaden: Dieterichsche Verlagsbuchhandlung, 1948.
ROSSI, B.: High Energy Particles. New York: Prentice Hall Inc., 1952.
SELMAN, J.: The Fundamentals of X-Ray and Radium Physics, 2nd Ed. Oxford: Blackwell & Co., 1958.
SIRI, W. E.: Isotopic Tracers and Nuclear Radiations. New York: McGraw Hill, 1949.
SPRING, K. H.: Photons and Electrons. London: Methuen & Co. Ltd., 1950.
WEYL, C., S. C. WARREN and D. B. O'NEILL: Radiologic Physics. Springfield: C. Thomas, 1941.
YOUNG, M. E. J.: Radiological Physics. London: Lewis & Co. Ltd., 1957.
ZIRKLE, R. E.: Effects of External Irradiation with Beta-Rays. New York: McGraw Hill, 1951.

B. Originalarbeiten

AHMAD, N.: Absorption of Hard Gamma-Rays by Elements. Proc. Roy. Soc. A. **105**, 507 (1924).
BAILY, N. A., and G. C. BROWN: Electron Stopping Powers Relative to Air. Proc. Second Int. Conf. Geneva **21**, 104 (1958).
— — The Relative Stopping Powers of Pure Gas to that of Air. Rad. Res. **11**, 745 (1959).

BARENDREGT, F., S. M. KARIM and ASKARI IMAN: Measurement of Absorption of Beta-Rays in Solid and Gas. A/Conf. 15/P/2452 (1958).

BASTINGS, E.: Coefficients of Absorption in Lead of the Gamma-Rays from Th C″ and Ra C. Phil. Mag. J. Sci. **5**, 785 (1918).

BAY, Z., und Z. SZEPSI: Über die Intensitätsverteilung der Compton-Streuung von γ-Strahlen. Z. Phys. **112**, 20 (1939).

BERNIER, J. P., L. D. SKARSGARD, D. V. CORMACK and H. E. JOHNS: A Calorimetric Determination of the Energy Required to Produce an Ion Pair in Air for Cobalt-60 Gamma-Rays. Rad. Res. **5**, 613 (1956).

BRUCE, W. R., and H. E. JOHNS: Experimentally Determined Electron Energy Distribution Produced by Cobalt-60 Gamma-Rays. Brit. J. Radiol. **28**, 443 (1955).

BRUCH, P. R. J.: Calculation of Energy Dissipation Characteristics in Water for Various Radiations. Rad. Res. **6**, 289 (1957).

BUTLER, J. A. V.: The Action of Ionizing Radiations on Biological Materials; Facts and Theories. Rad. Res. **4**, 20 (1956).

CHAPPELL, D. E.: Gamma-Ray Attenuation. Nucleonics **14**/1, 40 (1956).

— Gamma Attenuation with Build-up in Lead and Iron. Nucleonics **15**/1, 52 (1957).

CLARK, L. H.: The Significance of the Compton Effect in Absolute Gamma-Ray Measurements. Phil. Mag. J. Sci. **12**, 913 (1931).

CLARK, R. K., and S. S. BARR: Air Absorption of ^{32}P Beta Particles. Phys. Rev. **81**, 297A (1951).

— — and L. D. MARINELLI: Ioniziation of Air by Beta Rays from Point Sources. Radiology **64**, 94 (1955).

CLAY, J., and M. KWIESER: Ionization in Gases at High Pressures by Gamma Radiation. Physica **5**, 725 (1938).

COMPTON, A. H.: A Quantum-Theory of the Scattering of X-Rays by Light Elements. Phys. Rev. **21**, 482 (1923).

— Physical Differences between Types of Penetrating Radiation. Amer. J. Roentgenol. **44**, 270 (1940).

CORMACK, D. V., and H. E. JOHNS: Electron Energies and Ion Densities in Water Irradiated with 200 keV, 1 MeV and 25 MeV Radiation. Brit. J. Radiol. **25**, 369 (1952).

VAN DILLA, M. A., and G. J. HINE: Gamma-Ray Diffusion Experiments in Water. Nucleonics **10**/7, 54 (1952).

EVE, A. S.: On the Number of Ions Produced by the Betarays and the Gamma-rays from Radium C. Phil. Mag. J. Sci. **22**, 551 (1911).

— On the Number of Ions Produced by the Gamma-Radiation from Radium. Phil. Mag. J. Sci. **27**, 394 (1914).

FAILLA, G.: Experimentally Determined Values of W and S. ICRU-Sem. Geneva 104 (1956).

— The Flux of Secondary Ionizing Particles in a Uniformly Irradiated Medium of Varying Density. Application to Walled Ionization Chambers. Rad. Res. **4**, 102 (1956).

— The Distribution of Energy Imparted to a Homogeneous Medium Non-uniformly Irradiated. Rad. Res. **5**, 205 (1956).

FANO, U.: On the Theory of the Ionization Yield in Different Substances. Phys. Rev. **72**, 26 (1947).

— Gamma Ray Attenuation. Nucleonics **11**/8, 8 and **11**/9, 55 (1953).

FORSSBERG, A.: Some Elementary Effects of Ionizing Radiations. Risö-Symposium 17 (1959).

GLOCKER, R.: Wirkungsgesetze schneller Elektronenstrahlen. Z. Phys. **143**, 191 (1955).

HAYBITTLE, J. L.: The Quality of Iridium Gamma-Rays within a Scattering Medium. Acta Radiol. **49**, 246 (1958).

HAYWARD, E.: The Electron Spectra Produced by a Cobalt 60 Source in Water. Amer. J. Roentgenol. **71**, 333 (1954).

HESS, B., und R. JÄGER: Über die praktische Reichweite der Sekundärelektronen radiumähnlicher Röntgenstrahlen. Physik. Z. **43**, 117 (1942).

HINE, G. J.: Scattering of Secondary Electrons Produced by γ-Rays in Materials of Various Atomic Numbers. Phys. Rev. **82**, 755 (1951).

— and R. C. McCALL: Gamma-Ray Backscattering. Nucleonics **12**/4, 27 (1954).

JACOBSON, L. E., and I. KNAUER: Absorption of Cobalt 60 Gamma Radiation and X-Rays. Radiology **66**, 70 (1956).

JOHNS, H. E., J. P. BERNIER, L. D. SKARSGARD and D. V. CORMACK: Measurement of Energy Locally Absorbed and Calculations of W for Air. ICRU-Sem. Geneva 89 (1956).

KAYE, G. W. C., and W. BINKS: The Emission and Transmission of X- and Gamma-Radiation. Brit. J. Radiol. **13**, 193 (1940).

KLEIN, O., und Y. NISHINA: Über die Streuung von Strahlung durch freie Elektronen nach der neuen relativistischen Quantendynamik von DIRAC. Z. Phys. **52**, 853 (1929).

KOHLRAUSCH, K. W. F.: Die Absorption der harten Gammastrahlung von Radium. Jb. Rad. u. El. **15**, 64 (1918).

— und E. SCHRÖDINGER: Über die weiche Sekundärstrahlung von Gammastrahlen. Wien. Anz. **14**, 335 (1914).

LAMERTON, L. F.: A Theoretical Study of the Results of Ionization Measurements in Water. Brit. J. Radiol. **21**, 276 (1948).

— and M. WINSBOROUGH: An Approach to the Problem of Scattering of High Voltage Radiation. Brit. J. Radiol. **23**, 236 (1950).

MAYNEORD, W. V.: Energy Absorption. Brit. J. Radiol. **13**, 235 (1940).

— and J. E. ROBERTS: The Ionization Produced in Air by X-Rays and Gamma-Rays. Brit. J. Radiol. **7**, 158 (1934).

ODEBLAD, E.: Approximate Formulas Describing Transmission and Absorption of Beta-Rays. Acta Radiol. **43**, 310 (1955).

— Further Approximate Studies on the Beta Ray Absorption and Transmission. Acta Radiol. **48**, 289 (1957).

— and A. NORHAGEN: Measurements of Electron Densities with the Aid of Compton Scattering Process. Acta Radiol. **45**, 161 (1956).

PAYNE-SCOTT, R.: The Wawe Length Distribution of Scattered Radiation in a Medium Traversed by a Beam of X- or Gamma-Rays. Brit. J. Radiol. **10**, 850 (1937).

PLATZMAN, R. L.: Subexcitation Electrons. Rad. Res. **2**, 1 (1955).

SARGENT, B. W.: The Range of Beta-Rays. Trans. Roy. Soc. Canada, Sect. III, **22**, 179 (1928).

SCHNEIDER, D. O., and D. V. CORMACK: Monte Carlo Calculation of Electron Energy Loss. Rad. Res. **11**, 418 (1959).

SNYDER, W. S., and J. NEUFELD: On the Passage of Heavy Particles through Tissue. Rad. Res. **6**, 67 (1957).

SOLON, R. L., K. O'BRIEN and H. DI GIOVANNI: Measurement of the Scatter-Component from Kilocurie Cobalt-60-Source. U. S. AEC-Report NYO-2065 (1957).

SOMMERMEYER, K., und K. H. WÄCHTER: Die Absorptionskoeffizienten der β-Energie radioaktiver Isotope in luftäquivalenten Substanzen. Z. angew. Phys. **5**, 242 (1953).

SPENCER, L. V.: The Theory of Electron Penetration. Phys. Rev. **98**, 1597 (1955).

SPIERS, F. W.: Effective Atomic Number and Energy Absorption in Tissues. Brit. J. Radiol. **19**, 52 (1946).

— Radiation Absorption and Energy Loss by Primary and Secondary Particles. Disc. Faraday Soc. **12**, 13 (1952).

TISS, J., and W. BERNSTEIN: The Current Status of W, the Energy to Produce one Ion Pair in a Gas. Rad. Res. **6**, 603 (1957).

TSIEN, K. C.: Characteristic Energy Absorption Constant and its Uses in Radium and Isotope Dosimetry. Proc. Second Int. Conf. Geneva **21**, 108 (1958).

WHYTHE, G. N.: An Attempt to Measure the BRAGG-GRAY Stopping Power. ICRU-Sem. Geneva 85 (1956).

— Measurement of the BRAGG-GRAY Stopping Power Correction. Rad. Res. **6**, 371 (1957).

WILSON, C. T. R.: Investigations on X-Rays and Beta-Rays by the Cloud Method. Proc. Roy. Soc. A. **104**, 192 (1923).

WILSON, C. W.: The Quality and Quantity of the Radiation Scattered within a Medium, Irradiated by High Voltage Radiation. Brit. J. Radiol. **18**, 344 (1945).

— and B. J. PERRY: Secondary Electron Emission Generated by 1 MeV and 2 MeV X-Rays. Brit. J. Radiol. **24**, 293 (1951).

WINGATE, C., W. GROSS and G. FAILLA: Relative Beta-Ray Energy Loss per Ion Pair Produced in Water Vapor and Air. Rad. Res. **8**, 411 (1958).

WOOTTON, P., R. J. SHALEK and G. H. FLETCHER: Investigations of the Effective Absorption of Radium and Co-60-γ-Radiation in Water and its Clinical Significance. Amer. J. Roentgenol. **71**, 683 (1954).

Dritter Abschnitt

Meßmethoden radioaktiver Stoffe

1. Allgemeine Zielsetzung

Jede radioaktive Substanz, gleichgültig zunächst welcher Art sie ist und welchen Zwecken sie dienen soll, stellt eine *bestimmte Stoffmenge* dar, die in Gewichtseinheiten (Masseeinheiten, g oder mg) oder aber als Äquivalent einer Masseeinheit eines bestimmten Stoffes, insbesondere von Radiumelement auszudrücken wäre. Oftmals wird eine derartige Ausdrucksweise einen Vergleich der Wirkungen verschiedener radioaktiver Substanzen wesentlich erleichtern resp. ohne erhebliche Umrechnungen überhaupt erst ermöglichen. Bestimmungen der Masse resp. des Masseäquivalentes Radium eines beliebigen radioaktiven Stoffes kommt also eine hohe praktische Bedeutung zu.

Andererseits ist die Einheit der Radioaktivität (vgl. S. 138) das *Curie*, definiert als $3{,}7 \cdot 10^{10}$ *Zv*/s (Zerfallsvorgänge pro Sekunde), gleichgültig welcher Art der Zerfall, gleichgültig welcher Art und welcher Energie die dabei emittierte Strahlung und schließlich auch gleichgültig, welches die Masse des strahlenden Stoffes sind. Darin liegt, das muß in diesem Zusammenhang erwähnt werden, eine bedeutende praktische Schwäche der Definition der Aktivitätseinheit, beträgt doch die Masse von 1 c ^{238}U z. B. 2,98 Tonnen, diejenige von z. B. 1 c ^{198}Au aber nur 4,09 Mikrogramm. Damit gibt die Aktivität wohl ein quantitatives und sauberes Maß der Zerfallsgeschwindigkeit, sagt aber praktisch über den Stoff nichts Konkretes aus. Bei sehr zahlreichen Meßaufgaben ist es aber erforderlich, einen solchen Zusammenhang herzustellen.

Ohne sehr erheblichen experimentellen Aufwand ist eine korrekte Aktivitätsbestimmung nicht durchführbar. Oft sind deshalb die Aktivitäten, insbesondere von künstlichen Radioisotopen auch nicht mit der wünschbaren Genauigkeit bekannt, entweder weil bei deren Lieferung durch den Hersteller nur approximative Angaben vorliegen, oder aber, weil bei deren weiterer Verarbeitung Unterteilungen vorgenommen werden müssen oder Verluste eintreten können.

Jede Strahlenwirkung einer radioaktiven Substanz, gleichgültig welcher Art dieselbe ist und gleichgültig auf welches System und unter welchen äußeren Bedingungen dieselbe erfolgt, ist ihrem Ausmaße nach der Aktivität der radioaktiven Substanz proportional. Dies gilt insbesondere auch für die als Strahlendosis (vgl. S. 128ff.) bezeichnete Meßgröße.

Aus den erwähnten Tatsachen und Verhältnissen folgt, daß Messungen an radioaktiven Stoffen zwei verschiedene Gruppen von Fragen zu beantworten haben, einerseits solche nach der Masse (oder Menge) oder der *Aktivität* des vorliegenden Stoffes oder Präparates, andererseits solche nach der durch den Stoff oder das Präparat emittierten Strahlenenergie oder der durch dieselbe verursachten *Strahlendosis*. In beiden Fällen besteht die Grundlage der Messung in der quantitativen Erfassung der Strahlung, im ersteren Fall in der Erfassung der *Zahl* der emittierten Partikel oder Quanten, im zweiten Fall in der Erfassung der *Energie*, welche durch die Strahlung einem bestimmten, überblickbaren System übermittelt wird. Die Voraussetzung für die grundsätzliche Gleichartigkeit des experimentellen Vorgehens bei beiden Fragestellungen ist in der Tatsache gegeben, daß die Aktivität eines radioaktiven Stoffes (die Zahl der in der Zeiteinheit zerfallenden Atome) der absoluten Menge dieses Stoffes (in g) prportional ist, und daß die Energieabgabe eines radioaktiven Stoffes (und damit die Energieaufnahme in einem bestimmten System aus derselben) seiner Aktivität (in c) und damit auch seiner Menge (in g) proportional ist. Man kann deshalb, und zwar mit hoher Genauigkeit, die Menge (Masse) oder Aktivität eines radioaktiven Stoffes durch die Messung der emittierten Strahlung bestimmen und hieraus die Dosis berechnen oder umgekehrt aus einem, für standardisierte äußere Bedingungen, bekannten Dosiswert die Aktivität und eventuell die Menge (oder Masse) des strahlenden Stoffes eruieren. Die wichtigste Grundlage solcher Meßarbeiten bildet die Äquivalenz (vgl. S. 19):

$$1 \text{ g Ra El.} = 1 \text{ c Ra},$$

welche innerhalb einer Abweichung von weniger als 0,5% Gültigkeit besitzt.

2. Die Gasionisation als Meßwirkung für die Strahlungen radioaktiver Stoffe

Energien beliebiger Form können grundsätzlich nur mittelbar auf Grund ihrer *Wirkungen* festgestellt oder erschlossen werden. Die Mittelbarkeit des Nachweises ist aber an sich durchaus offen, und es kann dazu grundsätzlich jede beliebige Wirkung herangezogen werden. Will man aber vom einfachen Nachweis zur Energiemessung fortschreiten, so müssen sofort stark einschränkende Bedingungen berücksichtigt werden. Diese betreffen besonders möglichst weitgehende Proportionalität und möglichst geringe Mittelbarkeit der zur Messung verwendeten Wirkung sowie besonders auch möglichst einfachen Nachweis derselben.

Diese grundsätzlichen Einschränkungen haben selbstverständlich auch für alle quantitativen Messungen an Strahlungen radioaktiver Stoffe

Geltung. Auch hier müssen aus den mannigfaltigen Wirkungen zum Zwecke der Messung diejenigen ausgewählt werden, bei denen die genannten Bedingungen möglichst weitgehend erfüllt sind.

Die *Strahlenionisation* von Gasen, insbesondere diejenige der Luft (vgl. S. 81ff.) ist ohne Zweifel eine der unmittelbarsten Wirkungen, auf welche eine Messung gegründet werden kann. Sie wurde schon von BECQUEREL entdeckt und hat als Mittel der Aktivitätsbestimmung M. CURIE bei der Entdeckung des Poloniums und Radiums zur Grundlage gedient.

Die in einem Gase, z. B. in der Luft erzeugte Ionenzahl ist ein quantitatives Maß für die Strahlenwirkung auf dasselbe. Dabei kann ohne Schwierigkeiten berechnet werden, welcher Energiebetrag der Strahlung zur Bildung eines Ionenpaares entzogen wird. Es ist dies die Fundamentalgröße W ($= 34$ eV für Luft). Dieselbe stellt die dem Gas *gesamthaft* pro Ionenpaar übermittelte Energie dar und ist für alle einfach gebauten Stoffe annähernd gleich groß, aber wesentlich höher als die I. Ionisationspotentiale, wie z. B. Tab. 18 zeigt.

Tabelle 18. Ionisationspotentiale einiger Elemente und einfacher Verbindungen in eV

H	13,584	Si	8,15	H_2	15,6
He	24,568	S	10,3	O_2	12,5
C	11,27	Cl	13,01	N_2	15,51
N	14,54	A	15,75	H_2O	12,56
O	13,60	K	4,34	NH_3	11,2
Na	5,14	Ca	6,11	CH_4	14,5
Mg	7,64	Fe	7,85	C_2H_6	12,8
Al	5,98	J	9,8	C_2H_5OH	11,3

In gasförmigen Systemen ist die quantitative Bestimmung der vorhandenen oder erzeugten Ionenzahlen eine relativ leicht durchzuführende Aufgabe. Dieselben können durch ein genügend hohes elektrisches Feld praktisch quantitativ getrennt werden, bevor eine ins Gewicht fallende *Rekombination* stattgefunden hat. In einem Luftkondensator, dessen Luft durch Bestrahlung ionisiert wird, muß demnach ein *Ionisationsstrom* fließen, und dieser muß bei *Sättigung*, d. h. wenn die Feldstärke ausreicht, um alle Ionen vor der Rekombination zu trennen und zu den Elektroden zu führen, der Zahl der durch die Strahlung gebildeten Ionen entsprechen, also der *Aktivität* oder der *Dosisleistung* proportional sein (vgl. Abb. 43).

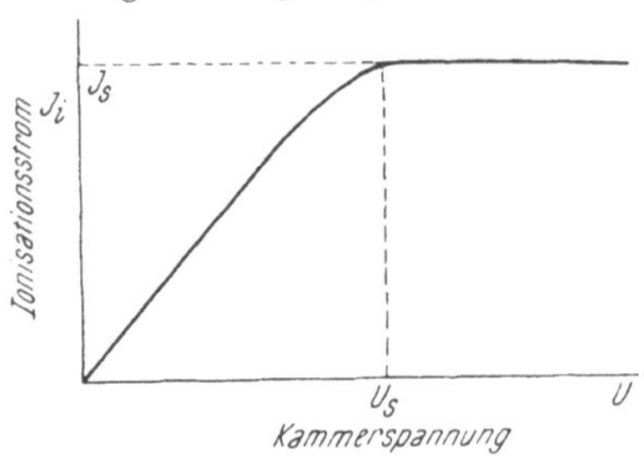

Abb. 43. Abhängigkeit des Ionisationsstromes J_i von der Spannung an der Ionisationskammer; U_s: Sättigungsspannung; J_s: Sättigungsstrom

Von allen Wirkungen der Strahlungen radioaktiver Stoffe eignet sich die Ionisation und besonders die Ionisation der Luft weitaus am besten, um darauf ein quantitatives Meßprinzip aufzubauen. Es sind dafür mehrere Gründe vorhanden:

1. Die Ionisationsmessung ist eine elektrische Messung, die mit großer Genauigkeit ausgeführt werden kann.

2. Die Luft ist, frei von Strahlen, ein fast vollkommener Isolator, dessen Leitfähigkeit praktisch unbegrenzt proportional mit der zu messenden Strahlung steigt, wenn gewisse Vorsichtsmaßnahmen eingehalten werden.

3. Die Ionisationsmessung erfaßt denjenigen Anteil der Strahlung, der beim Schwächungsvorgang in der Luft zurückgehalten wird und zur Wirkung kommen kann.

4. Ionisationsmessungen eignen sich mit entsprechenden Abänderungen der Technik für alle Strahlenarten gleich gut.

5. Ionisationsmessungen der Luft sind relativ einfach.

6. Der Bereich der Messung kann bei entsprechendem Bau der Apparate fast unbegrenzt erweitert werden. So ist es z. B. möglich, Ra-Mengen von der Größenordnung 10^{-12} g mit einer Genauigkeit von etwa 1% und solche von mehreren Gramm mit derselben Genauigkeit zu messen.

7. Das Meßverfahren erlaubt technisch viele Varianten, so daß die Meßapparate besonderen Zwecken leicht angepaßt werden können.

3. Prinzip der Ionisationsmessung

Die Ionisationsmessung ist eine elektrische Strommessung. Sie ist im Prinzip in Abb. 44 dargestellt. Eine derartige direkte Strommessung ist aber wegen der Kleinheit der Ionisationsströme nur in Ausnahmefällen möglich. Man bedient sich deshalb meist des elektrometrischen Verfahrens. Ein Luftkondensator besonderer Bauart (Ionisationskammer) enthält zwei getrennte Elektroden, zwischen denen eine bestimmte Spannung herrscht, die mit einem Elektrometer gemessen werden kann. Wird die Luft zwischen den beiden Kondensatorbelägen durch die Strahlung eines radioaktiven Präparats ionisiert, so wandern die Ionen entgegengesetzt ihrer Ladung nach den Platten des Kondensators. Da jedes Ion eine elektrische Ladung von einem oder (selten) einigen Elementarquanten $4{,}803 \cdot 10^{-10}$ ESE trägt, findet demnach ein Ladungstransport statt, es fließt ein Strom. Die Größe der transportierten Ladung läßt sich am Abfall der Spannung von U auf U' messen. Die Größe des Ladungstransportes in der Zeiteinheit ist die Stromstärke.

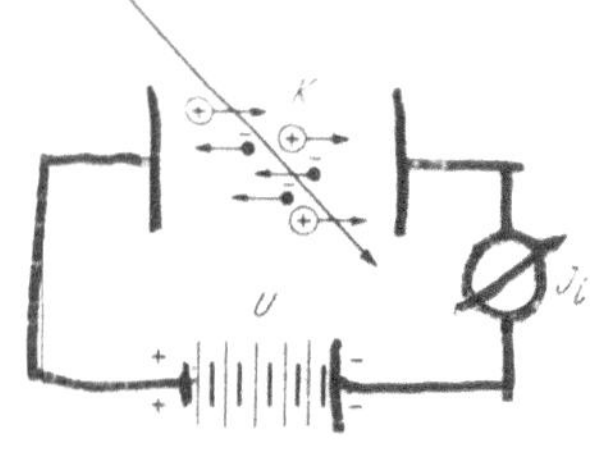

Abb. 44. Prinzip der Messung der durch Strahlung in der Ionisationskammer K verursachten Ionisation

Bringt man die Elektrizitätsmenge Q auf den Kondensator mit der Kapazität C, so resultiert auf diesem die Spannung U gemäß der Gleichung

$$Q = C\,U;\, U = \frac{Q}{C}\,.$$

Der Ionisationsstrom verändert zeitlich die Ladung Q nach

$$J = \frac{d\,Q}{d\,t} = C\,\frac{d\,U}{d\,t} = C\,\frac{U - U'}{t - t'}\,.$$

Man mißt in der Radioaktivität den Ionisationsstrom J meist in elektrostatischen Einheiten der Stromstärke, also im absoluten Maßsystem. Zur Messung des Stromes sind nach obiger Gleichung notwendig die Kenntnis der Spannungsdifferenz $U - U'$, ferner die Zeitdifferenz $t - t'$, während der die Spannung von U auf U' gefallen ist, und die Kapazität C der Meßanordnung.

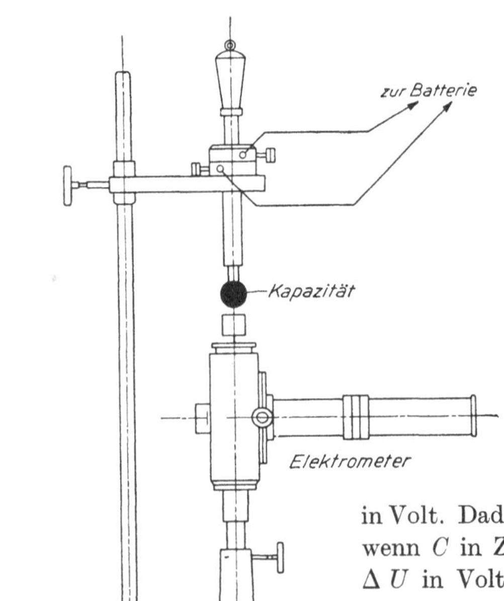

Abb. 45. Kapazitätsmessung nach TAGGER. Die durch einen Magneten gehaltene Kugel von 1 cm Radius kann auf eine bestimmte Spannung aufgeladen werden und fällt nach Abschalten des Magneten auf das Elektrometer

Die Kapazitätseinheit ist gleich der Längeneinheit, also gleich 1 cm. Die Einheit der Zeit ist selbstverständlich die Sekunde. Spannungen mißt man dagegen unter gewöhnlichen Bedingungen technisch in Volt. Dadurch nimmt die obige Gleichung, wenn C in Zentimeter, $\Delta\,t$ in Sekunden und $\Delta\,U$ in Volt gemessen wird, die Form an:

$$J = \frac{1}{300}\,C\,\frac{\Delta\,U}{\Delta\,t}\ \text{ESE/s.}$$

Die Messung, die sich auf die vorstehende Formel gründet, setzt die Kenntnis von drei Bestimmungsstücken, der Spannungsdifferenz $\Delta\,U$, der Zeitdifferenz $\Delta\,t$ und der Kapazität C, voraus. Die ersten beiden bieten keine besonderen Schwierigkeiten. Das Elektrometer wird mit einem Präzisionsvoltmeter geeicht und die Messung geschieht auf dem linearen Teil der Eichkurve, dort also, wo der Ausschlag des Elektrometersystems der Spannung proportional verläuft. Das ist bei den meisten

Instrumenten in ziemlich weiten Grenzen der Fall. Die Zeitdifferenz wird selbstverständlich mit der Stoppuhr gemessen. Weniger einfach ist die Messung der Kapazität. Ein dazu brauchbares Verfahren soll, da diese Messung ziemlich wichtig ist, und die Angaben der Herstellerfirmen für Elektrometer häufig mit Fehlern von über 10% behaftet sind, kurz skizziert werden (TAGGER).

Es gründet sich auf die Tatsache, daß die Einheit der Kapazität (1 cm) dargestellt werden kann durch einen kugelförmigen Leiter (Metallkugel) vom Radius $r = 1$ cm. Das Verfahren zur Kapazitätsmessung ergibt sich aus der schematischen Abb. 45. Ein Elektromagnet trägt die Meßkugel von 1 cm Radius. Diese wird über den Anker des Magneten auf die Spannung U aufgeladen und fällt nach Abschalten des Magneten auf den Träger des Elektrometers und ladet dieses auf die Spannung U' auf. Die Berechnung der Kapazität ist dann die folgende: Die Kugel hat die Kapazität $C = 1$. Darauf befindet sich die Elektrizitätsmenge $Q = \frac{U}{300}$ ESE. Dieselbe Elektrizitätsmenge Q liegt jetzt auf dem Elektrometer + Kugel, $Q = (C + 1)\,U'$. Daraus berechnet sich die Kapazität zu

$$C = \frac{U}{U'} - 1.$$

Elektrodynamische Systeme zur Messung von Ionisationsströmen gründen sich im Prinzip auf die Tatsache, daß jeder Strom nach dem OHMschen Gesetz an den Enden eines Widerstandes eine Spannung erzeugt. Der Ionisationsstrom J wird über einen hochohmigen Präzisionswiderstand R an Erde geleitet. Er erzeugt an den Enden des Widerstandes eine Spannung U, die dem Strom proportional ist

$$U = R \cdot J.$$

Dieses Verfahren eignet sich besonders für relativ starke Ionisationsströme und ist dann besonders einfach. Es erfordert ein statisches Voltmeter, da dieses selbstverständlich selber keinen Strom aufnehmen darf. Um z. B. einen Ionisationsstrom von 10^{-10} A mit dem Ausschlag von 1 mV zu messen, muß der Widerstand die Größe von $10^7\,\Omega$ aufweisen und mit hinreichender Genauigkeit (1%) bestimmt sein. Ionisationsströme dürfen selbstverständlich nur oberhalb der Sättigungsspannung gemessen werden, weil nur in diesem Gebiet der gemessene Strom der Ionisation streng proportional ist.

4. Zählverfahren

Seit der ersten Zählung von α-Strahlen auf Grund der Szintillationen durch RUTHERFORD, GEIGER, MARDSEN (1903) und damit der ersten Aktivitätsbestimmung, sind sehr leistungsfähige und sehr weitgehend automatisierte Zählverfahren auf Grund des *Zählrohres* von GEIGER und MÜLLER oder auf Grund von Szintillationserscheinungen in großen Kristallen in Verbindung mit Photoelektronenvervielfachern ausgearbeitet worden.

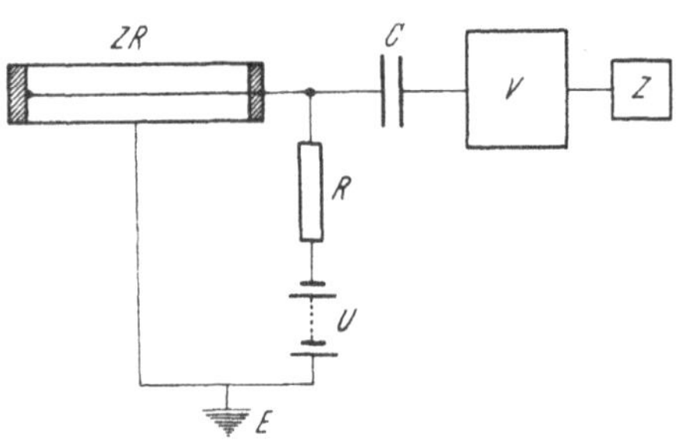

Abb. 46. Prinzip der Zählrohrmessung. *ZR*: Zählrohr; *C*: Kopplungskondensator zum Verstärker *V*; *Z*: Zählwerk; *U*: Zählrohrspannung; *R*: Ableitwiderstand

Die erste Gruppe von Apparaturen (*Geigerzähler*) beruht auf der Tatsache, daß in einem (meist zylinderförmigen) Kondensator mit geringem Gasgehalt, dem Zählrohr, durch die Ionisation einer das Rohr durchlaufenden Partikel ein Stromstoß auf die Innenelektrode erzeugt werden kann, wenn die Spannung hoch genug gewählt wird, daß die primär gebildeten Ionen durch Stoß mit den Gasmolekülen (*Stoßionisation*) genügend viele sekundäre Ionen erzeugen. Der auf der Innenelektrode durch die derart erzeugte *Ionenlawine* hervorgerufene kurzzeitige Spannungsabfall kann verstärkt und schließlich (eventuell über Untersetzerstufen) als Stromstoß einem Zählwerk zugeführt werden, welches damit die Zahl der das Zählrohr durchlaufenden *wirksamen* Partikel registriert. Das Verfahren ist durch die in Abb. 46 angegebene Prinzipschaltung wiedergegeben.

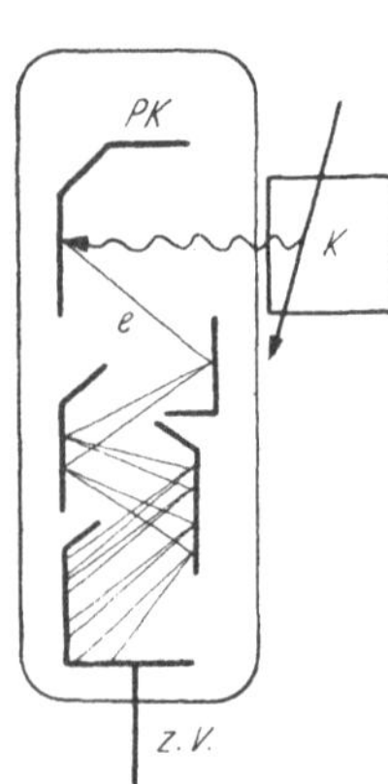

Abb. 47. Prinzip der Szintillationszählung. Durch ein Strahlenquant wird im Kristall *K* eine Szintillation erzeugt, deren Licht auf die Photokathode *PK* des Vervielfachers geleitet wird. Der Ausgang (*z. V.*) desselben führt zum Verstärker und zum Zählwerk

Beim *Szintillationszählverfahren* werden die in einem Kristall durch die Strahlenpartikel (besonders γ-Quanten) erzeugten Szintillationen auf die Photokathode eines Photoelektronenvervielfachers geleitet, wo sie durch den Photoeffekt Elektronen auslösen. Diese werden (durch Elektronen des Materials) auf der nachfolgenden Treppe von Anoden zahlenmäßig sehr stark vermehrt, so daß sie auf der Endanode einen so starken Stromstoß erzeugen, daß derselbe direkt verstärkt werden kann. Abb. 47 zeigt das Prinzip der Wirkungsweise von Kristall *K*, Photokathode *PK* und Elektronenvervielfacher (Multiplier).

Beide Zählverfahren erlauben zahlreiche und technisch mannigfaltige Varianten und Zusatzgeräte höchster Leistungsfähigkeit und Automation, auf welche aber in diesem Zusammenhang nicht weiter eingegangen werden kann.

Von grundsätzlicher Bedeutung ist die Tatsache, daß Zählverfahren nur für die Aktivitätsbestimmung *schwacher Präparate*, Größenordnung

μc bis Bruchteile von mc, geeignet, hier aber außerordentlich leistungsfähig sind. Die untere Grenze ist gegeben durch den Selbstablauf (background), die experimentelle Genauigkeit des Resultates besonders durch die statistische Fehlerbreite $n \pm \sqrt{n}$ (n: Zahl der gezählten Impulse). Weiter ist von grundsätzlicher Bedeutung, daß die Zählgeräte in allen Fällen stets nur *einen Bruchteil* der tatsächlich auf dieselben einfallenden Strahlenpartikel registrieren und dabei eine hohe Energieabhängigkeit aufweisen. Es muß also bei Aktivitätsmessungen immer ein *Ausbeutefaktor* in Rechnung gestellt werden, der mit der Energie der Strahlung (besonders β- und γ-Strahlen) veränderlich ist und je nach Art des Rezeptionssystems (Art, Form, Wand, Material, Lage gegenüber dem Strahler) Werte zwischen wenigen und annähernd 100% annehmen kann.

Diese Schwierigkeiten fallen großenteils oder vollständig dahin, wenn die Zählungen zur Aktivitätsbestimmung *im Vergleich zu einem Standard*, also als *Relativmessungen* durchgeführt werden. In diesem Aufgabenbereich sind die Zählverfahren der elektrometrischen Ionisationsmessung bezüglich ihrer leichten Verwendbarkeit, Automation und Arbeitsleistung weit überlegen, nicht aber, und dies muß heute nachdrücklich festgehalten werden, bezüglich der Genauigkeit und Überblickbarkeit der Ergebnisse.

5. Interpretation der Meßergebnisse

Die Messung der Strahlung eines radioaktiven Stoffes soll entweder dessen Masse (in g oder mg, insbesondere für Radium), dessen Masseäquivalent (in g oder mg Ra El.), dessen Aktivität (in c, mc oder μc) oder schließlich die durch die Strahlung verursachte Dosis (vgl. S. 128ff.) (in r oder rad) oder deren Äquivalent ergeben. Man wird deshalb das Meßverfahren dem gewünschten Zweck anpassen resp. das zum vorgesehenen Zweck am besten geeignete Verfahren auswählen. Aber ebenso sind die Einheiten, in denen das Ergebnis ausgedrückt werden soll, der Aufgabe anzugleichen.

Dabei sind mehrere Gesichtspunkte zu berücksichtigen. Zunächst umfaßt die Meßaufgabe sehr zahlreiche Stoffe, wobei es, besonders bei solchen aus den natürlichen Zerfallsreihen, nicht immer sinnvoll ist und auch oftmals schwerfällt, das Ergebnis in Aktivitätseinheiten direkt auszudrücken. Ferner senden verschiedene Stoffe Strahlungen verschiedener Natur und Energie aus, deren meßtechnische Erfassung zu verschiedenen Ergebnissen führt. Es ist deshalb zweckmäßig und auch durchaus sinnvoll, die Einheiten, in denen die Meßergebnisse ausgedrückt werden sollen, etwas aufzulockern und sie dem besonderen Zwecke anzupassen. Mit Rücksicht auf die Bedeutung der Strahlendosis ist dieselbe in gesonderten Abschnitten behandelt worden (IV. und V., S. 128ff.) und soll deshalb hier noch nicht in nähere Betrachtung gezogen werden.

a) Messungen der Aktivität

Das Ziel jeder Messung, deren Inhalt eine „Menge" eines radioaktiven Stoffes darstellt, besteht in der Angabe der Aktivität dieses radioaktiven Stoffes oder Präparates. In sehr zahlreichen praktischen Fällen ist aber eine „Aktivitätsmessung" keineswegs so durchführbar, daß dieses Endziel direkt erreicht werden kann. Die Aktivitätsmessung besteht ja darin, die Zahl der pro Zeiteinheit zerfallenden Atomkerne des in Frage stehenden Radionuclids anzugeben. Das Resultat muß demnach in c, mc oder μc eines *bestimmten Isotops* (Nuclids) ausdrückbar sein. Es ist sofort einzusehen, daß dies für radioaktive *Stoffgemische* nicht durch einen einzigen Zahlenwert erfolgen kann und daß deshalb bei solchen eine nach den vorliegenden Komponenten getrennte Messung erfolgen müßte. Sind die Strahlungsverhältnisse der Komponenten des Gemisches einfach und in ihrer Energie erheblich voneinander verschieden, und sind schließlich nur wenige Nuclide im Gemisch vorhanden, so kann eine derartige quantitative Aktivitätsbestimmung mit Hilfe einer *Spektrometeranlage* für die Strahlung (z. B. magnetisches Spektrometer bei β-Strahlern, Szintillationsspektrometer bei γ-Strahlern) erfolgen. Dazu ist aber eine Eichung der Apparatur für alle vorkommenden Komponenten erforderlich.

Aber auch alle Zählverfahren machen für eine *direkte* Aktivitätsmessung sehr erhebliche Eich- resp. Kontrollarbeiten an der Zählapparatur notwendig. Zunächst treten aus einem konkreten Präparat mit der Aktivität A nur $a \cdot A$ Partikel oder Quanten aus, wobei a den Faktor der *Selbstabsorption* berücksichtigt. Dieser kann durch die Wahl einer „unendlich dünnen Schicht" bestimmt und eventuell eliminiert werden. Weiter treten in die Zählapparatur nur diejenigen Partikel oder Quanten ein, welche in den durch die meist nicht genau bekannte Öffnung des Zählers und die sonstigen geometrischen Verhältnisse (Abstand) gegebenen Raumwinkel ω emittiert werden. Ferner registriert die Apparatur von den eintretenden Partikeln oder Quanten nur einen bestimmten Anteil, welcher durch den *Ausbeutefaktor* f der Zählvorrichtung gegeben ist. Bei allen konkreten Messungen erfolgen Rück- und Seitenstreuungen der Strahlungen, so daß die Meßangabe um die *Zusatzstreuung* s zu hoch ausfällt, und schließlich wird die Strahlung in der Wand des Zählrohrs teilweise absorbiert (*Absorptionskorrektur* k), so daß nur der Anteil $k \cdot A$ in dasselbe eintreten kann. Von diesen, die Messung sehr erheblich erschwerenden Faktoren sind a, f, s und k zusätzlich in hohem Maße energieabhängig, also durch a_E, f_E, s_E und k_E darzustellen.

Die Meßangabe der Apparatur I_A bei der effektiven Aktivität des Präparates A lautet demnach

$$I_A = A \frac{a_E \cdot f_E \cdot s_E \cdot k_E \cdot \omega}{4\pi} \text{ Imp/s (Impulse pro Sekunde),}$$

und die effektive Aktivität ergibt sich zu

$$A = \frac{4\pi \cdot I_A}{\omega \cdot a_E \cdot f_E \cdot s_E \cdot k_E \cdot 3{,}7 \cdot 10^{10}} \text{ c (Curie).}$$

Sind das Radionuclid und dessen Zerfallsschema bekannt, so kann durch eine Anordnung von zwei „wandlosen" Zählrohren, die sich bei dazwischengeschaltetem Präparat sehr nahe gegenüberliegen, die Geometrie dem Raumwinkel 4π angenähert und die Schwächung der Strahlung weitgehend eliminiert werden (sogenannte 4π-*Messung*).

Bei gleichzeitiger Emission von β- und γ-Strahlen gibt die β-γ-*Koinzidenzmessung* sehr gute Ergebnisse der Aktivität, weil hier die erschwerenden Korrekturfaktoren großenteils wegfallen. Es soll deshalb dieses Verfahren noch kurz skizziert werden.

Zwei Zählrohre, eines für die γ-Strahlung allein mit der Ausbeute p_γ und eines für die β-Strahlung (+ γ-Strahlen) mit der Ausbeute p_β, sind so in der Umgebung des Präparates von der Aktivität A montiert, daß beide auf die Strahlung ansprechen. Die Faktoren p_γ und p_β sollen alle Korrekturen einschließen. Ohne das β-Zählrohr registriert die Apparatur die Impulszahl $I_\gamma = p_\gamma \cdot A$, ohne das Zählrohr für die γ-Strahlung die Impulszahl $I_\beta = p_\beta \cdot A$. Bei *Koinzidenz* werden nur Impulse registriert, wenn *gleichzeitig* beide Zählrohre durch Quanten resp. Elektronen zum Ansprechen gebracht werden. Damit beträgt die Impulszahl bei Koinzidenz $I_k = p_\beta \cdot p_\gamma \cdot A$. Daraus ergeben sich die drei Gleichungen

$$p_\beta = \frac{I_\beta}{A}\,;\; p_\gamma = \frac{I_\gamma}{A}\,;\; p_\beta \cdot p_\gamma = \frac{I_k}{A}\,.$$

Das Produkt der beiden ersteren entspricht der dritten

$$p_\beta \cdot p_\gamma = \frac{I_\beta \cdot I_\gamma}{A^2} = \frac{I_k}{A}\,;\; \frac{I_\beta \cdot I_\gamma}{A} = I_k$$

und erlaubt die Aktivitätsbestimmung aus den drei Meßergebnissen, ohne die Korrekturfaktoren berücksichtigen zu müssen:

$$A = \frac{I_\beta \cdot I_\gamma}{I_k}\, Zv/\mathrm{s} = \frac{I_\beta \cdot I_\gamma}{3{,}7 \cdot 10^{10} \cdot I_k} \text{ c (Curie).}$$

Diese Art der Aktivitätsbestimmung ist in ihren prinzipiellen Voraussetzungen besonders einfach, erfordert aber eine entsprechende Apparatur und ist nur auf β-γ-Strahler anwendbar.

Grundsätzlich, aber auch in der experimentellen Ausführung sehr viel einfacher sind Aktivitätsmessungen durch *Vergleich* mit einem *Standard*. Sie können auch ohne besonderen Aufwand mit einer bemerkenswerten Genauigkeit durchgeführt werden. Diese ist selbstverständlich am höchsten, wenn das Isotop des Standards mit demjenigen unbekannter Aktivität übereinstimmt und wenn die Präparate beide in praktisch gleicher Form, Masse und chemischer Zusammensetzung vorliegen. Es ist dann einfach die entsprechende Relation

$$A = \frac{I_A}{I_s} A_s$$

zu bilden, wenn A_s die Aktivität des Standards, I_s die dazugehörige Impulszahl und I_A diejenige des zu messenden Präparates bedeuten. Werden für beide Präparate mehr als 10 000 Impulse registriert, so kann die Genauigkeit der Messung unter 1% Meßfehler getrieben werden. Dabei ist natürlich die Methodik der Strahlung anzupassen. Besonders einfach und vorteilhaft sind *Flüssigkeitszählrohre* oder auch Szintillationskristalle mit Bohrungen für die Präparate (well-type) für Aktivitätsmessungen an Flüssigkeiten oder andere feste Konstruktionen zwischen Strahlenempfänger und Präparat.

Häufig steht aber ein stofflich mit der zu messenden Aktivität gleichartiger Standard nicht zur Verfügung. Dabei werden die Schwierigkeiten einer korrekten Interpretation des Meßergebnisses erheblich größer. Es müssen dann entsprechende Korrekturen vorgenommen werden, deren Voraussetzungen und Berechtigungen gründlich zu überlegen sind. Für Vergleichsmessungen geringer Aktivitäten resp. zur Standardisierung der verwendeten Meßapparatur eignen sich bei β-Strahlenmessungen als allgemeiner verwendbare Standards das Kalium (Isotop ^{40}K) und für höhere Aktivitäten *reines* Uran im Gleichgewicht mit seinen beiden kurzlebigen, β-strahlenden Folgeprodukten $U\,X_1$ und $U\,X_2$.

Die Aktivität des Kaliums beträgt nach den derzeit besten Annahmen 28 Zv/s pro g K-Element, diejenige von (reinem) Uran im Gleichgewicht mit $U\,X_1$ und $U\,X_2$: $2{,}47 \cdot 10^4$ Zv/s ($U\,X_1 + U\,X_2$) pro g U-Element. Diese beiden Standardstoffe, deren Masse und damit Aktivität durch Wägungen bestimmt werden kann, eignen sich für den Vergleich mit Stoffen, die eine energiereiche β-Strahlung emittieren (z. B. ^{90}Y), nicht aber für solche mit energiearmer Strahlung. Dafür wäre zusätzlich noch ein ^{14}C-Standard erforderlich.

Die bei solchen Relativmessungen anzubringenden Korrekturen betreffen besonders die Zählrohrausbeute, die Wandabsorption und in geringerem Maße den Streueffekt. Verfügt man nicht über genügende experimentelle Werte dieser Größen, so ist es in jedem Fall zweckmäßig, eine so bestimmte Aktivität mit der Bemerkung: „bezogen auf K“ oder „Standard: U“ anzugeben. Sie ist dann in ihren Gültigkeitsgrenzen festgelegt.

Selbstverständlich können Aktivitätsmessungen durch Vergleich mit einem Standard grundsätzlich mit jedem genügend empfindlichen und genauen Strahlenmeßgerät durchgeführt werden, also auch mit Ionisationskammerinstrumenten irgendwelcher Art. Die Voraussetzungen für deren Gebrauch sollen hier nicht mehr näher erörtert werden, weil sie im Anschluß an die Messung der α-Strahlung eingehender zu behandeln sind.

b) Messung α-strahlender Stoffe

Mit Ausnahme der Emanation Radon haben α-Strahler für die Therapie wenig Bedeutung. Aus praktischen Gründen eignet sich für feste α-Strahler am besten der Vergleich mit einem Uran-Standard. Dieser besteht aus U_I und U_{II} und muß von irgendwelchen Zerfallsprodukten frei sein. Mehrmals gefälltes $UO(OH)_2$, das über 800° C geglüht worden ist, besteht aus fast reinem U_3O_8. Das Präparat ist praktisch unbegrenzt haltbar und die Zerfallsgeschwindigkeit sehr klein.

Der Ionisationsstrom, den eine *α-satte Schicht* von 1 cm² U_3O_8 einseitig gemessen durch die α-Strahlung hervorruft, beträgt $1{,}73 \cdot 10^{-3}$ ESE $= 5{,}78 \cdot 10^{-13}$ A.

Um einen Vergleich mit der Gewichtseinheit herzustellen, dient die McCoysche Zahl. Diese gibt an, welchen Wert der Ionisationsstrom von 1 g metallischem Uran in unendlich dünner Schicht allseitig gemessen im Verhältnis zu der U_3O_8-Einheit hat. Diese Zahl beträgt $790 \pm 1\%$. Demnach beträgt der Ionisationsstrom, den alle α-Strahlen von 1 g U unterhalten können, $790 \cdot 1{,}73 \cdot 10^{-3} = 1{,}37$ ESE $= 4{,}57 \cdot 10^{-10}$ A.

Berechnet man aus dieser Zahl beispielsweise den Strom, den 1 g Ra ohne Folgeprodukte durch seine α-Strahlung bewirkt, so geschieht das nach der folgenden Überlegung:

Die Zerfallskonstanten von U_I, U_{II} und Ra betragen $\lambda_{U_I} = 4{,}9 \cdot 10^{-18}$; $\lambda_{U_{II}} = 8{,}7 \cdot 10^{-14}$; $\lambda_{Ra} = 1{,}38 \cdot 10^{-11}$. Demnach ist das Verhältnis der in 1 g U enthaltenen Mengen U_I zu $U_{II} = 1 : \frac{\lambda_{U_I}}{\lambda_{U_{II}}} = 1 : 5{,}6 \cdot 10^{-5}$.

Nun zerfallen aber in der Zeiteinheit bei Gleichgewicht zwischen beiden Isotopen gleich viele Atome jeder Art. Die α-Strahlung, die 1 g U aussendet, stammt demnach zur Hälfte von U_I und zur Hälfte von U_{II}. Die Anzahl Ionen pro α-Strahl beträgt für U_I: $k_{U_I} = 1{,}16 \cdot 10^5$, für U_{II}: $k_{U_{II}} = 1{,}27 \cdot 10^5$, im Mittel also $k_U = 1{,}215 \cdot 10^5$. Nach dem Verhältnis der Zerfallskonstanten und Atomgewichte ist mit 1 g U die Menge von $3{,}34 \cdot 10^{-7}$ g Ra im Gleichgewicht und sendet demnach in der Zeiteinheit gleich viele α-Strahlen aus wie 1 g U_I. Ihre Ionisation beträgt $k_{Ra} = 1{,}36 \cdot 10^5$ pro α-Strahl. 1 g U entspricht einem Strom von 1,37 ESE. 1 g Ra bewirkt demnach einen Strom von

$$J = \frac{1{,}37 \cdot 1{,}36 \cdot 10^5}{2 \cdot 3{,}34 \cdot 10^{-7} \cdot 1{,}215 \cdot 10^5} = 2{,}31 \cdot 10^6 \text{ ESE}.$$

Tatsächlich wurde ein Wert von $2{,}42 \cdot 10^6$ ESE gemessen, der Fehler der Berechnung ist demnach kleiner als 5%. Dabei ist zu berücksichtigen, daß alle in der Berechnung verwendeten Konstanten nicht mit großer Genauigkeit meßbar sind. Unter diesem Gesichtspunkte ist die Übereinstimmung sehr gut und ein Beweis für die angenäherte Richtigkeit der entsprechenden Konstanten.

Die mit 1 g Ra im Gleichgewicht stehende Menge Radon $\frac{\lambda_{Ra}}{\lambda_{Rn}} = \frac{1{,}38 \cdot 10^{-11}}{2{,}097 \cdot 10^{-6}} = 6{,}9 \cdot 10^{-6}$ g bezeichnet man mit 1 Curie (c). Analog heißt die Emanationsmenge im Gleichgewicht mit 1 mg Ra 1 Millicurie (mc). Für sehr kleine Emanationsmengen hat sich auch die Einheit 1 Eman $= 10^{-10}$ Curie eingebürgert. Ferner wird noch verwendet die sogenannte Mache-Einheit. Sie ist diejenige Emanationsmenge, welche ohne Zerfallsprodukte bei voller Ausnützung einen Strom von 10^{-3} ESE bewirkt. Die Mache-Einheit ME sollte nur als Konzentrationseinheit verwendet werden. Zur Umrechnung dient die Angabe, daß 3,62 Eman $= 3{,}62 \cdot 10^{-10}$ Curie im Liter (Wasser, Luft) einer ME entsprechen.

c) Messung der Radiumemanation (Radon)

Von allen α-strahlenden Substanzen ist das Rn weitaus die wichtigste, und hat auch heute noch eine teilweise therapeutische Anwendung in Form von Inhalationen, Trinkkuren und Bädern. Deshalb soll der Messung von Rn hier in etwas verbreitertem Maße Raum gegeben werden.

Das Rn ist bekanntlich das erste Zerfallsprodukt des Radiums. Es ist, wie Tab. 6 zeigt, ein Edelgas vom Atomgewicht 222 und der Kernladungszahl 86. Rn sendet nur α-Strahlen aus. Die Zerfallskonstante kann unmittelbar gemessen werden und beträgt $\lambda_{Rn} = 2{,}097 \cdot 10^{-6}\ s^{-1}$, d. h. Rn hat eine Halbwertszeit von 3,825 Tagen. Nach dieser Zeit also ist eine bestimmte Menge Rn auf die Hälfte zerfallen. Eine so kurze Zerfallszeit spielt nun in der Praxis eine bedeutende Rolle und kann in der Berechnung und Messung nicht mehr vernachlässigt werden (vgl. S. 260ff.).

Durch Zerfall entstehen aus Rn die kurzlebigen Folgeprodukte Ra A, Ra B, Ra C, Ra C′ und Ra C″. Davon sind Ra A, (Ra C + Ra C′) ebenfalls α-Strahler. Das langlebigste der kurzlebigen Folgeprodukte Ra B hat eine Halbwertszeit von $T = 26{,}8$ min. Somit ist das Gleichgewicht zwischen Rn und allen kurzlebigen Folgeprodukten nach der etwa zehnfachen Halbwertszeit von Ra B, d. h. nach etwa vier Stunden erreicht. In dieser Zeit ist die gesamte α-Strahlung bis auf den etwa dreifachen Wert des Anfangswertes des Rn allein angestiegen. Von diesem Zeitpunkt an fällt sie mit der Zerfallskonstante von Rn ab und hätte nach etwa 40 Tagen praktisch den Wert 0 erreicht. Der anfängliche Anstieg ist darauf zurückzuführen, daß die α-Strahler Ra A, (Ra C + Ra C′) nun ebenfalls α-Strahlen aussenden und nach Erreichung des Gleichgewichtes in der Zeiteinheit gleich viel Atome dieser Substanzen zerfallen, wie aus dem

Rn neue nachgebildet werden. Aus dieser Überlegung folgt, daß genaue Rn-Messungen vier Stunden nach Extraktion und Einschluß ausgeführt werden müssen (vgl. Abb. 19, S. 36).

Zur praktischen Messung kleiner Rn-Mengen mit Hilfe der α-Strahlenmethode wird dieses möglichst vollständig in eine große Ionisationskammer geblasen. Nach vier Stunden wird der Ionisationsstrom am Elektrometer gemessen und auf die Rn-Menge umgerechnet. Diese Umrechnung ist nun aber nicht ganz einfach, da die festen Zerfallsprodukte teilweise an den Gefäßwänden sitzen und deren Strahlung demnach nicht voll ausgenützt wird. DUANE und LABORDE haben zur Berechnung der Korrekturen Formeln angegeben.

Bezeichnet O die Oberfläche in Quadratzentimetern und V das Volumen in Kubikzentimetern der zylindrischen Ionisationskammer (Höhe und Durchmesser ungefähr gleich), so ist der gemessene Strom für Rn + Ra A + (Ra C + Ra C')

$$J' = C'\left(1 - 0{,}572\,\frac{O}{V}\right),$$

für Radon allein ist der Strom

$$J = C\left(1 - 0{,}517\,\frac{O}{V}\right).$$

C' und C stellen die Stromwerte der Radonmenge mit und ohne Zerfallsprodukte dar. Für 1 c Radon betragen

$$C' = 6{,}2 \cdot 10^6\ \text{ESE}, \qquad C = 2{,}75 \cdot 10^6\ \text{ESE}.$$

Zur Überführung in die Ionisationskammer geht man am besten entweder so vor, daß man die Kammer evakuiert und dann an das Gefäß mit der Emanation anschließt, oder indem man einen in sich geschlossenen Luftstrom durch die Kammer und das Rn-Gefäß bläst. Das letztere Vorgehen ist immer dann angebracht, wenn man die Emanation in Lösungen bestimmen muß.

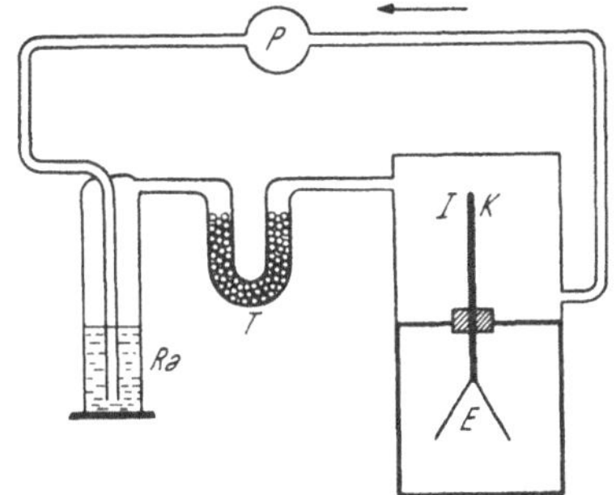

Abb. 48. Prinzip der Emanationsmessung. *Ra*: Lösung; *T*: Trockenrohr; *IK*: Ionisationskammer mit Elektrometer *E*; *P*: Gebläse

Das Verfahren zur Bestimmung von Rn und damit auch des eventuellen Ra-Gehaltes in Lösungen nach der α-Strahlenmethode ist in Abb. 48 wiedergegeben. Die Lösung befindet sich in der Flasche *Ra* und ist mit einem Gebläse *P* über ein Trockenrohr ($CaCl_2$) *T* mit der großen Ionisationskammer *IK* verbunden. Am Elektrometer *E* kann der Strom gemessen werden.

Bei Bestimmung des Rn- oder des Ra-Gehaltes nach dieser Methode — sie eignet sich ganz besonders für schwache Aktivitäten — sind neben der Korrektur nach DUANE und LABORDE noch weitere Korrekturen am Resultat anzubringen. Zunächst findet die Messung vier Stunden nach Überführen des Rn statt. In dieser Zeit sind 3% der anfänglichen Rn-Menge bereits zerfallen. Weiter ist zu berücksichtigen, daß das gesamte Volumen der Luft in dem geschlossenen System mit Emanation gefüllt ist. Dieses gesamte Volumen setzt sich zusammen aus Ionisationskammer + Verbindungen + Gebläse + Flasche. Von dem Volumen der Flüssigkeit selber ist ein Viertel als Luftvolumen zu rechnen, da bei Zimmertemperatur der Diffusionskoeffizient des Wassers 25% desjenigen der Luft beträgt.

Bei Messungen sehr kleiner Aktivitäten mit sehr großen Ionisationskammern (mehrere Liter: *Fontaktometer*, Quellen- und Wassermessungen) darf man mit genügender Genauigkeit vom gesamten gemessenen Ionisationsstrom nach der Volumenkorrektur 49% dem Rn zuordnen. Es sind dann die Korrekturen wegen des Zerfalles und wegen der Wirkung des aktiven Niederschlages in dieser Gesamtkorrektur enthalten. Für genaue Messungen eignet sich dieses Verfahren aber nicht.

Alle diese Korrekturen geben den so gefundenen Resultaten eine gewisse Unsicherheit. Es ist deshalb vorteilhafter, die Messungen als Relativmessungen auszubilden und die gesuchte Aktivität an *Standardlösungen* anzuschließen. Dadurch fallen bei gleichartiger Verwendung derselben Apparatur sämtliche Korrekturen fort. Zur Bestimmung des Ra-Gehaltes sollen die Angaben dienen, daß in der Standardlösung, nachdem sie vollständig entemaniert war, in einem Tag 16,6%, in zwei Tagen 30,4%, in drei Tagen 41,9% und in vier Tagen 51,6% der Gleichgewichtsmenge nacherzeugt worden sind. Dieselben Zahlen gelten selbstverständlich auch für den Rn-Gehalt der zu messenden Lösung. Genauere Angaben über die Nachbildung von Rn aus Ra finden sich in Tab. 38.

Größere Rn-Mengen, etwa zwischen 0,01 mc und mehreren mc mißt man viel vorteilhafter auf Grund der γ-Strahlung. Darauf soll bei den γ-Strahlenmessungen noch näher eingegangen werden.

Emanationsmessungen sind, wie aus den vorstehenden Überlegungen hervorgeht, nicht ganz einfach und auch, wenn man nicht besonders sauber arbeitet, oftmals recht ungenau. Es ist deshalb in der Praxis immer von Vorteil, wenn man eine Emanationsanlage z. B. für Bäder-, Trink- oder Inhalationszwecke bauen läßt, zunächst den genauen Ra-Gehalt des emanierenden Präparates zu bestimmen. Das kann in sehr einfacher und hinreichend genauer Weise dadurch geschehen, daß man das Präparat in ein möglichst kleines dünnwandiges Glas einschmilzt und nach Erreichen des Gleichgewichtes (nach 40 Tagen) nach der γ-Strahlenmethode mißt. Aus dem so bestimmten Ra-Gehalt ist es dann möglich, jederzeit die maximale Rn-Menge zu berechnen, die das Präparat abgeben kann. Die hie und da vorgenommenen Rn-Messungen dienen dann nur noch der Kontrolle der richtigen Abgabe.

d) Gewichtsäquivalenz für γ-strahlende Präparate

Für γ-strahlende Präparate ist es oft zweckmäßig und einfach, wenn man ihre Strahlung in „Radiumäquivalent“ angibt. Das gilt in besonderem Maße für die in der Praxis ziemlich wichtigen Mesothor- und Thor X-Präparate, aber auch für künstliche γ-Strahler, wie ^{60}Co, ^{137}Cs, ^{192}Ir. Zum Zwecke der genaueren Messung wurden die auf S. 145 besprochenen internationalen Standards geschaffen. Die Angaben über den Gehalt solcher Präparate in Milligramm bedeuten dann, daß die γ-Strahlung des besagten Präparates die gleiche Ionisation bewirkt, wie die angegebene Menge Radiumelement.

Besonders zum Zwecke der Eichung sind die Messungen der γ-Strahlung sehr wichtig. Man bezieht sich dabei auf die harte Komponente der γ-Strahlung, und die internationalen Bestimmungen der Messung verlangen, daß die γ-Strahlung durch 3 mm Blei gefiltert werden soll. Es ist dann die gemessene Strahlung im wesentlichen nur noch diejenige der C-Produkte (Ra C, Th C), und es ist das auch diejenige Komponente, die für die Praxis besonders wichtig ist.

Abb. 49. γ-Strahlenelektrometer nach Wulf. Das Elektrometersystem befindet sich im Innern der mit 3 mm Blei umgebenen Ionisationskammer

Die internationalen Bestimmungen verlangen ferner, daß das Pb-Filter von 3 mm sich direkt am Elektrometer befindet, damit Streustrahlen so wenig wie möglich (Compton-Effekt) mitgemessen werden. Dazu wird die Ionisationskammer des Elektrometers direkt allseitig mit 3 mm Hartblei umgeben. Solche Elektrometer sind dann selbstverständlich nur noch zur Messung der γ-Strahlung verwendbar. Sie heißen deshalb γ-Strahlenelektrometer. Abb. 49 zeigt ein solches Instrument nach WULF. Mit solchen Apparaten sind nur Relativmessungen der γ-Strahlung möglich. Derartige Messungen sind aber zur fortlaufenden Kontrolle der vorhandenen Präparate sehr wichtig und ganz besonders auch zur genauen Gehaltsbestimmung von Emanationspräparaten.

Man bedarf dazu eines Haus-Standard-Präparates. Dieses soll etwa folgende Forderungen erfüllen:

1. Der Gehalt des Standards soll von der gleichen Größenordnung sein wie die Präparate, welche gemessen werden müssen.

2. Die äußeren Dimensionen des Standards sollen ebenfalls von derselben Größenordnung sein wie die der zu messenden Präparate.

3. Die primäre Filterung des Standars soll den zu messenden Präparaten äquivalent sein oder durch Zusatzfilter äquivalent gemacht werden können.

4. Der Standard soll absolut emanationsdicht verschlossen sein. Diese Forderung ist für alle γ-Präparate selbstverständlich, muß aber, wie die Erfahrung zeigt, von Zeit zu Zeit geprüft werden.

5. Der Standard soll aus mesothorfreiem Radium bestehen, damit die Konstanz der Strahlung gewährleistet ist.

6. Der Standard soll als solcher gekennzeichnet sein und wenn möglich nicht zu anderen Zwecken als zu Messungen verwendet werden.

7. Etwa alle zehn Jahre soll er durch eine offizielle Eichstelle neu geeicht und mit einem neuen Prüfschein versehen werden.

Die obigen Forderungen bedingen bei größeren Instituten den Besitz mehrerer Standardpräparate.

Bei allen derartigen Messungen ist aber ein Faktor von ausschlaggebender Bedeutung. Die γ-Strahlen erzeugen in der Wandung der Ionisationskammer durch den Absorptions- und besonders durch den Streuvorgang Elektronen relativ hoher Geschwindigkeit und damit großer Reichweite. Diese bewirken die Ionisation. Sie haben in Luft Reichweiten bis zu einigen Metern. Es ist demnach nicht mehr möglich, Ionisationskammern zu bauen, in denen die Reichweite voll ausgenützt wird. Es ist also nicht gleichgültig, mit welchem Instrument die Messung ausgeführt wird, sondern der von ein und demselben Präparat bewirkte Ionisationsstrom ist seiner Größe nach von der Meßapparatur abhängig. Deswegen müssen Relativmessungen mit derselben Apparatur ausgeführt werden.

Vorteilhafterweise bestimmt man zum Zwecke solcher Messungen die sogenannte EVE*sche Zahl* des Instruments, d. h. die Anzahl der Ionenpaare, die 1 mg Ra El. im Abstand von 1 cm in 1 cm^3 der Ionisationskammer pro Sekunde hervorruft. Diese Zahl ist dann die Eichkonstante des Instruments und bleibt auch meist über längere Zeit konstant.

Die praktische Bestimmung der Eveschen Zahl eines Elektrometers, dessen Ionisationskammer das Volumen V besitzt, wird auf die folgende Weise vorgenommen: Unter der Voraussetzung, daß die Kapazität C des Instruments bekannt sei, ist der Strom in absoluten Einheiten gemessen:

$$J = \frac{1}{300} C \frac{\Delta U}{\Delta t} \text{ ESE/s.}$$

In einem möglichst großen Abstand r wird in einem freien Raum ein möglichst punktförmiges Präparat mit m mg Ra El. bei einer Primärfilterung von 3,4 mm Pb aufgestellt. Dann wird der Ionisationsstrom der γ-Strahlung J gemessen. Daraus berechnet sich die Evesche Zahl der Meßanordnung zu

$$K' = \frac{J \cdot r^2}{4{,}80 \cdot 10^{-10}\, m \cdot V} \text{ Ionenpaare/s.}$$

In dieser Apparatekonstante sind alle Korrekturen der Messung enthalten und fallen bei Messungen anderer Präparate weg. Trotzdem ist es aber vorteilhafter, Aktivitätsmessungen unter direktem Vergleich mit dem Standard unter möglichst gleichen äußeren Bedingungen durchzuführen. Solche Messungen berechnen sich dann sehr einfach. Der Standard enthalte m mg Ra El. und ergebe einen Ionisationsstrom J_m. Das zu messende Präparat der unbekannten Aktivität M ergebe einen Strom J_M. Dann ist sein Gehalt äquivalent

$$M = \frac{J_M}{J_m}\, m \text{ mg Ra El.}$$

Bei Messungen, bei denen es auf sehr große Genauigkeit nicht ankommt, ist es auch möglich, Standard und unbekanntes Präparat, wenn deren Aktivitäten zu verschieden sind, unter verschiedenen Abständen zu messen und die Abstände nach dem Quadratgesetz zu korrigieren.

Präparat: Unbekannte Aktivität M, Strom J_M, Abstand A; Standard m, Strom J_m, Abstand a. Es verhalten sich

$$\frac{J_M}{J_m} = \frac{M \cdot a^2}{m \cdot A^2}.$$

Daraus folgt der Wert für die Aktivität des Präparates zu

$$M = \frac{J_M A^2}{J_m a^2}\, m \text{ mg Ra El.}$$

Mit dieser Korrektur sind die Messungen nicht mehr sehr genau ($\pm 5\%$). Ohne Abstandskorrekturen dagegen und bei Einhaltung genau derselben Bedingungen für Standard und Präparat ist es leicht möglich, die Genauigkeit unter einen Meßfehler von 1% zu treiben.

Literatur

A. Zusammenfassende Werke

ASTIN, V. A. (Editor): Report of the International Commission on Radiological Units and Measurements (ICRU). Washington: U. S. Nat. Bureau of Standards Handbook 62, 1957.

CURTISS, L. F.: Measurements of Radioactivity. Washington: U. S. Nat. Bureau of Standards Circ. 476, 1949.

FAIRES, R. A., and B. H. PARKS: Radioisotope Laboratory Techniques. London: George Newnes Ltd., 1958.

FASSBENDER, H.: Einführung in die Meßtechnik der Kernstrahlung und die Anwendung der Radioisotope. Stuttgart: G. Thieme, 1958.

FOSSATI, F. (Editor): Quantities, Units and Measuring Methods of Ionizing Radiation. Milano: U. Hoepli, 1959.

HAISSINSKY, M.: La Chimie nucléaire et les applications. Paris: Masson et Cie., 1957.

HINE, G. J., and G. L. BROWNELL (Editors): Radiation Dosimetry. New York: Academic Press Inc., 1956.

JÄGER, R. G.: Dosimetrie und Strahlenschutz. Stuttgart: G. Thieme, 1959.

MAYNEORD, W. V.: Some Applications of Atomic Physics to Medicine. Brit. J. Radiol., Suppl. 2, 1950.

MEYER, ST., und E. v. SCHWEIDLER: Radioaktivität. Leipzig und Berlin: B. G. Teubner, 1927.

MINDER, W.: Radiumdosimetrie. Wien: Springer, 1941.

RIEZLER, W.: Einführung in die Kernphysik, 6. Aufl. München: R. Oldenbourg, 1959.

ROSSI, B., and H. STAUB: Ionization Chambers and Counters. New York: McGraw Hill, 1949.

RUTHERFORD, E.: Radioaktivität. Berlin: Springer, 1907.

— Radioaktive Umwandlungen. Braunschweig: Vieweg & Sohn, 1907.

— J. CHADWICK and C. D. ELLIS: Radiation from Radioactive Substances. Cambridge: University Press, 1930.

SHARPE, J.: Nuclear Radiation Detectors. London: Methuen & Co. Ltd., 1955.

SIEVERT, R.: Eine Methode zur Messung von Röntgen-, Radium- und Ultrastrahlen usw. Acta Radiol., Suppl. 14. Stockholm, 1932.

SIRI, W. E.: Isotopic Tracers and Nuclear Radiations. New York: McGraw Hill, 1949.

WILSON, C. W.: Radium Therapy, its Physical Aspects. London: Chapman and Hall, 1945.

B. Originalarbeiten

ALLISY, A.: La Mesure des doses des rayons X ou gamma à l'aide d'emulsions photographiques. J. Radiol. Electrol. **37**, 248 (1955).

ATTIX, F. H.: An Attempt to Measure the Gamma-Ray Emission of Radium by Means of Cavity Ionization Chambers. ICRU-Sem. Geneva 76 (1956).

— High Level Dosimetry by Luminescence Degradation. Nucleonics **17**/4, 142 (1959).

BARLI, J., and P. BORGE: The Application of the Ferrous-Ferric System for Routine Measurements. Acta Radiol. **47**, 203 (1957).

BECKER, J., K. E. SCHEER und A. KÜBLER: Ein neues Strahlenmeßgerät mit einer biegsamen Kristallsonde und seine Anwendungen in der Klinik. Strahlenther. **88**, 34 (1952).

BELCHER, E. H.: Radiation Dosimetry with Scintillation Detectors. Brit. J. Radiol. **26**, 455 (1953).

BELL, G. E.: The Photographic Action of Radium Gamma Rays. Brit. J. Radiol. **9**, 688 (1936).

BOMKE, A. H., und H. EBERLE: Zur praktischen Radiumdosimetrie mittels kleinster Ionisationskammern. Strahlenther. **78**, 417 (1949).

BOMKE, H. A., und W. SPECHT: Der Einfluß von endlicher Präparat- und Ionisationskammergröße auf die Dosismessung in unmittelbarer Nähe von Radiumpräparaten. Strahlenther. **81**, 81 (1950).

BOTHE, W.: Die Unterscheidung von Radium, Mesothor und Radiothor durch Gammastrahlenmessungen. Z. Phys. **24**, 10 (1924).

BRAESTRUP, C. B., and R. T. MOONEY: Cobalt-60 Radiation Measurements. Radiology **70**, 516 (1958).

BUCKY, G.: Universal Dosimeter and Ultrasensitive Tube Electrometer. Amer. J. Roentgenol. **42**, 428 (1939).

BULLEN, M. A.: Ionization Chamber Device for Clinical Use. Nucleonics **11**/12, 12 (1953).

BURCH, P. R. J.: Cavity Ion Chamber Theory. Rad. Res. **3**, 361 (1955).

BUSH, F.: Energy Absorption in Radium Therapy. Brit. J. Radiol. **19**, 14 (1946).

CANNON, C. V., and G. H. JENKS: A Microcalorimeter Suitable for Study of Easily Absorbed Nuclear Radiation. Rev. sci. Instr. **21**, 236 (1951).

CARR, R. T., and G. J. HINE: Gamma-Ray Dosimetry with Organic Scintillators. Nucleonics **11**/11, 53 (1953).

CHALMERS, T. A.: A New Instrument for the Measurement of Ionizing Radiation. Brit. J. Radiol. **7**, 755 (1934).

CORMACK, D. V., and H. E. JOHNS: The Measurement of High Energy Radiation Intensity. Rad. Res. **1**, 133 (1954).

CURTISS, L. F.: Radium Exposure Meter. NBS. Res. Paper RP. 1246 (1939).

— and F. J. DAVIES: A Counting Method for the Determination of Small Amounts of Radium and Radon. NBS. Res. Paper RP. 1557 (1943).

— and B. W. BROWN: An Arrangement with Small Solid Angle for Measurement of Beta-Rays. NBS. Res. J. **37**, 91 (1946).

DAVIS, F. J.: Factors Affecting Operation of Apparatus for Counting Alpha Particles in an Ion-Counting-Chamber. NBS. Res. J. **39**, 545 (1947).

DERSHEM, E., L. E. ROVNER and S. P. PERRY: A Modified Standard Ionization Chamber System. Amer. J. Roentgenol. **37**, 242 (1937).

DIES, L.: Über die Kapazität von Elektrometern. Physik. Z. **33**, 131 (1932).

DONDES, S.: Dosimètre à haut rendement pour la détection des rayons bêta et gamma et des neutrons thermiques. Geneva Papers **14**, 196 (1955).

DORNEICH, M.: Über die Volumenabhängigkeit der Meßangabe der kleinen Ionisationskammer. Fortschr. Röntgenstr. **57**, 189 (1938).

DUGNATI-LOGNATI, R., and G. SKOFF: Determination of Gamma Isodose Curves with Plastic Scintillators. A/Conf. 15/P/1393 (1958).

DUREN, K. VAN, A. J. M. JASPERS and J. HERMSEN: G-M-Counters. Nucleonics **17**/6, 86 (1959).

FANO, U.: Note on the BRAGG-GRAY Cavity Principle for Measuring Energy Dissipation. Rad. Res. **1**, 237 (1954).

FARMER, F. T., T. RIGG and J. WEISS: The Absolute Yield of the Ferrous Sulphate Dosimeter. J. chem. Soc. 3248 (1954).

FASSBÄNDER, H.: Geräte zur Messung radioaktiver Stoffe. Radiol. Austr. **8**, 121 (1955).

FIELDS, TH., and G. LE-ROY: An Accurate Method for the Measurements of Radioiodine in the Thyroid Gland by an External Counter. Radiology **58**, 57 (1952).

FLEEMAN, J., and F. S. FRANTZ: Film Dosimetry of Electrons in the Energy Range 0,5 to 1,4 MeV. Amer. J. Roentgenol. **71**, 1049 (1954).

FOWLER, J. F., and M. J. DAY: High Dose Measurements by Optical Absorption. Nucleonics **13**/11, 52 (1955).

FRÄNZ, H., und C. WEISS: Die Berechnung der Absorption in hochkonzentrierten Radiumpräparaten. Physik. Z. **41**, 345 (1940).

FRICKE, H., und O. GLASSER: Eine theoretische und experimentelle Untersuchung der kleinen Ionisationskammer. Fortschr. Röntgenstr. **33**, 239 (1925).

GAUWERKY, F.: 20 Jahre photographische Methode der Radiumdosimetrie. Strahlenther. **83**, 269 (1950).

GENNA, S., and J. S. LAUGHLIN: Calorimetric Determination of Intensity and Absorbed Dose Rate. ICRU-Sem. Geneva 30 (1956).

GLASSER, O.: Die kleine Ionisationskammer. Strahlenther. **52**, 137 (1935).

GLOCKER, R.: Dosimetry with Luminescent Materials. ICRU-Sem. Geneva 47 (1956).

— und G. BREITLING: Der Kristallszintillationszähler als neues Dosismeßverfahren. Strahlenther. **88**, 92 (1952).

GOLDHABER, G., and H. D. GRIFFITH: A Valve Amplifier for the Detailed Study of Radium Isodose Curves. Brit. J. Radiol. **6**, 656 (1933).

GRAY, L. H.: The Experimental Determination by Ionization Methods of the Rate of Emission of Beta- and Gamma-Ray-Energy by Radioactive Substances. Brit. J. Radiol. **22**, 677 (1949).

GRIMBERG, B.: A Reference Ionization Chamber for Rapid Determination of β- and γ-Activities. ICRU-Sem. Geneva 27 (1956).

GRÖGLER, N., F. G. HOUTERMANS and H. STAUFFER: The Use of Thermoluminescence for Dosimetry and in Research about the Radiation and Thermal History of Solids. A/Conf. 15/P/235 (1958).

HARLAN, J. T., and E. J. HART: Ceric Dosimetry. Nucleonics **17**/8, 102 (1959).

HARLEN, F.: The Design of a Condenser Dose-Meter. Brit. J. Radiol. **28**, 295 (1955).

HART, E. J., and S. GORDON: Gas Evolution for Dosimetry of High Gamma-Neutron Fluxes. Nucleonics **12**/4, 40 (1954).

— and P. D. WALSH: A Molecular Product Dose Meter for Ionizing Radiations. Rad. Res. **1**, 342 (1954).

HARTECK, P., and S. DONDES: Nitrous Oxide Dosimeter for High Levels of Betas, Gammas and Neutrons. Nucleonics **14**/3, 66 (1956).

HASCHÉ, E., und J. BOLZE: Meßanordnung zur Radiumdosierung in Röntgeneinheiten. Fortschr. Röntgenstr. **58**, 271 (1938).

HAYBITTLE, J. L.: Ionization Chambers for the Dosimetry of Beta-Ray Applicators. Brit. J. Radiol. **28**, 320 (1955).

HEGELS, H.: Über die zur Erreichung von Sättigungsströmen in Kondensatoren notwendigen Spannungen. Strahlenther. **46**, 757 (1933).

HENSCHKE, U.: Über die Abhängigkeit des Ionisationsstroms vom Volumen kleiner Kammern. Strahlenther. **62**, 414 (1938).

HINE, G. J.: Beta- and Gamma-Ray Spectroscopy. Nucleonics **3**/6, 32 (1948) and **4**/2, 56 (1949).

— Fast and Simple γ-Ray Spectrometer. Nucleonics **11**/10, 68 (1953).

HODARA, M.: Radiation Dosimetry with Fluorods. Radiology **73**, 693 (1959).

Houtermans, H.: Relativmessungen radioaktiver Substanzen. Strahlenther. **103**, 98 (1957).

Hübner, W.: Der elektrometrische Photozellenkompensator, ein neues Gerät zur Messung der Dosis und Dosisleistung ionisierender Strahlung. Strahlenther. **96**, 461 (1955).

Ittner, W. B., and M. Ter-Pogossian: Air Equivalence of Scintillation Materials. Nucleonics **10**/2, 48 (1952).

Kaye, G. W. C., and W. Binks: Dosierung von Gammastrahlen durch Ionisationsmessung. Strahlenther. **56**, 608 (1936).

— The Ionization Measurement of Gamma-Radiation. Amer. J. Roentgenol. **40**, 80 (1938).

Kellershohn, C., et P. Pellerin: Collimation du rayonnement gamma par un canal cylindrique circulaire. J. Phys. Rad. **17**, 81 (1956).

Kolhörster, W.: Bestimmung der Konstanten, insbesondere der Kapazität von Strahlungsapparaten. Physik. Z. **34**, 280 (1930).

Kreidl, N. J., and G. E. Blair: Recent Developments in Glass Dosimetry. Nucleonics **14**/3, 82 (1956).

Kügler, I., und A. Scharmann: Dosimetrie ionisierender Strahlung mit Kunststoffen. Atomkernenergie **4**, 23 (1959).

Lamerton, F. L.: A Theoretical Study of the Results of Ionization Measurements in Water with X-Ray and Gamma-Ray Beams. Brit. J. Radiol. **21**, 276 and 352 (1948).

Laughlin, J. S., S. Genna, M. Danzker and S. J. Vacirca: La Dosimétrie absolue des rayons gamma du Cobalt-60. Geneva Papers **14**, 181 (1955).

Laurence, G. C.: Some Problems of Gamma-Ray Measurements. Amer. J. Roentgenol. **40**, 92 (1938).

Lazo, R. M., H. A. Dewhurst and M. Burton: The Ferrous Sulphate Radiation Dosimeter; a Calorimetric Calibration with Gamma-Rays. J. chem. Physics **22**, 1370 (1954).

Lecoin, M., and I. Zlotowski: Microcalorimetric Measurements of the Mean Energy of Desintegration of Radium E. Nature **144**, 440 (1939).

Lerch, P.: Mesure de l'activité bêta de sources épaisses. Helv. phys. Acta **26**, 663 (1953).

Lindemann, F. A.: A New Form of Electrometer. Phil. Mag. J. Sci. **47**, 577 (1924).

Lippert, J.: Simultaneous Counting of Alpha- and Beta-Radiation with one Detector. Risö-Symposium 79 (1959).

Littman, A., W. B. Fox, J. W. Beattie and J. S. Laughlin: Extrapolation Ionization Chamber for Measurements of Dosage in Intracavitary Irradiation. Amer. J. Roentgenol. **71**, 1046 (1954).

Lutz, C. W.: Saitenelektrometer neuer Form. Physik. Z. **24**, 166 (1923).

Meitner, L.: Experimentelle Bestimmung der Reichweite homogener β-Strahlen. Naturwiss. **14**, 1199 (1926).

Meyer, H.: The Qualitative Determination of Radium by Photographic Method. Brit. J. Radiol. **15**, 85 (1942).

Meyer, H. T.: Über die Wellenlängenabhängigkeit kleiner Ionisationskammern. Strahlenther. **40**, 576 (1931), **41**, 185 und 309 (1931).

Meyer, St.: Physikalische Grundlagen von Emanationskammern. Strahlenther. **58**, 656 (1937).

Miehlnickel, E.: Untersuchungen über den Wirkungsmechanismus der kleinen Ionisationskammer. Strahlenther. **54**, 348 (1935).

— und H. Osterwisch: Zur Frage der Abhängigkeit des Ionisationsstromes von den Dimensionen geschlossener Kleinkammern. Z. Phys. **101**, 352 (1936).

MILLER, N., and J. WILKINSON: Actinometry of Ionizing Radiation. Disc. Faraday Soc. **12**, 50 (1952).
MILVEY, P., S. GENNA, N. BARR and J. S. LAUGHLIN: Calorimetric Determination of Local Absorbed Dose. Proc. Second Int. Conf. Geneva **21**, 142 (1958).
MINDER, W.: Über chemische Dosismessung. Radiol. Clin. **20**, 286 (1951).
— Strahlenmessung mit chemischen Mitteln. Helv. phys. Acta **26**, 407 (1953).
— Chemical Dosimetry. ICRU-Sem. Geneva 54 (1956).
— Chemische Strahlenmessung. Chimia **12**, 17 (1958).
MOODY, J. W., G. L. KENDALL and R. K. WILLARDSON: Photovoltic Gamma-Ray Dosimeter. Nucleonics **16**/10, 101 (1958).
PERRY, W. E.: The Testing and Measurement of Radium Containers at the National Physical Laboratory. Brit. J. Radiol. **9**, 648 (1936).
— Standardisierung der Radioaktivität im National Physical Laboratory. Strahlenther. **102**, 517 (1957).
— J. W. G. DALE and R. F. PULFER: An Ionization Chamber for the Secondary Standardization of Radioactive Materials. ICRU-Sem. Geneva 20 (1956).
PICHLAU, H.: Dosismeßgeräte. Strahlenther. **83**, 245 (1950).
PLESCH, R., und A. SCHAAL: Die oberflächliche Ausmessung kleiner Gammastrahler mit der Cadmium-Sulfid-Kristallsonde. Strahlenther. **96**, 118 (1955).
PUTMAN, J. L.: Absolute Measurements of the Activity of Beta Emitters. Brit. J. Radiol. **23**, 46 (1950).
QUINTON, A.: The Effect of Temperature, Pressure and Humidity of the Air on Ionization Measurements Using Small Air Wall Chambers. Brit. J. Radiol. **9**, 313 (1936).
REITZ, A. W.: Die EVEsche Konstante. Z. Phys. **69**, 259 (1931).
REUSS, A., und F. BRUNNER: Phantommessungen mit den Mikroionisationskammern des BOMKE-Dosimeters an Radium und Kobalt 60. Strahlenther. **103**, 279 (1957).
— R. PLESCH, U. MAYER und C. v. MUSCHWITZ: Einige Gesichtspunkte zur Messung von Radium- und Radiokobaltstrahlung mit der Cadmium-Sulfid-Kristallsonde. Strahlenther. **94**, 385 (1954).
RIES, J.: Zur praktischen Radiumdosimetrie mittels kleiner Ionisationskammern. Strahlenther. **78**, 411 (1949).
RÖSINGER, S.: Chemical Dosimetry of X-Rays, γ-Radiation and Fast Electrons by the Ferrous Sulphate Method. A/Conf. 15/P/970 (1958).
ROSSI, H. H., and G. FAILLA: Tissue Equivalent Ionization Chamber. Nucleonics **14**/2, 32 (1956).
ROTH, G. E.: Radon Micro-Determination by the CURTISS-DAVIES α-Particle Counting Method. New Zealand J. Sci. Techn. **27**, 147 (1945).
SCHAAL, A.: Untersuchungen über die Anwendbarkeit des Kadmium-Sulfid-Kristalls zu Dosismessungen im Röntgen- und Gammastrahlenbereich. Strahlenther. **94**, 393 (1954).
SCHULMAN, J. H., C. C. KLICK and H. RABIN: Measuring High Doses by Absorption Changes in Glass. Nucleonics **13**/2, 30 (1955).
SCHULZE, R.: Neubestimmung der EVEschen Konstante. Ann. Phys. **31**, 633 (1938).
— und W. MINDER: Experimentelle Beiträge zum Problem der Luftäquivalenz bei der Gammastrahlenmessung. Helv. phys. Acta **10**, 403 (1937).
SEELIGER, H. H., and L. CAVALLO: The Absolute Standardization of Radioisotopes by 4π-Counting. NBS. Res. J. **47**, 41 (1951).

SIEVERT, R.: Über die Anwendung der Kondensatorkammer sowohl für Röntgen- wie Gammastrahlenmessungen. Acta Radiol. **15**, 193 (1934).

SOMMERMEYER, K.: Über die Dosierung radioaktiver Präparate mit Anthrazenkristallen. Strahlenther. **95**, 424 (1954).

SPENCER, L. V., and F. H. ATTIX: Théorie de la ionisation d'une cavité. Geneva Papers **14**, 174 (1955).

STAHEL, E.: Construction d'une chambre ionométrique à liquide de petites dimensions pour rayons X et gamma et son étalonnage pour des mesures énergétiques en valeurs absolues. Imp. Méd. et Sci. Bruxelles (1929).

STEKELENBURG, L. H. M. VAN: Review of Air Equivalent Materials. ICRU-Sem. Geneva 49 (1956).

STEYN, J., and F. J. HAASBROEK: The Application of Internal Liquid Scintillation Counting to a 4π Beta-Gamma Coincidence Method for Absolute Standardization of Radioactive Nuclides. Proc. Second Int. Conf. Geneva **21**, 95 (1958).

TAGGER, J.: Ein neues Gerät zur Messung von Kapazitäten. Physik. Z. **33**, 131 (1932).

TAIMUTI, S. I., L. H. FOWLE and D. L. PERTERSON: Ceric Dosimetry. Nucleonics **17**/8, 103 (1959).

TAPLIN, G. V.: Dosimètres chimiques à lecture directe pour la mesure des rayons X, des rayons gamma et de neutrons rapides. Geneva Papers **14**, 256 (1955).

— and C. H. DOUGLAS: Colorimetric Dosimeter for Qualitative Measurements of Penetrating Radiation. Radiology **56**, 577 (1951).

— C. H. DOUGLAS and B. SANCHEZ: Colorimetric Method for Dosimetry of 10—100 r. Nucleonics **9**/2, 73 (1951).

TAYLOR, L. S.: The Measurement of X- and Gamma Radiation over a Wide Energy Range. Brit. J. Radiol. **24**, 67 (1951).

— Die Messung von Röntgen- und Gammastrahlen innerhalb eines weiten Energiebereiches. Strahlenther. **89**, 337 (1952).

— G. SINGER and A. L. CHARLTON: Measurement of Supervoltage X-Rays with the Free-Air Ionization Chamber. NBS. Res. Paper RP. 1111 (1938).

THORAEUS, R.: Construction and Properties of a Graphite Condensator Chamber. Acta Radiol. **18**, 471 (1937).

TOCHILIN, E., and R. GOLDEN: Film Measurements of Beta-Ray Depth Dose. Nucleonics **11**/8, 26 (1953).

TROST, A.: Eine Methode zur Messung hoher Strahlenintensitäten mit dem Zählrohr. Z. Phys. **117**, 257 (1941).

WAHLBERG, T.: A Method for the Determination of the Radiation Dose Produced by Artificial Radioactive Substances in Tissue. Acta Radiol. **30**, 176 (1948).

WALSTAM, R.: A Method for Threedimensional Dose-Finding in Teleradium Therapy. Acta Radiol. **43**, 477 (1955).

WEISS, J.: Chemical Dosimetry Using Ferrous and Ceric Sulphates. Nucleonics **10**/7, 28 (1952).

WHITE, G. N.: Cavity Chamber Density Effect in Gamma-Ray Measurements. Nucleonics **12**/2, 18 (1954).

WILSKI, H.: Ein neues Meßverfahren für den Megaradbereich. Atomkernenergie **4**, 402 (1959).

WULF, T.: Ein neues Elektrometer für statische Ladungen. Physik. Z. **8**, 246 und 527 (1907).

Vierter Abschnitt

Die Strahlendosis

1. Definitionen und Einheiten

a) Der Dosisbegriff

Das Bedürfnis, in der Anwendung ionisierender Strahlungen mit sauber definierten und wenn möglich jederzeit meßbaren und reproduzierbaren Größen zu arbeiten, ist so alt wie die Strahlentherapie selbst. Es liegt in der Natur des strahlentherapeutischen Mittels, daß die Bemühungen um die logische Korrektheit und Widerspruchslosigkeit der verwendeten Begriffe und Einheiten auch heute noch nicht als gänzlich abgeschlossen angesehen werden können, trotzdem dieser Aufgabe besonders in der letzten Zeit und auf internationalem Boden (International Commission on Radiological Units and Measurements, ICRU) höchste Bedeutung zugemessen wird. Die Ausdehung der therapeutischen Anwendungen ionisierender Strahlungen auf sehr hohe Photonen- und Elektronenenergien und auf Korpuskularstrahlen verschiedener Natur und Energie, die Strahlenanwendung in Forschung und Technik, besonders aber die Realisierung der Atomenergieproduktion mit ihren mannigfaltigen Konsequenzen haben die grundsätzlichen Probleme der Theorie der Dosimetrie außerordentlich erweitert.

Es war naheliegend, den Begriff für die *Strahlendosis* inhaltlich zunächst aus Analogie anderen Gebieten der Therapie zu entnehmen. Dort versteht man auch heute noch unter Dosis meist eine *Menge* eines bestimmten Stoffes, welche dem *Organismus zugeführt* wird. Bei zahlreichen therapeutischen (und prophylaktischen) Maßnahmen ist aber dieser Stoff keineswegs so sauber bekannt oder definiert, daß dessen Menge in der Masseeinheit g ausgedrückt werden könnte (z. B. Vitamine, Hormone, Antibiotica, Sera). Ferner gibt es zahlreiche therapeutische Verfahren, bei denen eine genauere Kenntnis der Relation zwischen der dem Organismus zugeführten und der dem *Organismus einverleibten* und damit allein wirksamen Menge des Therapeutikums vollständig fehlt und als solche auch kaum jemals bestimmbar ist. Wenn deshalb die logisch einwandfreie Formulierung des Dosisbegriffes als einer (in g wägbaren) Menge eines Stoffes in vielen Fällen (z. B. im Verhältnis zur Masse des Organismus) ohne Einschränkungen verwendet werden darf und auch identisch ist mit der dem Körper einverleibten Menge (Masse), so ist selbst hier noch ein begriffsmäßig unfaßbarer und nicht eingeschlossener zusätzlicher Inhalt (meist unbewußt) vorhanden, derart, daß man von dieser Menge eine *bestimmte Wirkung* erwartet.

Grundsätzlich genau dieselben begrifflichen Schwierigkeiten sind auch bei der Definition der Strahlendosis vorhanden. Diese werden aber noch erhöht durch die Tatsache, daß das Objekt des Begriffes hier zunächst keineswegs eine eindeutig erfaßbare Sache (im Gegensatz zur Masse des konventionellen Dosisbegriffes) darstellt. Es bedeutete deshalb eine erste und grundsätzliche Klärung der ganzen Problematik, als CHRISTEN (1913) erstmals die Strahlendosis „als jene Röntgenenergiemenge, welche in einem Körper absorbiert wird, dividiert durch das Volumen dieses Körpers" definierte. Es war damit eindeutig festgelegt, daß die Strahlendosis als *„absorbierte" Energiemenge pro Volumeneinheit* aufzufassen sei. Dieser an sich klare physikalische Begriff (ausdrückbar in erg/cm^3) enthielt auch bereits implicite den zusätzlichen Inhalt der bestimmten Wirkung, da nach CHRISTEN diese „physikalische" Dosis mit „dem Sensibilitätskoeffizienten des betroffenen Gewebes multipliziert", die „biologische" Dosis, der offenbar eine definierte Wirkung zugeordnet werden darf, ergeben sollte. Mit diesen Formulierungen hat der Schweizer CHRISTEN fast alle heute oft als neu angesehenen Konzeptionen der Begriffsbildung der erweiterten Dosimetrie schon vor bald 50 Jahren vorweggenommen.

Ein ganz anderer Fragenkomplex ist es, wie die Strahlendosis als solche meßtechnisch erfaßt werden soll und kann. Dazu wären alle Möglichkeiten einer Energiemessung grundsätzlich verwendbar. Eine Hauptforderung des Dosisbegriffes ist es aber, daß derselbe experimentell realisiert werden kann. Weiter soll die Dosis jederzeit innerhalb praktisch zulässiger Genauigkeitsgrenzen auch praktisch, d. h. ohne größeren Aufwand, gemessen und in einer sinnvollen Einheit ausgedrückt werden können. Erst unter diesen zusätzlichen Forderungen der Zweckmäßigkeit und praktischen Anwendbarkeit sind die Definition und die darauf gegründete Einheit auch wirklich brauchbar. Damit sind aber die obgenannten Möglichkeiten der Energiemessungen sofort sehr eingeschränkt und es bleibt wegen der absoluten Kleinheit der in Frage stehenden Energiemengen (von der Größenordnung 10^{-6} bis 10^{-3} cal/g) praktisch nur die Messung der durch die Strahlungen in Gasen verursachten Ionisation als Meßprinzip übrig.

b) Einheiten der Strahlendosis

α) *Ältere Einheiten*

Bei radioaktiven Stoffen muß offenbar die Energiemenge, welche durch deren Strahlung einem Körper (als Folge der Schwächungsvorgänge in demselben) zugeführt wird, bei definierten und konstanten äußeren Verhältnissen der Aktivität und der Einwirkungszeit proportional sein. Diese einfache Situation ist besonders dann gegeben, wenn die Aktivität M während der Einwirkungszeit t als unveränderlich angesehen werden darf, also bei Radioisotopen mit relativ zur Bestrahlungszeit sehr langer Lebensdauer. Es gilt dann der einfache Ansatz:

$$D \sim M \cdot t.$$

Auf dieser einfachen Konzeption sind die auch heute noch gelegentlich verwendeten „Dosisangaben" in *Millicuriestunden* mch und *Milligrammstunden* mgh (für Radiumelement) basiert. Der Aktivität von 1 mc (oder 1 mg Ra) entspricht in der Zeit von 1 h die Emission einer bestimmten Gesamtenergie von z. B. $3{,}7 \cdot 10^7 \cdot 3600 \cdot \overline{E}$ MeV, wenn $\overline{E}$ die mittlere β-Strahlenenergie in MeV bei einfachem β-Zerfall bedeutet.

Etwas komplizierter sind hierbei die Verhältnisse, wenn die Zerfallszeit des Radioisotops mit der Einwirkungszeit vergleichbar wird. Es ist dann offenbar die vorstehende Proportionalität nur noch für unendlich kleine Zeiten vorhanden, also

$$d D \sim M_{(t)} \cdot d t.$$

Ist $M_{(t)}$ durch die Zerfallsfunktion

$$M_{(t)} = M_0 \cdot e^{-\lambda t}$$

gegeben, wobei M_0 die Ausgangsaktivität (bei $t = 0$) bedeutet, so wird

$$d D \sim M_0 \cdot e^{-\lambda t}\, d t$$

und damit

$$D \sim \frac{M_0}{\lambda} (1 - e^{-\lambda t}) = M_0 \cdot \tau \cdot (1 - e^{-\lambda t}).$$

Wird die Bestrahlungszeit gegenüber der Zerfallszeit des Radioisotops sehr lang, so erfolgt ein vollständiger Zerfall des radioaktiven Stoffes und damit würde die Dosis proportional zu

$$D \sim \frac{M_0}{\lambda} = M_0 \cdot \tau.$$

Auf diesen Verhältnissen basieren die Dosisangaben in „*Millicurie detruit*" (mcd). Für die Emanation des Radiums Rn mit einer Halbwertszeit von 3,825 d = 92,4 h wird $\frac{1}{\lambda} = \tau = 133{,}9$ h. Es ist demnach für Radon und dessen γ-Strahlung die Äquivalenz

$$1 \text{ mcd} = 133{,}9 \text{ mgh}$$

zu Radiumelement vorhanden, weil die γ-Strahlung beider von denselben Zerfallsprodukten Ra B und Ra C herrührt.

Alle die vorstehenden Bestrahlungsangaben (in mch, mgh, mcd) sind *keine Dosisangaben* im Sinne einer sinnvollen Dosisdefinition. Damit sie mit derselben in einen konkreten Zusammenhang gebracht werden können, sind zusätzliche Bedingungen, wie die genaue Kenntnis der Anzahl und Energie der ausgesandten Partikel oder Photonen, der Natur des bestrahlten Systems und der genauen Geometrie des Systems der Bestrahlung erforderlich. Ist, wie z. B. bei der Intracavitärtherapie und der Spicktherapie mit Radium, die Geometrie des Systems durch allseitigen Einschluß der Präparate durch das zu bestrahlende Gewebe gegeben, und sind die verwendeten Präparate als solche nach Form, Größe und Filterung standardisiert, so lassen sich aus den obgenannten Bestrahlungsangaben im Verhältnis zum bestrahlten Volumen, also bei Kenntnis der Relationen mgh/cm^3 oder mcd/cm^3 konkrete Strahlendosen größenordnungsmäßig abschätzen. Dieses wesentlich auf Erfahrung und Tradition gegründete Vorgehen ist aber nur als relativ grobe Annäherung an eine wirkliche Dosisbestimmung zu betrachten.

β) *Das Röntgen: r*

An eine sinnvolle Einheit der Strahlendosis müssen mehrere und sehr verschiedene Anforderungen gestellt werden.

Zunächst soll die Einheit den im bestrahlten System *zurückgehaltenen* und damit potentiell allein *wirksamen* Strahlenanteil umfassen. Die Dosiseinheit muß demnach grundsätzlich durch die Strahlenschwächung definiert und am Orte der Strahlenwirkung erfaßt oder auf denselben ohne Änderung der in Frage stehenden Parameter übertragen werden können.

Ferner soll der konkrete Meßvorgang einer Strahlendosis seinem Wesen und seinem quantitativen Ausmaß nach und in den Elementarvorgängen grundsätzlich gleichartig sein wie die primäre Strahlenwirkung im Erfolgssystem, also im Organismus.

Weiter soll die Dosis praktisch ohne besondere Schwierigkeiten in der Einheit bestimmt resp. gemessen werden und auf Einheiten des absoluten Maßsystems zurückgeführt werden können. Schließlich soll die Dosiseinheit von der Strahlenqualität möglichst unabhängig, beliebig teilbar und multiplizierbar und von einer besonderen Meßapparatur vollständig unabhängig sein.

All diesen Forderungen entspricht für γ-Strahlen die erstmals 1928 international anerkannte Einheit *Röntgen* r. Ihre heutige Definition lautet:

„Das Röntgen (r) ist diejenige Menge von Röntgen- oder γ-Strahlen (bis 3 MeV Photonenenergie), welche in 0,001293 g Luft (1 cm^3 von NTP) durch die mit ihr verbundene Korpuskularemission so viele Ionen erzeugt, daß deren Ladung 1 ESE (cgs) beider Vorzeichen beträgt.“

Die Definition des Röntgens als Dosiseinheit für γ-Strahlen erfordert einige zusätzliche Erläuterungen. Zunächst ist sie auf die Ionisation der Luft gegründet; Meßkörper ist die atmosphärische Luft. Bei NTP sollen pro cm^3 durch die bei den Schwächungsvorgängen in derselben erzeugten Elektronen (Primärelektronen und zusätzlich alle durch deren Energieabbau verursachten Sekundärelektronen) Ionen mit einer Gesamtladung von 1 ESE jedes Vorzeichens gebildet werden. Sind die Ionen einwertig (was sicher zu über 99% der Fall ist), so entspricht dies offenbar $\frac{1}{4{,}803 \cdot 10^{-10}} = 2{,}08 \cdot 10^{9}$ Ionenpaaren/cm^3 Luft von NTP, entsprechend $1{,}610 \cdot 10^{12}$ Ionenpaaren/g Luft, also

$$1\ \mathrm{r} = 2{,}08 \cdot 10^{9}\ Ip/\mathrm{cm}^3\ \text{Luft (NTP)} = 1{,}610 \cdot 10^{12}\ Ip/\mathrm{g}\ \text{Luft.}$$

Es ist dabei nichts darüber ausgesagt, durch welche Einzelphänomene die (Primär- und Sekundär-) Elektronen gebildet werden, einzige Forderung ist, daß die durch dieselben erzeugten Ionen *vollständig* durch die Definitionsmessung erfaßt werden sollen, an sich gleichgültig durch welchen Meßvorgang. Dabei ist diese Ionenzahl offenbar das Äquivalent des dem cm^3 Luft aus der Strahlung übermittelten Energiebetrages. Eine derart gemessene Dosis entspricht damit dem vom Meßkörper (Luft) *aufgenommenen Energieanteil* und ist gegen die Qualität der Photonenstrahlung (Wellenlänge λ oder Photonenenergie $h\,\nu$) *vollständig invariant.* Ein weiterer wesentlicher Vorteil der Definition ist es, daß sie grundsätzlich durch einen relativ einfachen Meßvorgang mit hoher Genauigkeit realisiert werden kann.

Ionenzahlen in Gasen sind relativ leicht und dabei genau meßbar. Es ist einzig dafür zu sorgen, daß die durch die Strahlung gebildeten Ionen nicht teilweise vor der Messung durch *Rekombination* verlorengehen. Die elektrische Spannung an der *Ionisationskammer* muß so hoch gewählt werden, daß *Sättigung* vorliegt, d. h. daß alle gebildeten Ionen zu den Elektroden wandern (vgl. Abb. 43, S. 106). Schließlich müssen die Dimensionen der Kammer so groß gewählt werden, daß alle im Meßvolumen durch die Strahlung erzeugten Elektronen ihre volle Energie an die Luftmoleküle in der Kammer abgeben können, also die Kammerwand nicht erreichen, wo sie teilweise verlorengehen würden. Diese Forderungen können für nicht allzu hohe Photonenenergien sauber mit Hilfe der sogenannten *Faßkammer* (BEHNKEN, FRIEDRICH, HOLTHUSEN, FAILLA, KAYE, BINKS, TAYLOR, JÄGER u. a.) realisiert werden

Diese besondere Ionisationskammer ist in Abb. 50 schematisch wiedergegeben. Durch eine Blende tritt auf der linken Seite ein ausgeblendetes Strahlenbündel von meßbarem (etwa 1 cm^2) Querschnitt in die Kammer ein. Es durchläuft die ganze Kammer und tritt auf der rechten Seite wieder aus. Die Kammer hat an der Eintritts- und Austrittsstelle des Strahlenbündels zwei engere Ansätze, die dazu dienen, die Streustrahlung der Eintritts- und Austrittsblende unschädlich zu machen.

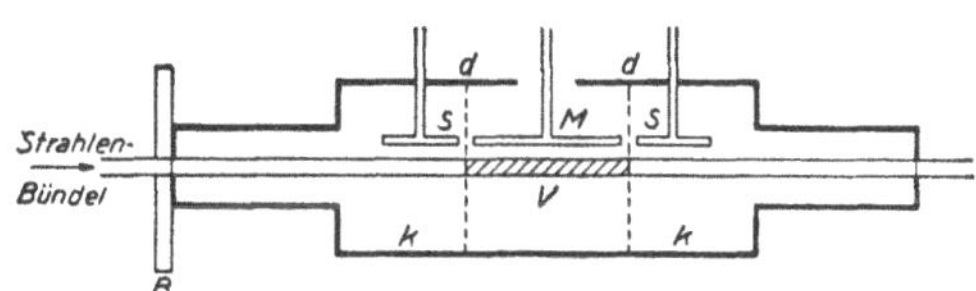

Abb. 50. Faßkammer zur Absolutmessung der Strahlendosis. Das Meßvolumen V wird begrenzt durch den Querschnitt des Strahlenbündels und die Schutzelektroden S, welche vor und hinter der Meßelektrode M anschließen

Die eigentliche Meßkammer ist ein zylindrisches Gefäß (daher die Bezeichnung Faßkammer), in welches drei Elektroden S, S, M eingeführt sind. Diese bestehen aus „luftäquivalentem" Material und sind möglichst fein gehalten. Die Meßelektrode M ist mit dem Meßsystem (z. B. Elektrometer) verbunden. Die Schutzelektroden S dienen zur Homogenisierung des elektrischen Feldes und zur Wegnahme von Ionen, die außerhalb des Meßvolumens gebildet worden sind. Sie sind an Erde $U = 0$ gelegt.

Das Meßvolumen V wird gebildet durch den Luftzylinder vom Querschnitt q und der Länge d, also

$$V = q\,d.$$

Im Volumen V wird die Strahlung durch die Luftschicht von der Dicke d gemäß dem Schwächungsgesetz von der Intensität I_0 bei Eintritt in das Volumen auf die Intensität I geschwächt, wobei sich I berechnet zu

$$I = I_0\, e^{-\mu d}.$$

Die Fraktion $I_0 - I = I_0\,(1 - e^{-(\mu - \sigma_s)d})$ ist dabei im Luftvolumen V zurückgehalten und in bewegte Elektronen umgewandelt worden. Die Elektronen ionisieren die Luft der Kammer und die Ionisation kann als Strom gemessen werden. Beträgt das Meßvolumen 1 cm^3 und ist mit Luft vom Normalzustand gefüllt und mißt man einen Strom von 1 ESE, so beträgt die Strahlendosis an diesem Punkte jede Sekunde 1 r.

In allen praktischen Fällen der Messung wird man einen beliebigen Strom J messen, das Volumen wird die Größe V haben und die Luft wird die Temperatur t^0 und den Barometerstand b haben. Die sekundliche Strahlendosis berechnet sich dann zu

$$I \sim \frac{J}{V} \cdot \frac{760}{b} \cdot \frac{273 + t}{273}.$$

Meßgeräte, die direkt den Ionisationsstrom angeben, messen also eigentlich nicht die Dosis, sondern die Dosis pro Sekunde, d. h. die *Dosisleistung*. Mißt man an Stelle der Stromstärke J die während der Zeit t durch den Strom J transportierte Elektrizitätsmenge $Q = J\,t$, so erhält man die Dosis während der Zeit t. Diese ist

$$D \sim \frac{Q}{V} \cdot \frac{760}{b} \cdot \frac{273 + t}{273}.$$

c) Elektronen- und Korpuskularstrahlen

Durch die außerordentliche Erweiterung der strahlenden Mittel hinsichtlich Qualitäten und Energien in den letzten Jahren mußten auch die Voraussetzungen und Mittel der Dosimetrie entsprechend erweitert, insbesondere auf sehr hohe Photonenenergien einerseits und auf Korpuskularstrahlungen andererseits ausgedehnt werden. Dabei mußte natürlich eine möglichste Einheitlichkeit der Definitionen und Begriffe und der meßtechnischen Realisierung derselben angestrebt werden. Es war deshalb zunächst zu untersuchen, ob die Einheit der Röntgen- und γ-Strahlendosis r auch für diese Strahlenbereiche und Qualitäten anwendbar und realisierbar sei.

Wenn das Röntgen (r) dargestellt wird durch die Bildung von $1{,}610 \cdot 10^{12}\, Ip/\mathrm{g}$ Luft (vgl. S. 132), so besteht dabei offenbar sofort die Möglichkeit, diese Dosis auf geläufige Einheiten der vom bestrahlten System aufgenommenen Energie umzurechnen. Einzige Voraussetzung ist dabei die Kenntnis des Energiebetrages W, der der Strahlung zur Erzeugung eines Ionenpaares entzogen wird.

Dieser Wert beträgt nach früher gemachten Angaben für γ-Strahlen (und Elektronen) (Tab. 13, S. 83) $W \triangleq 34 \pm 0{,}5\ \mathrm{eV}/Ip$.

Damit gilt offenbar

$$1\ \mathrm{r} = 1{,}610 \cdot 10^{12} \cdot W\ \mathrm{eV/g\ Luft} \triangleq 54{,}7 \cdot 10^{12}\ \mathrm{eV/g\ Luft}.$$

Weiter ist $1\ \mathrm{eV} = 1{,}6008 \cdot 10^{-12}$ erg und damit

$$1\ \mathrm{r} \triangleq 87{,}6\ \mathrm{erg/g\ Luft}.$$

Dies ist der Energiebetrag, welcher einem g Luft durch die γ-Strahlendosis von 1 r zugeführt wird.

Will man nun diesen Zahlenwert auf die Energieaufnahme eines anderen Stoffes (M) übertragen, so ist dies offenbar dann möglich, wenn die wirksamen Schwächungskoeffizienten dieses Stoffes $(\mu - \sigma_s)_M$ und der Luft $(\mu - \sigma_s)_L$ bekannt sind. Es gibt dann offenbar

$$E_M = 87{,}6 \cdot \frac{(\mu - \sigma_s)_M \cdot \rho_L}{(\mu - \sigma_s)_L \cdot \rho_M}\ \mathrm{erg/g\,r}.$$

wenn ρ_L und ρ_M die Dichten der Luft resp. des Mediums bedeuten.

Diese für γ- (und Röntgen-) Strahlen geltende Beziehung kann sofort verallgemeinert und damit auf Strahlungen beliebiger Natur und Energie übertragen werden. Diese Übertragung ist unter der Bezeichnung BRAGG-GRAY-Prinzip in die Literatur eingegangen. Dieses kann kurz wie folgt erläutert werden:

Befindet sich in einem gegen die Reichweite der Korpuskeln (primäre oder sekundäre Elektronen, α-Strahlen, primäre oder sekundäre Protonen, Deuteronen, Kerntrümmer) allseitig großen Medium beliebiger Art ein (gegen die Reichweite der Korpuskeln in Luft) kleines Luftvolumen und wird das Medium in der Umgebung dieses Luftvolumens homogen, d. h. überall mit derselben Intensität durchstrahlt, so beeinflußt das Luftvolumen die homogene Verteilung der Korpuskeln im Medium nicht. Im Luftvolumen werden pro Masseeinheit J_L Luftionen erzeugt, wofür pro Ionenpaar die Energie W der Strahlung entzogen wird. Es ist damit die der Masseeinheit Luft zugeführte Energie $E_L = J_L \cdot W$. Hieraus folgt, daß die der Masseeinheit des Mediums zugeführte Energie E_M durch eine Ionisationsmessung im Luftvolumen bestimmt werden kann nach

$$E_M = \frac{S_M}{S_L} J_L \cdot W,$$

wenn das Verhältnis des *Massebremsvermögens* (mass stopping power) im Medium S_M zu demjenigen in Luft S_L und die Größe W bekannt sind. Damit wird die Übertragung der Ionisationsmessung in Luft auf die Energieaufnahme in einem beliebigen Medium möglich. Das Verhältnis S_M/S_L ist in hohem Maße von der Natur des bestrahlten Stoffes, in etwas geringerem Maße von der Energie und Natur der Strahlung abhängig. Tab. 19 gibt einige Zahlenwerte für Elektronen wieder:

Tabelle 19. Relatives Massebremsvermögen für Elektronen verschiedener Energie. Luft = 1,000

Element	Z	0,01 MeV	0,1 MeV	1 MeV	5 MeV	10 MeV	20 MeV
H	1	2,744	2,520	2,391	2,317	2,292	2,270
He	2	1,248	1,174	1,132	1,108	1,099	1,093
C	6	1,035	1,025	1,019	1,015	1,015	1,014
N	7	1,005	1,004	1,003	1,002	1,002	1,001
O	8	0,980	0,986	0,990	0,992	0,993	0,994
Al	13	0,853	0,887	0,906	0,916	0,920	0,924
Ca	20	0,798	0,859	0,893	0,911	0,918	0,925
Cu	29	0,665	0,740	0,782	0,805	0,814	0,822
Ag	47	0,552	0,648	0,703	0,732	0,743	0,753
W	74	0,439	0,549	0,611	0,646	0,658	0,670
Pb	82	0,415	0,528	0,592	0,627	0,640	0,652
U	92	0,388	0,504	0,570	0,605	0,618	0,630

Offensichtlich ist die bei weitem wichtigste einfache Substanz des Erfolgssystems der meisten Bestrahlungen das *Wasser*. Dies gilt besonders auch für die Bestrahlung lebender Gewebe. Einzig das Fettgewebe und das Knochensystem zeigen gegenüber Wasser ins Gewicht fallende Abweichungen ihrer für die Strahlenschwächung wesentlichen Eigenschaften, wie Tab. 20 zeigt.

Tabelle 20

Stoff	ρ	Z_{eff}	n: Zahl der Elektronen/g
Luft	0,001293	7,64	$3{,}03 \cdot 10^{23}$
Wasser	1,000	7,42	$3{,}34 \cdot 10^{23}$
Muskel	1,01	7,42	$3{,}36 \cdot 10^{23}$
Subkutanes Fett	0,91	5,92	$3{,}48 \cdot 10^{23}$
Knochengewebe	1,85	13,8	$3{,}00 \cdot 10^{23}$

Rechnet man nach den Elektronenzahlen die Energieaufnahme pro r und pro g von Luft auf diejenige von Wasser um, so gilt für das Gebiet der γ-Strahlen $0{,}1 < E < 4$ MeV die einfache Beziehung

$$E_{H_2O} \mathrel{\hat{=}} E_L \cdot \frac{n_{H_2O}}{n_L} \mathrel{\hat{=}} 96{,}6 \text{ erg/g r.}$$

Bei Photonen sehr hoher Energie, insbesondere aber bei Elektronen und Korpuskularstrahlen (α-Strahlen, Neutronen, Protonen, Deuteronen), hat man wegen der schwierigen Formulierung der quantitativen Schwächungsverhältnisse in verschiedenen Medien absichtlich auf den vorstehenden Zusammenhang der Dosiseinheit mit der in Luft verursachten Ionenzahl verzichtet und für diese Strahlungen eine allgemein gültige neue Einheit geschaffen und definiert, das „*rad*". Die Definition (1953) lautet: „Die absorbierte Dosis ist definiert als der der Masseeinheit am interessierenden Ort zugeführte Energiebetrag. Sie wird in ‚*rad*' ausgedrückt. Das rad ist die Einheit der absorbierten Dosis und entspricht 100 erg/g."

Diese Definition ist von irgendwelchen einschränkenden Verhältnissen der Strahlenschwächung oder der Prinzipien oder Methoden der Messung vollständig unabhängig und gilt deshalb für alle Strahlungen und alle Energien, also auch für Röntgen- und γ-Strahlen (bis 3 MeV), für welche das „Röntgen" r als Dosiseinheit angenommen ist. Nach den vorstehend gemachten Überlegungen gilt hier für alle Bestrahlungen, bei denen Wasser der die Strahlenenergie aufnehmende Körper ist:

$$1 \text{ r} \mathrel{\hat{=}} 0{,}966 \text{ rad}$$

resp. insbesondere für therapeutische Bestrahlungen die meist genügende Approximation

$$1 \text{ r} \mathrel{\hat{\approx}} 1 \text{ rad.}$$

Damit ist der Zusammenhang zwischen der (praktisch meßbaren) Einheit der Röntgen- und γ-Strahlendosis r und der (ohne Bedingungen definierten) Einheit der absorbierten Dosis hergestellt, wobei noch der Vorteil vorliegt, daß die beiden innerhalb praktisch irrelevanter Genauigkeitsgrenzen gleich sind.

d) Relative biologische Wirksamkeit; das „rem“

Wenn es auch nicht in den Umfang dieses Buches fallen soll, Strahlenwirkungen auf biologische Systeme eingehender darzustellen, so müssen hier trotzdem einige entsprechende Bemerkungen gemacht werden. Im Hinblick auf die therapeutischen Anwendungen von Strahlungen verschiedener Natur und Energie ist es selbstverständlich von grundsätzlicher Bedeutung, abzuklären, ob gleiche Dosen verschiedener Strahlungen gleiche oder aber verschiedene Wirkungen verursachen. Im ersteren Fall wäre mit der Dosisdefinition grundsätzlich auch die Frage nach dem Ausmaß der Wirkungen beantwortet, im letzteren müßte die Dosis noch mit einem mit der Strahlenqualität variablen Faktor multipliziert werden, um über die Wirkungen quantitative Aussagen machen zu können.

Wie das sehr reiche experimentelle Material der quantitativen *Strahlenbiologie* gezeigt hat, sind für beide Möglichkeiten zahlreiche Beobachtungen vorhanden. Innerhalb weiter Grenzen der Energie von Photonen- und Elektronenstrahlungen sind die biologischen Wirkungen *von der Energie unabhängig.* Mit Sicherheit liegen die Grenzen dieser Unabhängigkeit bei Photonen mindestens so weit, wie diejenigen der Anwendbarkeit des Röntgens als Dosiseinheit. Sicher ist auch bei β-Strahlen der radioaktiven Stoffe, mit Ausnahme der extrem energiearmen des Tritiums, keine Energieabhängigkeit der biologischen Wirkungen beobachtet. Demgegenüber besteht aber kein Zweifel über sehr erhebliche Wirkungsunterschiede zwischen Photonenstrahlen und Elektronen einerseits und schweren Korpuskularstrahlen andererseits. Für die letzteren muß deshalb ein Umrechnungsfaktor für die biologische Wirkung in Rechnung gestellt werden. Diese Faktorzahl heißt *„relative biologische Wirksamkeit“* (RBW) und gibt den Quotienten an, mit welchem eine bestimmte Dosis in rad dividiert werden müßte, um für verschiedene Strahlungen dieselbe Wirkung zu erhalten.

Man kann nun diese *gleiche Wirkung* verschiedener Strahlenarten und Energien zum Ausgangspunkt der Betrachtung machen und für sie ein Symbol der Dosis einführen und als *„rem“* (Röntgen equivalent man) diejenige Dosis einer Strahlung beliebiger Natur und Energie bezeichnen, welche „dieselbe Wirkung verursacht wie 1 r Röntgenstrahlen von 250 kV Erzeugungsspannung und konventioneller Filterung“. Es muß dann die Beziehung gelten:

$$\text{Anzahl rem} = \text{Anzahl rad} \cdot \text{RBW}.$$

Die derzeit geltenden (mit erheblicher Variationsbreite belasteten) Zahlenwerte der RBW sind in Tab. 21 zusammengestellt.

Tabelle 21. Zahlenwerte der relativen biologischen Wirksamkeit

Strahlung	Spezifische Energieabgabe in keV/μ H_2O	RBW	1 rad = rem
Röntgen- und γ-Strahlen	< 3,5	1	1
β-Strahlen	< 3,5	1	1
Protonen, Neutronen bis 10 MeV	10—100	10	10
α-Strahlen	100—200	10	10
Kernspaltstücke	1000	20	20

2. Zusammenhang zwischen Aktivität und Strahlendosis

a) Einheit der Radioaktivität

Nach den in Abschnitt I, 4 (S. 30ff.) behandelten Gesetzmäßigkeiten ist die Zerfallsgeschwindigkeit eines radioaktiven Stoffes gegeben durch die Gleichung

$$\frac{dN}{dt} = -\lambda N,$$

welche die in der Zeiteinheit von 1 s zerfallende Anzahl radioaktiver Atome angibt. Da die Zahl der pro s emittierten α- oder β-Strahlen der Zahl der zerfallenden Atome entspricht oder (wie bei der γ-Strahlung) hierzu in einem konstanten und festen Verhältnis steht, ist durch die obige Beziehung offenbar auch die pro Zeiteinheit vom radioaktiven Stoff (in Form von Strahlungen) abgegebene Energie, seine „*Aktivität*" festgelegt. Einer bestimmten Anzahl zerfallender Atome eines bestimmten radioaktiven Stoffes entspricht eine bestimmte Zahl emittierter α- oder β-Strahlen und bei kompliziertem Zerfallsschema auch eine bestimmte (im allgemeinen Fall andere) Anzahl γ-Quanten. In Anlehnung an die Zerfallsgeschwindigkeit der mit 1 g Radiumelement im Gleichgewicht stehenden Radonmenge (vgl. S. 116) definiert man auf diesen Voraussetzungen (1953) die *Einheit der Radioaktivität*:

„Das *Curie* (c) ist die Einheit der Radioaktivität. Es wird dargestellt durch diejenige Menge eines Radionuclids, in der die Zahl der Zerfallsvorgänge $3{,}700 \cdot 10^{10}$ pro Sekunde ($3{,}7 \cdot 10^{10}$ *Zv*/s) beträgt."

Die Einheit der Radioaktivität nimmt also bewußt zunächst keine Rücksicht auf die absolute Menge (in g) des radioaktiven Stoffes, sondern nur auf die Zahl der Zerfallsvorgänge. Es ist dies auch die Bezugsgröße, die für irgendwelche Wirkungen der Strahlungen in Frage steht. Um die Gewichtsmenge aus der Aktivitätseinheit zu berechnen, dient die vorstehende Zerfallsgleichung. Setzt man

$$\lambda \cdot N = 3{,}7 \cdot 10^{10}\ Zv/\mathrm{s},$$

so ergibt sich offenbar die einem Curie entsprechende Anzahl Atome zu $N = \frac{3{,}7 \cdot 10^{10}}{\lambda}$ und die entsprechende absolute Menge (Masse) in g zu

$$1\,\text{c} = \frac{3{,}7 \cdot 10^{10} \cdot A}{6{,}025 \cdot 10^{23} \cdot \lambda}\ \text{g}.$$

Dabei bedeuten A das Atomgewicht und λ die Zerfallskonstante in s^{-1}. Definitionsgemäß muß für Radiumelement $1\,\text{c} \mathrel{\hat{=}} 1\,\text{g}$ gelten, also:

$$1\,\text{c}\,\text{Ra} = \frac{3{,}7 \cdot 10^{10} \cdot 226}{6{,}025 \cdot 10^{23} \cdot 1{,}39 \cdot 10^{-11}} = 1\,\text{g}.$$

In Tab. 22 sind die absoluten Massen, welche 1 c verschiedener Radionuclide entsprechen, zusammengestellt.

Tabelle 22

Nuclid	A	λ in s^{-1}	Masse in g/c
^{24}Na	24	$1{,}28 \cdot 10^{-5}$	$1{,}16 \cdot 10^{-7}$
^{59}Fe	59	$1{,}78 \cdot 10^{-7}$	$2{,}03 \cdot 10^{-5}$
^{60}Co	60	$3{,}51 \cdot 10^{-9}$	$8{,}81 \cdot 10^{-4}$
^{90}Sr	90	$7{,}88 \cdot 10^{-10}$	$7{,}05 \cdot 10^{-3}$
^{131}J	131	$9{,}88 \cdot 10^{-7}$	$8{,}15 \cdot 10^{-6}$
^{137}Cs	137	$6{,}56 \cdot 10^{-10}$	$1{,}28 \cdot 10^{-2}$
^{192}Jr	192	$1{,}06 \cdot 10^{-7}$	$1{,}11 \cdot 10^{-4}$
^{198}Au	198	$2{,}98 \cdot 10^{-6}$	$4{,}09 \cdot 10^{-6}$
^{226}Ra	226	$1{,}39 \cdot 10^{-11}$	1,00
^{238}U	238	$4{,}91 \cdot 10^{-18}$	$2{,}98 \cdot 10^{6}$

Die praktisch wichtigste Aktivitätseinheit ist das Millicurie 1 mc = $= 10^{-3}$ c $= 3{,}7 \cdot 10^{7}$ *Zv*/s. Weitere verwendete Einheiten sind das $\mu\text{c} = 10^{-6}$ c, das $\mu\mu\text{c} = 10^{-12}$ c und für sehr große Aktivitäten das $\text{kc} = 10^{3}$ c und das $\text{Mc} = 10^{6}$ c.

b) Grundlagen der Dosisberechnung bei α-strahlenden Nucliden

Für radioaktive Stoffe, die α-Strahlen emittieren, besonders für natürliche Radioelemente, ist eine Dosisangabe nur sinnvoll, wenn das Isotop im *Inneren* des in Frage stehenden Systems verteilt ist. Die Reichweiten der α-Strahlung sind in kondensierter Materie so gering (vgl. S. 78), daß eine Bestrahlung von außen nur für Wirkungen der obersten Hautschicht in Betracht gezogen werden muß.

Befindet sich ein α-strahlendes Isotop von der Gesamtaktivität M mc in einem Körper mit dem Volumen V cm^3 homogen verteilt, so beträgt seine spezifische Aktivität (seine Dichte) $\rho = \frac{M}{V}$ mc/cm^3. Hat die

α-Strahlung die Partikelenergie E MeV, so ist die an die Volumeneinheit und damit für weiches Gewebe auch an die Masseeinheit desselben pro Stunde abgegebene Energie gegeben durch:

$$E = 3600 \cdot 3{,}7 \cdot 10^7 \cdot \rho \cdot E \text{ MeV/g}.$$

Beträgt die spezifische Aktivität 1 mc/cm³, so wird hierdurch die pro Stunde absorbierte Dosisleistung (1 MeV = $1{,}6008 \cdot 10^{-6}$ erg)

$$K_\alpha = \frac{13{,}32 \cdot 10^{10} \cdot E \cdot 1{,}6008 \cdot 10^{-6}}{100} = 2130 \cdot E \text{ rad} \cdot \text{cm}^3/\text{mch}.$$

Es ist dabei die (tatsächlich realisierte) Vereinfachung angenommen worden, daß alle in der Masseeinheit (Volumeneinheit) des Gewebes emittierten α-Strahlen auch innerhalb derselben vollständig absorbiert werden. Dies gilt nicht mehr streng, wenn die Dimensionen des den α-strahlenden Stoff enthaltenden Körpers von derselben Größenordnung werden (30 bis 60 μ) wie die Reichweite der α-Strahlen in demselben (z. B. einzelne Zellen). Hier müßten Korrekturen für die nach außen austretende α-Strahlung vorgenommen werden. Sicher gilt die obige einfache Betrachtung für alle Körper beliebiger Ausdehnung mit Ausnahme einer „äußeren Rinde" von der Dicke der Reichweite der α-Strahlung. Für die Abschätzung der biologischen Wirkung müßten die so in rad ermittelten Dosen noch mit dem RBW-Faktor (10) multipliziert werden.

c) Grundlagen der Dosisberechnung bei β-strahlenden Nucliden

Bei β-strahlenden Stoffen sind die Verhältnisse für die Dosisberechnung einer allseitig absorbierten Strahlung grundsätzlich gleich wie die für α-strahlende Stoffe angegebenen. Ist in einem Körper vom spezifischen Gewicht 1 ein β-strahlendes Isotop von der spezifischen Aktivität $\rho = \frac{M}{V}$ homogen verteilt, so beträgt die pro Stunde absorbierte Dosisleistung für alle Bereiche mit Ausnahme der äußeren Rinde von der Dicke der Reichweite der β-Strahlung bei einer spezifischen Aktivität von 1 mc/g Gewebe:

$$K_\beta = 2130 \cdot \Sigma\, p_i \cdot \bar{E}_i \text{ rad} \cdot \text{g/mch}.$$

Dabei ist in der vorstehenden Formel zwei Komplikationen Rechnung getragen. Für die β-Strahlung ist als Energie der Partikel die mittlere Energie $\bar{E}$ (vgl. S. 25) einzusetzen. Weiter ist bei kompliziertem Zerfallsschema, also bei teilweisem β-Zerfall auf Zwischenniveaus des Folgekernes die gesamte β-Strahlung aus verschiedenen Anteilen p_i zusammengesetzt, denen jedem die mittlere Energie $\bar{E}_i$ zukommt. Dabei muß natürlich $\Sigma\, p_i = 1$ sein, was bedeutet, daß pro mc insgesamt $3{,}7 \cdot 10^7$ β-Strahlen, verteilt (nach den Anteilen p_i) auf die verschiedenen β-Zerfallsübergänge emittiert werden. Für ein Isotop mit nur einem β-Übergang vereinfacht sich die obige Formel, weil hier natürlich $\Sigma\, p_i \cdot \overline{E}_i = \overline{E}$ sein muß. Will man von der so berechneten Dosisleistung auf die total absorbierte Dosis übergehen, so sind die ermittelten Zahlenwerte noch mit der *mittleren biologischen Verweilszeit* ϑ in Stunden zu multiplizieren. Diese Zahlengröße von der Dimension einer Zeit setzt sich aus der mittleren radioaktiven Lebensdauer τ und den Zeitfunktionen des physiologischen Einbaues und Ausbaues des Radioisotopes im in Frage stehenden Organ zusammen (vgl. S. 228ff.).

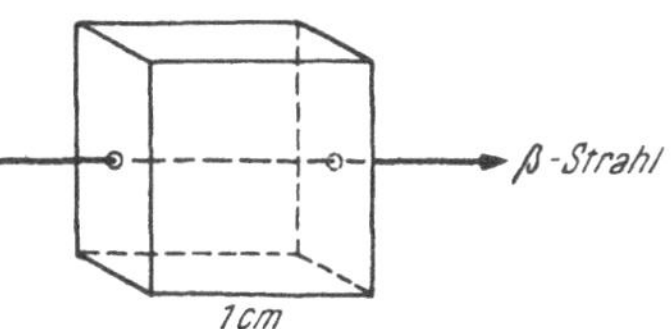

Abb. 51. Zur Berechnung der β-Strahlendosis bei Bestrahlung „von außen". Vgl. Text

Die Verhältnisse der Dosisberechnung bei Bestrahlungen mit β-Strahlen „von außen" sind erheblich komplizierter, aber heutzutage von hoher praktischer Bedeutung. Sie sollen an Hand der schematischen Abb. 51 stark vereinfacht abgeleitet werden. Durchläuft ein β-Strahl einen cm^3 Luft auf geradlinigem Wege, so wird er in demselben S Ionenpaare erzeugen, wenn S die *spezifische Ionisation* (Anzahl Ip/cm Bahnlänge) bedeutet. Wird ihm pro Ionenpaar dabei die Energie $W = 34$ eV entzogen, so beträgt die spezifische Energieabgabe pro cm Bahnlänge offenbar $E_s = S \cdot W$ eV/cm. Ist der β-*Strahlenfluß* so groß, daß im Mittel pro s ein β-Strahl die Vorderfläche des angenommenen Luftvolumens von 1 cm^3 durchdringt, beträgt also der Fluß $\Phi = 1$ β-Str./$cm^2 \cdot$ s, so wird dabei dem cm^3 Luft pro s die Energie von $S \cdot W$ eV/$cm^3 \cdot$ s zugeführt. Wäre nun die Luft so komprimiert, daß ihre Dichte 1 g/cm^3 betragen würde, so wäre die Energieabgabe pro g Luft $\frac{S.\,W.}{0{,}001293}$ eV/g s $\mathrel{\hat{=}} 4{,}20 \cdot 10^{-8}\, S$ erg/g s.

Da nun definitionsgemäß gilt: 1 rad = 100 erg/g, so entspricht die obige Energieabgabe der Dosisleistung von $4{,}20 \cdot 10^{-10} \cdot S$ rad/s.

Damit sind für die Dosisleistung von 1 rad/s in Luft erforderlich:

$$1\ \text{rad/s} = \frac{2{,}38 \cdot 10^9}{S}\ \beta\text{-Str./cm}^2\ \text{s},$$

und es gilt somit für Luft die Beziehung

$$1\ \text{rad} = \frac{2{,}38 \cdot 10^9}{S}\ \beta\text{-Str./cm}^2.$$

Dieser Zusammenhang darf noch erweitert werden, wobei allerdings dieser Erweiterung für die praktische Dosisberechnung zunächst besonders formales Interesse zukommt.

Wie schon angeführt, werden durch ein β-strahlendes Nuclid pro mc und s $3{,}7 \cdot 10^7$ β-Strahlen ausgesandt. Wird die β-Strahlenquelle als punktförmig angenommen, so beträgt der β-Strahlenfluß in 1 cm Abstand von derselben durch jeden cm^2 im leeren Raum

$$\Phi = \frac{3{,}7 \cdot 10^7}{4\,\pi} = 2{,}95 \cdot 10^6 \text{ β-Str./mc cm}^2\text{ s.}$$

Die absorbierte β-Strahlendosis in 1 cm Abstand von einem punktförmigen β-Strahler von der Aktivität von 1 mc beträgt somit

$$K_\beta = \frac{2{,}95 \cdot 10^6 \cdot S}{2{,}38 \cdot 10^9} = 1{,}24 \cdot 10^{-3} \cdot S \text{ rad/mc s,}$$

resp. umgerechnet auf die Dosisleistung pro Stunde

$$K_\beta = 4{,}46 \cdot S \text{ rad/mch.}$$

Die absorbierte Dosis (Luft) wird demnach besonders bestimmt durch die zahlenmäßige Größe der spezifischen Ionisation S, und diese selber ist in hohem Maße abhängig von der Energie der β-Strahlung. In Abb. 35, S. 75, ist die spezifische Ionisation von β-Strahlen in Abhängigkeit von der Maximalenergie E_0 dargestellt worden. Wie der Figur entnommen werden darf, variiert der Zahlenwert von S innerhalb etwa 2000 bis 70 Ip/cm. Im praktischen Energiegebiet zwischen etwa 0,3 und 3 MeV umfaßt die Variation von S etwa einen Faktor von 3.

d) Dosis und Aktivität bei γ-Strahlen; die Dosiskonstante

α) *Definition und Berechnung der Dosiskonstante*

Für γ-Strahlen (bis 3 MeV Photonenenergie) ist die Dosiseinheit das Röntgen r. Damit sind die Berechnungsgrundlagen hier wesentlich einfacher und von allgemeiner Gültigkeit. Deshalb soll die Berechnung auch etwas eingehender und ausführlicher durchgeführt werden (EVE 1911, SCHULZE, MINDER 1937).

Befindet sich im homogenen Raum eine punktförmige γ-Strahlenquelle von der Aktivität M, so beträgt die Strahlendosis im Abstand r cm von derselben in der Zeit t

$$D = K \cdot M \cdot t \cdot \frac{e^{-\mu r}}{r^2},$$

wenn μ den wirksamen Schwächungskoeffizienten der Strahlung ($\mu - \sigma_s$) im Medium des homogenen Raumes darstellt.

Für den Abstand $r = 1$ cm, die Aktivität $M = 1$ mc und den leeren Raum ($\mu = 0$) wird die obige Beziehung für die Einheitszeit $t = 1$ zu

$$D = K.$$

Diese für einen bestimmten Stoff konstante Größe K (ausgedrückt in Röntgen pro Millicuriestunde: r/mch· in 1 cm) heißt *Dosiskonstante* (MINDER 1937). Dieselbe ist aus den Strahlungseigenschaften des Radioisotops und den Schwächungsverhältnissen der γ-Strahlung in Luft berechenbar.

Von der Einheitsmenge 1 mc zerfallen pro s $3{,}7 \cdot 10^7$ Atome. Im Mittel werden pro Zerfall p_i Strahlenquanten der Energie E_i emittiert. Dieselben werden in 1 cm Luft (Definitions- und Meßkörper) zum Teil zurückgehalten und in ionisierende Elektronen umgewandelt mit einem (effektiven) Schwächungskoeffizienten $(\mu - \sigma_s)_i$, da der Streuphotonenanteil (σ_s) für die Energieabgabe keinen Beitrag liefert. Durch die Einheitsfläche in 1 cm Abstand (vom strahlenden Punkt) geht nur der Anteil $\frac{1}{4\pi}$ Strahlenquanten. Schließlich werden pro Röntgen (r) im cm³ Luft $2{,}08 \cdot 10^9$ Ionenpaare gebildet, wobei für jedes derselben im Mittel die Energie $W = 34$ eV verbraucht wird. Unter diesen Voraussetzungen berechnet sich die Dosiskonstante zu (MARINELLI, QUIMBY und HINE 1948; MINDER 1953):

$$K = \frac{3{,}7 \cdot 10^7 \cdot 3600 \cdot \Sigma\, p_i \cdot E_i \cdot (\mu - \sigma_s)_i}{4\,\pi \cdot 2{,}08 \cdot 10^9 \cdot 3{,}4 \cdot 10^{-5}} \text{ r cm}^2/\text{mch}.$$

$3{,}7 \cdot 10^7$: Zahl der Zerfallsvorgänge pro mcs
3600: s pro h
$2{,}08 \cdot 10^9$: Anzahl Ionenpaare pro ESE
$3{,}4 \cdot 10^{-5}$: Energieverbrauch W pro Ionenpaar in MeV
$4\,\pi$: Oberfläche der Einheitskugel
p_i: Anzahl der Quanten der Energie E_i pro Zerfall
E_i: Energie der Strahlung in MeV
$(\mu - \sigma_s)_i$: Effektiver Schwächungskoeffizient der Strahlung der Energie E_i in Luft.

Bei Umrechnung der Konstanten wird die obige Beziehung vereinfacht zu

$$K = 1{,}5 \cdot 10^5\, \Sigma\, p_i.\; E_i \cdot (\mu - \sigma_s)_i \text{ r cm}^2/\text{mch}.$$

Im Qualitätsgebiet zwischen etwa 0,5 und 1,5 MeV zeigt der effektive Schwächungskoeffizient $(\mu - \sigma_s)$ nur eine geringe Energieabhängigkeit, so daß er hier als annähernd konstant $(\mu - \sigma_s) \approx 3{,}6 \cdot 10^{-5}$ cm⁻¹ (Luft) angesehen werden darf. Damit läßt sich für dieses (einen großen Teil der tatsächlichen γ-Strahlen umfassende) Qualitätsgebiet gelegentlich auch die Approximation verwenden

$$K \approx 5{,}5 \cdot E \text{ r cm}^2/\text{mch} : 0{,}5 < E < 1{,}5 \text{ MeV}.$$

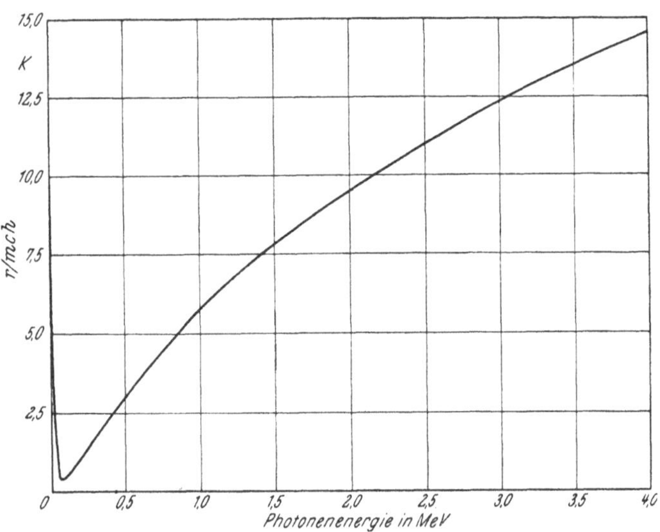

Abb. 52. Verlauf der Dosiskonstante K in r/mch in 1 cm in Abhängigkeit von der Photonenenergie für 1 γ-Quant pro Zerfall (3,7 . 10^7 Quanten pro mcs)

In Abb. 52 sind die Werte der Dosiskonstante in r/mch für 1 γ-Quant pro Zerfallsvorgang in Abhängigkeit von der Energie wiedergegeben.

β) *Messung der Dosiskonstante*

Seit der allgemeinen Annahme des „Röntgens" r als Einheit der Strahlendosis (1928) sind sehr zahlreiche Versuche unternommen worden, dieselbe auch auf γ-Strahlen zu übertragen. Das Ergebnis war die Erweiterung der Definition auf Strahlungen bis 3 MeV Photonenenergie, also auf praktisch alle γ-Strahlen radioaktiver Stoffe (1950). Theoretisch wäre eine solche Erweiterung aber nur wirklich zulässig, wenn eine der Definition entsprechende *Absolutmessung* durchgeführt werden könnte. Das ist aber ohne Zuhilfenahme zusätzlicher Voraussetzungen bisher nicht möglich gewesen.

Die Aufgabe einer Absolutmessung der γ-Strahlung radioaktiver Stoffe besteht in der möglichst voraussetzungslosen Bestimmung der Dosiskonstante. Hierzu ist zunächst die möglichst genaue Kenntnis der Aktivität (Menge) M des verwendeten radioaktiven Präparates erforderlich. Für geschlossene Radiumpräparate ist dieselbe häufig mit hinreichender Genauigkeit bekannt und wird meist durch einen Vergleich der γ-Strahlung mit den von M. CURIE einerseits und HÖNIGSCHMID andererseits hergestellten und durch Präzisionswägungen bestimmten internationalen Standardpräparaten gemessen. Kürzlich sind diese Standards vom US. National Bureau of Standards erneut nach verschiedenen Methoden miteinander verglichen worden, wobei die Resultate der Tab. 23 erhalten wurden. Die Abweichungen sind durchwegs kleiner als 1 $^0/_{00}$ und erlauben damit eine fast beliebig genaue Aktivitätsbestimmung.

Tabelle 23. Vergleich der Massen in mg der von HÖNIGSCHMID hergestellten drei Radiumstandardpräparate (US. N.B.S.)

Standard	A	B	C
Wägung	38,23	15,60	20,45
Standard-Elektroskop N.B.S.	38,227	15,611	20,446
Messung mit Geigerzähler	38,235	15,598	20,443
Szintillationszähler	38,235	15,595	20,444
Kompensationsmessung („Strahlenwaage“)	38,235	15,608	20,435

Viel größere Schwierigkeiten resultieren aus den weiteren Bedingungen einer definitionsgemäßen Absolutmessung. Diese erfordert das quantitative Erfassen der mit der γ-Strahlung „verbundenen Korpuskularemission“, also aller durch die Schwächungsvorgänge gebildeten Primär- und Sekundärelektronen. Diese haben aber bei γ-Strahlen in Luft Reichweiten bis zu etwa 6 m, im Mittel etwa 3 m. Eine der Definition entsprechende *Faßkammer* müßte damit einen entsprechenden Radius aufweisen und gleichzeitig die Gewähr dafür bieten, daß alle durch die Elektronen erzeugten Ionen zur Messung herangezogen werden könnten. Diese Bedingungen sind für Normaldruck nicht zu realisieren.

Tabelle 24

Autor	K = r/mgh in 1 cm
BRUZAU	6,7
FAILLA und HENSHAW	1,96
MAYNEORD	3,06
KAYE und BINKS	7—8

Trotz diesen Schwierigkeiten hat es nicht an entsprechenden Versuchen gefehlt. Die auf diese Weise gefundenen Werte der Dosiskonstante K sind in Tab. 24 wiedergegeben. Nur die Werte von BRUZAU und KAYE und BINKS liegen in der richtigen Größenordnung. Besonders der Messung der letztgenannten Autoren kommt eine erhöhte Bedeutung zu, weil dabei die Elektronenreichweiten und die zur vollständigen Ionentrennung erforderlichen Sättigungsspannungen eine gründliche Bearbeitung erfahren haben.

Das naheliegendste Verfahren, eine Faßkammer den Erfordernissen der sehr hohen Elektronenreichweite anzupassen, besteht offenbar in der Erhöhung des Luftdruckes und damit in der entsprechenden Verringerung der Reichweiten. Solche Druckkammern sind von FAILLA, TAYLOR, FRIEDRICH, SCHULZE und HENSCHKE gebaut und verwendet worden. Als Beispiel ist diejenige von FRIEDRICH, SCHULZE und HENSCHKE im Schema der Abb. 57, S. 150, wiedergegeben. Die dabei erzielten Ergebnisse haben die folgende Theorie der Messung energiereicher Photonenstrahlungen vollauf bestätigt.

γ) *Das Luftäquivalenzprinzip*

Man denke sich zunächst in einem Gedankenexperiment ein kleines Meßvolumen (z. B. 1 cm^3 Luft) allseitig mit einem Luftmantel umgeben, dessen Dicke größer ist als die Reichweite aller durch die γ-Strahlung in Luft verursachten Elektronen. Wird dieses System durch γ-Strahlen bestrahlt, so setzt sich die im Meßvolumen gemessene Ionisation aus verschiedenen Anteilen zusammen:

1. Im Meßvolumen selbst werden durch Elektronen, die dort durch den Absorptions- oder Streuprozeß entstehen, Ionen gebildet.

2. Absorptions- oder Streuelektronen, die in Luft außerhalb des Meßvolumens gebildet werden, durchlaufen auf ihrer Reichweite das Meßvolumen ganz oder teilweise und geben hier zur Bildung von Ionen Anlaß.

3. Ein geringer Prozentsatz der Ionen im Meßvolumen entsteht durch die γ-Strahlung direkt aus den Molekülen, denen beim Absorptions- oder Streuvorgang ein Elektron entrissen wurde.

Die Summe dieser drei Anteile ist bei einer primären γ-Strahlung bestimmter Intensität und bestimmter Energie gegeben und konstant. Sie soll bei Normalzustand pro Kubikzentimeter einen Sättigungsstrom von 1 ESE bewirken. Dann beträgt die Dosisleistung 1 r pro Sekunde.

Denkt man sich jetzt den Luftraum um das Meßvolumen V herum, der zur Ionisation auf Grund der Reichweite der Elektronen noch einen Beitrag liefert, komprimiert, wobei im Meßvolumen selbst der Normalzustand erhalten bleibe, so ändert sich dadurch die gemessene Ionisation nicht. Bei sehr hoher Kompression (etwa 1:1000) ist dann aber das Meßvolumen durch eine *reelle Wand* umgeben, und die Ionisation hat dabei dieselbe Größe, wie wenn keine Wand, sondern allseitig genügend freie Luft vorhanden wäre. Man nennt eine solche Kammerwand *luftäquivalent.*

Dieses *Prinzip der Luftäquivalenz* ist von KOHLRAUSCH und SCHRÖDINGER durch qualitative Rechnungen behandelt worden. Deren Resultate sollen hier angeführt werden.

Das Meßvolumen V werde durch eine γ-Strahlung homogen durchstrahlt, derart, daß jedes Volumenelement dV in der Zeiteinheit dieselbe

Strahlenmenge erhält. Ist das Meßvolumen durch eine Wand umgeben, die nicht aus Luft besteht, so wird auch bei homogener Durchstrahlung die gleichmäßige Verteilung der Elektronen und damit der Ionisation gestört sein. In der Nähe der Kammerwand macht sich durch die erhöhte Elektronenproduktion in derselben auch eine erhöhte Ionendichte geltend. Eine Ionisationskammer, deren Wandungen ganz oder teilweise von der Primärstrahlung mitbestrahlt werden, mißt eine Ionisation, die sich aus zwei Anteilen zusammensetzt, nämlich aus der Ionisation der Elektronen, die in der Kammerwand entstanden sind, und aus der Ionisation durch Elektronen, die in der Kammerluft gebildet wurden. Von diesen beiden Anteilen ist der erstere stark von der Qualität der Primärstrahlung abhängig. Somit kann ohne besondere Vorsichtsmaßnahmen eine solche Ionisationskammer zur r-Messung nicht verwendet werden. Durch die Bedingung der Luftäquivalenz des Wandmaterials läßt sich dieser Mangel beheben, wie folgende Rechnung zeigen soll.

Ionisation durch Elektronen der Kammerwand. In der Wanddicke $d\,x$ wird von der primären γ-Strahlung mit der Intensität I der Anteil $\mu_1 I\,d\,x$ zurückgehalten und in Elektronen umgesetzt, wenn μ_1 den „wirksamen" Schwächungskoeffizienten der Primärstrahlung im Kammermaterial bedeutet. Die gebildeten Elektronen durchlaufen bis zum Eintritt in die Kammer noch die restliche Wanddicke x und werden bis auf einen Anteil $\mu_1\, I\, d\, x\, e^{-\mu_1' x}$ geschwächt. Dabei bedeutet μ_1' den Schwächungskoeffizienten der in der Wand gebildeten Elektronen im Wandmaterial. Entlang der Luftdicke D können die Wandelektronen die Energie $\mu_1\, I\, d\, x\, e^{-\mu_1' x}$ $(1 - e^{-\mu_2' D})$ zur Ionisation abgeben. Über alle Wanddicken integriert, ergibt sich die Gesamtionisation der Wandelektronen zu

$$W \sim I \frac{\mu_1}{\mu_1'} (1 - e^{-\mu_2' D}),$$

wenn μ_2' den Schwächungskoeffizienten der Wandelektronen in der Luft der Kammer bedeutet.

Ionisation durch die in der Kammerluft gebildeten Elektronen. In der Luftschicht von der Dicke $d\,y$ wird der Anteil $\mu_2\, I\, d\, y$ der Primärstrahlung absorbiert und in Elektronen umgewandelt. Diese geben auf dem restlichen Weg $D - y$ die Energie $\mu_2\, I\, d\, y\, [1 - e^{-\mu_2'' (D - y)}]$ zur Ionisation ab. μ_2 bedeutet den „wirksamen" Schwächungskoeffizienten der Primärstrahlung, μ_2'' denjenigen der Elektronenstrahlung in der Kammerluft. Integriert über die ganze Luftdicke D, ergibt sich die Ionisation der Elektronen der Luft zu

$$L \sim \mu_2\, I\, D - \frac{\mu_2}{\mu_2''} I\, (1 - e^{-\mu_2'' D}).$$

Der gesamte Ionisationsstrom ist proportional der Summe der beiden Anteile, also

$$J \sim I \left[\mu_2 D - \frac{\mu_2}{\mu_2''} (1 - e^{-\mu_2'' D}) + \frac{\mu_1}{\mu_1'} (1 - e^{-\mu_2' D}) \right].$$

Entwickelt man die e-Funktionen nach Potenzen von μD in Reihen nach der Formel $1 - e^{-\mu D} = \mu D - \frac{1}{2} (\mu D)^2 + - \ldots$ und bricht dieselben nach dem zweiten Gliede ab, so erhält man

$$J \sim I \left[\frac{\mu_1 \mu_2'}{\mu'} D + \frac{1}{2} \left(\frac{\mu_2 \mu_2''^2}{\mu_2''} - \frac{\mu_1 \mu_2'^2}{\mu_1'} \right) D^2 \right].$$

Das wäre qualitativ die Ionisation in einer geschlossenen Kammer, die von außen bestrahlt wird.

Verwendet man nun zum Bau der Kammer ein Material, das dieselben Masseschwächungskoeffizienten hat wie die Luft, also

$$\frac{\mu_1}{\rho_1} = \frac{\mu_2}{\rho_2}; \frac{\mu_1'}{\rho_1} = \frac{\mu_2'}{\rho_2}; \mu_2' = \mu_2'',$$

so verschwindet in der obigen Gleichung das Glied mit D^2 und die Gesamtionisation erhält dann die Form:

$$J \sim I \frac{\mu_1 \mu_2'}{\mu_1'} D \sim I \frac{\mu_1}{\rho_1} \rho_2 D \sim C_1 \rho_2 \sim C_2 D.$$

Die Gesamtionisation ist also dem Luftdruck proportional oder, wenn dieser konstant gehalten wird, proportional der Größe (D) der Kammer. Da die Gleichungen für die Masseschwächungskoeffizienten für alle Strahlenqualitäten Geltung haben, so mißt eine solche Kammer auch qualitätsunabhängig, d. h. definitionsgemäß. Das ist die Luftäquivalenzbedingung. Man nennt ein Material, das diese Forderungen erfüllt, *luftäquivalent.*

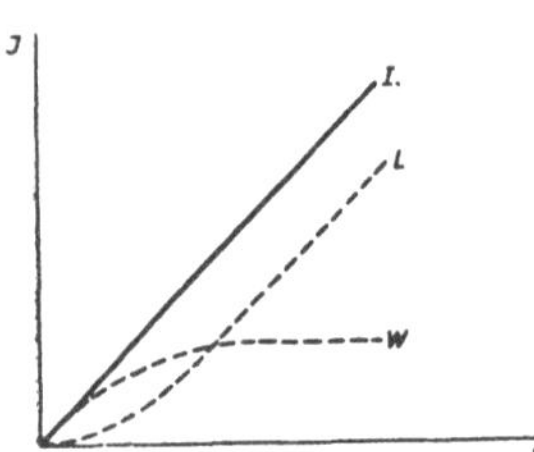

Abb. 53. Zusammensetzung der Ionisation in einer geschlossenen Kammer aus Luftanteil L und Wandanteil W. Die Addition ergibt eine Gerade. (Nach BEATTY)

Der Ionisationsstrom einer luftäquivalenten Kammer muß also volumproportional oder druckproportional verlaufen. Es ist diese Proportionalität sowohl für Röntgen- als auch für γ-Strahlen durch zahlreiche Versuche bestätigt worden, wenn die Kammern nicht zu klein (über 1 cm³) gehalten werden.

Zur Veranschaulichung diene Abb. 53 nach BEATTY. Darin sind die beiden Ionisationsanteile W (Wand) und L (Luft) getrennt. Die Addition der beiden ergibt eine Gerade. Das Luftäquivalenzprinzip hat sich in der Strahlenmessung als sehr brauchbar erwiesen, und die heute allgemein angewandte Technik der praktischen

Strahlenmessung mit „konventionellen" Dosismeßgeräten für Photonenstrahlungen aller Qualitäten beruht grundsätzlich auf dessen Gültigkeit.

Die experimentelle Kontrolle des Luftäquivalenzprinzips kann auf zwei Arten geschehen, nämlich durch Verwendung eines genügend großen Luftraumes um das Meßvolumen herum und durch genügende Verdichtung der Luft um das Meßvolumen. Beide Wege sind beschritten worden und durch beide Verfahren ist dasselbe innerhalb 1% Genauigkeit als gültig bestätigt worden.

Unter der Voraussetzung einer homogenen Durchstrahlung der Meßkammer muß diese, wenn der streuende Luftraum groß genug gewählt wird, denselben Ionisationsstrom messen, wenn sie einerseits als praktisch wandlose Kammer verwendet, andererseits allseitig mit einem luftäquivalenten Material genügender Dicke umgeben ist. Diese Kontrolle wurde auf Vorschlag von FRIEDRICH von SCHULZE und MINDER durchgeführt.

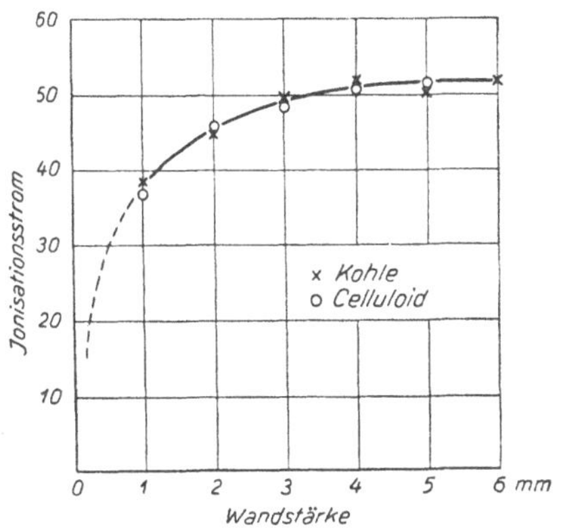

Abb. 54. Anstieg des Ionisationsstromes mit zunehmender Kammerwanddicke

In einem engbegrenzten Raum (Laboratorium) wurde zunächst die Abhängigkeit des Ionisationsstromes von der Kammerwanddicke gemessen. Dabei zeigte sich, daß bei dünner Kammerwand für geringe Distanzen die Ionisation geringer war als bei größerer Wanddicke. Dieses Resultat war zu erwarten, wegen des Ausfalles an Streuelektronen bei kleinem Luftmantel (vgl. Abb. 54).

Systematische Messungen wurden daraufhin in großen Räumen (Turnhalle, später Deutschlandhalle) vorgenommen und so die Verhältnisse

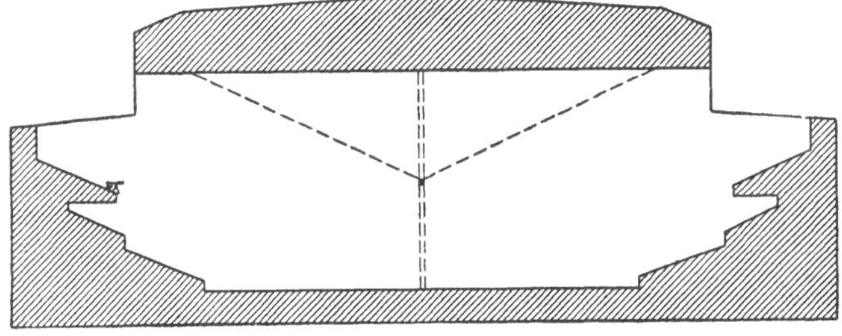

Abb. 55. Schema der Prüfung des Luftäquivalenzprinzips durch Messungen in der Deutschlandhalle. Mitte: Kammer mit Elektrometer; links auf Galerie: Beobachter. (Nach SCHULZE und MINDER)

bis zu Abständen von 40 m geklärt. Das Meßverfahren ist in Abb. 55 wiedergegeben. Das Elektrometer befand sich in der Mitte des Innenraumes der Deutschlandhalle mit den Dimensionen 120 × 60 × 22 m.

Es war also allseitig mit mehr als 10 m Luft umschlossen. Das Präparat von 2 g Ra El. konnte bis zu 40 m Abstand beliebig verschoben werden. Durch eine Zugvorrichtung war es möglich, die Kammer, in der das Elektrometer selber eingebaut war, allseitig mit einem Kasten aus luftäquivalentem Material von 4 mm Wanddicke zu umgeben. Der Ablauf des Elektrometers wurde aus 30 m Abstand mit einem Fernrohr beobachtet.

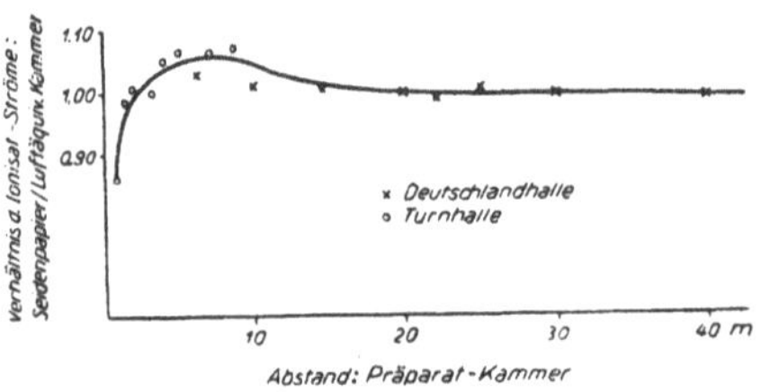

Abb. 56. Verhältnis der Ionisationsströme einer „wandlosen“ zu einer luftäquivalenten Ionisationskammer bis zu Abständen von 40 m. (Nach SCHULZE und MINDER)

Die Resultate der gesamten Meßreihe zeigt die Kurve der Abb. 56. Dargestellt ist das Verhältnis des Ionisationsstromes einer praktisch wandlosen Ionisationskammer zum Strom einer Kammer aus luftäquivalentem Material genügender Dicke für verschiedene Abstände des Präparates bis zu 40 m.

Aus der Kurve läßt sich zunächst das wichtigste Resultat entnehmen, daß eine luftäquivalente Kammer genügender Dicke (z. B. 3 bis 4 mm Graphit) die γ-Strahlung der r-Definition gemäß mißt. Damit ist durch die Versuche von SCHULZE und MINDER das Prinzip der Luftäquivalenz experimentell bestätigt worden. Weiter ist aus den Resultaten zu entnehmen, daß es unterhalb Distanzen von 10 m zwischen Präparat und Meßkammer ohne Luftäquivalenz nicht möglich ist, richtige Absolutwerte für die γ-Strahlung zu erhalten. Zu dünnwandige Meßkammern ergeben für kleine Distanzen bis zu etwa 1 m wesentlich zu kleine Werte für die Ionisation. Der Grund dafür liegt in der ungenügenden Zahl der Streuelektronen. Innerhalb der Abstände von etwa 1 bis etwa 6 m messen zu dünn-

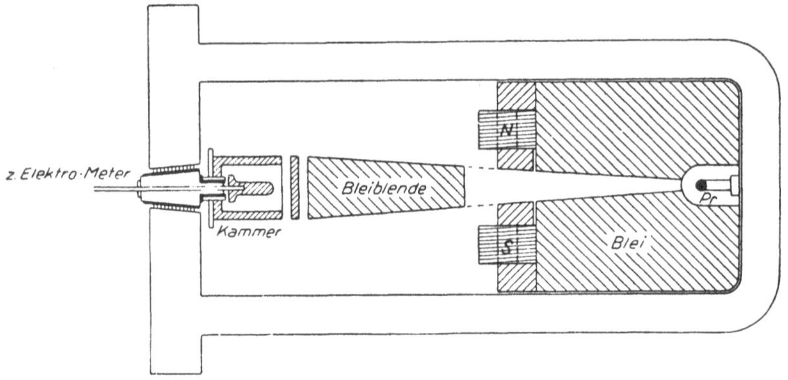

Abb. 57. Druckkammergerät zur experimentellen Kontrolle der Luftäquivalenz. (Nach FRIEDRICH, SCHULZE und HENSCHKE)

wandige Kammern einen Ionisationsstrom, der wesentlich zu groß ausfällt. Die Ursache dazu ist die Richtungsverteilung der Streuelektronen wegen des COMPTON-Effekts (Vorwärtsstreuung, deshalb inhomogene Verteilung der Streuelektronen). Demnach sind bei kleinen Abständen Absolutmessungen nur mit luftäquivalenten Kammern genügender Dicke durchführbar.

Durch FRIEDRICH, SCHULZE und HENSCHKE wurde die Kontrolle der Luftäquivalenz auf einem anderen Prinzip wiederholt. Die dazu verwendete Anordnung ist in Abb. 57 wiedergegeben. In einem Druckzylinder befindet sich eine Ionisationskammer, die abwechselnd mit und ohne luftäquivalenten Deckel verwendet werden kann. Bei hohen Drücken muß mit und ohne Deckel derselbe Ionisationsstrom gemessen werden. Dieser zweite Versuch bildet eine schöne Bestätigung der Resultate, wie sie in großen Streuräumen gefunden wurden.

Trotzdem war es noch von Interesse, eine r-Messung der γ-Strahlung mit Hilfe einer Meßanlage durchzuführen, mit der andererseits auch Röntgenstrahlen gemessen werden können. Eine solche direkte Anschlußmessung wurde von MINDER im Anschluß an eine Absolutbestimmung durchgeführt. Verwendet wurde dazu ein Dosismesser mit einer Ionisationskammer, die von der P. T. R. mit Röntgenstrahlen geeicht worden war. Die Kammer wurde für die γ-Strahlung luftäquivalent gemacht und die Messung für verschiedene Abstände vorgenommen. Die so gefundene Größe der Dosiskonstante betrug für eine Filterung von 1,0 mm Pt

$$K = 7{,}60 \pm 0{,}08 \text{ r/mgh}.$$

Dieser Wert stimmt mit den auf anderen Wegen gefundenen ausgezeichnet überein und ist damit ein weiterer Beweis der Richtigkeit derselben. Damit darf die Dosiskonstante K für Radium als experimentell gesichert angesehen werden.

Tabelle 25

Autor	K = r/mgh in 1 cm Abstand bei Filterungen von	
	0,5 mm Pt	1,0 mm Pt
MAYNEORD	8,7	7,83
GLASSER	8,0	
PATERSON und PARKER	8,4	
YANAKAWA und MIWA		7,50
MURDOCH und STAHEL	8,11	7,62
KAYE und BINKS	8,0	7,5
FRIEDRICH und SCHULZE	7,8	
MINDER	7,90	7,56
MAYNEORD und ROBERTS	8,3	
GLASSER und ROVNER	8,8	
MINDER	7,98	
MINDER (direkte Messung)		7,60
SIEVERT	7,55	
LAURENCE	8,6	
MAYNEORD	8,9	
MINDER	7,94	7,58
FERRANT	9,2	
Mittelwert	8,33	7,68

Auf Grund des Luftäquivalenzprinzips sind in den Jahren nach 1930 eine größere Anzahl von Bestimmungen der Dosiskonstante K für Radium mit verschiedenen Meßmethoden und unter

Verwendung verschiedener (nicht durchwegs streng luftäquivalenter) Kammermaterialien durchgeführt worden. Die Ergebnisse sind auszugsweise in Tab. 25 zusammengestellt.

Die Unterschiede der einzelnen Messungen, soweit sie mit luftäquivalenten Kammern ausgeführt worden sind, betragen nicht mehr als 10% zum Mittelwert. Für praktische Zwecke sind demnach die beiden Mittelwerte als einfache runde Zahlen mit genügender Annäherung brauchbar:

1 mg Ra El. punktförmig gedacht, bewirkt in 1 cm Abstand bei einer Filterung von 0,5 mm Pt 8,3 r, bei einer solchen von 1,0 mm Pt 7,7 r in der Stunde:

$$K = 8{,}3\ \text{r/mgh, Filter } 0{,}5\ \text{mm Pt,}$$

$$K = 7{,}7\ \text{r/mgh, Filter } 1{,}0\ \text{mm Pt.}$$

Das sind die beiden für die Praxis wichtigen numerischen Werte der Dosiskonstante. In diesen Werten ist die gesamte γ-Strahlung enthalten. Ihre Genauigkeit ist sicher höher als $\pm 3\%$.

In angelsächsischen Ländern, besonders in den USA, wird meist der Zahlenwert von 8,4 r/mgh für die Dosiskonstante des Radiums bei einer Filterung von 0,5 mm Pt verwendet. Für eine in den meisten Fällen genügend genaue Berechnung derselben bei verschiedenen Primärfilterungen kann die empirische Formel

$$K = 8{,}9 - 1{,}2\, d\ \text{r/mgh}$$

verwendet werden, in welcher d die Filterdicke in mm Platin (oder dessen Äquivalent) bedeutet.

Für andere Radioisotope stellt die Messung der Dosiskonstante eine grundsätzlich erheblich schwierigere Angabe dar, weil ihr Anschluß an eine *Wägung* des radioaktiven Stoffes bisher nur für Radium möglich war. Alle übrigen Messungen der Dosiskonstante basieren deshalb auf einer Aktivitätsbestimmung irgendwelcher Art in mc mit all den mit einer absoluten Aktivitätsbestimmung verbundenen Schwierigkeiten. Allerdings besitzt man immer die Möglichkeit, die Messung durch eine Berechnung nach S. 143 zu kontrollieren, wobei aber auch hierfür die genauen Verhältnisse des Zerfallsschemas erforderlich sind. In Tab. 26 sind einige derartige Bestimmungen an künstlichen, für die Therapie wichtigen Radioisotopen nach PERRY zusammengestellt.

Tabelle 26. Dosiskonstanten der γ-Strahlung in r/mch (in 1 cm) für einige künstliche Radioisotope

Isotop	^{24}Na	^{60}Co	^{82}Br	^{131}J	^{198}Au
Berechnung	18,85	13,05	15,08	2,29	2,41
4π-Zählung	19,2	13,5	14,7	2,23	2,41
β-γ-Koinzidenz	18,2	12,8	14,7	2,08	2,22

Die Übereinstimmung der nach zwei verschiedenen Methoden ermittelten Zahlen unter sich und mit dem berechneten Wert ist befriedigend. Immerhin geht aus der Tabelle die Meßschwierigkeit sichtbar hervor, da mit Ausnahme von ^{82}Br die Werte der Koinzidenzmessung durchweg um mehrere Prozent tiefer liegen als diejenigen der 4 π-Zählung.

Bei sehr starken γ-Strahlenquellen, wie sie beispielsweise in Bestrahlungseinheiten verwendet werden (vgl. S. 218ff.), wird manchmal die Aktivität als solche nur angenähert bekannt sein. Dagegen wird hier eine direkte Dosismessung in r (vgl. S. 234ff.) in jedem Fall durchgeführt werden müssen. Um den Zusammenhang zwischen Aktivität und Strahlendosis in solchen (und anderen) Fällen herzustellen, dient die Abb. 58. Sie enthält in der oberen Kurve den *Photonenfluß*, in der unteren den *Energiefluß* für die Dosisleistung von 1 r pro Stunde in Abhängigkeit von der Photonenenergie (nach MOTEFF).

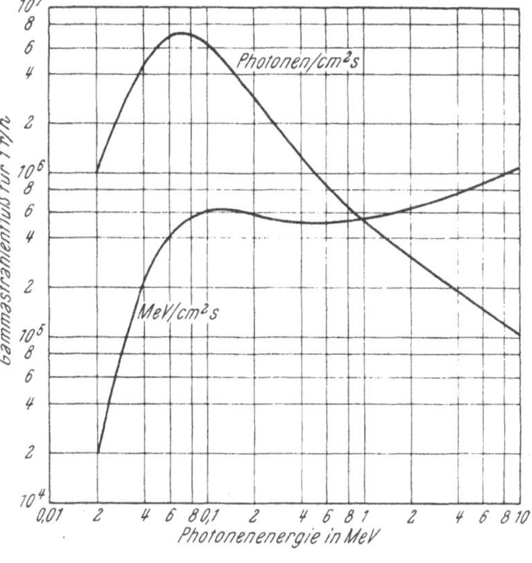

Abb. 58. Zusammenhang zwischen Dosis und Photonenfluß, resp. Energiefluß für Photonenstrahlen zwischen 20 keV und 10 MeV. (Nach MOTEFF)

Für den zur Zeit wichtigsten künstlichen γ-Strahler ^{60}Co, welcher in sehr großen Aktivitäten (mehrere kc) erzeugt werden kann, liegen zusätzliche, höchst bedeutsame neuere Absolutmessungen auf Grund der Wärmewirkung der γ-Strahlung vor. Wird eine ionisierende Strahlung in einem chemisch hoch stabilen Körper (z. B. Metallblock) vollständig absorbiert, so muß alle Strahlenenergie letztlich in Wärme übergeführt werden, gleichgültig welche Zwischenstadien der Energieübertragung (unter Ausschluß chemischer Reaktionen) durchschritten werden. Ist die Gesamtdosis so hoch, daß die Temperaturzunahme des absorbierenden Körpers mit genügender Genauigkeit gemessen werden kann, so ist auf dieser Grundlage eine Absolutmessung der Dosis möglich. Allerdings sind die experimentellen Schwierigkeiten sehr hoch, da eine Dosis von 1 r nur der Wärme von $2{,}1 \cdot 10^{-6}$ cal (Luft) äquivalent ist.

Trotzdem sind bisher einige sehr bemerkenswerte Versuche der calorimetrischen Dosismessung ausgeführt worden. Sie bilden unter anderem die Grundlage zur Bestimmung der Ionisationsarbeit W (ELLIS und WOOSTER, MEITNER und ORTHMANN). Das Prinzip der Dosismessung mit calorimetrischen Methoden ist gegeben durch die Beziehung:

$$\frac{dT}{dE} = \frac{1}{M \cdot c}\ °C/cal,$$

worin dT die Änderung der Temperatur des absorbierenden Körpers von der Masse M und der spezifischen Wärme c bei der Energiezufuhr dE bedeutet. Es muß also ein absorbierendes Material mit möglichst geringer Masse, mit möglichst hohem Masseschwächungskoeffizienten und mit möglichst kleiner spezifischer Wärme gewählt werden, wie z. B. Hg, W oder Pb. Weiter ist der Messung der Temperaturänderung dT höchste Aufmerksamkeit zu schenken, da dieselbe auch bei sehr hohen Strahlendosen meist weit unter 1° C liegt und eine möglichst hohe Genauigkeit erforderlich ist. Thermosäulen (Eisen-Konstanten) mit möglichst vielen Gliedern oder aber besser sogenannte „Thermistores" (Widerstandsthermometer mit relativ sehr hohem negativem Temperaturkoeffizienten) können hierzu verwendet werden. Besonders die letzteren (Halbleiter, bestehend aus Oxyden von Ni, Co, Mn), haben sich als relativ sehr geeignet erwiesen.

Zusätzlich zu den genannten Autoren, welche die Wärmeproduktion von Radium bestimmt haben, sind in neuester Zeit ausgedehnte ähnliche Messungen von HOCHANADEL und GHORMLEY (1953), LAZO, DEWHURST und BURTON (1955), HART und Mitarbeitern (1958) an starken ^{60}Co-Quellen durchgeführt worden. Mit denselben γ-Strahlern wurde anschließend die Umsatzzahl der Oxydation von Ferroion (unter chemisch standardisierten Bedingungen) bestimmt. Diese von MINDER (1944) in die Dosimetrie eingeführte strahlenchemische Meßreaktion stellt zur Zeit das geeignetste und einfachste zusätzliche Meßsystem zur Ionisationsmessung dar, und es kann auch, wie anschließend gezeigt werden soll, zu Absolutmessungen verwendet werden (MINDER 1953—1959).

Befindet sich im Zentrum eines mit einer $FeSO_4$-Lösung gefüllten kugelförmigen Gefäßes vom Radius R eine punktförmige γ-Strahlenquelle der Aktivität M mc, so kann die Dosis derselben auf die Lösung exakt berechnet werden (vgl. Theorie der strahlenden Kugel, S. 192ff.). Dieselbe beträgt

$$D = \frac{3\,KM}{R^2} \cdot \frac{1 - e^{-(\mu - \sigma_s)\,R}}{(\mu - \sigma_s)\,R}\ \text{r/h}.$$

Sind also die in der Formel enthaltenen Größen M, R, die Dosiskonstante K und der effektive Schwächungskoeffizient der Strahlung $(\mu - \sigma_s)$ bekannt, so kann die Umsatzgröße einer *strahlenchemischen Dosimeterreaktion* (z. B. $Fe^{++} \rightarrow Fe^{+++}$) bestimmt werden. Diese Größe, als *Ionenausbeute* oder als *G-Wert* bezeichnet, entspricht der Anzahl der chemischen Äquivalente

(Atome, Ionen, Moleküle), welche durch einen bestimmten Energiebetrag (34 eV für Ionenausbeute oder 100 eV für *G*-Wert) umgesetzt werden.

Ist umgekehrt für eine bestimmte strahlenchemische Reaktion, wie z. B. für die Fe^{++}-Oxydation, der *G*-Wert hinreichend genau bekannt, so sind auf Grund des vorstehend im Prinzip skizzierten *absoluten Kugeldosimeters* (MINDER) Bestimmungen der Dosiskonstante K oder auch der γ-Aktivität M möglich.

Die Ergebnisse dieser neuen Absolutmessungen sind in Tab. 27 mit den Ergebnissen (*G*-Werte, Dosiskonstanten) zusammengestellt.

Tabelle 27. Bestimmung des *G*-Wertes der chemischen Dosimeterreaktion $Fe^{++} \rightarrow Fe^{+++}$, resp. der Dosiskonstante aus calorimetrischen Messungen und aus solchen mit dem absoluten chemischen Kugeldosimeter

Autoren	Isotop	Methode*	*G*-Wert Äq./100 eV	Dosiskonstante K	W in eV	Jahr
HOCHANADEL, GHORMLEY	^{60}Co	Cal.	15,6 ± 0,3	—	34	1953
LAZO, DEWHURST, BURTON	^{60}Co	Cal.	15,8 ± 0,3	—	34	1954
MILVEY, GENNA, BARR, LAUGHLIN	^{60}Co	Cal.	15,45	—	34	1958
HART, KOCH, PETREE, SCHULMANN, TAIMUTO, WYCKOFF	^{60}Co	Cal.	15,6	—	34	1958
MINDER	^{60}Co	Kugel	14,6	13,56	32,5	1951
MINDER	Ra	Kugel	16,2 ± 0,5	8,2	34	1956
MINDER	Ra	Kugel	15,4 ± 0,5	8,4	34	1958
MINDER, TSCHICHOLD	^{60}Co	Kugel	16,0 ± 0,4	12,96	34	1959
MINDER, TSCHICHOLD	^{192}Ir	Kugel	15,7 ± 0,8	3,82	34	1959
MINDER	Ra	Kugel	15,9 ± 0,4	8,3	34	1959

* Cal. = Calorimetrie; Kugel = chemisches Kugeldosimeter.

Literatur

A. Zusammenfassende Werke

ALLSOPP, C. B. (Editor): Central Axis Depth Dose Data. Brit. J. Radiol., Suppl. 5, 1953.

ASTIN, V. H. (Editor): Report of the International Commission on Radiological Units and Measurements. Washington: U. S. Nat. Bureau of Standards Handbook 62, 1956.

BECKER, J., und K. E. SCHEER (Herausgeber): Betatron- und Telekobalttherapie. Berlin-Göttingen-Heidelberg: Springer, 1958.

CHRISTEN, TH.: Messung und Dosierung von Röntgenstrahlen. Hamburg: L. Graefe & Sillem, 1913.

HINE, G. J., and G. L. BROWNELL (Editors): Radiation Dosimetry. New York: Academic Press Inc., 1956.

Jäger, R. G.: Dosimetrie und Strahlenschutz. Stuttgart: G. Thieme, 1959.
Johns, H. E.: The Physics of Radiation Therapy. Springfield: C. Thomas, 1953.
Liechti, A., und W. Minder: Röntgenphysik, 2. Aufl. Wien: Springer, 1955.
Mayneord, W. V.: Some Applications of Atomic Physics to Medicine. Brit. J. Radiol., Suppl. 2, 1950.
Meredith, J. W.: Radium Dosage. Edinburgh: E. and S. Livingstone, 1947.
Miller, N.: Introduction à la dosimétrie des radiations. Actions chimiques et biologiques des radiations. Collection dirigée par M. Haissinsky, Vol. 2. Paris: Masson et Cie., 1956.
Minder, W.: Radiumdosimetrie. Wien: Springer, 1941.
Mohler, H. (Herausgeber): Chemische Reaktionen ionisierender Strahlen. Aarau und Frankfurt: Sauerländer & Co., 1958.
Rajewsky, B.: Strahlendosis und Strahlenwirkung, 2. Aufl. Stuttgart: G. Thieme, 1956.
— E. Bunde, M. Dorneich, D. Lang, A. Sewkor, R. Jäger und W. Hübner: Darstellung, Wahrung und Übertragung der Dosis für Röntgen- und Gammastrahlen mit Quantenenergien zwischen 3 keV und 500 keV. Braunschweig: Physikal. techn. Bundesanstalt, 1955.
Weyl, C., S. R. Warren and D. B. O'Neill: Radiologic Physics. Springfield: C. Thomas, 1941.
White, G. N.: Principles of Radiation Dosimetry. New York: John Wiley & Sons, 1959.
Wilson, C. W.: Radium Therapy, its Physical Aspects. London: Chapman and Hall, 1945.
Zimmer, K. G.: Radiumdosimetrie. Fortschr. Röntgenstr., Erg.-Bd. 49. Leipzig: G. Thieme, 1936.

B. Originalarbeiten

Albrecht, E.: Über die Absolutbestimmung der r-Einheit im Radiumgebiet. Strahlenther. **38**, 798 (1930).
— Über die Absolutbestimmung der r-Einheit im Radiumgebiet. Strahlenther. **42**, 328 (1931); **45**, 365 (1932).
Allisy, A.: Tendences nouvelles en dosimétrie. J. Radiol. **35**, 572 (1954).
— et A. Astier: Détermination du rapport dose absorbée/dose d'exposition dans l'os et le muscle par la méthode des gaz équivalents. J. Radiol. **39**, 340 (1958).
Berger, H.: Die praktische Anwendung der neuen Dosisbegriffe nach DIN 6809. Strahlenther. Sonderbd. **43**, 1 (1958).
Bernstedt, R.: A Determination of the Dose Constant. Acta Radiol. **21**, 500 (1940).
Breitling, G., und R. Glocker: Messung der β- und γ-Strahlendosis radioaktiver Stoffe in Röntgeneinheiten. Naturwiss. **39**, 400 (1952).
— — Die Messung der β- und γ-Strahlung von radioaktiven Stoffen in Röntgeneinheiten. Strahlenther. **90**, 390 (1953).
Bruch, P. R. J.: Comment on Recent Cavity Ion Chamber Theories. Rad. Res. **6**, 79 (1957).
Bush, F.: The Integral Dose Received from Uniformly Distributed Radioactive Isotope. Brit. J. Radiol. **22**, 96 (1949).
Childers, H. M., and J. D. Graves: A Comparison of Radium and Cobalt-60 Gamma Radiation Fields. Rad. Res. **4**, 493 (1956).
Coliez, R.: Dosimétrie curiethérapeutique. Acta Radiol. **11**, 505 (1930).

DANZKER, M., N. D. KESSARIS and J. S. LAUGHLIN: Absorbed Dose and Linear Energy Transfer in Radiation Experiments. Radiology **72**, 51 (1959).

EDDY, C. A.: The Experimental Realisation of the Roentgen. Brit. J. Radiol. **10**, 408 (1937).

EHRENBERG, L., and E. SEALAND: Chemical Dosimetry of Radiations Giving Different Ion Densities. JENER Publ. 8 (1954).

EVANS, R. D.: Tissue Dosage in Radioisotope Therapy. Amer. J. Roentgenol. **58**, 754 (1947).

— Radioactivity Units and Standards. Nucleonics **1**/2, 32 (1947).

— and R. O. EVANS: Studies on Self-Absorption in γ-Ray Sources. Rev. mod. Phys. **20**, 305 (1948).

FAILLA, G.: A Convenient Dosage Unit for Radioactive Isotopes Internally Administred. Phys. Rev. **69**, 691 (1946).

— Dosimétrie des rayonnements ionisants. Geneva Papers **14**, 270 (1955).

— and L. O. MARINELLI: The Measurement of Ionization Produced in Air by Gamma-Rays. Amer. J. Roentgenol. **38**, 312 (1937).

— and E. H. QUIMBY: The Relative Effects Produced by 200 kV Roentgen-Rays, 700 kV Roentgen-Rays and Gamma-Rays (Symposium I—VII). Amer. J. Roentgenol. **29**, 293—367 (1933).

FANO, U.: Introductory Remarks on the Dosimetry of Ionizing Radiations. Rad. Res. **1**, 3 (1954).

FLETCHER, G. H., P. WOOTTON, H. W. STOREY and R. J. SHALEK: Physical Factors in the Use of Cobalt-60 in Interstitial and Intracavitary Therapy. Amer. J. Roentgenol. **71**, 1021 (1954).

FRÄNZ, H., und W. HÜBNER: Die Frage des Dosisbegriffes und der Dosiseinheiten. Strahlenther. **102**, 590 (1957).

— — Concepts and Measurement of Dose. Proc. Second Int. Conf. Geneva **21**, 101 (1958).

FRIEDRICH, W.: Beiträge zum Problem der Radiumdosimetrie. Als Handschrift gedruckt. Berlin: Urban & Schwarzenberg, 1934.

— Der heutige Stand der Radiumdosimetrie. Strahlenther. **54**, 397 (1935).

— The Measurement of Gamma-Rays. Amer. J. Roentgenol. **40**, 69 (1938).

— und R. SCHULZE: Neubestimmung der r-Einheit für Gammastrahlen. Strahlenther. **54**, 553 (1935).

— U. HENSCHKE und R. SCHULZE: Beiträge zum Problem der Radiumdosimetrie. Strahlenther. **60**, 22 und 28 (1937).

GALLONE, P., e F. FOSSATI: Sul concetto di dose in radioterapia. Rad. med. **41**, 259 (1955).

GLASSER, O.: The Physical Determination of Radium Dosages. Amer. J. Roentgenol. **33**, 293 (1935).

— and F. R. MAUTZ: Measurement of Intensity of Gamma-Rays of Radium in r-Units. Radiology **15**, 93 (1930).

— and L. ROVNER: Dosimetry in Radiation Therapy. Gamma-Ray Measurements in Roentgens. Amer. J. Roentgenol. **36**, 94 (1936).

GLOCKER, R.: Dosisbegriff und Dosismessung im ultraharten Gebiet. Strahlenther. **93**, 1 (1954).

— Der Dosisbegriff und die Dosiseinheiten „Röntgen“ und „rad“. Fortschr. Röntgenstr. **84**, 137 (1956).

GRAY, L. H.: Ionization Method for the Absolute Measurement of Gamma-Ray Energy. Proc. Roy. Soc. A. **156**, 578 (1936).

— Radiation Dosimetry. Brit. J. Radiol. **10**, 600 and 721 (1937).

GRAY, L. H.: The Transition from Roentgen to rad. Brit. J. Radiol. **29**, 355 (1956).
— The Practical Application of the rad. ICRU-Sem. Geneva 101 (1956).
GREENING, J. R.: An Experimental Examination of Theories of Cavity Ionization. Brit. J. Radiol. **30**, 254 (1957).
GRINBERG, B., and Y. DE GALLIO: On Absolute Measurement of Beta Emitters with a 4-π-Counter. Proc. Second Int. Conf. Geneva **21**, 118 (1958).
HAWKINS, R. C., W. B. MANN and W. E. PERREY: Intercomparisons of Radioactivity Standards between Canada, the United Kingdom and the United States. ICRU-Sem. Geneva 24 (1956).
HENLEY, E. J.: Measurements of Gamma-Ray Dosage in Finite Absorbers. Nucleonics **11**/10, 41 (1953).
HIEMSCH, W.: Die absolute Radiumdosimetrie als praktische Möglichkeit. Strahlenther. **90**, 499 (1953).
HILL, R. F., G. J. HINE and L. D. MARINELLI: The Quantitative Determination of the Gamma Radiation in Biologic Research. Amer. J. Roentgenol. **63**, 160 (1950).
HOLTHUSEN, H.: Grundsätzliches zum Dosierungsproblem in der Strahlentherapie. Radioloski Glasnik **2**, 1 (1938).
JÄGER, R.: Standard-Dosimetrie und radiologische Einheiten. Strahlenther. **85**, 581 (1951).
— Die Standard-Dosimetrie ionisierender Strahlung und ihre Aufgabe. Strahlenther. **89**, 481 (1952).
— Die Einheiten der Strahlendosimetrie und ihre Zusammenhänge. Atomkernenergie **3**, 21 (1958).
KELLER, F.: Über die Messung von Radiumisodosen in r und ihre Berechtigung durch neue experimentelle Untersuchungen. Strahlenther. **52**, 403 (1935).
KESSLER, E., und F. SLUYS: Die Messung der Gammastrahlung in r-Einheiten. Strahlenther. **31**, 771 (1929).
KOCHER, L. F.: Energy Discrimination in Gamma Dose Evaluation. Nucleonics **16**/11, 151 (1958).
KÜSTNER, H.: Die Absolutbestimmung der r-Einheit mit dem großen Eichstandgerät. Strahlenther. **27**, 331 (1927).
LIND, S. C. (Editor): Chemistry and Physics of Radiation Dosimetry. U. S. Army Chemical Committee Rep. 105925 (1950).
LOEVINGER, R.: The Dosimetry of γ-Radiations. Radiology **62**, 74 (1954).
LOVE, W. R.: The Experimental Realisation of the International „r"-Unit. Brit. J. Radiol. **8**, 252 (1935).
MINDER, W.: Zur Absolutbestimmung der Gammastrahlendosis. Acta Radiol. **17**, 761 (1937).
— Progress in Chemical Dosimetry. Verh. IX. Int. Kongr. Radiol. (1959).
MÜLLER, H. J.: Bestimmung des äquivalenten Röntgenwertes für Gammastrahlen. Strahlenther. **64**, 633 (1939).
MUTH, H.: Aktuelle Probleme der Dosimetrie ionisierender Strahlen. Strahlenther. **109**, 412 (1959).
NEARY, G. J.: The Absorption of the Primary Beta Radiation from Radium in Lead and Platinum and the Specific Gamma Ray Dose Rate at a Filtration of 0,5 mm of Platinum. Brit. J. Radiol. **15**, 104 (1942).
— Note on a Function in Mathematical Theory of Integral Dose. Brit. J. Radiol. **18**, 401 (1945).

NISHIKAWA, S., M. NAKARDZUMI und N. MOTIDA: Die Absolutbestimmung der „r"-Einheit in der Abteilung für Radiologie der Medizinischen Fakultät der kaiserlichen Universität in Tokio. Strahlenther. **64**, 477 (1939).

PALMIERI, G. G.: Theoretische Grundlagen eines neuen Verfahrens der Homogenbestrahlung mit Gammastrahlen. Strahlenther. **40**, 470 (1931).

PATERSON, R., L. H. GRAY, M. R. DAY and F. ELLIS: The Introduction of the rad in Radiotherapy Practice. Brit. J. Radiol. **29**, 353 (1956).

PICCARD, A., und E. STAHEL: Die Bedeutung der sekundären Betastrahlen bei Fragen der Gammastrahlentherapie. Strahlenther. **36**, 347 (1930).

POHL, W. R.: Ionisationsdosimeter und die Einheit Röntgen. Strahlenther. **107**, 1 (1958).

RICHARDS, P. I., and B. A. RUBIN: Irradiation of Small Volumes by Contained Radioisotopes. Nucleonics **6**/6, 42 (1950).

ROSSI, H. H., et W. ROSENZWEIG: Mesures de la dose tissulaire en fonction de l'ionisation spécifique. Geneva Papers **14**, 187 (1955).

SIEVERT, R.: Dosage Units and the Ionisation Method. Acta Radiol. **18**, 742 (1936).

SINCLAIR, W. K.: The Dosimetry of Beta Radiation and its Application in Inhomogeneous Distribution of Radioactivity in Cells. Texas Rep. Biol. Med. **11**, 745 (1953).

SIUTSUGU, J.: Experimentelle Untersuchungen zur Frage der Radiumsekundärstrahlung. Strahlenther. **40**, 401 (1931).

SPENCER, L. V., and F. H. ATTIX: A Theory of Cavity Ionization. Rad. Res. **3**, 239 (1955).

STAHEL, E.: Bestimmung der bei Gamma- und Röntgenbehandlung vom Gewebe absorbierten Energiemengen. Strahlenther. **33**, 296 (1929).

TAYLOR, L. S., and G. SINGER: Measurements in Roentgen of the Gammaradiation from Radium by the Free Air Ionization Chamber. Amer. J. Roentgenol. **44**, 428 (1940).

— Die Messung von Röntgen- und Gamma-Strahlung innerhalb eines weiten Energiebereiches. Strahlenther. **89**, 1 (1952).

TER-POGOSSIAN, M., W. B. ITTNER and S. M. ALY: Comparison of Air and Tissue Doses for Radium-γ-Rays. Nucleonics **10**/6, 50 (1952).

WAHLBERG, T.: A Method for the Determination of the Radiation Dose Produced by Artificial Radioactive Substances in Tissue. Acta Radiol. **30**, 291 (1948).

WILSON, C. W.: Energy Absorption and Integral Dose in X-Ray and Radium Therapy. Radiology **47**, 263 (1946).

— Energy Absorption in the Trunk in the Radium Treatment of Breast Cancer by Interstitial and Surface Applicator Methods. Radiology **46**, 364 (1946).

WITTE, E.: Grundsätzliches zur Strahlendosis in Röntgeneinheiten. Strahlenther. **81**, 373 (1950).

WRIGHT, E. E.: The Measurement of the Distribution in Water of the Intensity of Radiation from the Five Gramme Radium Unit. Brit. J. Radiol. **10**, 118 (1937).

ZIMMER, K. G., H. J. BORN und P. M. WOLF: Untersuchung über die Dosisleistung in der Umgebung kombinierter Gammastrahl- und Neutronen-Präparate. Strahlenther. **65**, 444 (1939).

Fünfter Abschnitt

Praktische Dosimetrie

Die Verfügbarkeit zahlreicher radioaktiver Stoffe mit geeigneten radioaktiven und chemischen Eigenschaften hat die Möglichkeiten der Strahlentherapie sehr stark erweitert. Dabei umfassen die Anwendungen mehrere und sehr verschiedenartige Techniken, von der einfachen Auflage eines Präparates auf einen Herd bis zur möglichst homogenen Verteilung der strahlenden Substanz in den Zellen des Herdes. Es ist deshalb sinnvoll, für die Gesetzmäßigkeiten der Dosimetrie zwei Hauptgebiete der Applikation zu unterscheiden, *externe* Bestrahlungen, bei denen die Strahlung von materiell und geometrisch definierten Präparaten ausgehend auf den Herd einwirkt, und *interne* Bestrahlungen, bei denen die strahlende Substanz im Herd selber möglichst homogen verteilt worden ist. Eine gewisse Mittelstellung nehmen diejenigen Techniken ein, bei denen radioaktive Präparate bestimmter äußerer Form und bestimmter Aktivität in den Herd selber verbracht werden, also *Einlagen* und *Spickungen*. Diese sollen aber im Rahmen der externen Bestrahlungen besprochen werden, weil sie dosimetrisch grundsätzlich zu diesen zu zählen sind.

A. Externe Bestrahlungen

Die Strahlendosis eines radioaktiven Präparates bestimmter geometrischer Form und bestimmter Aktivität kann für die für eine beabsichtigte Wirkung in Betracht fallenden Punkte entweder direkt durch eine *Messung* oder aber durch eine *Berechnung* ermittelt werden. Beiden Verfahren müssen Vor- und Nachteile anhaften, wobei der Unvoreingenommene der Messung den Vorzug zu geben versucht ist. Besonders erwünscht wäre offenbar eine Kombination von Messung und Berechnung.

Leider sind die Nachteile der direkten Messung der Dosis radioaktiver Präparate so bedeutend, daß eine solche, von praktisch-dosimetrischen Gesichtspunkten aus betrachtet, nur eine untergeordnete Bedeutung haben kann. Darauf soll später (S. 234ff.) näher eingegangen werden. Die Berechnung der Strahlendosis eines bestimmten radioaktiven Präparates oder einer Kombination solcher ist grundsätzlich in allgemeiner Form mit beliebiger Genauigkeit und mit beliebigem Umfang und Information der Ergebnisse möglich. Dabei sind allerdings, je nach den verwendeten Voraussetzungen und erwünschten Ergebnissen, die Schwierigkeiten und damit die erforderlichen mathematischen Mittel, abgesehen von den einfachsten Fällen, sehr erheblich. Andererseits erlaubt aber die Dosisberechnung, insbesondere eine solche an idealisierten Fällen, die Aufstellung von Dosisplänen und Dosisschemata, die, wenn einmal berechnet, allgemeine Gültigkeit haben.

1. Berechnung der γ-Strahlendosis

Mit der Kenntnis der Dosiskonstante (vgl. S. 152) ist die Berechnung der Dosis eines konkreten Präparates für beliebige Punkte an die Dosisdefinition in „r" angeschlossen. Wird die Dosiskonstante K in r/mch (Röntgen pro Millicuriestunde in 1 cm Abstand) ausgedrückt, so resultieren die berechneten Dosen in r/h (Röntgen pro Stunde). Die Dosiskonstante K ist, korrekt ausgedrückt, eine *Dosisleistung*, weswegen die nachfolgenden Resultate und Zahlenangaben ebenso als *Dosen pro Stunde* zu verstehen sind.

Die Dosisberechnung muß sich selbstverständlich auf geometrisch idealisierte Anordnungen der strahlenden Substanz oder der Präparate beschränken. Die Ergebnisse zeigen aber ausnahmslos, daß solche Anordnungen hinsichtlich der *Homogenität des Strahlenfeldes* besonders günstig sind, weswegen sie bei der therapeutischen Anwendung so weitgehend wie möglich angestrebt werden sollten. Auch hierin liegt einer der Vorteile der Dosisberechnung.

In den nachfolgenden Ableitungen und Dosisgleichungen bedeuten D' die Dosis in r/h *ohne* Berücksichtigung, D die Dosis *mit* Berücksichtigung der Strahlenschwächung bis zum in Frage stehenden Punkt. M stellt die Aktivität des strahlenden Gesamtsystems in mc, K die Dosiskonstante in r/mch in 1 cm Abstand dar. Der Buchstabe x entspricht einem beliebig variablen, a einem konstanten Abstand von der Strahlenquelle, während r einen variablen, R einen festen Radius (eines strahlenden Kreises, Zylinders oder einer Kugel) bedeuten. Der Schwächungskoeffizient μ entspricht dem *wirksamen* Schwächungskoeffizienten $(\mu - \sigma_s)$, da der Streuanteil des Compton-Effektes im bestrahlten System wie die Primärstrahlung wirksam ist. Der Schwächungskoeffizient wird als konstant und die Schwächung als rein exponentiell verlaufend angenommen. Die hierdurch gemachten Fehler sind praktisch für die vorliegenden Fragestellungen vollständig bedeutungslos. Für die meisten konkreten Aufgaben sind sogar die stark vereinfachten Gleichungen ohne Berücksichtigung der Schwächung vollauf genügend.

a) Einige allgemeine Gleichungen

Es sollen im folgenden einige allgemeine Gleichungen angegeben und im Prinzip hergeleitet werden, deren Gehalt für die Praxis der externen Therapie von wesentlicher Bedeutung ist. Es sind das die Funktionen der Dosisverteilung um eine Gerade, einen Kreis, einer Kreisfläche, in einer Kugel und einem Zylinder. Die Herleitung ist nur da vollständig durchgeführt, wo sie mit einfachen mathematischen Hilfsmitteln möglich ist. Soweit die Gleichungen für die Praxis unmittelbar benutzt werden können, sind sie als Kurven oder Isodosenpläne graphisch dargestellt worden.

α) *Der strahlende Punkt*

Die in der therapeutischen Praxis tatsächlich verwendeten radioaktiven Präparate sind von der Fiktion des strahlenden Punktes verschieden. In den meisten Fällen sind die Präparate zylinderförmig. Ausnahmsweise haben sie auch etwa Kugelform. Häufig werden auch flächenartige Präparate mit kreisförmiger, rechteckiger oder quadratischer Form verwendet. Es ist selbstverständlich notwendig, diesen besonderen Formen Rechnung zu tragen.

Unter der Voraussetzung, daß die Präparate kleine Dimensionen aufweisen und daß man die Dosis in Abständen, die zwei- bis dreimal größer sind als diejenigen des Präparates, berechnen will, ist es oft mit genügender Annäherung gestattet, das beispielsweise zylinderförmige Präparat als strahlenden Punkt anzusehen.

Ohne Berücksichtigung der Strahlenschwächung fällt die Strahlenintensität einer punktförmigen Strahlenquelle quadratisch mit dem Abstand ab. Ist deshalb die Menge M eines Radioisotops in einem Punkt konzentriert, so ergibt sich die Dosis pro Stunde in einem Punkt im Abstand r ohne Schwächung zu

$$D' = \frac{K\,M}{r^2}\,.$$

Muß die Schwächung allgemein berücksichtigt werden, so erweitert sich die Gleichung zu:

$$D = K\,M\,\frac{e^{-\mu r}}{r^2}\,.$$

Diese darf für γ-Strahlen und nicht zu große Abstände $\mu\,r < 0{,}2$ auch geschrieben werden zu:

$$D = \frac{K\,M\,(1 - \mu\,r)}{r^2}\,.$$

Ganz allgemein gesprochen, besteht die Aufgabe aber meist in der Bestimmung der Dosis über einen endlichen Körper, so daß die obige Funktion über die Dimensionen desselben zu integrieren ist. Der einfachste Fall liegt offenbar vor, wenn sich ein strahlender Punkt im Zentrum eines kugelförmigen Körpers mit dem Radius R befindet. Es ist dann die *mittlere* Dosis in demselben gegeben durch

$$\bar{D} = \frac{1}{V} \int \frac{K\,M}{x^2}\, d\,V;$$

$$d\,\bar{D} = \frac{3\,K\,M}{R^3}\, e^{-\mu\,x}\, d\,x;\ \bar{D} = \frac{3\,K\,M}{R^3} \int\limits_0^R e^{-\mu\,x}\, d\,x;$$

$$\bar{D} = \frac{3\,K\,M}{R^2} \cdot \frac{1 - e^{-\mu\,R}}{\mu\,R}.$$

Die Funktion $F\,(\mu\,R) = \frac{1 - e^{-\mu\,R}}{\mu\,R}$ ist in Abb. 82, S. 195, für Werte zwischen $\mu\,R = 0{,}01$ bis 100 wiedergegeben. Ohne Berücksichtigung der Schwächung wird die obige Gleichung vereinfacht zu

$$\bar{D}' = \frac{3\,K\,M}{R^2}.$$

β) *Die strahlende Gerade*

Die Dosisverteilung um längere Radiumnadeln oder Radiumsonden entspricht recht genau der theoretischen Dosisverteilung um eine strahlende Gerade. Das gilt besonders, wenn der Durchmesser der Radiumkammern von der Größenordnung 1 mm ist. Es ist dann die Abweichung der wirklichen Dosisverteilung von derjenigen um eine mathematische strahlende Gerade nach SIEVERT selbst bei relativ kurzen Kammern auf der Oberfläche des Trägers kleiner als 8%. In Entfernungen von 0,5 cm oder bei längeren Kammern ist der Fehler schon geringer als 2%. Da die meisten in der praktischen Therapie verwendeten Radiumträger die Form von Zylindern mit geringem Durchmesser haben, und oftmals derartige Träger relativ großer Länge verwendet werden, so ist die Gleichung für die Praxis der Dosisberechnung sehr wichtig.

Für Träger mit kleiner Kammerlänge (etwa 1 cm) ist die Gleichung weniger wesentlich, da derartige Präparate, wie gezeigt werden soll, recht genau die Dosisverteilung eines strahlenden Punktes aufweisen, und für Abstände, die der Größenordnung nach mit der Kammerlänge übereinstimmen, innerhalb therapeutisch zulässiger Fehlergrenzen als solche betrachtet werden dürfen.

Die Gerade habe die Länge l. Auf ihr sei die radioaktive Substanz von der Menge M homogen verteilt. Dann ist die strahlende Dichte:

$\rho = \frac{M}{l}$. Das Längenelement dl enthalte die Menge $dm = \rho\, dl$. Die Dosis soll berechnet werden für einen Punkt, der von der Geraden den senkrechten Abstand a hat.

Das Längenelement habe vom interessierenden Punkt den variablen Abstand x. Es ist, wenn φ den Winkel des Abstandes x zum Lot a darstellt:

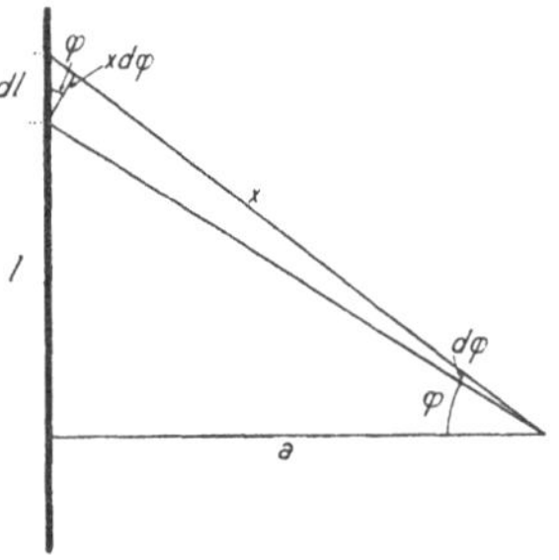

Abb. 59. Zur Berechnung der Strahlendosis einer strahlenden Geraden

$$x = \frac{a}{\cos\varphi} \text{ und } dl = \frac{x\,d\varphi}{\cos\varphi} = \frac{a\,d\varphi}{\cos^2\varphi}.$$

Die Dosis $d\,D'$, die durch das Element $d\,m = \rho\,dl$ bewirkt wird, hat die Größe:

$$dD' = K\rho\frac{dl}{x^2} = K\rho\,a\frac{d\varphi\cos^2\varphi}{a^2\cos^2\varphi},$$

$$dD' = K\rho\frac{d\varphi}{a}$$

und die Gesamtdosis der ganzen Geraden auf denselben Punkt:

$$D' = \frac{K\rho}{a}\int_{\varphi_1}^{\varphi_2} d\varphi = \frac{K\rho}{a}(\varphi_2 - \varphi_1)$$

und da nun

$$\rho = \frac{M}{l},$$

so ist

$$D' = \frac{KM}{l\,a}(\varphi_2 - \varphi_1).$$

In dieser Form ist die Gleichung wegen der darin vorkommenden Winkel nicht ohne weiteres für eine Beurteilung der Dosis zu verwerten. Dagegen gestattet sie mit Hilfe der Tabellen der tg-Funktionen die Konstruktion von *Isodosen.*

Für lange Träger und besonders in der Nähe derselben wird die Differenz der Winkel $\varphi_2 - \varphi_1$ angenähert $180° = \pi$. Dadurch wird für den betrachteten Punkt die Gerade praktisch unendlich lang, und die Gleichung geht über in

$$D' = \frac{K\rho}{a}\int_{-\frac{\pi}{2}}^{+\frac{\pi}{2}} d\varphi = \frac{\pi K\rho}{a}.$$

An diesem Resultat ist besonders bemerkenswert, daß die Dosis nicht mehr wie für den strahlenden Punkt quadratisch mit dem Abstand nach außen anfällt, sondern nur mehr linear. Dieser lineare Abfall gilt für die in der Praxis gebrauchten Träger besonders in deren unmittelbarer Umgebung, so daß die wirksame Dosis in der Nähe des Trägers anfänglich geringer ist als bei punktförmigen Präparaten, um sich dann bei größeren Abständen allmählich dem Abfall eines punktförmigen Trägers zu nähern. Dadurch wird bei Verwendung längerer Träger in deren Umgebung die Inhomogenität der Dosisverteilung teilweise aufgehoben.

Muß die Schwächung berücksichtigt werden, so wird die Aufgabe wesentlich komplizierter. Es ist dann die Dosis, bewirkt durch das Längenelement dl, gegeben durch (SIEVERT):

$$dD = \frac{K\rho}{a}\, e^{-\frac{\mu a}{\cos\varphi}}\, d\varphi,$$

und die Gesamtdosis wird damit zu

$$D = \frac{KM}{l a} \int_{\varphi_1}^{\varphi_2} e^{-\frac{\mu a}{\cos\varphi}}\, d\varphi = \frac{KM}{l a}\left[F(\varphi_2, \mu a) - F(\varphi_1 \mu a)\right].$$

Das Integral

$$\int_{\varphi_1}^{\varphi_2} e^{-\frac{\mu a}{\cos\varphi}}\, d\varphi = F(\varphi_2, \mu a) - F(\varphi_1, \mu a)$$

kann elementar nicht gelöst, sondern nur durch Reihenentwicklung oder graphisch berechnet werden. Tabellen desselben sind von SIEVERT gegeben worden.

Eine graphische Darstellung desselben für verschiedene Winkel (Kurvenparameter) für μa-Werte zwischen 0 und 2 ist im Anhang wiedergegeben.

Der Gebrauch der vorstehenden Gleichungen soll an einigen Beispielen näher dargetan werden.

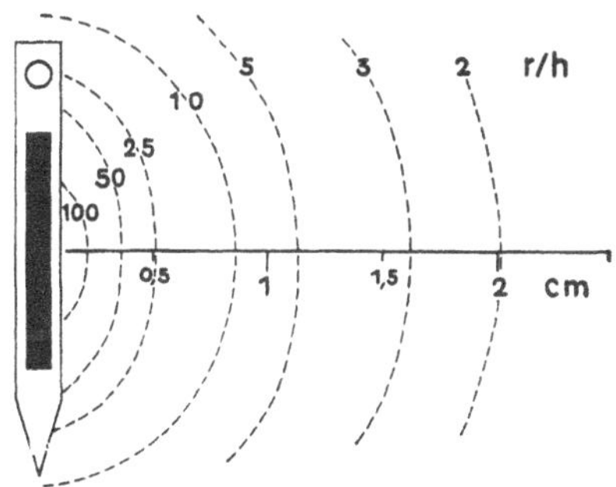

Abb. 60. Dosisverteilung einer Nadel von 1 cm strahlender Länge mit 1 mg Ra El. 2-fach natürliche Größe; Dosisangaben in r/h

Als erstes Beispiel dieser Berechnung soll die Dosisverteilung um eine kurze Nadel von 19 mm Länge mit einer Herdlänge von 1 cm berechnet werden: Platinnadel, Länge 19 mm, Herdlänge 10 mm, Ladung 1 mg Ra El. $\rho = 1$ mg/cm. Filterung 0,5 mm Pt. Dosiskonstante $K \triangleq 8$ r/mgh (Abb. 60).

1. Mitte der Nadel:

a cm	tg φ	*D* in r/h	Str. Punkt mit gleicher Ladung
0,25	2	71	128
0,5	1	25,2	32
0,75	0,667	12,5	14,2
1,0	0,5	7,4	8
1,5	0,333	3,4	3,6
2,0	0,25	1,98	2
2,5	0,2	1,26	1,27
3,0	0,167	0,89	0,9
4,0	0,125	0,5	0,5
5,0	0,1	0,32	0,32

2. Ebene senkrecht $^4/_5$ der Herdlänge:

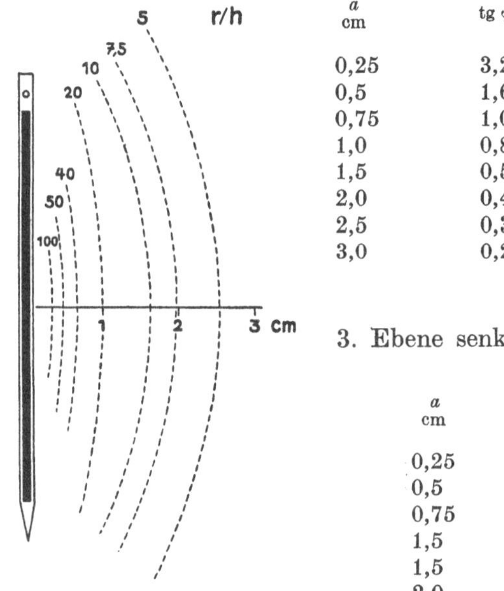

Abb. 61. Dosisverteilung einer Nadel von 5 mg Ra El.; ρ = = 1 mg/cm. Natürliche Größe

a cm	tg φ_1	tg φ_2	*D* in r/h
0,25	3,22	0,80	62
0,5	1,60	0,40	22,3
0,75	1,07	0,27	1,6
1,0	0,8	0,2	7,1
1,5	0,53	0,133	3,3
2,0	0,4	0,1	1,92
2,5	0,32	0,08	1,20
3,0	0,267	0,067	0,87

3. Ebene senkrecht Herdende:

a cm	tg φ	*D* in r/h
0,25	4	42
0,5	2	17,6
0,75	1,33	9,8
1,5	1	6,3
1,5	0,667	3,14
2,0	0,5	1,82
2,5	0,4	1,19
3,0	0,33	0,85

Vom wesentlicher praktischer Bedeutung ist auch die Dosisverteilung einer langen Nadel (Abb. 61):

Platinnadel, Länge 60 mm, Herdlänge 50 mm; Ladung 5 mg Ra El. = = 1 mg/cm. Filterung 0,5 mm Pt; Dosiskonstante $K \triangleq 8$ r/mgh.

1. Mitte der Nadel:

a cm	tg φ	D in r/h	Str. Punkt mit gleicher Ladung
0,5	5,0	44,0	160
1,0	2,5	19,3	40
1,5	1,667	11,2	17,8
2,0	1,25	7,4	10
2,5	1,0	5,1	6,4
3,0	0,833	3,8	4,4
3,5	0,715	2,9	3,3
4,0	0,625	2,3	2,5
4,5	0,555	1,8	1,9
5,0	0,5	1,5	1,6

2. Ebene senkrecht $^4/_5$ der Herdlänge:

a cm	tg φ_1	tg φ_2	D in r/h
0,5	8	2	41
1,0	4	1	17
1,5	2,66	0,66	9,7
2,0	2	0,5	6,2
2,5	1,58	0,3	4,4

3. Ebene senkrecht Herdende:

a cm	tg φ	D in r/h
0,5	10	24,5
1,0	5	11,5
1,5	3,33	7,5
2,0	2,5	5,5
2,5	2	4,3

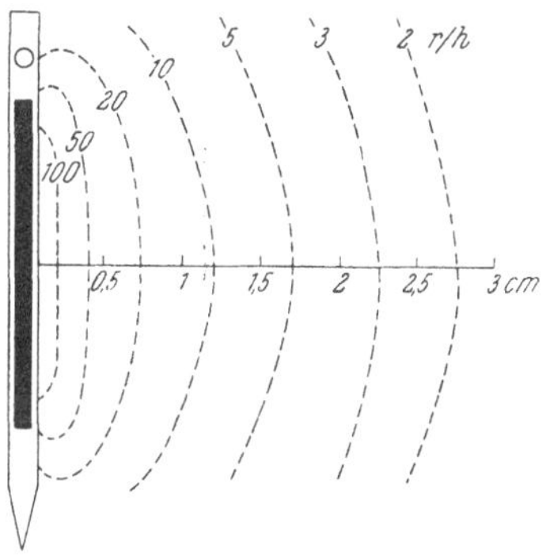

Abb. 62. Dosisverteilung einer Nadel von 2 cm strahlender Länge mit total 2 mg Ra El.; $\rho = 1$ mg/cm. 1,3-fach natürliche Größe

Als weiteres Beispiel sei die Dosisverteilung um eine Radiumnadel berechnet, die bei einer totalen Länge von 33 mm eine Herdlänge von 20 mm aufweist (Abb. 62):

Platinnadel, Länge 33 mm, Herdlänge 20 mm, Ladung 2 mg Ra El. $\rho = 1$ mg/cm. Filterung 0,5 mm Pt. Dosiskonstante $K \triangleq 8$ r/mgh.

1. Mitte der Nadel:

a cm	tg φ	D in r/h	Str. Punkt mit gleicher Ladung
0,25	4	84	256
0,5	2	35	64
0,75	1,33	19,6	28,5
1,0	1	12,5	16
1,5	0,667	6,2	7,4
2,0	0,5	3,6	4
3,0	0,33	1,7	1,8

2. Ebene senkrecht drei Viertel der Herdlänge:

a cm	tg φ_1	tg φ_2	D in r/h
0,25	6	2	80
0,5	3	1	32
0,75	2	0,667	18
1,0	1,5	0,5	11,5
1,5	1	0,333	5,8
2,0	0,75	0,25	3,4
3,0	0,5	0,167	1,6

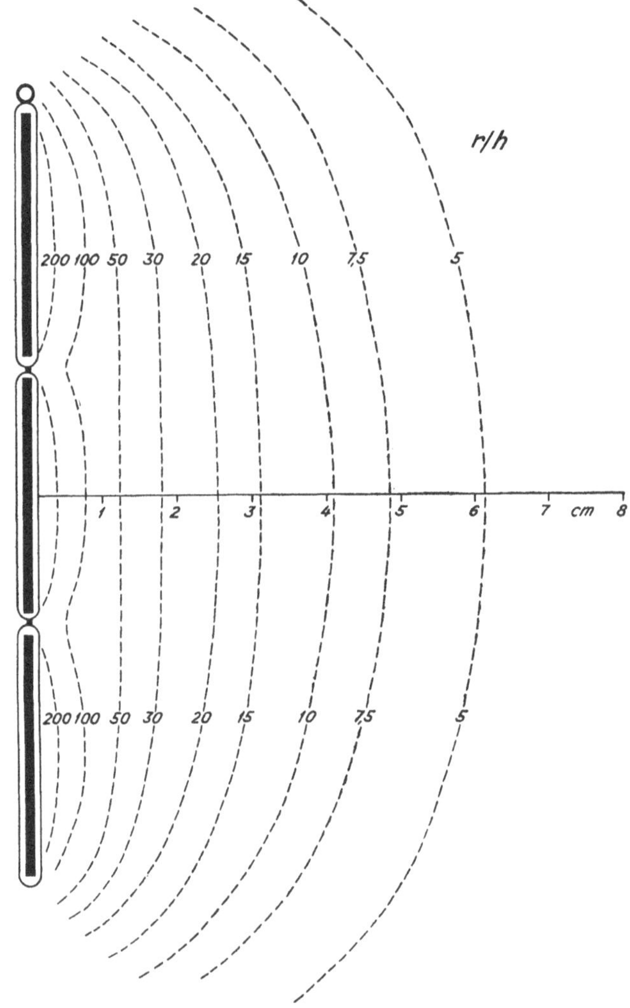

Abb. 63. Dosisverteilung einer Sonde von 10 cm Länge, bestehend aus 3 Gliedern von je 10 mg Ra El. Natürliche Größe

3. Ebene senkrecht Herdende:

a cm	tg φ	D in r/h
0,25	8	47
0,5	4	21
0,75	2,667	12,8
1,0	2	8,8
1,5	1,33	4,8
2,0	1	3,1
3,0	0,667	1,5

Als letztes Beispiel dieser Art sei die Dosisverteilung um eine Sonde von 10 cm strahlender Länge berechnet, eine Anordnung, wie sie bei Bestrahlungen, besonders der Speiseröhre, häufig Anwendung findet (Abb. 63):

Sonde, bestehend aus drei Platinkapseln von je 32 mm Länge, totale Länge der Kette 10 cm, Ladung je 10 mg Ra El. pro Kapsel, Totalladung 30 mg Ra El. $\rho = 3$ mg/cm. Filterung 1,0 mm Pt. Dosiskonstante $K \triangleq 7{,}5$ r/mgh.

1. Mitte der Sonde:

a cm	tg φ	D in r/h	Str. Punkt mit gleicher Ladung	∞ lange Garade mit gleichem ρ
0,5	10	133	900	139
1,0	5	62	225	70
1,5	3,33	38	100	46
2,0	2,5	26,8	56	35
2,5	2	20,2	36	28
3,0	1,667	15,7	25	23
3,5	1,42	12,4	18,3	19,8
4,0	1,25	10,2	13,8	17,5
4,5	1,11	8,2	11,1	15,5
5,0	1	7,1	9,1	13,9

2. Ebene senkrecht $^7/_{10}$ der Sondenlänge:

a cm	tg φ_1	tg φ_2	D in r/h
0,5	14	6	132
1,0	7	3	61
1,5	4,667	2	37,5
2,0	3,5	1,5	25,8
2,5	2,78	1,21	19
3,0	2,32	1	14,7
3,5	2	0,86	11,7
4,0	1,74	0,75	9,6
4,5	1,55	0,667	7,9
5,0	1,39	0,6	6,6

3. Ebene senkrecht $^9/_{10}$ der Sondenlänge:

a cm	tg φ_1	tg φ_2	D in r/h
0,5	18	2	119
1,0	9	1	51
1,5	6	0,667	30
2,0	4,5	0,5	20,5
2,5	3,6	0,4	15,7
3,0	3	0,33	11,8
3,5	2,57	0,286	9,5
4,0	2,25	0,25	7,8
4,5	2	0,22	6,6
5,0	1,8	0,2	5,7

4. Ebene senkrecht Ende der Sonde:

a cm	tg φ	D in r/h
0,5	20	70
1,0	10	33,5
1,5	6,67	21,3
2,0	5	15,5
2,5	4	11,9
3,0	3,33	9,7
3,5	2,86	7,9
4,0	2,5	6,8
4,5	2,22	5,9
5,0	2	5,1

Wie aus Abb. 63 zu ersehen ist, ist die Dosisverteilung um die Sonde bis zu Distanzen von etwa 2,5 cm von der Sondenachse praktisch zylinderförmig. Gegen das Ende der Kette nähern sich die Isodosen der Sondenachse schon beträchtlich, so daß an den Enden der Sonde, normal zur Achse gemessen (4), die wirksamen Dosen etwa halb so groß sind wie in der Mitte der Sonde (1). Derartige Sonden sind also so lang zu wählen, daß sie das ganze zu bestrahlende Feld ausfüllen.

In der Nähe der Sonde, bis zu Abständen von etwa 1 cm, ist die Strahlenverteilung innerhalb eines Fehlers von 10% dieselbe, wie wenn die Substanz auf einer unendlich langen Geraden verteilt wäre, dagegen ist sie um ein Vielfaches geringer als diejenige um einen strahlenden Punkt derselben Ladung (1).

In Distanzen von über 5 cm nähern sich die Dosisgrößen der Sonde und des strahlenden Punktes einander auf etwa 20%, um bei noch größeren Abständen allmählich ineinander überzugehen. Für die praktische Therapie dürften aber nur etwa Abstände bis zu maximal 4 cm in Frage kommen.

Zur schnellen Dosisberechnung bei beliebigen linearen Strahlenquellen (Nadeln, Röhrchen, Sonden) ist von Wolf ein sehr einfaches und meist genügend genaues Verfahren mit einer entsprechenden Zahlentabelle angegeben worden. Es gründet sich auf die Tatsache, daß die Strahlung in der Ebene senkrecht zum Ende des Herdes für die bestimmte Ladung von 1 mg Ra El. für jede Herdlänge einen bestimmten Wert aufweist, und daß man grundsätzlich jede lineare Strahlenquelle beliebiger Länge sich z. B. aus zwei Quellen der halben Länge, oder drei Quellen der Drittellänge usw. zusammengesetzt denken darf. Ist deshalb die Dosis in der *Ebene normal zum Herdende* für bestimmte Herdlängen bekannt, so kann man sich jede beliebige Herdlänge aus Einzelteilen bekannter Länge zusammengesetzt denken, wobei für jede (fiktive) Berührung zweier bekannter Herdlängen die Dosen zu addieren sind. Auf diese sehr einfache Weise sind für alle beliebigen Punkte, deren Koordinaten in der Tabelle enthalten sind, die Dosen sofort angebbar. Die Tab. 28 stellt einen für die meisten konkreten Aufgaben genügenden Auszug aus der Originaltabelle von Wolf dar.

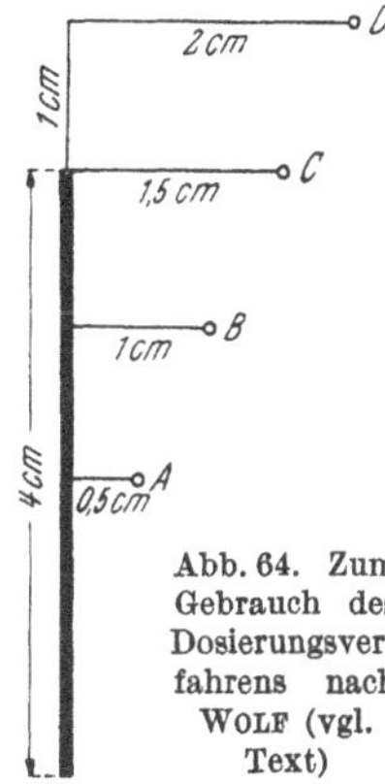

Abb. 64. Zum Gebrauch des Dosierungsverfahrens nach Wolf (vgl. Text)

Tabelle 28. Dosen in r/mgh für 1 mg Ra El. in der Ebene normal zum Herdende

Abstand a in cm	Aktive Länge l des Herdes in cm						
	0,5	1,0	1,5	2	3	4	5
0,3	55	33	23,6	17,9	12,0	9,0	7,2
0,4	37	24,3	17,5	13,5	9,0	6,8	5,4
0,5	26,3	17,4	12,8	10,3	7,1	5,4	4,4
0,6	18,5	13,5	10,3	8,2	5,8	4,5	3,6
0,8	11,3	8,9	7,1	5,8	4,3	3,3	2,66
1,0	7,5	6,4	5,3	4,4	3,3	2,56	2,10
1,2	5,3	4,7	4,0	3,4	2,6	2,08	1,71
1,4	3,9	3,6	3,1	2,7	2,12	1,73	1,44
1,6	3,0	2,8	2,55	2,27	1,78	1,45	1,22
1,8	2,4	2,27	2,10	1,89	1,53	1,25	1,06
2,0	1,95	1,88	1,78	1,62	1,34	1,10	0,94
2,5	1,26	1,22	1,17	1,11	0,94	0,81	0,72
3,0	0,88	0,87	0,83	0,79	0,70	0,66	0,55
3,5	0,68	0,65	0,63	0,60	0,55	0,49	0,44
4,0	0,50	0,49	0,48	0,46	0,42	0,39	0,36
4,5	0,39	0,39	0,39	0,38	0,36	0,34	0,30
5,0	0,33	0,33	0,32	0,32	0,30	0,28	0,26

Der Gebrauch der Tabelle soll an vier typischen Beispielen erläutert werden. Abb. 64 stellt einen 4 cm langen Ra-Träger (z. B. eine Nadel) dar mit der Ladung von 4 mg, d. h. 1 mg/cm. Wie groß sind die Dosen in den Punkten A, B, C und D?

Punkt A: $a = 0{,}5$ cm; Trägermitte. Für die halbe Trägerlänge von 2 cm kann der Tabelle der Dosiswert von 10,3 r/mgh, also für 2 mg von

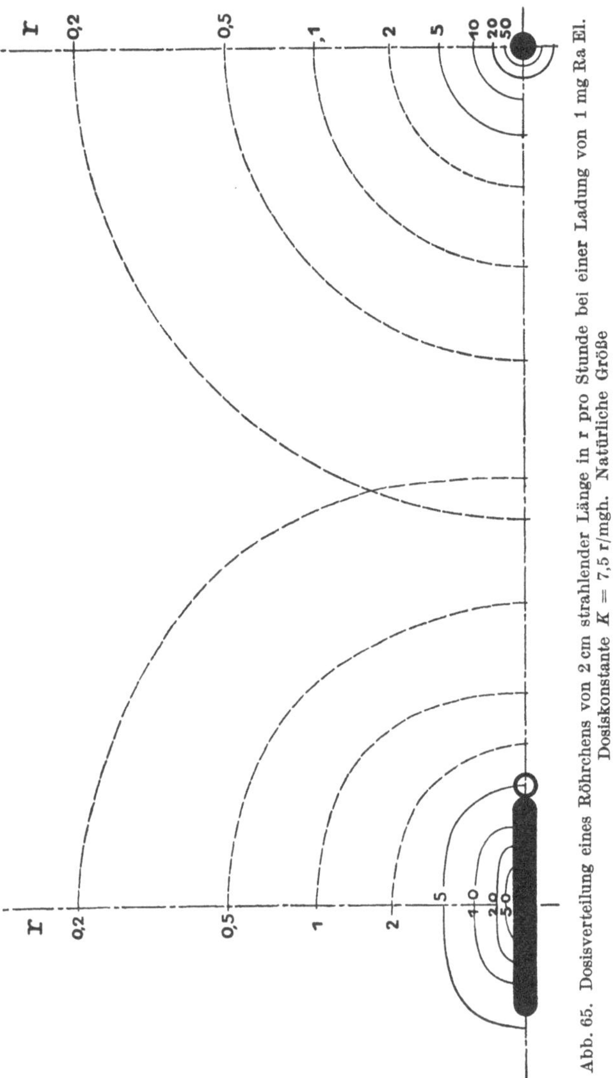

Abb. 65. Dosisverteilung eines Röhrchens von 2 cm strahlender Länge in r pro Stunde bei einer Ladung von 1 mg Ra El. Dosiskonstante $K = 7{,}5$ r/mgh. Natürliche Größe

20,6 r/h entnommen werden. Dieser Dosiswert ist für beide Hälften zu verdoppeln. Die Dosis beträgt also in A: 41,2 r/h.

Punkt B: $a = 1$ cm; $\frac{3}{4}$ Herdlänge. Für das 3 cm lange Stück ergibt sich aus der Tabelle der Dosiswert von 3,3 r/mgh, für 3 mg also 9,9 r/h.

Dazu ist zu addieren der Dosiswert des 1 cm langen Stückes, nach Tabelle 6,4 r/mgh; dieses Stück enthält aber gerade 1 mg. Die Summe ergibt also für den Punkt *B*: 16,3 r/h.

Punkt *C*: $a = 1{,}5$ cm; Herdende. Dosiswert der Tabelle für $a = 1{,}4$ cm : 1,73 r/mgh, für $a = 1{,}6$ cm : 1,45 r/mgh, interpolierter Mittelwert für $a = 1{,}5$ cm : 1,59 r/mgh. Für die Ladung von 4 mg resultiert für den Punkt *C*: 6,36 r/h.

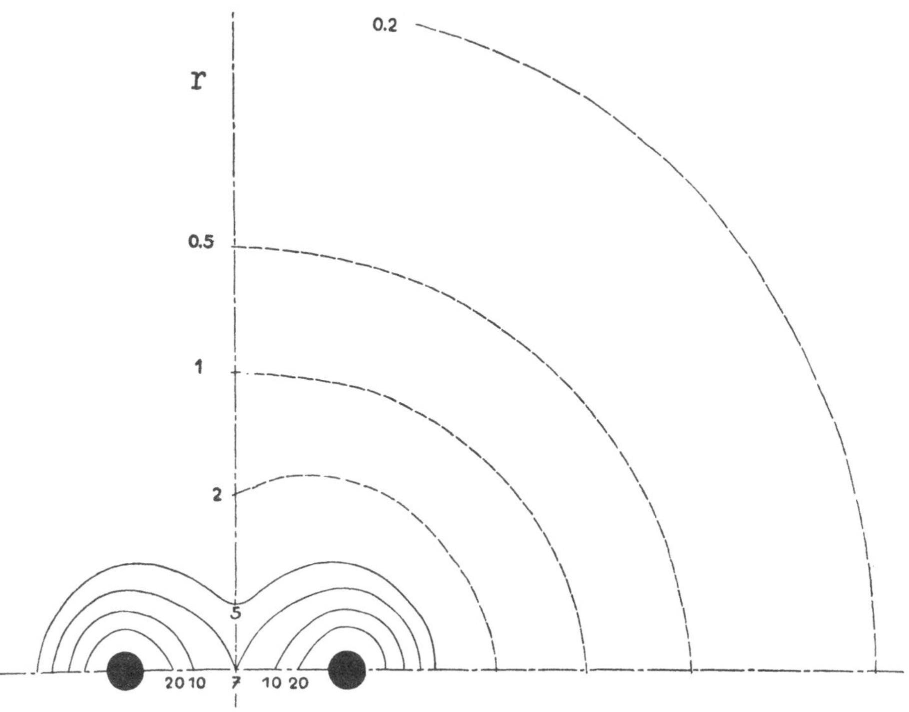

Abb. 66. Dosisverteilung von 2 Röhrchen normal zur Achse bei einem Achsenabstand von 3 cm und einer Ladung von je 1 mg Ra El. Dosen in r pro Stunde; $K = 7{,}5$ r/mgh. Natürliche Größe

Punkt *D*: $a = 2$ cm; 1 cm außerhalb Herdende. Dosiswert der Tabelle für einen 5 cm langen Herd: 0,94 r/mgh, also für 5 mg 4,70 r/h. Davon ist der Dosiswert des zuviel addierten, 1 cm langen Stückes zu subtrahieren; Dosiswert laut Tabelle 1,88 r/mgh; Ladung dieses hypothetischen Stückes: 1 mg. Damit wird die Dosis für den Punkt *D*: $4{,}70 - 1{,}88 = 2{,}82$ r/h.

Als Abschluß der Dosisberechnungen strahlender Geraden soll in der Abb. 65 das Isodosenschema eines 3 cm langen Röhrchens mit 2 cm strahlender Länge und einer Filterung von 1 mm Pt im Schnitt parallel und normal zu seiner Achse wiedergegeben werden. Schließlich ist in Abb. 66 das Isodosenschema von zwei parallel liegenden Röhrchen mit einem Normalabstand von 3 cm im Medianschnitt dargestellt. Beide Darstellungen sind in natürlicher Größe ausgeführt und für die Einheitsladung von 1 mg Ra El. pro Präparat berechnet worden.

γ) *Die strahlende Kreislinie*

Von den für moulageartige Bestrahlungen vorteilhaften Anordnungen soll für ungefähr ebene Bestrahlungsfelder die Funktion der strahlenden Kreislinie hergeleitet werden, weil sie den Prototyp für alle derartigen Anordnungen darstellt.

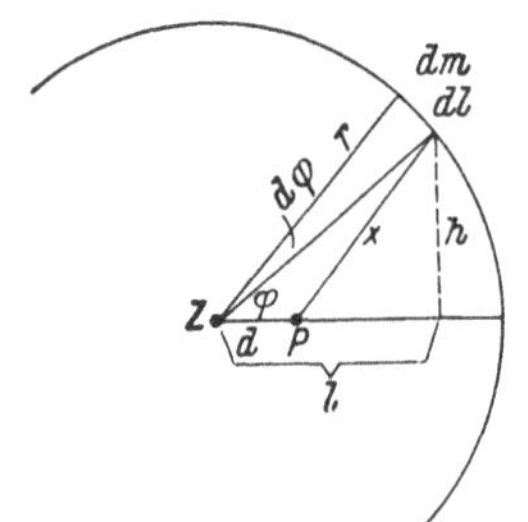

Abb. 67. Zur Berechnung der Strahlendosis um eine strahlende Kreislinie

Auf der Linie des Kreises vom Radius r sei die Menge M an strahlender Substanz gleichmäßig verteilt, so daß die strahlende Dichte $\rho = \frac{M}{2 r \pi}$ beträgt und die Menge durch $M = 2 r \pi \rho$ ausgedrückt werden kann.

Auf dem Längenelement dl der Kreislinie befindet sich die Menge dm. Das Längenelement läßt sich auch ausdrücken durch $dl = r\, d\, \varphi$ (Abb. 67).

Die Dosis im Zentrum des Kreises ohne Berücksichtigung der Schwächung, hervorgerufen durch das Mengenelement $dm = \rho\, dl = \rho\, r\, d\, \varphi$ beträgt:

$$dD' = \frac{\rho\, d\, \varphi}{r}$$

und die Dosis der gesamten Kreislinie:

$$D' = K \int_0^{2\pi} \frac{\rho\, d\, \varphi}{r} = K \frac{2 \pi \rho}{r}.$$

Nun ist aber $\rho = \frac{M}{2 \pi r}$, also $M = 2 \pi r \rho$. Daraus folgt:

$$D' = K \frac{M}{r^2}.$$

Die Dosis ist also im Zentrum des Kreises von Radius r so groß, als ob die ganze strahlende Substanz M in einem einzigen Punkt im Abstand r konzentriert wäre.

Ein Punkt auf der Kreisfläche außerhalb des Zentums hat vom Mengenelement dm den Abstand x und vom Zentrum den Abstand d. Das Lot vom Mengenelement dm auf den Radius $\varphi = 0$ schneidet den

Radius im Abstand l vom Zentrum und hat die Länge h. Nun ist:

$$x^2 = h^2 + (l - d)^2$$

$$\left.\begin{aligned} h &= r \sin \varphi \\ l &= r \cos \varphi \end{aligned}\right\} \text{Kreisgleichung.}$$

Die Dosis im Punkt P, hervorgerufen durch das Mengenelement dm, beträgt also, da $x^2 = r^2 + d^2 - 2\, r\, d \cos \varphi$,

$$dD' = K \frac{\rho\, r\, d\varphi}{r^2 + d^2 - 2\, r\, d \cos \varphi}$$

und die Gesamtdosis im Punkt P, hervorgerufen durch die ganze Kreislinie:

$$D' = K \int_0^{2\pi} \frac{\rho\, r\, d\varphi}{r^2 + d^2 - 2\, r\, d \cos \varphi},$$

und da

$$\int \frac{d\varphi}{a - b \cos \varphi} = \frac{\pi}{\sqrt{a^2 - b^2}}$$

und $M = 2\, \pi\, r\, \rho$ ist, so ergibt sich für die Gesamtdosis der Wert

$$D' = K \frac{2\, \pi\, r\, \rho}{r^2 - d^2} = \frac{K\, M}{r^2 - d^2}.$$

Die Gleichung $D' = \dfrac{K\, M}{r^2 - d^2}$ ist in Abb. 68 graphisch dargestellt. Wie aus der Abbildung zu entnehmen ist, variiert die Dosis in der Ebene des Kreises bis zu Abständen von der Hälfte des Radius um nur 33% der Dosis im Zentrum. Für eine Kreisfläche mit dem halben Radius ist die Dosis also annähernd konstant. Bei größeren Distanzen vom Zentrum steigt sie dann rasch zu größeren Werten an, so daß sie bei Abständen von drei Vierteln des Radius vom Zentrum schon das Doppelte von derjenigen im Zentrum beträgt.

Für einen Punkt außerhalb der Ebene des Kreises läßt sich die Dosis ebenfalls berechnen (MAYNEORD). Wegen der wesentlich komplizierten Rechnung sei hier nur das Resultat angegeben. Es beträgt die Dosis in einem Punkt, der vom Zentrum des Kreises in der Ebene des Kreises gemessen, den Abstand d und normal zur Ebene des Kreises gemessen den Abstand h hat:

$$D' = \frac{K\, M}{[(r^2 + d^2 + h^2)^2 - 4\, r^2\, d^2]^{1/2}}.$$

Diese Gleichung ist in Abb. 69 für einen Kreis vom Radius $r = 3$ cm und eine strahlende Dichte von $\rho = 1$ mg/cm dargestellt. Wie aus der

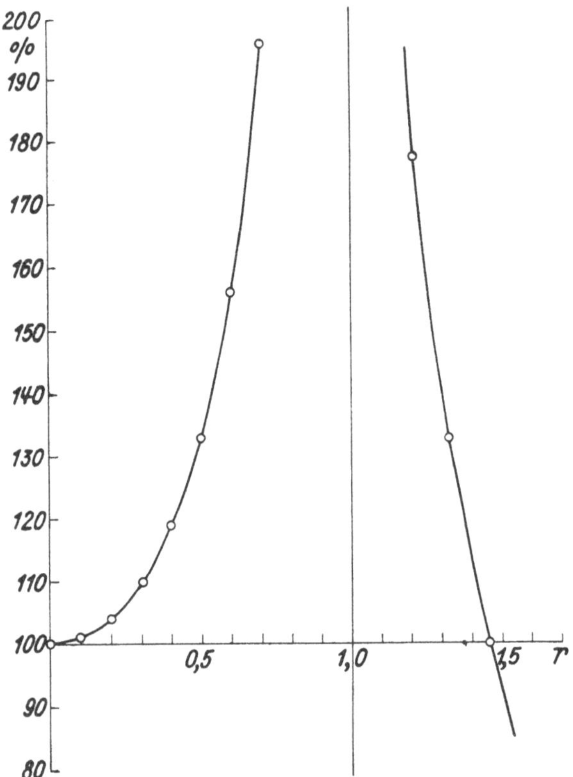

Abb. 68. Dosis in der Ebene einer strahlenden Kreislinie in % der Dosis im Zentrum

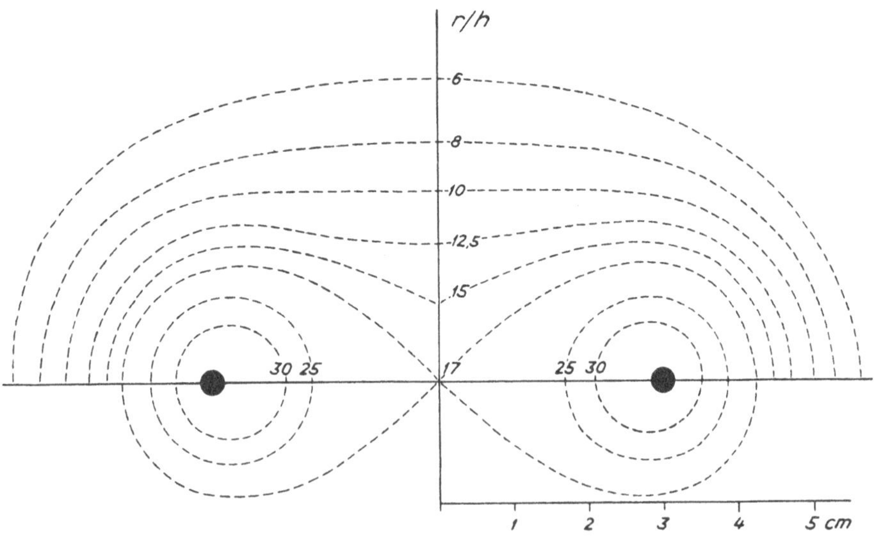

Abb. 69. Dosisverteilung in der Umgebung einer strahlenden Kreislinie von 3 cm Radius und einer spezifischen Ladung von $\rho = 1$ mg/cm. Dosisangaben in r/h. Natürliche Größe. (Modifiziert nach MAYNEORD)

Abbildung zu ersehen ist, ist die Dosis von Abständen von etwa einem Drittel des Ringdurchmessers an über die ganze Kreisfläche fast absolut homogen. Die Dosis beträgt für diesen Abstand etwas weniger als zwei Drittel der Dosis im Zentrum der Kreisfläche. In Abständen von der Kreisebene von der Größe des Kreisradius ist die Dosis bis auf ziemlich genau die Hälfte der Dosis im Zentrum der Kreisfläche gefallen. Die Kreisanordnung eignet sich deshalb ausgezeichnet zur Bestrahlung flächenförmiger Felder nahe der Oberfläche. Der Raum mit angenähert homogener Dosis wird dabei durch die beiden Grenzen ein Drittel bis die Hälfte des Kreisdurchmessers vorgeschrieben.

In dem gewählten Beispiel mit einem Kreisdurchmesser von 6 cm und einer Ladung von 1 mg/cm beträgt die Dosis im Zentrum des Kreises 17 r/h. Normal zur Ebene des Kreises gemessen beträgt sie im Abstand von 2 cm etwa 11,5 r/h und in 3 cm Abstand etwa 8,5 r/h. Innerhalb dieses zylindrischen Körpers von 6 cm Durchmesser und einer Dicke von 1 cm ist also die Dosis recht homogen mit einer Variation von nur etwa 33%. Weiter außen fällt sie dann relativ rasch ab.

Die strahlende Kreislinie bildet damit die Grundlage der Anordnung zylindrischer, radioaktiver Präparate auf *Moulagen*, wie nachfolgend gezeigt werden soll.

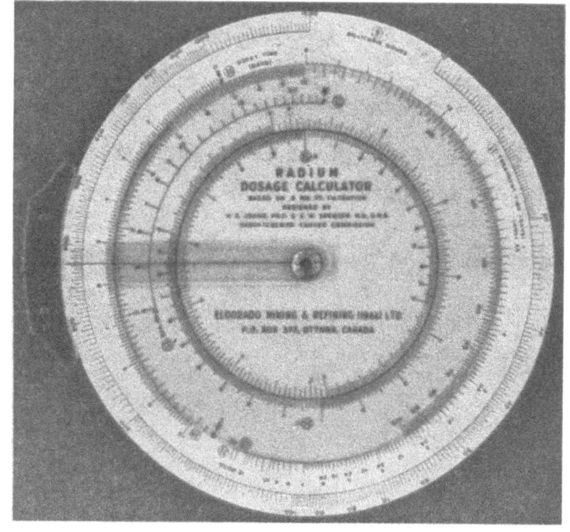

Abb. 70. Rechenschieber zur Berechnung der Dosis von Radiumpräparaten nach SPENCER und JOHNS

Befindet sich die radioaktive Substanz auf einer zur Oberfläche des Herdes (Haut) parallelen Fläche gleicher Größe und Form, so ist die Strahlendosis auf der Haut abhängig von:

1. der Größe der Fläche;
2. der Menge der auf der Moulage verteilten Radiummenge, deren Verteilungsart und Konzentration;
3. vom Normalabstand der beiden Flächen h und
4. der Dosiskonstanten K.

Im konkreten Fall der Dosisbestimmung bedient man sich heute häufig eines besonderen Rechenschiebers nach SPENCER und JOHNS, der die Dosisberechnung sofort gestattet (Abb. 70), oder man konstruiert sich auf Grund berechneter Flächen verschiedener Größe einer Kurvenschar, die es erlaubt, zu einer bestimmten Strahlendosis von z. B. 1000 r die notwendige Bestrahlungsmenge ausgedrückt in Millicuriestunden herauszulesen (Paterson und Parker). Voraussetzung dieses sehr vereinfachten Vorgehens ist allerdings eine „homogenisierende" Verteilung der Einzelpräparate, die sich auf die oben erwähnten Berechnungen stützt.

Diese Regeln sollen hier zunächst etwas näher begründet werden, da deren Verständnis die Grundlage einer zweckmäßigen Anwendung darstellt. Befindet sich auf einer Kreislinie vom Radius r cm die Menge M mc einer γ-strahlenden Substanz, so ist die Dosis bei Vernachlässigung der Schwächung in irgendeinem Punkte, dessen Projektion auf die Ebene des Kreises in den Abstand d cm vom Zentrum fällt, und der sich von der Kreisebene im Normalabstand h cm befindet (vgl. Abb. 69):

$$D' = \frac{K\,M}{\sqrt{(r^2 + d^2 + h^2)^2 - 4\,r^2\,d^2}},$$

worin K die Dosiskonstante in r/mch darstellt und damit D in r/h resultiert.

Für den Kreismittelpunkt ist $d = h = 0$ und die Dosis damit hier

$$D'_c = \frac{K\,M}{r^2}.$$

Für die Achse des Systems (Senkrechte im Kreismittelpunkt) ist $d = 0$ und damit offenbar

$$D'_a = \frac{K\,M}{r^2 + h^2}.$$

Ferner ist für alle Punkte normal über der Peripherie des Kreises $d = r$ und damit

$$D'_p = \frac{K\,M}{\sqrt{4\,r^2\,h^2 + h^4}}.$$

Verlangt man über die ganze Fläche Homogenität der Strahlendosis, und das ist ohne Zweifel die Hauptbedingung, so muß offenbar

$$D'_a = D'_p$$

sein und damit die Nenner

$$r^2 + h^2 = \sqrt{4\,r^2\,h^2 + h^4}.$$

Die Homogenität ist damit über die ganze Kreisfläche sehr angenähert vorhanden, wenn $h = \frac{\mathrm{r}}{\sqrt{2}}$ ist, also für einen Abstand von 71% des Kreisradius von der Kreisfläche. Die Strahlendosis beträgt hier genau zwei

Drittel von derjenigen im Kreiszentrum, also

$$D' = \frac{2\,K\,M}{3\,r^2}.$$

Diese einfache Bedingung kann aber nur für kleine Kreisradien bis höchstens 3 cm realisiert werden und ist bei größeren Flächen wegen des starken Abfalls bei großen Abständen nicht mehr verwendbar. Man bedenke, daß der Hautabstand bei z. B. 5 cm Radius der zu bestrahlenden Fläche etwa 3,5 cm sein müßte. Es ist deshalb notwendig, nach Gesetzmäßigkeiten zu suchen, mit deren Hilfe der Dosisverlust im Innern des Kreises bei größeren Radien $r > h\sqrt{2}$ kompensiert werden kann. Das kann dadurch geschehen, daß man für verschiedene Kreisradien zwischen 0 und 10 cm (das dürfte bei weitem die obere Grenze für eine Moulagenbestrahlung darstellen), die Dosisverhältnisse in der Achse des Kreises und senkrecht über der Peripherie berechnet und deren Differenz bestimmt.

Die Dosis in der Kreisachse kann auch geschrieben werden:

$$D'_a = \frac{2\pi K \rho}{h} \cdot \frac{r}{h\left(\frac{r^2}{h^2} + 1\right)} = \frac{2\pi K \rho}{h} \cdot F(a),$$

diejenige normal über der Peripherie

$$D'_p = \frac{2\pi K \rho}{h} \cdot \frac{r}{h\sqrt{4\frac{r^2}{h^2} + 1}} = \frac{2\pi K \rho}{h} \cdot F(p).$$

Die Differenz der beiden wird damit zu

$$D'_p - D'_a = \frac{2\pi K \rho}{h}\Big(F(p) - F(a)\Big).$$

Darin bedeutet die Größe ρ die Anzahl mg pro cm Länge, d. h. die sogenannte strahlende Dichte.

Diese drei Funktionen sind in Abb. 71 für die Verhältnisse r/h von 0—10 cm in Kurvenform dargestellt. Es zeigt sich, daß die Dosis über der Kreisperipherie schon von Radienverhältnissen $\frac{r}{h} \cong 2$ praktisch konstant bleibt, da von hier an $F(p) \sim 0{,}5$ ist. Andererseits durchläuft die Dosis in der Kreisachse bei $\frac{r}{h} = 1$ ein Maximum, um von hier an annähernd mit r/h abzufallen. Sie ist oberhalb $\frac{r}{h} \sim 3$ annähernd $D'_a \sim$ $\sim 2\,D_p \cdot \frac{h}{r}$.

Damit wird das im Kreiszentrum zu kompensierende Dosisdefizit oberhalb $\frac{r}{h} > 3$ zu $D_p - D_a \sim D_p \left(1 - \frac{2h}{r}\right)$.

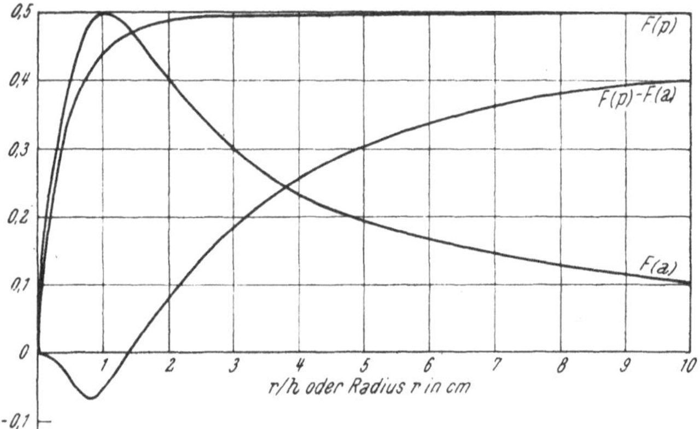

Abb. 71. Variation der Dosis über der Kreisperipherie $F(p)$ und in der Kreisachse $F(a)$ sowie deren Differenz bei wechselndem Verhältnis zwischen Kreisradius und Normalabstand r/h. Bei $h = 1$ cm entspricht die Abszisse dem Kreisradius

Die genaue Formel lautet

$$D'_p - D'_a = \frac{2\pi K \rho}{h} \left[\frac{r}{h\sqrt{\frac{4r^2}{h^2} + 1}} - \frac{r}{h\left(\frac{r^2}{h^2} + 1\right)} \right].$$

Der Multiplikationsfaktor wird bei $\rho = 1$ mg/cm zu $2\pi K \rho \sim 50$.

Es ist aus praktischen Gründen sehr zweckmäßig, die Dicke der Moulage, d. h. den Abstand der Präparate von der Haut h zu normieren, um eine variable Größe zu eliminieren. Da die zu erreichende Tiefenwirkung im allgemeinen nicht zu groß ist, so empfiehlt es sich, hierfür den Wert $h = 1$ cm anzusetzen. Damit gelten die Angaben der Abb. 71 auch gerade für die entsprechenden Kreisradien. Dargestellt sind die Dosisverhältnisse über der Kreisperipherie $F(p)$ und in der Kreisachse $F(a)$ sowie deren Differenz für verschiedene Kreisradien oder Radien-Abstandsverhältnisse.

Die jeweilige Differenz der Kurvenwerte gegen den konstanten Wert von 0,5 (für die Peripherie) gibt das Dosisverhältnis, welches durch zusätzliche Präparate zu kompensieren wäre, um eine mit der Peripherie homogene Dosis im Innern der Kreisfläche zu erhalten. Eine derartige Kompensation kann an sich beliebig weit getrieben werden. Regeln für eine solche müssen sich selbstverständlich einer als genügend erachteten Approximation bedienen. Es wird angenommen, daß eine Dosiskonstanz von $\pm 10\%$ des Gesamtwertes als genügend angesehen werden darf.

Damit ergeben sich die folgenden Kompensationsregeln für annähernd kreisförmige Bestrahlungsfelder bei einer Moulagedicke von $h = 1$ cm:

Radius $r = 1$ cm:	alle strahlende Substanz auf Peripherie.
Radius $r = 2$ cm:	92% auf Peripherie, 8% im Zentrum.
Radius $r = 3$ cm:	86% auf Peripherie, 14% als Dreieck von 1,5 cm Seitenlänge im Zentrum.
Radius $r = 4$ cm:	80% auf Peripherie, 17% auf Kreis von 2 cm Radius, 3% im Zentrum.
Radius $r = 5$ cm:	75% auf Peripherie, 22% auf Kreis von 3 cm Radius, 3% im Zentrum.
Radius $r = 7{,}5$ cm:	64% auf Peripherie, 26% auf Kreis von 5 cm Radius, 8% auf Kreis von 3 cm Radius, 2% im Zentrum.
Radius $r = 10$ cm:	50% auf Peripherie, 30% auf Kreis von 7,5 cm Radius, 13% auf Kreis von 5 cm Radius, 6% auf Kreis von 3 cm Radius und 1% im Zentrum.

Im allgemeinen sind die zur Verfügung stehenden Radiumpräparate zylinderförmig und liegen in Form von Nadeln und Röhrchen bestimmter Länge und Ladung vor. Es ist im konkreten Fall aber leicht möglich, bei größeren Feldern von etwa $r > 2$ cm eine annähernd kreisförmige Anordnung zu treffen durch Herstellung eines Polygons. Schon ein Fünfeck ist eine dem Kreis ähnliche Verteilung, und für Polygone höherer Seitenzahl trifft dies in noch vermehrterem Maße zu. Der in Rechnung zu setzende Radius r ergibt sich als die Hälfte des mittleren Durchmessers der Anordnung. Für kleine Felder von $r < 2$ cm wird eine Kreisanordnung meist nicht mehr möglich sein. Dagegen wird man immer in der Lage sein, kleine Felder durch eine Dreieckanordnung oder durch eine Quadratanordnung zu umlegen. Für diese ist die Verteilung der Strahlendosis bei fester Länge und Ladung der Präparate eine feste und bei normiertem Abstand eine unveränderliche und muß für allemal berechnet werden. Sie beträgt beispielsweise für Röhrchen von 10 mg Ladung und 2 cm strahlender Länge bei einer totalen Röhrchenlänge von 27 mm bei $h = 1$ cm für das Dreieck etwa 120 r pro Stunde und für das Quadrat etwa 115 r/h. Für größere, annähernd quadratische Felder kann die Tatsache für die Verteilung verwendet werden, daß ein homogen strahlendes Quadrat für kurze Abstände im Schnittpunkt seiner Diagonalen viermal stärker strahlt als in seinen Ecken und doppelt so stark wie an seinen Seiten. Die Menge der strahlenden Substanz soll deshalb an den Quadratseiten doppelt so groß sein wie im Innern.

Von Bedeutung für die Moulagetherapie sind ferner noch langgezogene Felder, bei denen eine Dimension wesentlich größer ist als die andere (besonders Narbenkeloide). Hierfür ist eine besondere Anordnung angezeigt. Ist das Bestrahlungsfeld sehr schmal (Breite $b < 1$ cm), so genügt die Anordnung von genügend vielen zylinderförmigen Einzelpräparaten auf der Längsrichtung (sogenannte *Tandemanordnung*). Die Strahlendosen können direkt den Isodosenplänen der entsprechenden Einzelpräparate entnommen werden. Für $h = 1$ cm und $\rho = 5$ mg/cm bei etwa 3 cm Präparatlänge beträgt hier die Dosis sehr annähernd 70 r/h.

Für größere Feldbreiten müssen zwei Tandemanordnungen parallel gelegt werden. Dabei ist nun aber die Dosis von der Feldbreite abhängig und unter Umständen nicht mehr voll homogen. Ist das Feld gegenüber seiner Breite sehr lang, also $l \gg b$, so kann für die einzelne Tandemschaltung die Dosisverteilung einer unendlich langen Geraden in Rechnung gesetzt werden. Diese beträgt für die Ladung von ρ mg/cm

$$D = \frac{\pi K \rho}{h}$$

wenn h wie üblich den Abstand der strahlenden Geraden von der Körperoberfläche (Moulagedicke) darstellt. Die einfache und doppelte Tandemanordnung wird selten länger als 10 cm und kaum je kürzer als 2 cm sein. Für diese Längen sind die Dosen in Abb. 72 für $\rho = 1$ mg/cm bis zu Abständen von 4 cm enthalten. Während für die unendlich lange strahlende Gerade die Dosis linear mit wachsendem Abstand h abfällt, ist dies für Tandemanordnungen endlicher Länge nicht mehr voll der Fall, sondern der Abfall wird um so größer, je kürzer die strahlende Gerade wird.

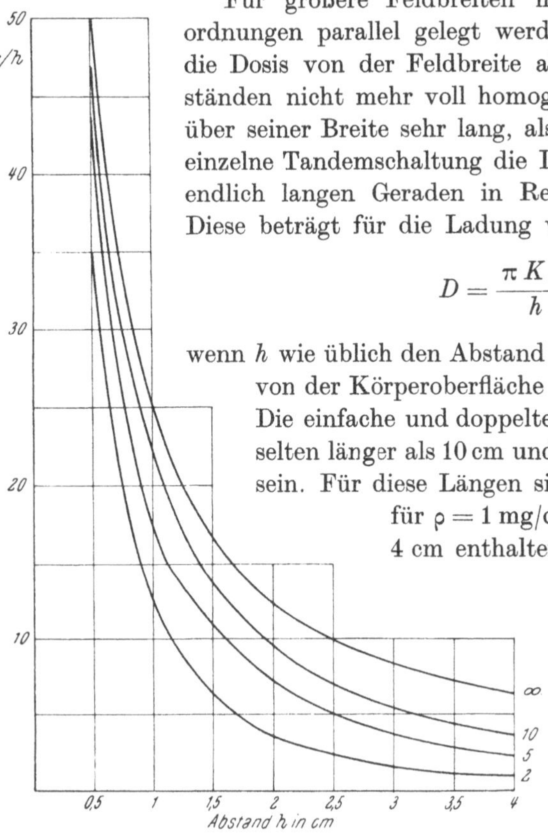

Abb. 72. Strahlendosen in r/h für zylinderförmige Präparate (Röhrchen) verschiedener Länge (Kurvenparameter) und Normalabstände (Moulagendicken h) bis zu 4 cm; Ladung: 1 mg/cm

Werden bei breiteren langgezogenen Bestrahlungsfeldern zwei Tandemanordnungen parallel nebeneinander gelegt, so addieren sich natürlich die Einzeldosen für alle Punkte. Ist die Distanz b der beiden Anordnungen gegenüber der Dicke der Moulage h vernachlässigbar klein, so wird dadurch unterhalb der Anordnung die Dosis verdoppelt. Je weiter aber die Anordnungen auseinanderliegen, desto tiefer sinkt die Dosis für alle Punkte ab. Bis zu einer gegenseitigen Distanz von $b = 2$ cm sind alle Werte praktisch gleich groß, wobei allerdings die Gesamtdosis bei dieser Breite schon auf 70% abgefallen ist. Bei größeren Abständen sinkt die Dosis in der Mitte wesentlich stärker ab, so daß eine Kompensation in der Mitte zwischen beiden Anordnungen notwendig wird.

Ist die Homogenität der Verteilung der Strahlendosis durch die Anwendung der vorstehenden Regeln gewährleistet, so kann die Gesamtdosis, wie schon erwähnt, entweder mit Hilfe eines Rechenschiebers bestimmt oder in einfacher Weise den von PATERSON und PARKER angegebenen Nomogrammen entnommen werden. Ein solches, etwas modifi-

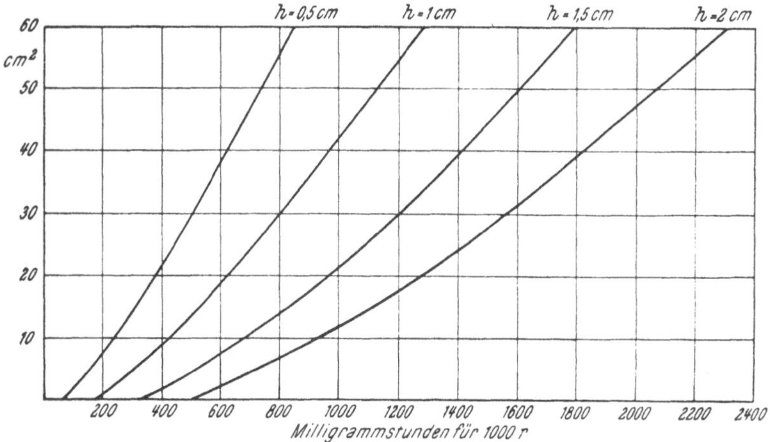

Abb. 73. Nomogramm nach PATERSON und PARKER für verschiedene Moulagedicken h und verschiedene Bestrahlungsflächen (Ordinate). Aus demselben kann die Anzahl mgh für die Strahlendosis von 1000 r entnommen werden (vgl. Text)

ziertes Nomogramm für die Moulagedicken $h = 0{,}5$ cm, $h = 1$ cm, $h = 1{,}5$ cm und $h = 2$ cm ist für die Dosiskonstante $K = 8{,}0$ r/mgh in Abb. 73 wiedergegeben. Diese Größe der Dosiskonstante berücksichtigt gerade die durch die Moulagedicke bewirkte Strahlenschwächung.

Die Anwendung der vorstehenden Überlegungen soll an einem praktischen Beispiel erläutert werden. Es soll die Zeit berechnet werden für ein Feld von 5 cm Länge und 4 cm Breite für eine Dosis von 1000 r bei einer Moulagedicke von $h = 1$ cm mit der Anordnung von 6 Röhrchen zu je 10 mg Ra El. und vier Nadeln zu 5 mg. Bei einer Feldgröße von 20 cm² und einem Hautabstand von $h = 1$ cm kann der Abb. 73 eine „Bestrahlungsmenge“ von 630 mgh für 1000 r entnommen werden. Die Auflage muß also bei einer totalen Ladung von 80 mh $630/80 = 7{,}87 \simeq 8$ h appliziert werden. Eine Totaldosis von z. B. 5000 r wäre in 40 h erreicht.

MURDOCH, STAHEL und SIMONS haben für die Praxis der Oberflächentherapie mit zylinderförmigen Präparaten in polygonartiger Anordnung sehr brauchbare praktische Tabellen angegeben. Die Angaben beziehen sich auf Röhrchen von 1,6 cm Länge und eine Filterung von 1,0 mm Pt. Als Grundlage wird angenommen, daß die Präparate mit je 1 mg Ra El. geladen sind. Bei anderen Ladungen ist der jeweilige Bruchteil angegeben. Die Tabellen, welche auch die prozentuale Tiefendosis in 2 cm Tiefe enthalten, sollen hier als einfache Regeln wiedergegeben werden.

Tabelle 29. Anordnung der Röhrchen bei FHD von 1 cm

Radius des Bestrahlungsfeldes in mm	Anordnung	Oberflächendosis für 1 mg pro Präparat	% Tiefendosis in 2 cm Tiefe
6	3 Röhrchen im gleichseitigen Dreieck	12,5 r	18,5
8	3 Röhrchen im gleichseitigen Dreieck	11,6 r	20,0
13	4 Röhrchen im Quadrat	12,0 r	24,0
15	4 Röhrchen im Quadrat + 1 Nadel mit $^1/_{10}$-Gehalt diagonal	10,3 r	25,0
20	6 Röhrchen im Sechseck + 1 Röhrchen mit ½-Gehalt Zentrum	13,0 r	30,0
25	6 Röhrchen im Sechseck + 1 Röhrchen mit ½-Gehalt + 1 Nadel mit $^1/_{10}$-Gehalt im Zentrum	10,2 r	34,0
32	6 Röhrchen im Sechseck + 6 Röhrchen halber Stärke radiär, innere Enden 8 mm vom Zentrum	11,4 r	38,0
45	12 Röhrchen im Zwölfeck + 8 Röhrchen halber Stärke radiär, innere Enden 14 mm vom Zentrum + 1 Röhrchen halber Stärke im Zentrum	13,3 r	44,0

Tabelle 30. Anordnung der Röhrchen bei FHD von 2 cm

Radius des Bestrahlungsfeldes in mm	Anordnung	Oberflächendosis für 1 mg pro Präparat	% Tiefendosis in 2 cm Tiefe
10	3 Röhrchen im gleichseitigen Dreieck	4,0 r	32,0
15	4 Röhrchen im Quadrat	4,3 r	35,0
20	5 Röhrchen im Fünfeck	4,5 r	37,0
25	6 Röhrchen im Sechseck....................	4,8 r	37,5
30	8 Röhrchen im Achteck	4,75 r	40,0
35	8 Röhrchen im Achteck + 1 Röhrchen halber Stärke im Zentrum	4,75 r	40,0
40	Gleiche Anordnung auf Kreis von 35 mm Radius	4,3 r	43,0
45	Gleiche Anordnung auf Kreis von 35 mm Radius	3,6 r	45,0
55	12 Röhrchen im Zwölfeck + 1 Röhrchen halber Stärke im Zentrum	4,7 r	45,0
60	12 Röhrchen im Zwölfeck + 3 Röhrchen	4,1 r	45,0

Sind die Flächen der Moulagen gekrümmt und darf die Krümmung als Kugelkalotte angesehen werden, so erhöht sich die Dosis auf die in Tab. 31 angegebenen Werte.

Tabelle 31

Radius der Krümmung in cm	Dosis im Verhältnis zu einer ebenen Moulage in %
3	125
4	120
6	115
8	110
10	105

δ) *Die strahlende Fläche*

Der einfachste Fall (vgl. Abb. 74) liegt zunächst vor für die auf dem Mittelpunkt einer strahlenden Kreisfläche von Radius R normal stehende Achse. Ohne Berücksichtigung der Schwächung (MAYNEORD) ist dabei ein strahlendes Element gegeben durch $d\,M = \rho\,dF = 2\,\pi\,r\,\rho\,d\,r$. Dieses hat vom betrachteten Punkt auf der Achse den Abstand $x = \sqrt{a^2 + r^2}$, wenn a den Abstand des Punktes auf der Achse und r den beliebigen Radius des kreisförmigen Flächenelementes $d\,F = 2\,\pi\,r\,d\,r$ bedeuten. Es ist dann

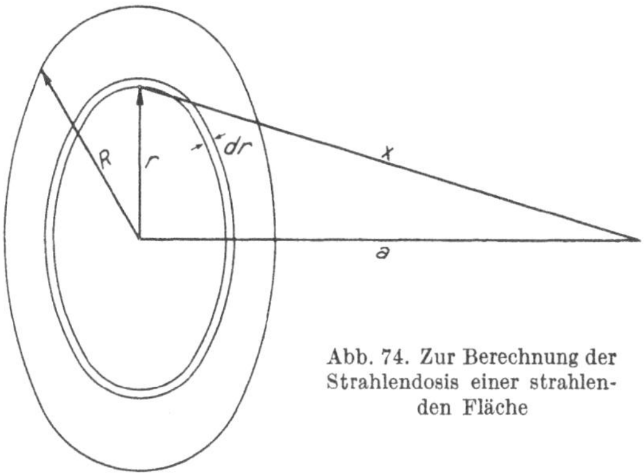

Abb. 74. Zur Berechnung der Strahlendosis einer strahlenden Fläche

$$dD' = \frac{K\,d\,M}{x^2} = \frac{2\,\pi\,K\,\rho\,r}{a^2 + r^2}\,d\,r$$

und damit

$$D' = 2\,\pi\,\rho\,K \int_0^R \frac{r}{a^2 + r^2}\,d\,r;$$

$$D' = \frac{K\,M}{R^2}\,\lg\left(1 + \frac{R^2}{a^2}\right).$$

Für einen Punkt außerhalb der Achse des Systems mit dem Abstand d wird die Dosis zu

$$D' = \frac{K\,M}{R^2}\,\lg\frac{R^2 + a^2 - d^2 + \sqrt{(R^2 + a^2 - d^2)^2 - 4\,a^2\,d^2}}{2\,a^2}$$

und für einen Punkt senkrecht über der Peripherie ($d = R$) zu:

$$D' = \frac{K\,M}{R^2}\,\lg\left(\frac{1}{2} + \sqrt{\frac{1}{2} + \frac{R^2}{a^2}}\right).$$

Es soll mit der Formel ein praktisches Beispiel berechnet werden. Ein gynäkologischer kreisförmiger Plattenapplikator von 3 cm Durchmesser enthält 50 mg Ra El. Die Dosis soll in Abständen von $a = 0{,}5$, 1, 1,5 und 2 cm in der Achse berechnet werden. Filterung äquivalent 1 mm Pt. Dosiskonstante $K \triangleq 7{,}5$ r/mgh.

1. $a = 0{,}5$ cm,

$$D' = \frac{7{,}5 \cdot 50}{2{,}25} \lg \left(1 + \frac{2{,}25}{0{,}25}\right) = 166{,}7 \cdot \lg 10,$$

$$D' = 383 \text{ r/h.}$$

2. $a = 1$ cm; $D' = 166{,}7 \lg 3{,}25 = 196$ r/h.
3. $a = 1{,}5$ cm; $D' = 166{,}7 \lg 2 = 115$ r/h.
4. $a = 2$ cm; $D' = 166{,}7 \lg 1{,}56 = 74$ r/h.

Wie man aus diesen Zahlen ersieht, ist der Dosisabfall bei kleinen Abständen anfänglich fast linear. Diese Trägerform eignet sich demnach gut für Bestrahlungen, bei denen man nur wenig tiefe, flächenhafte

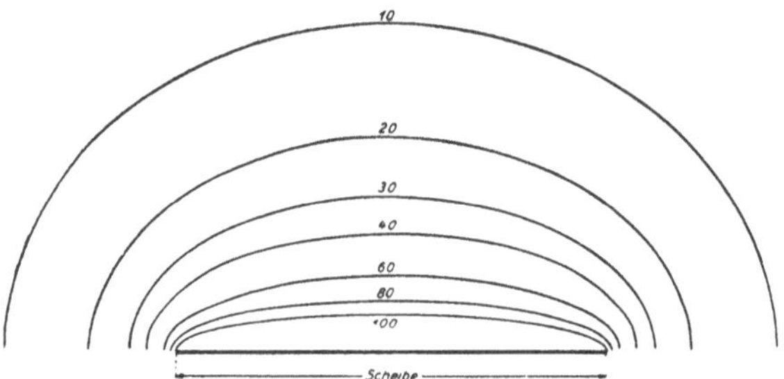

Abb. 75. Dosisverteilung einer Kreisscheibe von 3 cm Durchmesser und einer spezifischen Ladung von 1 mg/cm² Ra El.; Filter 1,0 mm Pt; Dosiskonstante $K = 7{,}5$ r/h. Natürliche Größe

Gewebepartien bestrahlen will. Bei größeren Abständen ist die Dosisverteilung ähnlich der um einen geschlossenen Kreisträger. Es sind daher bei größeren Hautabständen beide Anordnungen etwa gleich gut brauchbar. In Abb. 75 ist die Gesamtverteilung der Dosis pro Stunde für einen solchen Träger von 3 cm Durchmesser wiedergegeben. Dabei beträgt die Ra-Menge 7,05 mg entsprechend einer strahlenden Dichte von $\rho = 1$ mg/cm². Für die Vorstellung über die Dosis verschiedener Kreisscheibenträger ist die Tatsache wichtig, daß die stündliche Dosis für die Achse bei gleicher strahlender Dichte ρ mit dem Logarithmus des Verhältnisses von $\frac{R^2}{a^2}$ veränderlich ist. Demnach ist beispielsweise die stündliche Dosis bei konstanter Dichte ρ die gleiche in 1 cm Abstand von einer Scheibe von 1 cm Radius wie in 5 cm Abstand von einer Scheibe von 5 cm Radius.

Muß die Schwächung berücksichtigt werden, so wird die Lösung der

Aufgabe wesentlich komplizierter. Es ist dann unter Verwendung der vorstehenden Bezeichnungen:

$$dD = \frac{2\pi K \rho r}{x^2} e^{-\mu x}\, d r$$

und für eine unendliche Fläche:

$$D = 2\pi K \rho \int_0^\infty \frac{r e^{-\mu x}}{x^2}\, d r = 2\pi K \rho \int_{\mu a}^\infty \frac{e^{-\mu x}}{\mu x}\, d(\mu x);$$

$$D = 2\pi K \rho \cdot E_i(-\mu a).$$

Das hierbei auftretende Exponentialintegral $E_i(-x) = \int_{\mu a}^\infty \frac{e^{-x}}{x}\, d x$ kann der Tabelle des Anhanges entnommen werden.

Ist die strahlende Fläche kreisförmig mit dem Radius R, so wird die obige Gleichung zu

$$D = 2\pi K \rho \left[E_i(-\mu a) - E_i(-\mu \sqrt{a^2 + R^2})\right].$$

Handelt es sich schließlich beim Präparat um einen Kreisring mit den Radien R_1 und R_2, so wird die Gleichung zu:

$$D = 2\pi K \rho \left[E_i(-\mu\sqrt{a^2 + R_1^2}) - E_i(-\mu \sqrt{a^2 + R_2^2})\right].$$

Die beiden letztgenannten Funktionen geben die Dosis auf der Achse des Systems. Für Punkte außerhalb derselben werden die Überlegungen noch bedeutend komplizierter, so daß auf eine Wiedergabe verzichtet werden muß.

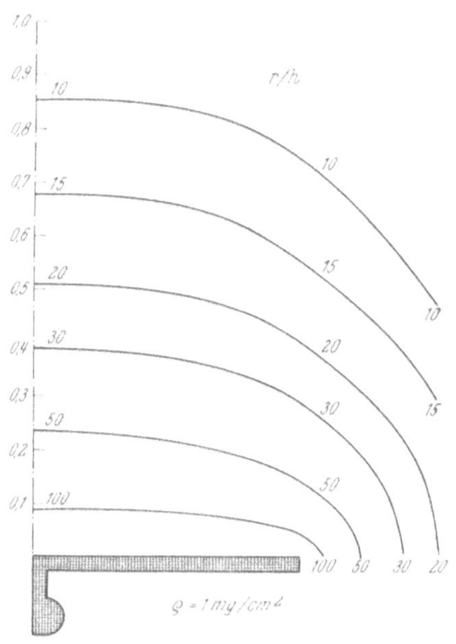

Abb. 76. Dosisverteilung eines quadratischen Plattenapplikators bei einer Ladung von 1 mg/cm² Ra El. Distanzangaben in Bruchteilen der Quadratseitenlänge. (Nach MINDER)

Wie eine eingehendere Diskussion der Dosisverhältnisse einer strahlenden Fläche zeigt (MINDER), ist es von besonderem Vorteil, wenn den Plattenträgern für die Bestrahlung oberflächlicher Herde eine *quadratische Form* gegeben wird. Es ist dann die Dosis in der Mitte der Quadratseiten genau die Hälfte von derjenigen im Schnittpunkt der Quadratdiagonalen und diejenige in den Ecken des Quadrates genau ein Viertel. Damit ist die Möglichkeit gegeben, auch größere Felder mit einem derartigen quadratischen Plattenträger sehr homogen zu bestrahlen. Dazu wird das ganze Feld schachbrettartig in Quadrate von der Größe des Trägers eingeteilt und jedes Feld gleich lange mit dem Träger belegt. Dadurch wird die Dosis über das ganze Feld praktisch absolut homogen. Abb. 76 zeigt die Isodosenverteilung eines derartigen Trägers von 1 mg/cm² Ra El. strahlender Dichte.

ε) *Die strahlende Kugelfläche*

Von therapeutischem Interesse zur moulageartigen Bestrahlung von größeren, ungefähr kugelförmigen Räumen (Schädel, Mammae) ist die Dosisverteilung innerhalb einer mit strahlender Substanz belegten Kugelfläche von Interesse. Die Berechnung läßt sich mit elementaren Methoden ebenfalls durchführen und sei hier gekürzt wiedergegeben.

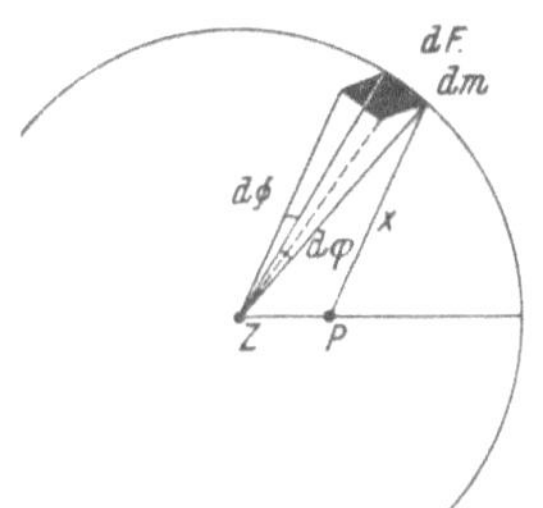

Abb. 77. Zur Berechnung der Dosis einer strahlenden Kugelfläche

Die Kugel habe den Radius r und sei mit der Menge M strahlender Substanz homogen belegt. Dann beträgt die Dichte derselben

$$\rho = \frac{M}{4\pi r^2} \quad \text{also} \quad M = 4\pi\rho r^2.$$

Für das Zentrum der Kugel ergibt sich folgendes: Das Mengenelement dm hat vom Zentrum den festen Abstand r. Das Mengenelement läßt sich ausdrücken (Abb. 77) $dm = \rho\, d\, F = \rho\, r^2 \sin\varphi\, d\,\varphi\, d\,\Phi$.

Die Dosis, hervorgerufen durch das Element dm, ergibt sich dann zu

$$dD' = \frac{\rho\, r^2 \sin\varphi\, d\,\varphi\, d\,\Phi}{r^2},$$

und die Gesamtdosis der ganzen Kugeloberfläche auf das Zentrum wird zu

$$D' = K \int_0^{\pi}\int_0^{2\pi} \frac{r^2\,\rho \sin\varphi\, d\,\varphi\, d\,\Phi}{r^2} = 4\pi K \rho,$$

und da nun wieder $\rho = \frac{M}{4\pi r^2}$, so folgt

$$D' = \frac{K M}{r^2}.$$

Dieses Resultat sagt aus, daß die Dosis im Zentrum der Kugel dieselbe ist, wie wenn die gesamte strahlende Substanz in einem Punkt im Abstand r konzentriert wäre.

Wichtig ist für den praktischen Gebrauch, daß die Gleichung auch für das Zentrum einer Halbkugel anwendbar ist, wie eine einfache Rechnung beweist: Die Oberfläche der Halbkugel beträgt $2\pi r^2$. Die Menge M darauf verteilt gibt dann die Dichte $\rho = \frac{M}{2\pi r^2}$, und die Dosis berechnet sich für die Halbkugel zu $D' = \int\limits_0^{\pi}\int\limits_0^{\pi} \rho \sin\varphi \, d\varphi \, d\Phi = 2\pi K \rho$, und da $\rho = \frac{M}{2\pi r^2}$, so ist also $D' = \frac{K M}{r^2}$.

Für einen Punkt außerhalb des Zentrums der Kugel ist die Dosis im Punkt P, hervorgerufen durch das Mengenelement dm im Abstand x,

$$dD' = K \frac{\rho r^2 \sin\varphi \, d\varphi \, d\Phi}{x^2},$$

und die Gesamtdosis ergibt sich, da $x^2 = r^2 + d^2 - 2rd\cos\varphi$, zu

$$D' = K \int\limits_0^{\pi}\int\limits_0^{2\pi} \frac{\rho r^2 \sin\varphi \, d\varphi \, d\Phi}{r^2 + d^2 - 2rd\cos\varphi},$$

da nun $\rho = \frac{M}{4\pi r^2}$, so folgt:

$$D' = K \frac{4\pi\rho r}{2d} \lg \frac{r+d}{r-d} = \frac{K M}{2rd} \lg \frac{r+d}{r-d}.$$

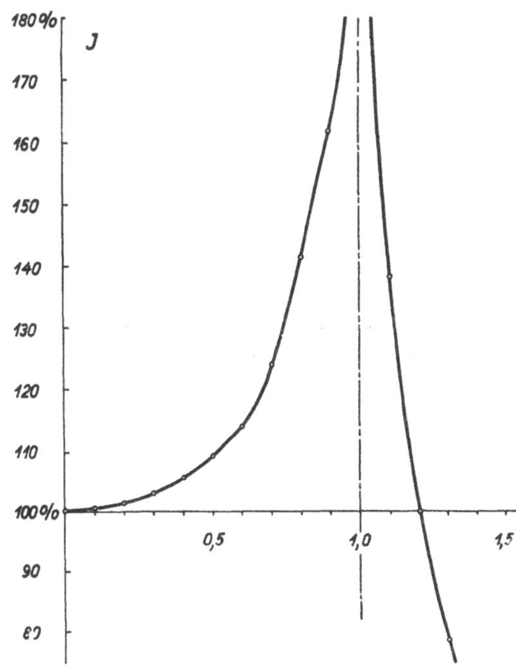

Abb. 78. Verlauf der Strahlendosis im Innern einer strahlenden Kugelfläche in % der Dosis im Zentrum. Abszisse: Abstand vom Mittelpunkt in Bruchteilen des Kugelradius

Die graphische Darstellung dieser Funktion ist höchst bedeutsam. Sie zeigt nämlich, daß bis zu Abständen von sieben Zehnteln des Radius der Kugel die Dosis nur um 25% der Dosis im Zentrum ansteigt und erst bei Werten über 0,95 des Radius auf das Doppelte der Dosis im Zentrum angestiegen ist (Abb. 78). Man ist also mit der Kugelanordnung in der Lage, Dosen von 70 bis 80% der Oberflächendosis im Zentrum zur Applikation zu bringen, wenn man die Distanz der Kugelfläche von der Oberfläche zu etwa einem Viertel bis einem Fünftel des Kugelradius wählt. Außerhalb der Kugel fällt die Dosis sehr rasch auf kleine Werte ab.

Für den praktischen Gebrauch dieser Gleichung und der darin ausgedrückten Tatsachen verteilt man auf der Oberfläche der kugel- oder halbkugelförmigen Moulage eine möglichst große Zahl von Präparaten möglichst homogen und geht mit der Distanzierung wegen der größeren Dosis um den einzelnen Träger herum auf Oberflächendistanzen von etwa einem Drittel des Kugelradius.

ζ) *Die strahlende Zylinderfläche*

Für die Therapie von Bedeutung z. B. zur Bestrahlung von Extremitäten und des Halses als quasi zylinderförmige Organe soll noch die Dosisverteilung in einem homogen mit strahlender Substanz belegten Zylindermantel berechnet werden. Die Lösung der allgemeinen Gleichung ist ziemlich umfangreich.

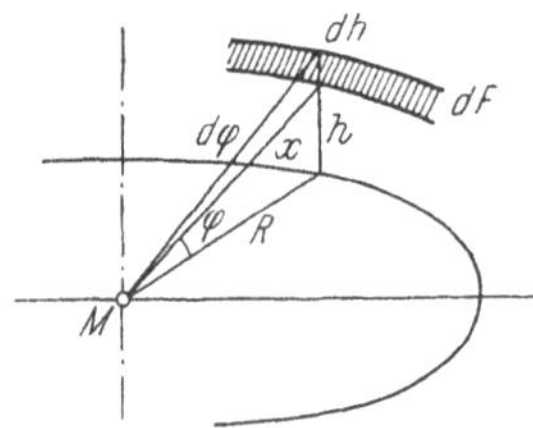

Abb. 79. Zur Berechnung der Strahlendosis im Innern einer strahlenden Zylinderfläche

Immerhin kann hier darüber so viel ausgesagt werden, daß die Dosis an allen dem Zylindermantel näher gelegenen Punkten höher sein muß als auf der Achse und daß die Dosisverteilung für praktische Fälle zwischen derjenigen des Kreises als einer Grenze und derjenigen der Kugel als anderer Grenze verlaufen muß.

Das Mengenelement $d\,M$ kann dargestellt werden durch einen unendlich schmalen Zylindermantel mit der Höhe $d\,h$ und dem Umfang $2\,\pi\,R$, also

$$d\,M = 2\pi\,\rho\,R\,d\,h;\, h = R\,\mathrm{tg}\,\varphi;\, d\,h = \frac{R\sqrt{1+\mathrm{tg}^2\,\varphi}}{\cos\varphi}\,d\,\varphi;$$

$$x^2 = R^2\,(1+\mathrm{tg}^2\,\varphi);\, \rho = \frac{M}{2\,\pi\,R\,h}\,.$$

$$dD' = \frac{2\,\pi K\,\rho R\,dh}{x^2} = \frac{2\,\pi\,K\,\rho}{\cos\varphi\sqrt{1+\mathrm{tg}^2\,\varphi}}\,d\,\varphi;$$

$$dD' = \frac{2\,\pi\,K\rho}{\cos\sqrt{1+\frac{\sin^2\varphi}{\cos^2\varphi}}}\,d\,\varphi = 2\,\pi\,K\,\rho\,d\,\varphi.$$

$$D' = 2\,\pi\,K\,\rho\,(\varphi_2 - \varphi_1) = \frac{K\,M}{R\,h}\,(\varphi_2 - \varphi_1).$$

Die Dosis in einem Punkt auf der Zylinderachse ist also dieselbe, wie wenn die ganze Menge M des strahlenden Stoffes auf einer Geraden der Länge h im Abstand R konzentriert wäre.

Für einen sehr langen Zylinder nimmt die Gleichung die Form an:

$$D' = 2\,\pi^2\,K\,\rho.$$

Man sieht sofort, daß die Gleichung für einen Punkt der Zylinderachse die gleiche Form hat wie die Gleichung der Dosis in einem Punkte im Abstand R von einer strahlenden Geraden. Diese Tatsache ist an sich selbstverständlich und ergibt sich ohne weiteres aus dem Reziprozitätsgesetz, welches besagt, daß die Strahlung eines Punktes auf einen Raum und die Strahlung des Raumes auf einen Punkt durch dasselbe Gesetz ausgedrückt werden kann.

Die Abb. 80 zeigt die Dosisverteilung im Inneren eines strahlenden Zylindermantels von 5 cm Durchmesser und 10 cm Höhe bei der Flächenbelegung mit Radium von 1 mg/cm² nach MINDER.

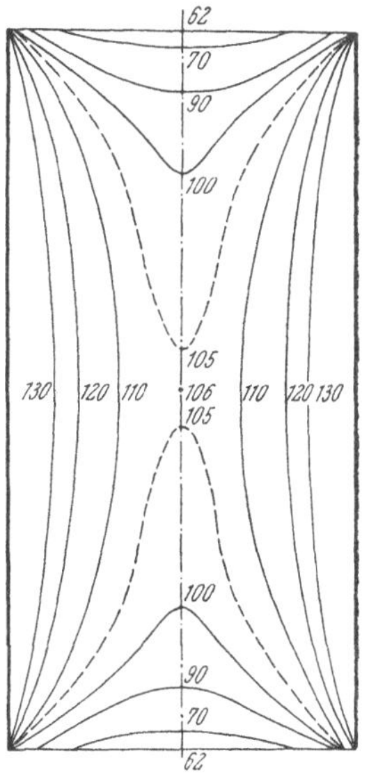

Abb. 80. Dosisverteilung im Innern einer strahlenden Zylinderfläche von $2\,R = 5$ cm Durchmesser und $h = 10$ cm Höhe bei einer Flächenbelegung von $\rho = 1$ mg/cm² Radium. Dosisangaben in r/h. (Nach MINDER)

b) Der strahlende Raum

Der Strahlendosis eines „strahlenden Raumes" kommt für das Verständnis der Dosisverhältnisse bei *internen* Bestrahlungen grundsätzliche Bedeutung zu. Sie muß deshalb, da ihre Gesetzmäßigkeiten auch für β-Strahlen Geltung haben, etwas eingehender und allgemeiner behandelt werden. Dies gilt insbesondere für den einfachsten Fall der homogenstrahlenden Kugel.

Die Berechnung der Strahlendosis an einem Punkte eines „unendlichen" strahlenden Raumes ist nur unter Berücksichtigung der Schwächung sinnvoll. Der strahlende Raum konvergiert im konkreten Fall dann gegen $\to \infty$, wenn $e^{-\mu r} \to 0$ konvergiert. Dabei wird

$$D = 4\,\pi\,K\,\rho \int_0^\infty e^{-\mu r}\,d\,r = \frac{4\,\pi\,K\,\rho}{\mu}.$$

Für einen „halbunendlichen Raum" (z. B. eine große radioaktive Wolke über der Erdoberfläche) beträgt die Dosis die Hälfte des obigen Wertes.

Die allgemeine Gleichung eines endlichen Körpers hat an sich nur formales Interesse. Sie soll aber doch ganz kurz erläutert werden. Ist ein beliebiger Körper mit beliebigen radioaktiven Substanzen erfüllt, so berechnet sich die Dosis an einem beliebigen Punkte des Systems zu

$$D = \iiint \frac{\Sigma K_i \rho_i}{r_i^2} e^{-\Sigma \mu_i r_i} d V,$$

wenn K_i die Dosiskonstanten, ρ_i die radioaktiven Dichten, μ_i die Schwächungskoeffizienten und r_i die Teilabstände, welche von der Strahlung der Volumenelemente $d V$ durchlaufen werden müssen, darstellen, über die integriert werden muß. Solche allgemeinere Aufgaben können unter Umständen gelöst werden unter Zuhilfenahme des sogenannten *Reziprozitätsgesetzes*, welches besagt, daß die Strahlung eines Raumes auf einen Punkt und diejenige desselben Punktes auf denselben Raum gleich sind, wenn die strahlenden Massen im Raum bzw. im Punkt dieselben sind, da die obige Gleichung auch für den allgemeinen Fall der Strahlung eines Punktes auf einen beliebigen Raum Geltung hat. Selbstverständlich gilt dabei $\iiint d V = V$.

Von den an sich möglichen zahlreichen Einschränkungen der vorstehenden Gleichung auf einfache konkrete Körper sollen im folgenden nur die homogen mit strahlender Substanz erfüllte Kugel (ROSSI und ELLIS, ODDIE, MINDER und SCHINDLER) und der homogen strahlende Zylinder (MARINELLI, QUIMBY und HINE, ROCKWELL) näher dargestellt werden, da diese beiden für fast alle reellen Systeme zur Grundlage genommen werden können bzw. konkrete Fälle in Kugeln und Zylinder zerlegt werden dürfen.

α) *Die homogen strahlende Kugel*

Dieser für viele konkrete Berechnungen sehr wichtige Idealfall soll hier wegen seiner allgemeinen und grundsätzlichen Bedeutung etwas ausführlicher wiedergegeben werden (MINDER und SCHINDLER).

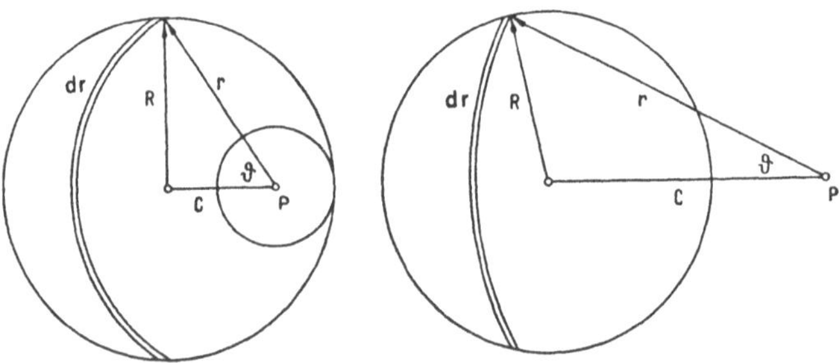

Abb. 81. Zur Berechnung der Strahlendosis einer homogen strahlenden Kugel, innen (links) und außen (rechts)

Es liege der Fall vor, daß sich in einem allseitig ausgedehnten Raum ein kugelförmiger Körper befinde, in dem die Menge M mc eines radioaktiven Stoffes homogen verteilt sei. Die Kugel habe den Radius R und damit ein Volumen $V = \frac{4\pi R^3}{3}$. Dabei beträgt die strahlende Dichte $\rho = \frac{3M}{4\pi R^3}$ mc/cm³ (vgl. Abb. 81). Es sind zwei zu trennende Fälle zu berechnen, nämlich die Strahlendosis an einem beliebigen Punkte P außerhalb der Kugel und diejenige für einen beliebigen Punkt P innerhalb derselben.

a) Punkt außerhalb der Kugel: Der betrachtete Punkt P befinde sich vom Zentrum der strahlenden Kugel in einem Abstand $C > R$. Ein Mengenelement an strahlender Substanz werde dargestellt durch eine Kugelkalotte von der Dicke $d\,r$, die durch die strahlende Kugel aus einer um den betrachteten Punkt P gelegten Kugelschale vom Radius r herausgeschnitten wird (Abb. 81, rechte Hälfte). Dieses Mengenelement hat die Größe:

$$d\,M = \rho\,dV = 2\pi\rho\,r^2\,(1 - \cos\vartheta)\,d\,r.$$

Nach Cosinussatz ist

$$R^2 = C^2 + r^2 - 2\,r\,C\cos\vartheta$$

und damit

$$\cos\vartheta = \frac{C^2 + r^2 - R^2}{2\,r\,C}.$$

Die Strahlendosis durch das Element $d\,M$ im Abstand r beträgt, wenn K die Dosiskonstante und $\mu = (\mu - \sigma_s)$ den „wirksamen" Schwächungskoeffizienten der Strahlung darstellen:

$$dD = \frac{K\,d\,M}{r^2}\,e^{-\mu r} = 2\pi K\rho\left(1 + \frac{R^2 - C^2}{2\,r\,C} - \frac{r}{2\,C}\right)e^{-\mu r}\,d\,r,$$

und schließlich die Gesamtdosis aller Elemente der ganzen Kugel:

$$D_a = 2\pi K\rho\left\{\int_{C-R}^{C+R} e^{-\mu r}\,d\,r - \frac{1}{2\,C}\int_{C-R}^{C+R} r\,e^{-\mu r}\,d\,r + \frac{R^2 - C^2}{2\,C}\int_{C-R}^{C+R}\frac{e^{-\mu r}}{r}\,d\,r\right\}.$$

Die beiden ersten Glieder können elementar berechnet werden, während das letzte Glied durch das Exponentialintegral

$$E_i(-x) = \int_x^\infty \frac{e^{-x}}{x}\,d\,x$$

darstellbar ist.

Die Integration liefert

$$D_a = \frac{3\,K\,M}{R^2}\left\{\frac{e^{-\mu(C-R)}}{4\,\mu\,R}\left[\frac{R}{C}+1-\frac{1}{\mu\,C}\right]\right.$$

$$\left.+\frac{e^{-\mu(R+C)}}{4\,\mu\,R}\left[\frac{R}{C}-1+\frac{1}{\mu\,C}\right]+\frac{1}{4}\left(\frac{R}{C}-\frac{C}{R}\right)\int\limits_{C-R}^{C+R}\frac{e^{-\mu r}}{r}\,d\,r\right\}.$$

b) Punkt innerhalb der Kugel: Für einen beliebig innerhalb der strahlenden Kugel gelegenen Punkt (vgl. Abb. 81, linke Hälfte) ist die Berechnung grundsätzlich dieselbe, wobei die Integrationsgrenze $C - R$ durch $R - C$ zu ersetzen ist und zum Resultat noch die Strahlung einer um den betrachteten Punkt gelegten Kugel vom Radius $R - C$ zu addieren ist. Damit ergibt sich für das Innere der strahlenden Kugel die Dosis zu

$$D_i = \frac{3\,K\,M}{R^2}\left\{\frac{1}{\mu\,R}+\frac{e^{-\mu(R+C)}}{4\,\mu\,R}\left[\frac{R}{C}-1+\frac{1}{\mu\,C}\right]\right.$$

$$\left.-\frac{e^{-\mu(R-C)}}{4\,\mu\,R}\left[\frac{R}{C}+1+\frac{1}{\mu\,C}\right]+\frac{1}{4}\left(\frac{R}{C}-\frac{C}{R}\right)\int\limits_{R-C}^{R+C}\frac{e^{-\mu r}}{r}\,d\,r\right\}.$$

Von wesentlichem Interesse sind noch zwei ausgezeichnete Punkte des Systems, nämlich die Strahlendosis D_c im Mittelpunkt der Kugel sowie diejenige an einem Punkt der Oberfläche D_0. Im ersten Falle ist $C = 0$, im zweiten $C = R$. Beide Fälle können elementar berechnet werden und liefern als Ergebnisse für den Mittelpunkt

$$D_c = \frac{3\,K\,M}{R^2}\cdot\frac{1-e^{-\mu R}}{\mu\,R} = \frac{3\,K\,M}{R^2}\cdot F(\mu\,R)$$

und für die Oberfläche

$$D_0 = \frac{3\,K\,M}{R^2}\cdot\frac{2\,\mu\,R+e^{-2\mu R}-1}{4\,\mu^2\,R^2} = \frac{3\,K\,M}{R^2}\cdot f(\mu\,R).$$

Die vier abgeleiteten Gleichungen haben allgemeine Gültigkeit, d. h. sie gelten grundsätzlich sowohl für β-Strahlen wie für γ-Strahlen aller Qualitäten. Es mag deshalb von Interesse sein, sie etwas eingehender zu diskutieren und miteinander in Beziehung zu setzen. Zunächst erscheint das Verhältnis der Strahlendosen auf der Oberfläche und im Mittelpunkt von Interesse. Die Division der obigen zwei Gleichungen liefert dieses Verhältnis zu

$$\frac{D_0}{D_c} = \frac{f(\mu\,R)}{F(\mu\,R)} = \frac{1}{2}\left\{\frac{1}{1-e^{-\mu R}}-\frac{1+e^{-\mu R}}{2\,\mu\,R}\right\}.$$

Es kann ohne besondere Schwierigkeiten gezeigt werden, daß der Ausdruck in der Klammer für sehr großes μR und ebenfalls für sehr kleines μR gegen 1 strebt, das obige Verhältnis also $1/2$ wird.

$$\lim_{\mu R \to \infty} \frac{D_0}{D_c} = \lim_{\mu R \to 0} \frac{D_0}{D_c} = \frac{1}{2}.$$

Für sehr große und sehr kleine Schwächungskoeffizienten bzw. Kugelradien ist die Strahlendosis an der Oberfläche einer homogen mit strahlender Substanz erfüllten Kugel genau die Hälfte von derjenigen im Mittelpunkt. Für alle anderen Werte von μR ist dieses Verhältnis kleiner als

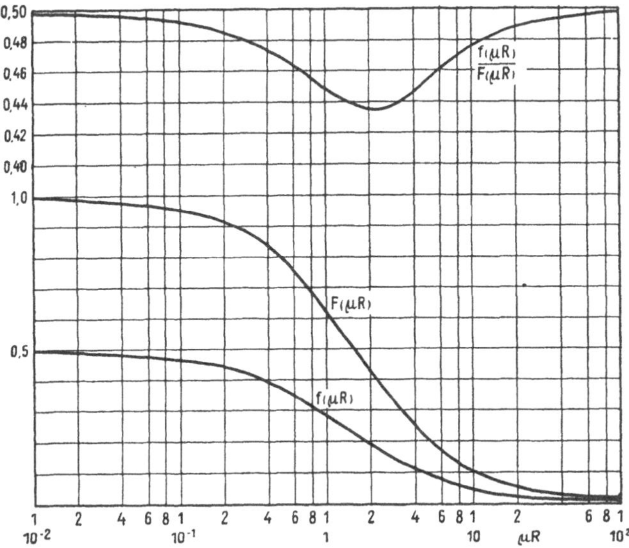

Abb. 82. Verhältnis der Strahlendosis einer homogen strahlenden Kugel zwischen Oberfläche und Mittelpunkt (oberste Kurve) und Verlauf der Dosis im Zentrum $F(\mu R)$ und auf der Oberfläche $f(\mu R)$ bei verschiedenen μR-Werten

$1/2$ und durchläuft, wie Abb. 82 zeigt, etwa bei $\mu R \approx 2{,}2$ einen Minimalwert von 0,436. Abb. 82 gestattet den Dosiswert der Oberfläche der Kugel für alle vorkommenden Strahlenqualitäten und Kugelradien zu bestimmen durch Multiplikation des Dosiswertes im Zentrum mit dem der Strahlenqualität und der Kugelgröße zukommenden Faktor (Abszisse: μR) der graphischen Darstellung. Es mag weiter von Interesse sein, den Verlauf der absoluten Größen der Oberflächendosis und der Dosis im Mittelpunkt bei verschiedenem μR darzustellen. Abb. 82 gibt dafür in der untern Hälfte je ein Kurvenbild der Zusatzfunktionen $F(\mu R)$ und $f(\mu R)$, mit welchem der ausgeklammerte Ausdruck $\frac{3KM}{R^2}$ zu multiplizieren ist, um die Dosen im Zentrum und auf der Oberfläche bei verschiedenen Schwächungsverhältnissen zu erhalten. Der ausgeklammerte Ausdruck entspricht dabei der Strahlendosis im Mittelpunkt einer Kugel vom Radius R, erfüllt mit der Menge M an strahlender Sub-

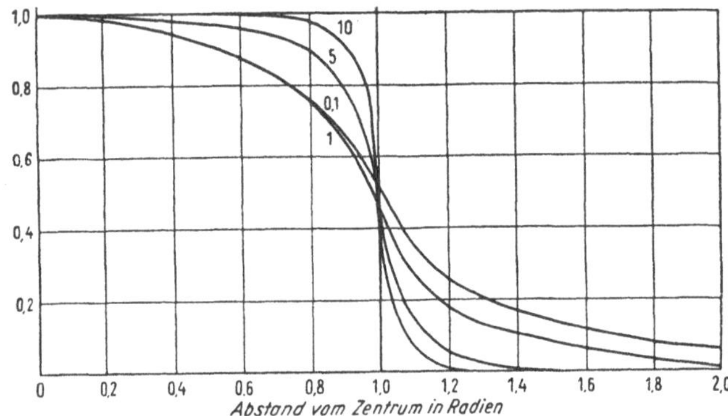

Abb. 83. Verlauf der Strahlendosis innerhalb und außerhalb einer homogen strahlenden Kugel bei verschiedenen μR-Werten (Kurvenparameter) zwischen 0,1 und 10

stanz ohne Berücksichtigung der Schwächung. Beide Zusatzfunktionen streben für sehr großes μR nach 0, während für sehr kleines μR die Funktion $f(\mu R)$ gegen $1/2$, $F(\mu R)$ gegen 1 strebt.

Die Funktionen auf S. 194 sind in Abb. 83 für verschiedene μR-Werte zwischen 0,1 und 10 dargestellt. Dabei sind die Abstände vom Mittelpunkt in Bruchteilen des Radius $\frac{C}{R}$ gemessen. Für Abszissen kleiner als 1 entspricht die Darstellung somit Punkten innerhalb der Kugel, während Abszissen größer als 1 Punkte außerhalb der Kugel darstellen. Die Strahlendosis ist für die verschiedenen Distanzen vom Mittelpunkt in Bruchteilen der Strahlendosis im Mittelpunkt der Kugel dargestellt. Die Darstellung gestattet, sich über die Dosisverteilung bei verschiedenen μR-Werten unmittelbar ein Bild zu machen. Sie zeigt besonders den Einfluß verschiedener Schwächungsverhältnisse bzw. Kugelgrößen auf die Verteilung.

Diese an sich recht komplizierten Verhältnisse können glücklicherweise für viele praktische Fälle mit hinreichender Genauigkeit bedeutend vereinfacht werden. Wie Abb. 82 zeigt, ist bei steigenden Werten von μR bis zu etwa 0,2 der Dosisfaktor im Zentrum bei konstanter strahlender Masse M nur von 1 auf etwa 0,9 abgefallen. Man würde somit bei vollständiger Vernachlässigung der Schwächung bis zu diesem μR-Wert nur einen Fehler von etwa 10% machen, was vielleicht häufig noch zulässig wäre. Bei *Vernachlässigung der Schwächung* werden nun aber die Dosisgleichungen für die strahlende Kugel relativ sehr einfach. Sie lauten, wie leicht gezeigt werden kann:

$$D_i' = \frac{3\,K\,M}{R^2}\left(\frac{1}{2} + \frac{R^2 - C^2}{4\,R\,C}\lg\frac{R+C}{R-C}\right);$$

$$D_c' = \frac{3\,K\,M}{R^2};$$

$$D_0' = \frac{3\,K\,M}{2\,R^2}.$$

Befindet sich somit in einer Kugel homogen verteilt die Menge M mc an strahlender Substanz, so ist dieselbe mit der dreifachen Dosiskonstante zu multiplizieren und durch das Quadrat des Radius der Kugel in cm zu dividieren, um die Dosis im Mittelpunkt ohne Berücksichtigung der Schwächung zu erhalten. Die Hälfte dieses so erhaltenen Wertes entspricht der Dosis auf der Oberfläche, während die Berechnung für einen beliebig gelegenen Punkt ein wenig komplizierter ist. Zur Berechnung der Dosis außerhalb der Peripherie der Kugel ist im logarithmischen Glied der Nenner $R - C$ durch $C - R$ zu ersetzen. Diese vereinfachte Berechnung ist erstmals von Souttar durchgeführt worden. Sie wurde in letzter Zeit durch Mayneord sowie von Marinelli, Quimby und Hine erweitert.

Diese vereinfachten Rechenmethoden sind in vielen Fällen bei reiner γ-Strahlung zulässig, da die Schwächungskoeffizienten der γ-Strahlung nur zwischen den Grenzen von etwa $\mu = 0{,}02$ bis $0{,}04$ variieren und absolut klein sind. Es können somit noch Körper mit Radien bis maximal 5 bis 10 cm mit Vernachlässigung der Schwächung berechnet werden, wobei die Annäherung an den exakten Wert der Dosis auf etwa 10% genau wäre und die Schwächung eventuell durch Subtraktion eines geschätzten Wertes annähernd berücksichtigt werden könnte.

Von allgemeiner Wichtigkeit ist schließlich die Tatsache, daß die so berechneten Dosen bei feststehender strahlender Menge M nur *quadratisch* mit dem Kugelradius R abfallen, während die Dichte ρ der strahlenden Substanz mit der 3. Potenz abnimmt.

Als letzte wichtige Frage von allgemeiner Bedeutung soll in Erweiterung ähnlich gerichteter vereinfachter Untersuchungen von Mayneord noch die Volumendosis, mit welcher eine homogen mit einer radioaktiven Substanz erfüllte Kugel als Ganzes selbst bestrahlt wird, berechnet werden. Die Volumendosis G ist offenbar die Summe aller Strahlendosen D_i, mit welchen die einzelnen Volumenelemente des Kugelinneren bestrahlt werden, über das Gesamtvolumen V:

$$G' = \int_V D_i\,d\,V.$$

Dabei kann das Volumenelement als $d\,V = 4\,\pi\,C^2\,d\,C$ dargestellt werden. Die Berechnung bei Vernachlässigung der Schwächung liefert

$$G' = \frac{12\,\pi\,K\,M}{R^2} \int\limits_0^R C^2 \left[\frac{1}{2} + \frac{R^2 - C^2}{4\,R\,C} \lg \frac{R + C}{R - C}\right] d\,C\,,$$

deren einfaches Resultat

$$G' = 3\,\pi\,K\,M\,R$$

lautet.

Die komplizierte Integration der allgemeinen Gleichung ergibt:

$$G = 3\,\pi\,K\,M\,R \left[1 + 8 \sum_1^\infty \frac{\nu + 3}{(\nu + 4)!} (-2\,\mu\,R)^\nu\right];$$

$$G = 3\,\pi\,K\,M\,R \cdot G\,(\mu\,R);$$

oder für große $\mu\,R$-Werte algebraisch ausgedrückt

$$G = 3\,\pi\,K\,M\,R \left[8 \left(\frac{1}{(2\,\mu\,R)^4} - \frac{1}{2\,(2\,\mu\,R)^2} + \frac{1}{3\,(2\,\mu\,R)} - \frac{e^{-2\,\mu\,R}}{(2\,\mu\,R)^4} - \frac{e^{-2\,\mu\,R}}{(2\,\mu\,R)^3}\right)\right].$$

Die zahlenmäßige Größe des Ausdruckes in der Klammer $G\,(\mu\,R)$ ist in Abb. 84 in Abhängigkeit von $\mu\,R$ wiedergegeben. Mit diesen Werten wären die Volumendosen ohne Schwächung für verschiedene $\mu\,R$-Werte zu multiplizieren, um die Schwächung bei der Volumendosis zu berücksichtigen.

Die Ergebnisse dieser Berechnungen erscheinen höchst bedeutsam. Zunächst geht aus der Gleichung der Volumendosis ohne Schwächung verglichen mit derjenigen des Mittelpunktes hervor, daß die Volumendosis, mit welcher eine Kugel selbst bestrahlt wird, bei feststehender Menge M an strahlender Substanz dem Radius der Kugel proportional ist. Wird beispielsweise eine Substanzmenge von 1 mc in einer Kugel von 1 cm Radius verteilt und dieselbe Menge in einer solchen von 10 cm Radius, so ist die Volumendosis für die letztere (bei Vernachlässigung der Schwächung) 10mal größer als in der ersteren. Von wesentlichem Interesse ist schließlich die *mittlere* Dosis, mit welcher das Kugelinnere bestrahlt wird. Diese ist gegeben durch das Verhältnis der Volumendosis zum Volumen der Kugel:

$$\bar{D}' = \frac{G'}{V} = \frac{9\,K\,M\,R}{4\,R^3} = \frac{9\,K\,M}{4\,R^2} = \frac{3}{4} \cdot D_c{}',$$

also drei Viertel der Dosis im Mittelpunkt.

Bei Berücksichtigung der Schwächung sind die Verhältnisse grundsätzlich gleich, aber natürlich erheblich komplizierter. Die mittlere Dosis ergibt sich dabei zu

$$\bar{D} = \frac{3}{4} D_c \cdot \frac{G(\mu R)}{F(\mu R)}.$$

Das Verhältnis der beiden Funktionen $\frac{G(\mu R)}{F(\mu R)}$ ist in der oberen Kurve der Abb. 84 dargestellt. Die Kurve stellt die zahlenmäßige Größe des

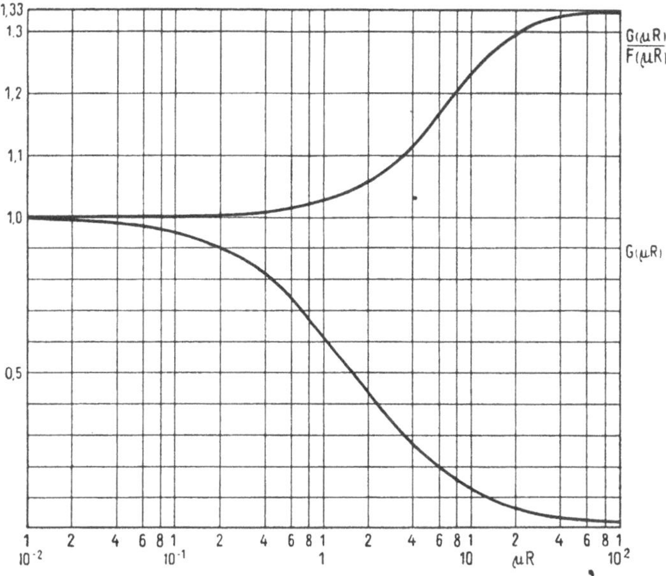

Abb. 84. Verlauf der Volumendosis bei verschiedenen (μR)-Werten (untere Kurve) und Verhältnis der mittleren Dosis der Kugel bei Berücksichtigung der Schwächung zu $^3/_4$ derjenigen im Mittelpunkt (obere Kurve)

Faktors dar, mit welcher $^3/_4$ der Dosis im Zentrum zu multiplizieren sind, um die mittlere Dosis bei Berücksichtigung der Schwächung zu erhalten. Aus dem Kurvenverlauf ist zu ersehen, daß bis zu μR-Werten von 1 die mittlere Dosis sehr genau $^3/_4$ von derjenigen im Zentrum beträgt. Bei sehr großen μR-Werten (oberhalb von etwa 50), d. h. bei weichen β-Strahlen, nähert sich der Faktor dem Wert 1,333, d. h. die mittlere Dosis ist dann gleich derjenigen im Zentrum. Trotzdem soll aber auch hier noch einmal darauf hingewiesen werden, daß die Dosis an der Peripherie nur die Hälfte von derjenigen im Zentrum beträgt (Abb. 83). Die „Rinde“ mit dem Dosisabfall ist hier aber so dünn, daß sie die mittlere Dosis in der Kugel nicht mehr in feststellbarem Maße beeinflußt.

β) *Die Katheterbestrahlung*

Im Anschluß an die allgemeinen Gleichungen der homogen strahlenden Kugel soll eine häufig verwendete Anwendung derselben noch kurz in den dosimetrischen Ergebnissen dargestellt werden, die *Katheterbestrahlung.*

Diese für die Bestrahlung von Hohlorganen grundsätzlich sehr geeignete Methode wurde von MÜLLER in die Therapie eingeführt und wird

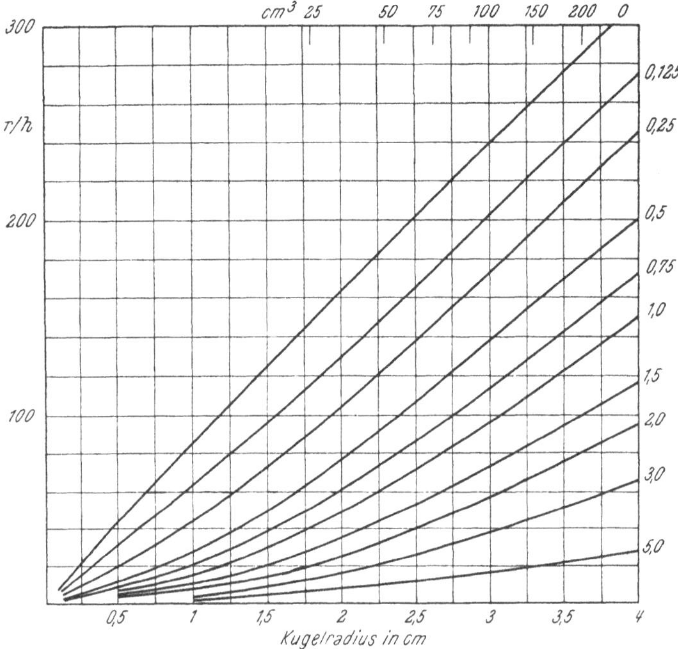

Abb. 85. Dosiskurven der Katheterbestrahlung mit einer ^{60}Co-Lösung von der spezifischen Aktivität $\rho = 1$ mc/cm³ für verschiedene Kugelradien bis zu 4 cm resp. Lösungsmengen bis 250 cm³ (Abszissenwerte oben). Die Kurvenparameter (rechts) geben die Abstände von der Kugeloberfläche („Tiefenwerte") in cm an. Dosisangaben in r/h. (Nach MINDER)

heute besonders zur Behandlung von Blasengeschwülsten, teilweise auch von solchen des Uterus und Rectums verwendet.

Die Dosisverteilung außerhalb des Katheters läßt sich vollständig berechnen (MINDER) und in unmittelbar praktisch brauchbaren Kurven darstellen. Eine solche Kurvenschar ist in Abb. 85 wiedergegeben.

Die graphische Darstellung der Abb. 85 enthält die Strahlendosen in der Umgebung eines kugelförmigen Ballonkatheters beliebiger Größe bis zu 4 cm Radius R, wenn derselbe mit einer ^{60}Co-Lösung mit einer Konzentration von 1 mc/cm³ gefüllt ist. Auf der Abszisse sind die wachsenden Radien des Katheters bis zu 4 cm aufgetragen, auf der Ordinate die Strahlendosen in r/h (Röntgen pro Stunde). Die Parameter der einzelnen Kurven entsprechen den Abständen des betrachteten Punktes von der Oberfläche des Katheters in cm. Die Kurve 0 entspricht somit der Oberfläche direkt, die anderen Kurven entsprechen konzentrischen Flächen in 0,125, 0,25, 0,5 cm usw. Abstand. Die Darstellung erlaubt die sofortige Lösung jeder dosimetrischen Frage in einfachster Weise. Voraussetzung ist die Kenntnis der Konzentration der ^{60}Co-Lösung und des Radius des Applikators. Meist wird das Volumen der Lösung bekannt sein. Für einige solche Volumina V sind im folgenden die Radien R angegeben

$V =$ 25	50	75	100	150	200 cm³
$R =$ 1,80	2,29	2,62	2,88	3,30	3,63 cm

und in der Figur oben eingetragen, wobei sie mit den entsprechenden Volumina angeschrieben sind.

Das Isotop ^{60}Co hat für das vorstehend beschriebene Verfahren den Nachteil der großen Halbwertszeit. Es können sich bei dieser Technik unter Umständen Zwischenfälle ereignen (Auslaufen eines Teiles der Lösung, Ruptur des Katheters u. ä.), bei denen die Verseuchung von Gegenständen wie Bettwäsche, Kleider, Instrumente dazu zwingt, dieselben vollständig zu eliminieren. Bei kürzerlebigen Stoffen könnte eventuell der praktisch vollständige Zerfall des Radioisotops abgewartet werden. Weiter könnten auch noch andere Faktoren (wie z. B. bessere Verfügbarkeit) für die Verwendung eines anderen Radioisotops als ^{60}Co sprechen.

In Tab. 32 sind einige Isotopen enthalten, die neben ^{60}Co eine derartige Verwendung finden könnten, mit den ihnen zukommenden Dosiskonstanten und den für die vorstehenden Kurvenscharen berechneten Korrekturfaktoren (letzte Kolonne).

Tabelle 32

Isotop	Halbwertszeit T	Dosiskonstante K	Korr. Faktor
^{60}Co	5,3 a	13,05	1,000
^{51}Ti	72 d	5,9	0,44
^{59}Fe	47 d	6,55	0,485
^{82}Br	34 h	15,1	1,120
^{134}Cs	1,7 a	7,6	0,57
^{182}Ta	117 d	6,8	0,50

Schließlich soll der Verlauf der Kurvenschar der Abb. 85 noch durch ein konkretes Beispiel erläutert werden. Ein in die Blase eingeführter Katheter könne mit einer ^{60}Co-Lösung von 150 cm³ und einer Gesamtaktivität von 60 mc gefüllt werden. Die „strahlende Dichte“ sei somit 60 mc/150 cm³ = 0,4 mc/cm³.

Der Radius einer Kugel des Volumens 150 cm^3 beträgt $R = 3,30$ cm. Aus der Abb. 85 kann entnommen werden, daß für diesen Katheterradius die Strahlendosis für die strahlende Dichte von $\rho = 1$ mc/cm^3 an der Oberfläche 260 r/h, in 0,25 cm Abstand 195 r/h, ferner in 0,5 cm Abstand 160 r/h, in 1 cm 110 r/h und in 2 cm Abstand 67 r/h beträgt. Diese Zahlengrößen müssen mit der strahlenden Dichte von 0,4 multipliziert werden. Die applizierten Dosen betragen somit auf der Oberfläche 104 r/h und in den Gewebetiefen von 0,25 cm, 0,5 cm, 1 cm und 2 cm der Reihe nach 78 r/h, 64 r/h, 44 r/h und 27 r/h. Sollen beispielsweise in noch 0,5 cm Tiefe 6000 r zur Anwendung gelangen, so ist der Applikator 6000:64, d. h. 94 Stunden an Ort zu belassen. Dabei würde die Oberfläche mit total 10 000 r bestrahlt.

γ) *Der strahlende Zylinder*

Neben der strahlenden Kugel stellt der Idealfall des strahlenden Zylinders eine wichtige idealisierte Anordnung dar. Seine exakte Berechnung stellt aber noch erheblich höhere mathematische Anforderungen, so daß hier nur die Resultate für die Achse wiedergegeben werden sollen. Bei einem Zylinderradius R, einer Zylinderhöhe h und der Aktivität M an radioaktiver Substanz beträgt die Dosis auf der Achse des Systems:

$$D_a = \frac{2\,K\,M}{R^2} \cdot \frac{1}{\mu\,h} \left\{ G(\mu\,h_1, \mu\,R) + G(\mu\,h_2, \mu\,R) \right\}$$

und für das Zentrum der Stirnfläche

$$D_s = \frac{2\,K\,M}{R^2} \cdot \frac{1}{\mu\,h}\, G(\mu\,h, \mu\,R).$$

Dabei bedeutet:

$$G(a, b) = \int_0^b F\left(\mathrm{tg}^{-1} \frac{a}{x}, x\right) d\,x,$$

wenn

$$F(\varphi, b) = \int_0^\varphi e^{-\frac{b}{\cos\varphi}}\, d\,\varphi \text{ darstellt.}$$

Die Funktion $G(a, b)$ ist in Abb. 86 für die wichtigsten Zahlenwerte als Kurvenschar wiedergegeben.

Der Gebrauch der Funktionen des strahlenden Zylinders soll an einem idealisierten Beispiel dargetan werden. Ein 30 cm langer Knochen von 3 cm Durchmesser sei homogen mit Radium kontaminiert mit einer Konzentration von 10^{-9} mc/g. Welche γ-Strahlendosis erhält die Mitte der Achse pro Jahr bei $\mu = 0,1$?

$R = 1{,}5$ cm; $h = 15$ cm; $K = 9$ r/mch; $\rho = 2$ g/cm³; $\mu R = 0{,}15$; $\mu h = 1{,}5$. Masse des Knochens $= \pi R^2 h \rho = 424$ g. Radiummenge $M = 4{,}24 \cdot 10^{-7}$ mg.

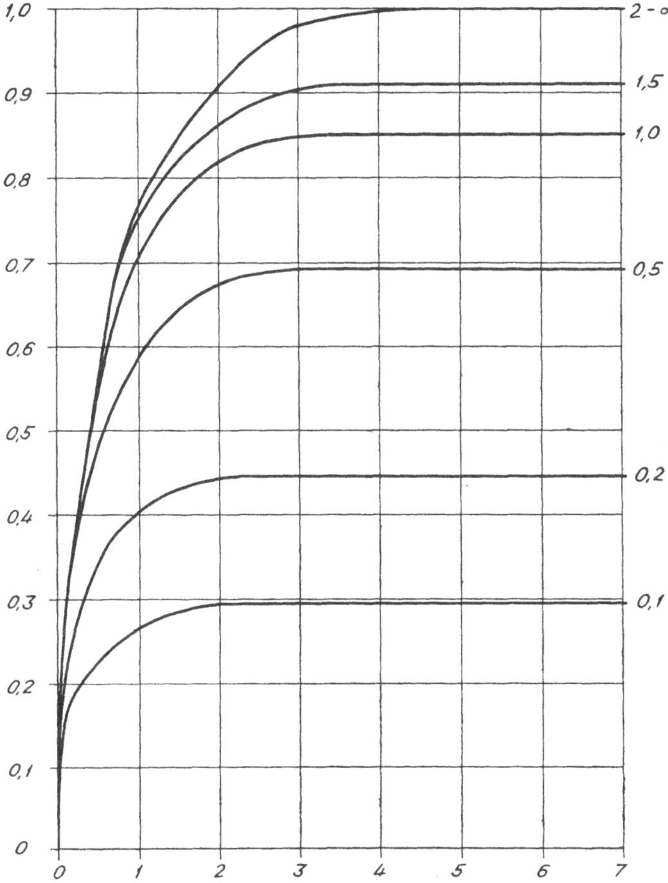

Abb. 86. Dosisfaktoren $G(a, b)$ für den homogen strahlenden Zylinder für Werte $a = \mu h$ von 0 bis 2 (Kurvenparameter) und $b = \mu R$ von 0 bis 7 (Abszisse). (Nach ROCKWELL)

Aus der Kurve für $\mu h = 1{,}5$ kann bei $\mu R = 0{,}15$ der Funktionswert $G(\mu h, \mu R) \mathrel{\widehat{=}} 0{,}33$ entnommen werden. Damit ergibt sich die Dosis pro Stunde zu

$$D = \frac{2 \cdot 9 \cdot 4{,}24 \cdot 10^{-7}}{2{,}25} \cdot \frac{1}{1{,}5} (0{,}33 + 0{,}33) \text{ r/h}$$

und die Jahresdosis zu

$$D = 12{,}9 \text{ mr.}$$

Die γ-Strahlung spielt also bei interner Kontamination nur eine sehr untergeordnete Rolle.

2. Präparatekombinationen

In sehr zahlreichen Fällen der praktischen Therapie ist die Verwendung mehrerer gleichartiger oder verschiedener Präparate erforderlich. Dabei haben sich im Laufe der Erfahrung bestimmte Kombinationen herausgebildet resp. die Kombinationen haben eine gewisse, dosimetrisch günstige Standardisierung erfahren. Dies gilt besonders bei den Bestrahlungen der weiblichen Genitalorgane und bei der Bespickung eines Herdes bestimmter Form und Ausdehnung mit Hilfe von Nadeln. Auf die bei der Anwendung von Moulagen sinnvollen Präparatekombinationen soll hier nicht mehr eingegangen werden, da dies vorstehend schon (S. 181ff.) ausführlich geschehen ist.

a) Dosimetrie der Spickmethode

Die *Bespickung* eines Herdes mit Nadeln, die eine bestimmte Menge (Aktivität) eines radioaktiven Stoffes (meist Radium oder neuerdings auch ^{60}Co, selten ^{90}Sr) enthalten, stellt dosimetrisch eine besonders heikle Aufgabe dar. Aus der Tatsache heraus, daß die Strahlenträger in den Herd selber verbracht werden, ist eine vollständige Homogenität der Dosisverteilung grundsätzlich unmöglich. Andererseits ist aber damit eine Bestrahlung des Herdes mit einer genügend hohen Dosis möglich, unter weitestgehender Schonung der angrenzenden oder umgebenden Gewebepartien. Die Bespickung erlaubt somit eine Immunisierung zugänglicher Herde, praktisch ohne Bestrahlung anderer Bereiche. Dies ist ohne Zweifel ein sehr wesentlicher therapeutischer Vorteil. Man sollte sich deshalb auch nicht scheuen, einen teilweise unzugänglichen Herd für die Bespickung eventuell operativ freizulegen, wenn auf andere Weise eine Implantation der Nadeln nach den folgenden dosimetrischen Regeln nicht möglich erscheint (Matti).

Die Spickung mit einer einzigen Nadel kommt praktisch kaum in Frage. Ihre Dosimetrie könnte den Schemata auf S. 165ff. entnommen werden. Bei der Verwendung mehrerer Nadeln soll man sich zunächst Rechenschaft über die geometrische Form des Herdes geben. Dieser ist entweder in einer Dimension größer als in den beiden anderen (langgezogen, wulstförmig) oder in zwei Dimensionen größer als in der dritten (flächenhaft, plattenförmig) oder aber annähernd isometrisch (kugelförmig). Die einzuschlagende Technik hat sich diesen Herdformen im einzelnen anzupassen. Dabei gelten zunächst die folgenden Gesetzmäßigkeiten:

1. Die erforderliche Menge an radioaktiver Substanz (Gesamtaktivität) richtet sich nach dem *Volumen* des Herdes. Dieses muß *vor* der Spickung hinreichend genau bekannt sein.

2. Der Herd ist grundsätzlich *ganz* mit Nadeln zu belegen. Besondere Aufmerksamkeit erfordern seine peripheren Partien und seine Infiltrationen.

3. Die Nadeln sind in *ebenen Gruppen* und möglichst miteinander *parallel* anzuordnen, sowohl was die Gruppen betrifft, wie die Einzelnadeln.

4. Der Normalabstand zwischen den einzelnen Nadeln soll fest sein, und soweit möglich, in allen Fällen und für alle Einzelnadeln gleich gewählt werden. Er soll 1 cm nicht um mehr als höchstens 3 mm unterschreiten und nicht um mehr als 5 mm überschreiten.

5. Der Normalabstand der an der Peripherie liegenden Nadeln soll von dieser nicht größer sein als ein Drittel des Normalabstandes zwischen den Nadeln (also 3 mm bei 1 cm Nadelabstand, 5 mm bei 1,5 mm Nadelabstand).

6. Der Dosisabfall an den beiden Enden der Nadelgruppen ist durch quergestellte Nadeln entsprechender Länge zu kompensieren.

7. Die maximalen Zeiten, während welchen Nadelpräparate ohne unerwünschte (nekrotische) Wirkungen im Kontakt mit dem Gewebe appliziert werden dürfen, betragen in Tagen (PATERSON):

mc/cm	Ra	^{60}Co
1,0	6	4
2,0	3	2
5,0	1	(1)

Es erscheint erforderlich, für die vorstehend angeführten, verschiedenen geometrischen Herdformen gesonderte Gesetzmäßigkeiten aufzustellen.

α) „*Zylinderförmiger*“ *Herd*

Grundsätzlich sind die Nadeln parallel der Achse des Herdes und unter sich parallel anzuordnen. Dabei sollen so viele Träger wie möglich

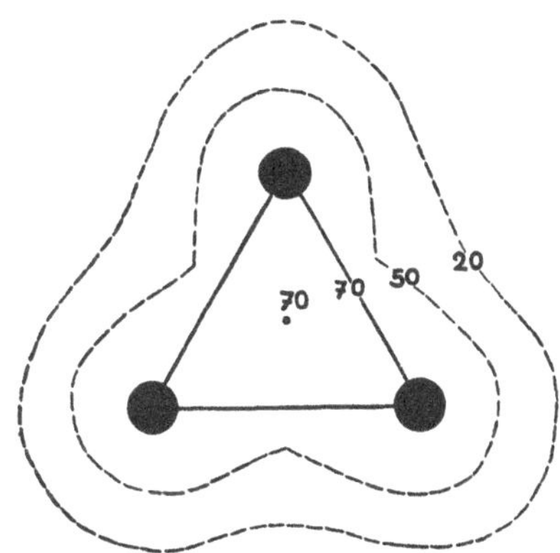

Abb. 87. Dosisverteilung für 3 Radiumnadeln von 1 cm Länge und 1 mg Ra El. parallel in gleichschenkligem Dreieck. Zahlenwerte für Nadelmitte. Dosisangaben in r/h. 2,5-fach natürliche Größe

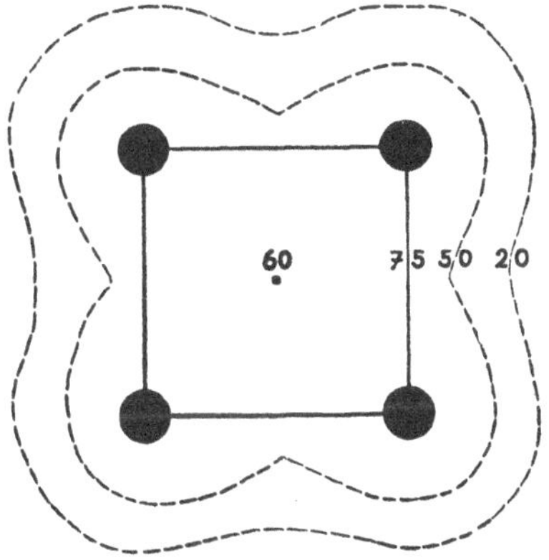

Abb. 88. Dosisverteilung für 4 Radiumnadeln von 1 cm Länge und 1 mg Ra El. parallel in den Ecken eines Quadrates von 1 cm Seitenlänge. Zahlenwerte für Nadelmitte in r/h. 2,5-fach natürliche Größe

verwendet werden in gegenseitigen Abständen von 1 cm (sicher weniger als 1,5 cm!). Die Zahl der erforderlichen Nadeln richtet sich nach dem

Durchmesser des Herdes, ihre Länge selbstverständlich nach dessen Länge. Der „Mantel des Zylinders“ soll das Parallelepiped, welches durch die Nadeln gebildet wird, mit einem äußeren Abstand von höchstens 3 mm umschließen. Die minimale Anzahl an Nadeln längs der Herdachse ist daher 3 (Herde bis zu etwa 1,5 cm Durchmesser). Größere Herdradien erfordern 4 (Durchmesser 2 bis 3 cm), 6 (Durchmesser

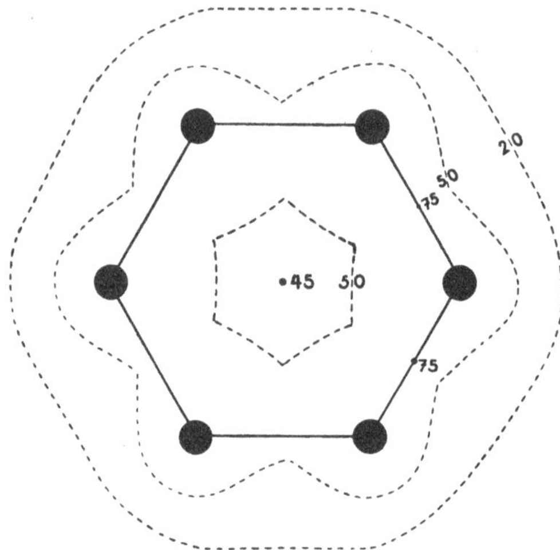

Abb. 89. Dosisverteilung für 6 Radiumnadeln von 1 cm Länge und 1 mg Ra El. parallel in den Ecken eines Sechsecks von 1 cm Seitenlänge. Zahlenangaben in r/h für die Nadelmitte. 2-fach natürliche Größe

3 bis 4 cm) oder mehr parallel der Herdachse angeordnete Nadeln. Bei 6 und mehr Nadeln im Mantelbereich des Herdes (Rinde) resultiert in der Herdachse ein Dosisminimum, das durch eine oder bei höheren Durchmessern durch 3 Nadeln kompensiert werden muß. Zusätzlich sind die Enden durch quergestellte Nadeln zu bespicken (2 bei Dreieck- und Quadratanordnung, 3 bis 4 bei Sechseck und höheren Polygonen). Von der total verwendeten Ra-Menge (an Nadeln)

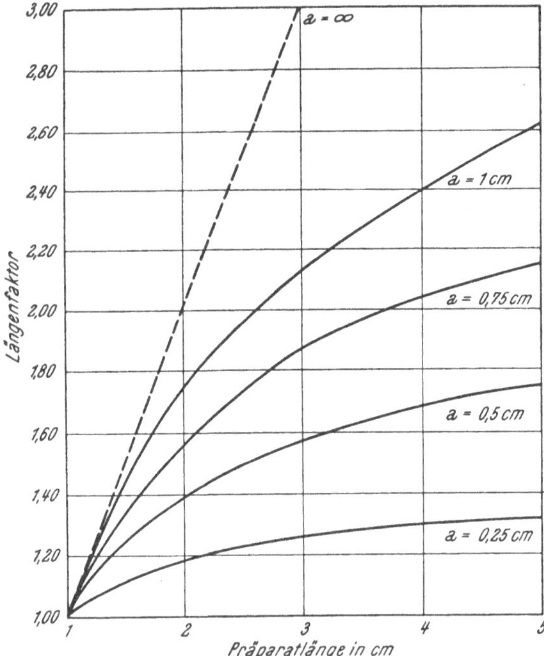

Abb. 90. Längefaktoren für Nadeln bis zu 5 cm Herdlänge. Mit den Zahlenwerten der Kurven müssen die Dosen der Nadeln zu 1 cm Länge der Abb. 87 bis 89, 91 und 93 multipliziert werden, wenn die Nadellänge größer ist (Abszisse) als 1 cm. Kurvenparameter entsprechen verschiedenen Normalabständen *a* zur Nadelmitte

(Gesamtaktivität) soll die Rinde mindestens ein Halbes, die Bodenflächen je mindestens ein Achtel enthalten.

Die Dosisverteilungen der Anordnungen im Dreieck, Quadrat und Sechseck sind in den Abb. 87 bis 89 für die Ebene in der Mitte der Nadel dargestellt, für eine Nadellänge von 1 cm und der Ladung von 1 mg Ra El., also für 1 mg/cm. Für Nadeln größerer Länge ist die Dosis höher. Die „Längefaktoren", d. h. die Zahlenwerte, mit denen die Dosisangaben der Abb. 87 bis 89 multipliziert werden müssen, um die Dosen für Nadeln von 2 bis 5 cm Herdlänge zu erhalten, sind für die Normalabstände 0,25 cm, 0,5 cm, 0,75 cm und 1,0 cm in Abb. 90 enthalten. Liegen somit die Nadeln z. B. 1 cm voneinander entfernt, so sind die Werte der Kurve für 0,5 cm (Mitte zwischen zwei Nadeln) zu verwenden.

β) „*Kugelförmige*" *Herde*

Auch für isometrische Herde ist zunächst die Kenntnis der Dimensionen und damit des Volumens erforderlich. Daraufhin sind dieselben je nach ihren Dimensionen am besten in einer schematischen Zeichnung in Schichten von 1 cm Dicke zu zerlegen. In jeder so entstandenen Schicht ist in gegenseitigen Normalabständen von 1 cm die erforderliche Anzahl genügend langer Nadeln anzuordnen, so daß die gesamte Bespickung

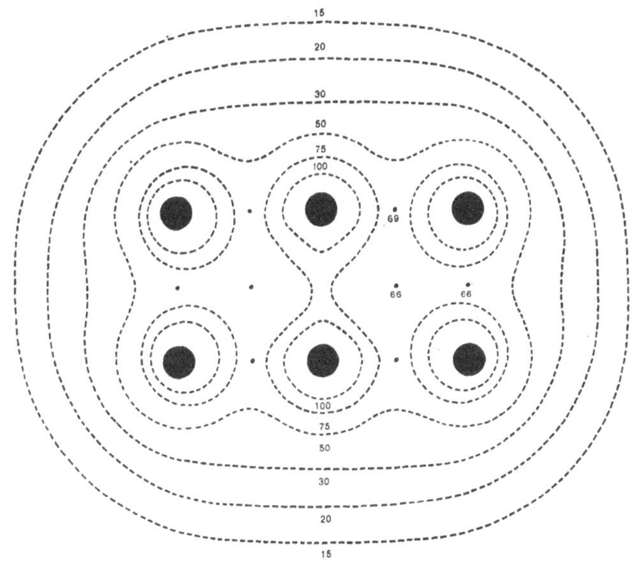

Abb. 91. Dosisverteilung einer „Sandwichanordnung" von 6 Nadeln mit 1 cm Länge und 1 mg Ra El. bei einem Nadelabstand von 1 cm in r/h. 2-fach natürliche Größe

ein möglichst regelmäßiges Gitterwerk mit einer „Maschenweite" von 1 cm bildet. Die an der Peripherie liegenden Nadeln sollen dabei die doppelte Aktivität (Ladung pro cm Länge) aufweisen. Diese von PATERSON und PARKER „Sandwichanordnung" genannte Anordnung weist unter diesen Bedingungen eine weitgehende und genügende Homogenität der Dosis über den ganzen Herd auf. Sind nur zwei Schichten notwendig, so müssen selbstverständlich alle Nadeln dieselbe spezifische Ladung aufweisen. Die Dosisverteilung einer solchen Anordnung ist für Nadeln von 1 mg Ra El. und 1 cm Länge in Abb. 91 dargestellt. Größere Nadellängen können berücksichtigt werden durch Multiplikation der dargestellten Dosiswerte mit den Zahlenwerten der Abb. 90. Als weitere Grundregel soll bei solchen Herden noch gelten, daß mindestens drei Viertel der Gesamtaktivität in die „Rinde" und ein Viertel ins Innere des Herdes gelegt werden muß.

Wird die Bespickung eines „zylindrischen" oder „isometrischen" Herdes nach den obgenannten Gesetzmäßigkeiten durchgeführt, so kann die Dosis für verschiedene Herdgrößen ein für allemal berechnet und in Tabellen oder Kurven dargestellt werden. Solche Zahlenwerte sind von PATERSON und PARKER berechnet worden. Sie geben die „Bestrahlungsmengen" in mgh an, die zum Erreichen einer Dosis von 1000 r bei verschiedenen Herdvolumina erforderlich sind. Abb. 92 gibt eine solche Darstellung für die obgenannten Herde.

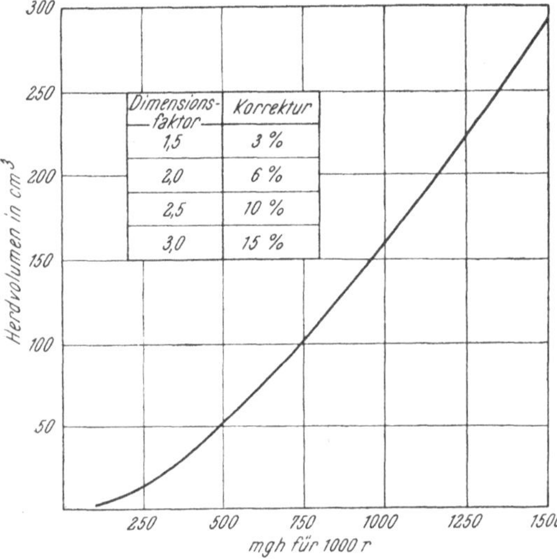

Abb. 92. Kurve nach PATERSON und PARKER (mgh für 1000 r) für quasiisometrische Herde bei deren Bespickung (vgl. Text)

Die auf dem Kurvenbild mit angegebenen Korrekturen zeigen die Faktoren in Prozent an, um welche die in der Kurve angegebene Bestrahlungsmenge (in mgh; Abszisse) vermehrt werden muß, um bei in einer Dimension um den Dimensionsfaktor größerem Herd die durch die Kurve dargestellte Dosis von 1000 r zu erhalten. Ist beispielsweise ein Herd von 160 cm³ 2,5fach länger als sein „Durchmesser", so sind 10% zu addieren, die Bestrahlungsmenge beträgt somit nicht 1000 mgh (Kurvenwert), sondern 1100 mgh (Kurvenwert + 10%).

γ) *Flächenförmige Herde*

Soll ein in zwei Dimensionen ausgedehnter Herd durch Spickung behandelt werden, so sind die Nadeln grundsätzlich parallel der flächenartigen Ausdehnung anzuordnen, und zwar so, daß dieselben unter sich ebenfalls parallel liegen. Diese Anordnung wurde von PATERSON und PARKER *Palisadenanordnung* genannt. Alle Nadeln sollen dabei dieselbe spezifische Ladung aufweisen. In Abb. 93 ist die Dosisverteilung

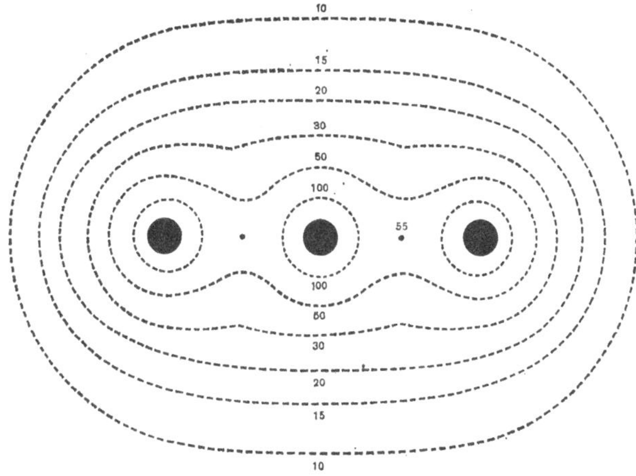

Abb. 93. Dosisverteilung der „Palisadenanordnung" von 3 Nadeln mit 1 cm Länge und 1 mg Ra El. bei einem Nadelabstand von 1 cm. Dosisangaben in r/h. 2-fach natürliche Größe

einer derartigen Palisade von drei Nadeln zu 1 mg, Herdlänge 1 cm im Mittelschnitt dargestellt. Die Dosen der Darstellung müssen für längere Nadeln mit gleicher spezifischer Ladung (z. B. 1 mg pro cm) mit den Umrechnungswerten der Abb. 90, S. 206, multipliziert werden. Ist die Herddicke größer als höchstens 1,5 cm, so sind zwei Palisaden parallel zu legen. Auch hierbei soll die spezifische Ladung für alle Nadeln

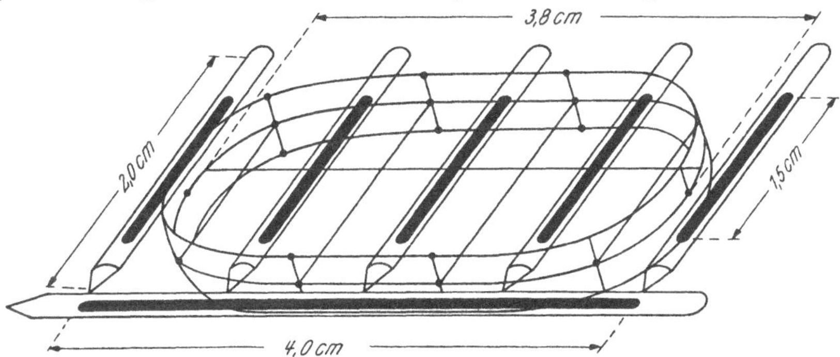

Abb. 94. Schema einer „Palisadenanordnung" von 5 Nadeln mit Kompensation durch quergestellte zusätzliche Nadel. (Nach WOLF)

dieselbe sein (vgl. Abb. 91, S. 207). Stehen die aktiven Teile der Nadeln beidseitig ihrer Länge nicht mindestens 3 mm über die Grenzen des Herdes vor, so muß die Palisade oben und unten durch quergestellte Nadeln dosimetrisch ausgeglichen werden nach der schematischen Abb. 94.

Auch für diese Bespickung planarer Herde haben PATERSON und PARKER eine allgemein gültige Berechnung angestellt, aus der approximative Dosiswerte sofort entnommen werden können. Diese etwas modifizierte Kurve ist in Abb. 95 dargestellt. Die Kurve gibt, ähnlich wie diejenige der Abb. 92, die Bestrahlungsmenge in mgh für Radium, um bei Herden verschiedener Fläche eine Dosis von 1000 r zur Wirkung zu bringen.

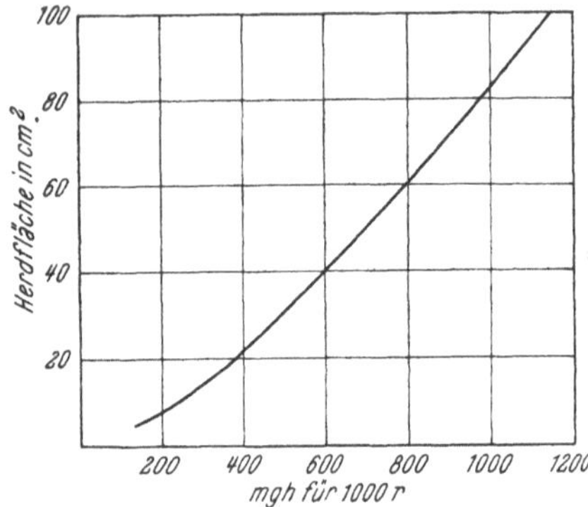

Abb. 95. Kurve nach PATERSON und PARKER für die „Palisadenanordnung" (mgh für 1000 r)

Da die Dosiskonstante für ^{60}Co $K = 13{,}05$ r/mch gegenüber derjenigen von Radium mit der Standardfilterung von 0,5 mm Pt von $K = 8{,}3$ r/mgh beträgt, so sind bei der Verwendung von ^{60}Co-Nadeln die Abszissenwerte der Abb. 92 und 95 durch 1,6 zu teilen (resp. mit 0,625 zu multiplizieren), um die Bestrahlungsmengen in mch für ^{60}Co zu erhalten. Mit dieser Korrektur sind alle Dosierungspläne, Schemata und Tabellen mit hinreichender Genauigkeit sofort auch für ^{60}Co-Präparate verwendbar.

δ) *Beispiele*

Es dürfte ohne Zweifel zweckmäßig sein, den Gebrauch der vorstehenden Schemata und Kurven an einigen Beispielen praktisch zu erläutern.

In einem *planen* Herd von 1 cm Dicke und 2,5 cm Durchmesser werden 3 Nadeln mit 3 cm aktiver Länge parallel mit 1 cm Abstand als Pallisade angeordnet. Fläche des Herdes ist 5 cm². Aus Abb. 93, S. 209, kann sofort entnommen werden, daß die Dosis bei 1 cm aktiver Länge in der Mitte zwischen zwei Nadeln am Rand einer 1 cm dicken Platte etwa 30 r/h betragen würde. Dieser Wert ist für 3 cm Herdlänge nach Abb. 90 mit 1,56 zu multiplizieren. Eine Dosis von beispielsweise 6000 r wäre in der Mitte zwischen zwei Nadeln nach etwa 68 h, in 0,5 cm Abstand von der Ebene der Nadeln, im Mittel aber nach 107 h erreicht. Für die Herdfläche von 5 cm² gibt die Kurve nach Abb. 95 für 1000 r eine Bestrahlungsmenge von etwa 150 mgh an, für 6000 r wären demnach 900 mgh erforderlich. Bei total 9 mg (3 Nadeln zu 3 mg) müssen dieselben demnach 900/9 = 100 h liegen gelassen werden. Die Übereinstimmung zwischen den beiden Bestimmungen darf als befriedigend angesehen werden. Die Kurven von PATERSON und PARKER müssen selbstverständlich die Punkte des Systems mit der *geringsten* Dosis berücksichtigen, weil diese ja für die Wirkung maßgeblich sind.

In einem *quasiisometrischen* Herd von 3 cm Durchmesser sollen in „Sandwichanordnung“ 9 Nadeln von 3 cm Herdlänge angeordnet werden, mit der Ladung von je 3 mg Ra El. pro Nadel; Volumen des Herdes = 14 cm³. Die Kurve der Abb. 92 gibt für 1000 r die Bestrahlungsmenge von 250 mgh an, für 6000 r somit 1500 mgh. Bei 9 Nadeln zu je 3 mg ergibt sich somit für 6000 r eine Bestrahlungszeit von 1500/27 = 55 h. Der Abb. 91 kann für das Innere des Herdes eine Dosis von etwa 66 r/h entnommen werden. Diese Angabe wäre für Nadeln von 3 cm Länge nach Abb. 90 mit 1,56 zu multiplizieren. Ferner wären wegen der dritten Palisade zu diesem Wert noch 20% hinzuzuzählen. Total also 123 r/h. Die Zeit für 6000 r ist für diese Punkte somit 49 h in guter Übereinstimmung mit den Angaben aus Abb. 92.

Ein *zylindrischer* Herd von 5 cm Länge und 3 cm Durchmesser enthalte 6 Nadeln parallel der Achse von je 5 mg und 5 cm Herdlänge und je 2 Nadeln von 3 cm Herdlänge in den beiden Stirnflächen. Totale Radiummenge somit 42 mg Ra El. Der Abb. 89 kann die Dosis in der Achse von 45 r/h entnommen werden. Für 5 cm lange Nadeln (1 cm Abstand) ist dieser Dosiswert nach Abb. 90 mit 2,6 zu multiplizieren. Dosis auf der Achse somit 117 r/h. Volumen des Herdes 35 cm³; Verlängerungsfaktor = 2. Abb. 92 gibt für 1000 r mit der Dimensionskorrektur eine Bestrahlungsmenge von 465 mgh; für 6000 r somit 66 h. Die obige Berechnung würde für die Achse für dieselbe Dosis in der Achsenmitte 51 h ergeben und für Punkte der Oberfläche des Herdes 76 h. Der Wert nach Paterson und Parker liegt genau zwischen diesen Extremwerten. Dieses Beispiel soll gleichzeitig auch die Grenzen der Dosimetrie bei Spickungen aufzeigen.

b) Technik und Dosimetrie gynäkologischer Bestrahlungen

Wegen der außergewöhnlichen Bedeutung dieser Bestrahlungstechnik erscheint es wohl angebracht, ihre Dosimetrie gesondert und, soweit möglich, auch etwas ausführlicher zu betrachten. Eine Sonderstellung ergibt sich auch durch die anatomischen und pathologischen Gegebenheiten, welche zu allerdings mehreren, aber doch weitgehend abgeschlossenen und ähnlichen Methoden geführt haben. Innerhalb des gesamten Aufgabenkomplexes nimmt die Bestrahlung der „gutartigen Blutungen“ wiederum eine Sonderstellung ein, auf welche am Schluß noch kurz eingegangen werden soll.

Die Lokalisationen bösartiger Neoplasmen des weiblichen Geschlechtsapparates erfordern einerseits eine Bestrahlung des Cavum uteri, weiter eine solche der Portio und der Cervix, und andererseits zusätzlich zu den vorgenannten eine Bestrahlung des Scheidengewölbes mit besonderer Berücksichtigung der Parametrien. Diesen Gegebenheiten haben sich Technik und Dosimetrie anzupassen, und zwar soweit, als dies überhaupt möglich erscheint.

α) *Cervixkanal*

Für diese Lokalisation präsentieren sich die dosimetrischen Verhältnisse relativ einfach. Wird ein Kapsel- oder Röhrchenträger, oder eine Kombination solcher, meist in „Tandemanordnung" in den Cervicalkanal eingeführt, so können die den einzelnen Punkten des Systems zugeführten Strahlendosen mit genügender Annäherung direkt den entsprechenden Isodosenplänen entnommen werden. Ein hierfür geeigneter Plan ist z. B. in Abb. 65, S. 172, wiedergegeben. Wird beispielsweise die „Intracervicaldosis", wie dies häufig geschieht, zu 3000 mgh angenommen und besteht das Tandem z. B. aus drei Röhrchen zu je 20 mg Ra El., so ergeben sich bei 3000 mgh, d. h. bei 50 h Bestrahlungszeit in 0,5 cm Abstand etwa 13 500 r und in 1 cm Abstand etwa 6200 r. Weiter betragen die Dosen im sogenannten Punkt *A* (vgl. Abb. 101, S. 216) etwa 2800 r und im Punkte *B* etwa 700 r. Bei der Verwendung des Isodosenplanes Abb. 63, S. 168, darf nicht unterlassen werden zu berücksichtigen, daß an den beiden Enden der Tandemanordnung die Dosen für bestimmte Normalabstände von der Achse des Systems erheblich abfallen. Darauf ist besonders bei der Beurteilung der Dosis an der Portio uteri Rücksicht zu nehmen.

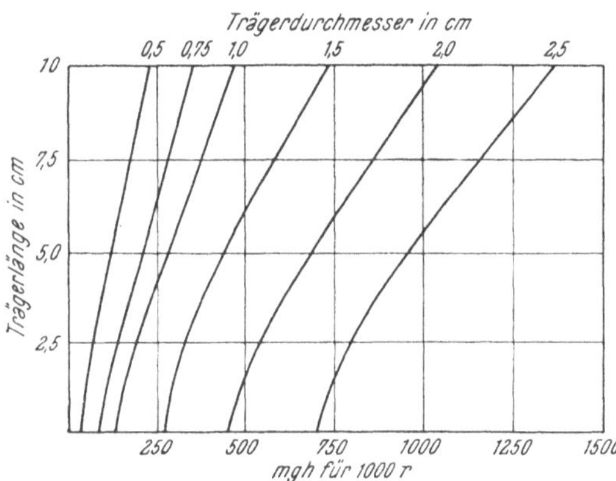

Abb. 96. Kurvenschar nach PATERSON und PARKER für Einlagen in „Tandemform" für verschiedene Präparatdurchmesser (Kurvenparameter) und Präparatlängen (Ordinate). Angaben in mgh für 1000 r an der Oberfläche

Es ist unmittelbar einleuchtend, daß auch für die Einlage von Kapsel- oder Röhrchenträgern allgemein gültige Vereinfachungen der Dosisbestimmung möglich sind. In Abb. 96 sind die „Bestrahlungsmengen" in mgh für 1000 r für derartige Methoden modifiziert nach PATERSON und PARKER zur Darstellung gebracht worden. Aus diesen kann für viele konkrete Aufgaben die Dosis mit genügender Approximation sofort entnommen werden.

β) *Die Vaginalbestrahlung*

Für die Technik der Vaginalbestrahlung sind die Methoden und damit auch die dosimetrischen Aufgaben wesentlich mannigfaltiger. Es sind auch von mehreren Autoren verschiedene Bestrahlungsapparate (sogenannte Kolpostaten) vorgeschlagen worden, auf die alle aber hier nicht näher eingegangen werden kann.

Wohl die älteste Methode (sogenannte Parisermethode), die auch heute noch mit technischen Modifikationen weitgehende Anwendung findet, geht auf REGAUD zurück. Sie bedient sich eines Stahlbügels, der in das Scheidengewölbe eingespannt wird, so daß sich seine Enden in der Umgebung der Parametrien befinden, während der Muttermund gegen den Bogen selbst vorsteht. An den Enden des Stahlbügels und im Bogen selbst (also vor der Portio) befindet sich je ein Korkträger oder ein Träger

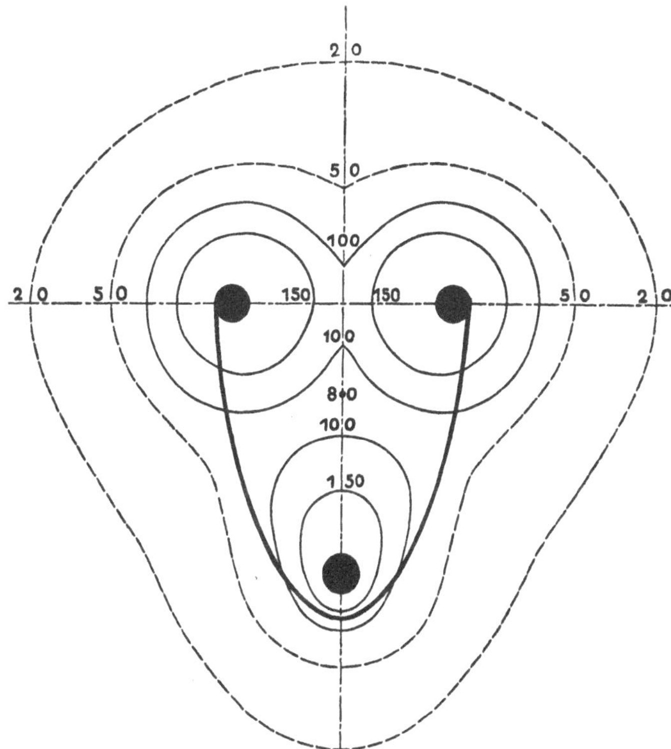

Abb. 97. Dosisverteilung der Vaginaldisposition mit zwei Kapseln zu 15 und einer zu 10 mg Ra El. Dosisangaben in r/h

aus Kunststoff von 1 cm Radius, in denen die Radiumträger enthalten sind. Die Kork- resp. Kunststoffkörper dienen der Distanzierung mit dem Zweck der Verbesserung der Tiefendosisverhältnisse.

In Abb. 97 ist die Dosisverteilung dieses Systems für eine Ladung von je 15 mg Ra El. für die seitlichen Träger und von 10 mg Ra El. für den zentralen Träger im Mittelschnitt wiedergegeben. Die Zahlenangaben entsprechen r/h (Röntgen pro Stunde).

Es ist klar, daß ein derartiger Isodosenplan nur für eine bestimmte Ladung und für eine bestimmte Lage der einzelnen Präparate gelten kann, und daß sowohl die Dosisverteilung wie auch die Gesamtdosis durch die Ladungen und die konkrete Geometrie des Systems wesentlich beeinflußt werden. Solche Pläne können deshalb nur genauere Richtwerte der Dosis und deren Verteilung vermitteln. Deshalb sollte in jedem Einzelfall die

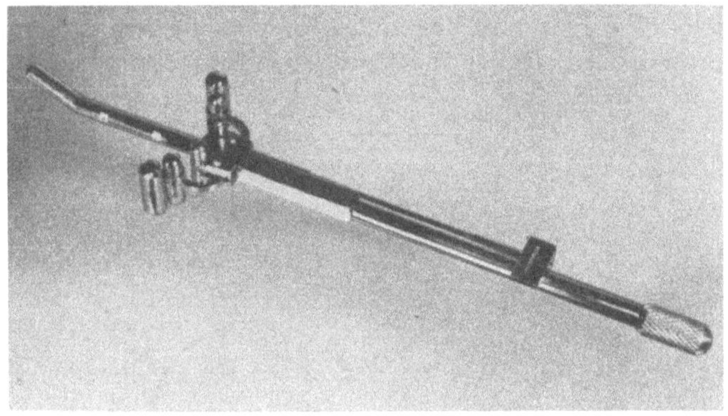

Abb. 98. Kolpostat nach ERNST mit Cervicalstift und Vaginalträgern (vgl. Text)

Geometrie der Lage der einzelnen Präparate einer „Standardgeometrie" so weitgehend wie möglich angepaßt werden, weil nur so reproduzierbare Dosisverhältnisse erreicht werden können.

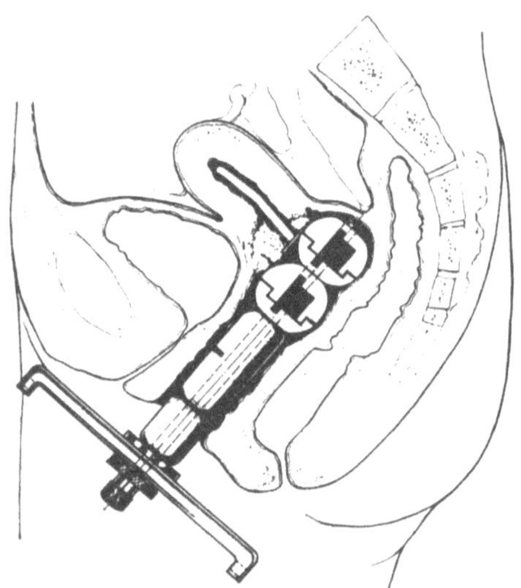

Abb. 99. Schema der Lage des Kolpostaten nach BLOMFIELD mit Cervicalstift und Vaginalträgern (vgl. Text)

Die Technik der gynäkologischen Bestrahlung mit *Kolpostaten*, die sich in neuerer Zeit besonders in den angelsächsischen Ländern immer mehr durchsetzt, soll durch die Abb. 98 dargetan werden. Der hierfür verwendete Kolpostat nach ERNST enthält einen etwa 5 cm langen (gegen kürzere auswechselbar) Träger für den Cervicalkanal und zwei, vier oder sechs kurze, normal dazu stehende Träger für das Scheidengewölbe. Zum Einführen können die Vaginalträger durch eine durch den Stiel verlaufende Spindel zusammengeklappt und dann in situ den vorhandenen Verhältnissen entsprechend gespreizt werden. Die äußeren Vaginalkapseln sind leicht abnehmbar angeordnet, was die allgemeinere Verwendbarkeit wesentlich erhöht. Ein sehr ähnlicher Kolpostat ist auch von CAMPBELL konstruiert und in die Therapie eingeführt worden.

Eine etwas andere, aber grundsätzlich ähnliche neuere Technik nach BLOMFIELD soll durch die Abb. 99 gezeigt werden. Sie bedient sich eines Kunststoffkolpostaten mit Intracervicalkapsel und zwei annähernd kugelförmigen Körpern, in welche variable Ra-Mengen eingeführt werden können. Die Abb. 99 zeigt das System bei der Applikation im Medianschnitt.

Es erscheint schwierig, für die Kolpostattechniken allgemeinere und verläßlichere dosimetrische Angaben zu machen, weil für die Ladungen der einzelnen Träger bisher noch nicht eine allgemeiner anerkannte Vereinheitlichung erreicht werden konnte. Trotzdem soll in Abb. 100 die

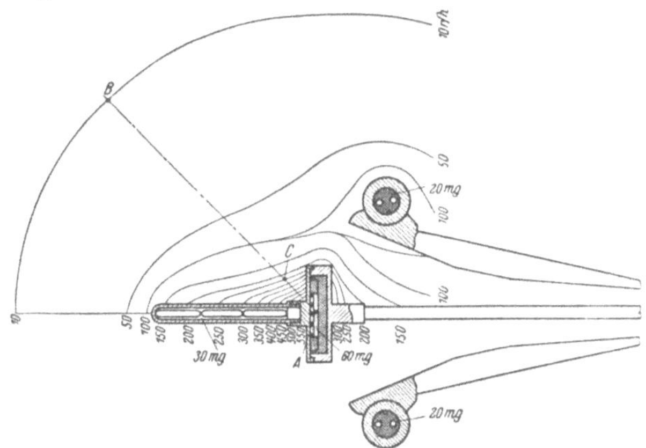

Abb. 100. Dosisverteilung eines Kolpostaten, bestehend aus Cervicalstift mit 30 mg, Portioplatte mit 60 mg und Vaginalträgern mit je 20 mg Ra El. Dosisangaben in r/h

Dosisverteilung einer Anordnung in einem Kolpostaten als Beispiel wiedergegeben werden, um daraus die zahlenmäßigen Größenordnungen entnehmen zu können. Eine gewisse Standardisierung der verwendeten Apparaturen und Ladungen wäre ohne Zweifel sehr erwünscht, nicht nur im Hinblick auf die Vereinheitlichung der Dosimetrie, sondern auch hinsichtlich der Bestrahlungserfolge.

γ) *Die Portioplatte*

Zur vaginalen Bestrahlung der Portio uteri und der unmittelbar angrenzenden Bereiche werden häufig kreisförmige Träger verwendet. Für diese kann die Dosis, im Gegensatz zu den vorstehend dargestellten Techniken, allgemein angegeben werden. Die Dosis auf der zentralen Achse einer kreisförmigen, ebenen Platte vom Radius R und der Ladung M mc eines γ-strahlenden Stoffes beträgt (vgl. S. 185ff.) im Normalabstand a

$$D' = \frac{K\,M}{R^2} \lg\left(1 + \frac{R^2}{a^2}\right).$$

Hat die Platte z. B. einen Durchmesser von 3 cm, eine Ladung von 50 mg Ra El. und eine Filterung von 0,5 Pt äquivalent ($K = 8{,}3$ r/mgh), so beträgt die Dosis auf der Achse im Abstand von

$$a = 0{,}5\,\text{cm}: D = \frac{8{,}3 \cdot 50}{2{,}25} \lg \left(1 + \frac{2{,}25}{0{,}25}\right) = 423\,\text{r/h}$$

$$a = 1\ \ \text{cm}: D = 184 \lg 3{,}35 = 222\,\text{r/h}$$
$$a = 1{,}5\,\text{cm}: D = 184 \lg 2 = 127\,\text{r/h}$$
$$a = 2\ \ \text{cm}: D = 184 \lg 1{,}56 = 82\,\text{r/h}.$$

Allgemeiner betrachtet, wird die Dosimetrie bei gynäkologischen Bestrahlungen wesentlich vorgeschrieben durch die Dosis, welche an zwei ausgezeichneten Punkten erreicht resp. nicht überschritten werden sollte. Diese beiden Punkte sind in Abb. 101 durch A und B versinnbildlicht. Der Punkt A ist gegeben durch die Kreuzung der A. uterina mit dem Ureter. Der Punkt B entspricht den nächstgelegenen Beckenweichteilen. Die Lage von A befindet sich 2 cm hinter und 2 cm lateral vom Muttermund. B liegt auf derselben Querlinie 5 cm von der Sagittalebene. Manchmal wird noch ein Punkt C, 1 cm weiter außen gelegen (Mitte des Knochens der Beckenschaufel), als Bezugspunkt angenommen. In Abb. 101 sind die Verhältnisse einer Gesamtbestrahlung, bestehend aus Cervicalträger und Vaginaldisposition, dargestellt. Bei den hierfür angenommenen Verhältnissen beträgt die Dosis in A etwa 93 r/h, wobei der Anteil des cervicalen Trägers 63 r/h, derjenige der Vaginaldisposition 30 r/h ausmachen; im Punkte B beziffert sich die Dosis auf etwa 30 r/h, die je zur Hälfte durch die cervicale und vaginale Anordnung geliefert wird.

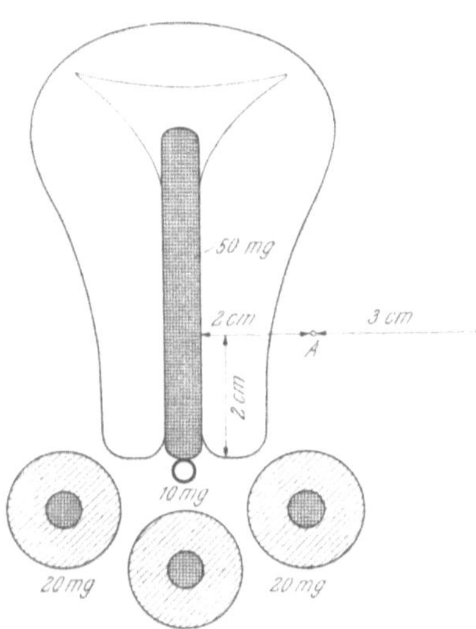

Abb. 101. Schema der Cervical- und Vaginalbestrahlung mit Lage der Einzelpräparate (total 100 mg Ra El.) und der Punkte A und B

δ) *Bestrahlung des Cavum uteri*

Recht schwierige dosimetrische Verhältnisse und Probleme werden durch die Bestrahlung des Cavum uteri gestellt, weil hier mit konventionellen radioaktiven Präparaten kaum reproduzierbare Dosisverteilungen erreicht werden können. Zusätzlich bewirkt die wechselnde Lage des Neoplasmas eine von Fall zu Fall sich ändernde Voraussetzung der Technik der Bestrahlung, und schließlich ist die Lage der Präparate erst nach deren Einführung und nur schwer (z. B. mit Hilfe stereoskopischer Röntgenbilder) kontrollierbar.

Einigermaßen verläßliche Dosisüberlegungen können vor der Applikation nur gemacht werden, wenn das Cavum uteri durch das strahlende System *vollständig ausgefüllt* wird. Bei der Einführung nur einzelner Träger ist eine verbindliche Dosisangabe ziemlich illusorisch.

Aus diesen Gründen ist versucht worden, ein solches „Auffüllen" mit Hilfe von dem Ballonkatheter nach MÜLLER nachgebildeten Systemen oder aber durch möglichst viele kleine, kugelförmige Kobaltperlen (aufgereiht auf einem Nylonfaden, BECKER) zu erreichen. Dabei wäre dem erstgenannten System sicher der Vorzug zu geben. Die Dosimetrie könnte grundsätzlich aus den für den Ballonkatheter (S. 200ff.) mitgeteilten Zahlenangaben resp. Kurvenscharen entnommen werden resp. daraus in einfacher Weise berechnet werden. Dabei wäre für die einzelnen Partien des Systems jeweils der denselben entsprechende Radius in Rechnung zu setzen. Die mit dieser Methode grundsätzlich verbundene Gefährdung der Patientin, des Personals und der Umgebung (offenes Präparat hoher Aktivität) bei Zwischenfällen könnte durch Verwendung kurzlebiger Isotopen an Stelle von ^{60}Co-Lösungen sehr wesentlich reduziert werden (vgl. Tab. 32, S. 201).

Die Bestimmung der Dosis bei der Anwendung von Kobaltperlen nach der Methode von BECKER bietet erheblich größere Schwierigkeiten. An sich muß sie grundsätzlich nach der auf S. 192ff. skizzierten Theorie der Strahlenverteilung der strahlenden Kugel vorgenommen werden, aber unter Berücksichtigung der Schwächung nach Abb. 83, S. 196. Dies erweist sich als notwendig wegen der Strahlenschwächung in den Co-Perlen selbst, die hier auch für die γ-Strahlung nicht mehr vernachlässigt werden darf. Werden zur vollständigen Auffüllung des Cavum zwischen die Co-Perlen inaktive, „blinde" Zwischenperlen auf die Kette aufgereiht, so sollten dieselben ebenfalls aus einem Metall bestehen, um über den „Gesamtkörper" homogene Schwächungsverhältnisse zu haben. Kunststoffperlen sind hierfür weniger geeignet und komplizieren den Überblick über die Dosisverhältnisse unnötig.

Unter den vorstehend angeführten Bedingungen wäre für die Gesamtheit des strahlenden Systems ein Schwächungskoeffizient von etwa $\mu \simeq 0{,}3$ in Rechnung zu setzen.

ε) *Bestrahlung gutartiger Blutungen*

Da es sich bei den für diese Bestrahlungstechnik in Frage kommenden Fällen häufig um Patientinnen im fortpflanzungsfähigen Alter handelt, so ist der Schonung der Ovarien zur Vermeidung einer Dauersterilisation besondere Sorgfalt zu widmen. Methodisch und dosimetrisch bei weitem am günstigsten ist die Anwendung radioaktiver Präparate, deren Strahlung zum größten Teil oder ganz aus β-Strahlen besteht, also um möglichst schwach gefilterte Ra-Präparate oder solche aus dem Zerfallspaar ^{90}Sr — ^{90}Y. Wie aus Abb. 128, S. 270, entnommen werden kann, fällt die β-Strahlung dieser beiden radioaktiven Substanzen schon bei Gewebedicken von etwa 1 cm auf vernachlässigbare Intensitäten ab, so daß hierbei eine praktisch vollständige Strahlenfreiheit der Ovarien vorliegt. Die zur Wirkung gelangende Totaldosis (β-Strahlung + eventuell vorhandene γ-Strahlung) muß für jedes für diese Technik verwendete Präparat gesondert bestimmt werden, weil dieselbe schon durch nur geringe Unterschiede der Bauart wesentlich beeinflußt werden kann.

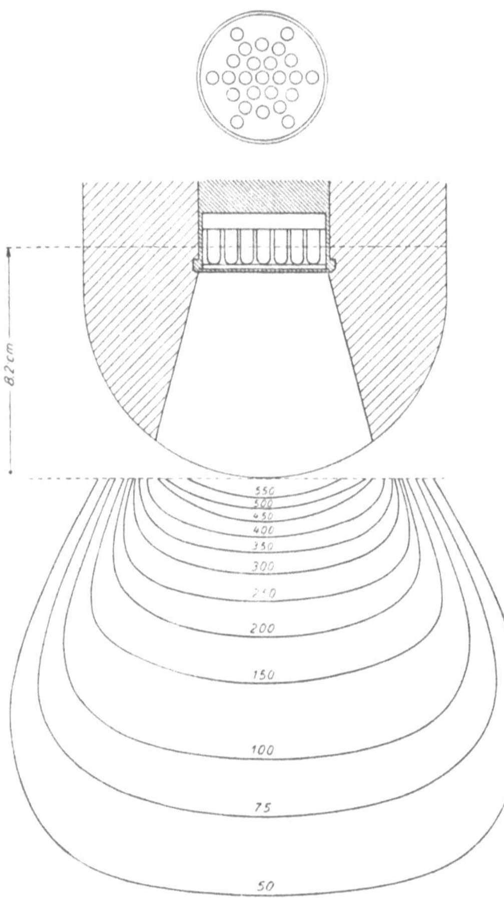

Abb. 102. „Radiumbombe" nach RANN mit 5 g Ra El. mit Isodosenplan außerhalb der Mündung in r/h. FHD = 8,2 cm. Oben: Anordnung der Einzelpräparate in der Trägerplatte

3. Bestrahlungseinheiten

a) Radiumeinheiten

Werden relativ sehr große Mengen eines geeigneten γ-strahlenden Stoffes so in einen Behälter eingebaut, daß derselbe ein definiertes *Nutzstrahlenbündel* austreten läßt, so kann eine derartige *Bestrahlungseinheit* zur Therapie in grundsätzlich gleicher Weise verwendet werden wie eine Röntgenanlage. Solche „Radiumbomben" oder „Radiumkanonen" wurden schon lange gebaut, bevor künstlich radioaktive Isotope in sehr großen Aktivitäten zur Verfügung standen. Abb. 102 zeigt den schematischen Aufbau einer 5 g Ra El. enthaltenden Einheit zusammen mit dem Verlauf der Isodosen nach RANN. Die Strahlenquelle ist eine Platte von 4,65 cm

Durchmesser mit 25 Bohrungen, in denen Ra-Präparate von je 200 mg eingelassen sind. Ihr Abstand von der Mündung beträgt 8,2 cm. Dadurch sind die Tiefendosisverhältnisse relativ ungünstig, wie die Isodosen bis zu 15 cm Tiefe (Abfall von 550 r/h bis zu 50 r/h) zeigen. Solche Radiumeinheiten werden noch an zahlreichen Stellen besonders zur Bestrahlung von Halsherden verwendet.

Selbstverständlich ist die Dosisleistung um so größer, je höher die verwendete Aktivität ist. Zusätzlich wächst das Tiefendosisverhältnis (= Dosis in 10 cm Tiefe: Oberflächendosis) um so mehr an, je größer der Hautabstand (FHD) gewählt wird. Deshalb geht die Tendenz dahin, immer größere Aktivitäten zu verwenden. Radiumeinheiten mit mehr als 50 g (= c) sind aber, wegen der Seltenheit dieses Grundstoffes und der damit verbundenen sehr hohen Kosten, bisher nicht gebaut worden.

b) Einheiten mit künstlichen Radioisotopen

Für die Verwendung künstlicher Radioisotope zur Beschickung von Bestrahlungseinheiten müssen zwei Forderungen erfüllt sein. Das Isotop soll möglichst langlebig sein und gleichzeitig eine γ-Strahlung emittieren, deren Photonenenergie mindestens über 0,5 MeV liegt. Diesen beiden Bedingungen genügen, praktisch gesehen, nur die Isotopen ^{60}Co und ^{137}Cs. Die Lebensdauer ($T = 74$ d) des in der Technik gelegentlich verwendeten ^{192}Ir ist für therapeutische Zwecke zu gering.

Die Aktivitäten, welche zur Erzielung genügend hoher Dosisleistungen bei geeigneten Abständen erforderlich sind, müssen durchwegs als sehr hoch bezeichnet werden und betragen in der Größenordnung mehrere Curie bis mehrere hundert Curie. In Tab. 33 sind einige Angaben über die Aktivitäten enthalten, welche bei einer Dosisleistung von 20 r/min resp. für eine solche von 2 r/min bei Radium bei verschiedenen Abständen (FHD) erforderlich sind.

Tabelle 33. Approximative Ladungen von Bestrahlungseinheiten in Curie bei verschiedener FHD für 20 r/min bei ^{60}Co und ^{137}Cs resp. für 2 r/min bei Ra

FHD cm	c ^{60}Co 20 r/min	c ^{137}Cs 20 r/min	FHD cm	g Ra 2 r/min
60	330	1170	10	1,46
80	590	2070	20	5,84
100	920	3240	30	13,15

Um also in 1 m Abstand eine Dosisleistung von 20 r/min zu erhalten, ist eine Ladung von nicht ganz 1 kc (Kilocurie) ^{60}Co oder eine solche von etwas über 3 kc ^{137}Cs erforderlich. Der Herstellung so hoher Aktivitäten steht aber heute nichts mehr im Wege, und es sind bereits sehr zahlreiche derartige Bestrahlungsanlagen für therapeutische, aber auch für wissenschaftliche oder halbindustrielle Bestrahlungszwecke in Betrieb resp. im Handel verfügbar. Bezüglich seiner Strahleneigenschaften ist das ^{60}Co dem Radium (mit Zerfallsprodukten) praktisch gleichwertig. Dieses Isotop kann wegen seines relativ hohen Aktivierungsquerschnittes für thermische Neutronen (36 barn) im Atomreaktor in sehr großen Aktivitäten hergestellt werden (vgl. S. 45ff.). Allerdings sind dazu erhebliche Expositionszeiten erforderlich. So beträgt die spezifische Aktivität nach 6 Monaten Exposition im Reaktor bei einem Neutronenfluß von $\Phi = 10^{13}$ n/cm^{2}s theoretisch etwa 6 c/g.

Die relativ kurze Halbwertszeit des Isotops ^{60}Co von nur $T = 5{,}25$ Jahren stellt andererseits ohne Zweifel einen erheblichen praktischen Nachteil dar. Wegen des radioaktiven Zerfalls nimmt die Dosisleistung einer ^{60}Co-Einheit pro Monat ziemlich genau um 1% ab. Selbstverständlich muß dieser Leistungsabnahme bei der Dosisbestimmung ständig Rechnung getragen werden. Sie macht aber zusätzlich einen Ersatz der ^{60}Co-Ladung nach relativ kurzer Zeit notwendig. Dabei ist es weitgehend eine Frage der Konvention, wie häufig ein derartiger Ersatz erfolgen soll. Praktisch vernünftige Zeitgrenzen des Ersatzes liegen zwischen etwa 3 Jahren (Abfall auf zwei Drittel) und 5 Jahren (Abfall auf die Hälfte). Natürlich bedingt jeder Ersatz erhebliche Unannehmlichkeiten und zusätzliche Kosten.

Das Radioisotop ^{137}Cs wird bei der Uranspaltung als Spaltprodukt mit hoher Spaltausbeute gebildet (vgl. S. 48ff.). Seine γ-Strahlung von 0,662 MeV Photonenenergie liegt gerade noch so, daß der Photoeffekt bei der Schwächung im Knochen praktisch bedeutungslos wird. Es bestehen deshalb gegenüber der γ-Strahlung von Radium oder ^{60}Co keine ins Gewicht fallenden dosimetrischen Unterschiede (vgl. Abb. 42, S. 96), abgesehen von einer etwas höheren Schwächung in allen biologischen Systemen, was aber keinen Nachteil bedeutet.

Die bedeutend längere Halbwertszeit des ^{137}Cs von $T \triangleq 29$ Jahren stellt aber sicher einen sehr erheblichen praktischen Vorteil für dessen Verwendung in Bestrahlungseinheiten dar. Der Aktivitätsabfall beträgt nur etwa 2,5% pro Jahr, so daß eine ^{137}Cs-Einheit ohne das Erfordernis einer Neuladung 20 bis 30 Jahre lang verwendet werden kann. Selbstverständlich ist dabei dem Abfall der Dosisleistung ebenfalls Rechnung zu tragen. Zusätzlich wird dieses Radioisotop schon in naher Zukunft in wohl fast unbegrenzten Mengen zur Verfügung stehen. Die Spaltstofflösungen, welche bei der Verarbeitung von „ausgebrannten" Uranstäben der Atomreaktoren anfallen, enthalten, besonders wenn sie längere Zeit gelagert worden sind, das Isotop ^{137}Cs in relativ sehr großen, absolut gesprochen, in außerordentlich großen Mengen. Seine chemische Isolierung ist an sich nicht einfach, aber grundsätzlich in technischem Maßstabe möglich. Die Produktionsrate im Reaktor beträgt etwa 1,1 c/kW im Jahr, so daß bei einem kleinen Atomkraftwerk von nur 100 MW Rohleistung jedes Jahr in der Größenordnung 100 kc ^{137}Cs gebildet werden. Es ist dies genug strahlendes Material, um 20 bis 50 Bestrahlungseinheiten (jedes Jahr!) damit auszurüsten. Es sind deshalb ^{137}Cs-Bestrahlungseinheiten schon heute im Handel verfügbar, und sie werden in naher Zukunft ohne Zweifel sehr stark an Bedeutung zunehmen, wobei der (seltene) Ersatz des Materials in den Betriebskosten kaum mehr eine ins Gewicht fallende Rolle spielen wird.

Der Behälter zur Aufnahme der strahlenden Substanz hat in erster Linie Schutzaufgaben zu erfüllen. Da eine Bestrahlungseinheit in den Intervallen zwischen den Bestrahlungen nicht „abgeschaltet" werden kann, so muß sie allseitig so dimensioniert werden, daß nirgends eine unzulässige Dosisleistung vorliegt. Dies gilt auch für den Verschluß des *Fensters* für den Nutzstrahlenkegel. Ferner sollen die Blendensysteme so dimensioniert werden, daß die Dosisleistung außerhalb der Nutzstrahlung 5% derselben nicht überschreitet. Es sind dies, praktisch-technisch gesehen, recht bedeutende Anforderungen.

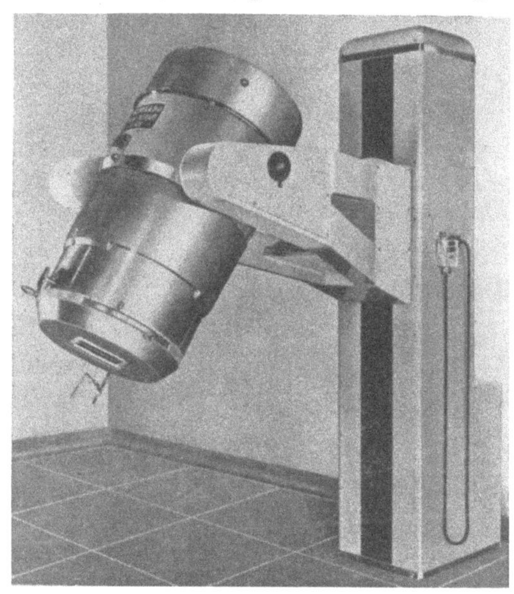

Abb. 103. Bestrahlungseinheit für 1 kc ^{60}Co für Stehfeldbestrahlungen (Eldorado Ltd.)

Nach den derzeit geltenden Vorschriften oder Empfehlungen darf die Dosisleistung auf der Oberfläche der Einheit nicht größer sein als 200 mr/h (Milliröntgen pro Stunde) und in 1 m Entfernung nicht größer als 10 mr/h. Die Aktivität von 1000 c (1 kc) ^{60}Co bewirkt in 1 m Abstand eine Dosisleistung von 1300 r/h. Die Strahlung muß also um einen Faktor von 130 000 abgeschwächt werden, damit eine mit dieser Aktivität geladene Einheit den vorstehenden Anforderungen genügt. Das Ergebnis sind relativ sehr schwere (mehrere Zentner wiegende) Behälter, die aber zusätzlich doch so beweglich wie möglich gestaltet sein sollten. Deshalb kommt nur eine maschinelle Einstellung in Betracht, sowohl für die Einheit als Ganzes als auch für das Blendensystem. Abb. 103 zeigt eine derartige Anlage für 1 kc ^{60}Co.

Als Baumaterialien fallen nur Metalle mit möglichst hoher Dichte und möglichst hoher Kernladungszahl in Betracht, also Blei und Wolframlegierungen („Tungstalloy"), eventuell Uran und für die Verschlußsysteme Quecksilber. Von diesen ist Blei das bei weitem billigste.

Zur raschen Abschätzung der erforderlichen Wanddicken ist die *Zehntelswertschicht* (ZWS) eine sehr geeignete Zahlungsgröße. Diese ist durch diejenige Schichtdicke eines Stoffes definiert, welche die vorhandene Strahlung auf $^1/_{10}$ (10%) abschwächt. Ihre Definition lautet:

$$\mathrm{ZWS} = \frac{\lg 10}{\mu} = \frac{2{,}3}{\mu}\ (\mathrm{cm})\,.$$

Tabelle 34. Approximative Wanddicken in cm für die Abschwächung der γ-Strahlung auf 10 mr/h in 1 m Entfernung bei 1000 c

Isotop	Energie der γ-Strahlung in MeV	ZWS cm Pb	Wanddicke in cm Pb für 10 mr/h auf 1 m
^{137}Cs	0,663	2,1	9,5
^{60}Co	1,17 1,33	4,0	20,5
Ra	0,35 0,6 1,02 1,76 2,2	4,7	23,5

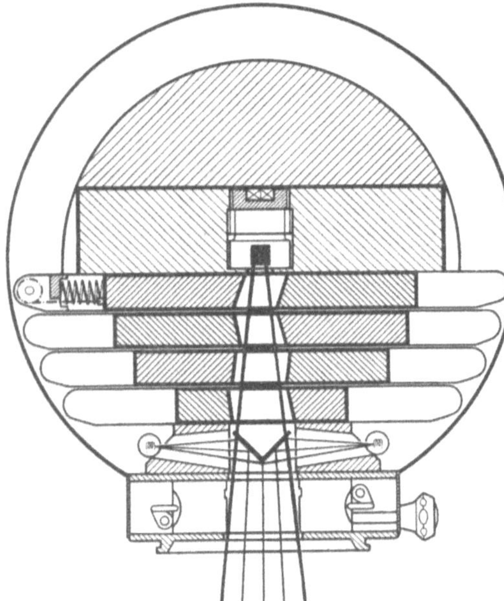

Abb. 104. Schematischer Schnitt durch eine Bestrahlungseinheit für ^{60}Co mit Quelle, Blendensystem und Nutzstrahlenbündel (Siemens)

In Tab. 34 sind Zahlenwerte der ZWS für die γ-Strahlungen von ^{137}Cs, ^{60}Co und Ra wiedergegeben in Verbindung mit Wanddicken, welche bei 1000 c (1 kc) den Anforderungen einer Dosisleistung von 10 mr/h in 1 m Entfernung genügen.

Wie die Zahlenangaben zeigen, ist das Isotop ^{137}Cs auch bezüglich der erforderlichen Schutzdicken sehr viel günstiger als ^{60}Co. Die Schutzdicken sind bei gleicher Aktivität weniger als halb so groß, die Gewichte der Einheiten werden damit bei ^{137}Cs in der Größenordnung 10fach kleiner.

c) Dosismessung an Bestrahlungseinheiten

Die bei einer Bestrahlungseinheit im Nutzstrahlenbündel vorhandene Dosis läßt sich bei Kenntnis der Aktivität des Präparates berechnen.

Man muß sich dabei aber stets bewußt sein, daß die konkrete Konstruktion der Anlage auf die emittierte Dosisleistung, insbesondere wegen der Streuverhältnisse, einen ins Gewicht fallenden Einfluß hat, der von der Lagerung der Quelle und der Bauart des Blendensystems abhängig ist. Abb. 104 zeigt einen schematischen Schnitt durch eine ^{60}Co-Bestrahlungseinheit europäischer Konstruktion (Siemens), aus dem Einzelheiten des Blendensystems ersichtlich sind.

Man wird in jedem Fall bei der therapeutischen Verwendung einer Bestrahlungseinheit eine *Dosismessung* vornehmen, wobei man sich allerdings (vgl. S. 234ff.) zu vergewissern haben wird, welches die (eventuell notwendigen) Umrechnungsfaktoren des verwendeten Meßinstrumentes

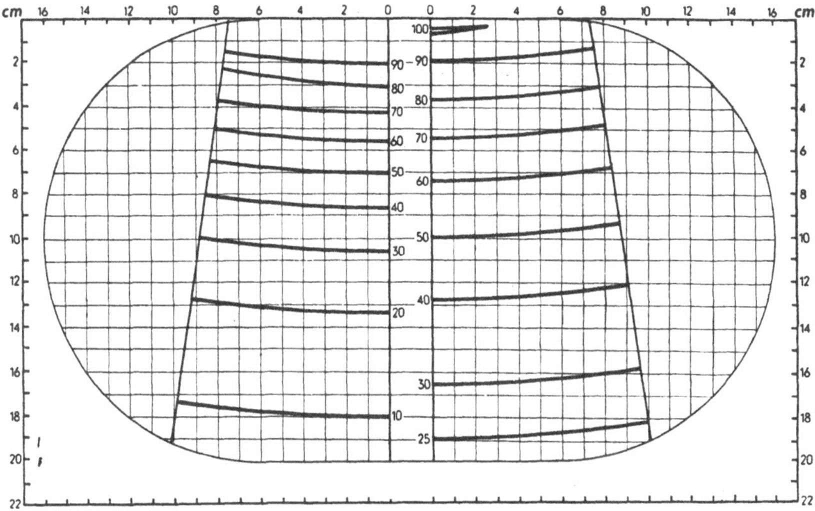

Abb. 105. Tiefendosiswerte (in % der Oberflächendosis) einer ^{60}Co-Einheit (rechts) im Vergleich zu einer 250 kV-Röntgenstrahlung (links) bei gleichem Fokusabstand

sind. Dabei ist bei ^{60}Co eine Kammerwanddicke von 3 bis 4 mm, bei ^{137}Cs eine solche von 1,5 bis 2 mm luftäquivalentem Material erforderlich. Die Kammer wäre vor der Dosismessung in r in einem streufreien Raum z. B. an einem Ra-Präparat genügender Aktivität zu eichen.

Das Ergebnis der Dosismessung sollte in jedem Fall ein Schema von *Isodosenkurven* sein, wobei für verschiedene Feldgrößen auch verschiedene Kurvenscharen zur Verfügung stehen sollten. Solche graphische Darstellungen sind nicht nur in der täglichen Arbeit höchst erwünscht, sondern sie erlauben auch sofort einen tieferen Einblick in die Tiefendosisverhältnisse an sich und einen Vergleich zu anderen Bestrahlungstechniken. Abb. 105 zeigt einen solchen Vergleich zwischen der Strahlung einer ^{60}Co-Einheit und derjenigen einer konventionellen Röntgenanlage mit Eindringlichkeit.

d) Die Bewegungsbestrahlung

Bei der Anwendung von Bestrahlungseinheiten zur Bestrahlung tiefer liegender Herde ist es dosimetrisch von sehr erheblichem Vorteil, durch eine kontinuierliche Bewegung der Strahlenquelle das Einfallsfeld der Strahlung auf der Oberfläche des Patienten stetig wandern zu lassen, wobei der Zentralstrahl dauernd auf das Zentrum des Herdes gerichtet bleibt. Das technisch einfachste Verfahren besteht in der Rotation der Strahlenquelle auf einem Kreis mit dem Herdmittelpunkt in der Drehachse. Dabei kann die *Rotation* eine vollständige um 360° sein oder aber nur eine *Pendelung* um einen bestimmten Winkel. Für die durchdringende γ-Strahlung von ^{60}Co oder ^{137}Cs, eventuell von Ra ist eine vollständige Rotation (in teilweisem Gegensatz zu konventionellen Röntgenstrahlen) ohne Zweifel vorteilhaft.

Die Dosis im Herd ergibt sich bei einem Bewegungsverlauf (bei Pendelung „hin" oder „her") zu

$$D_H = \int_0^{\varphi} D_{(\varphi)}\, d\,\varphi .$$

wenn $D_{(\varphi)}$ die Herddosis bei verschiedenen Drehwinkeln φ bedeutet und alle Variationen in sich schließt, die durch Schwächungsverhältnisse der den Herd überlagernden Schichten verursacht werden. Diese sind für γ-Strahlen aber relativ gering, so daß mit guter Annäherung für die Dosisbestimmung die Tiefendosen einer Tiefendosiskurve in Wasser verwendet werden dürfen.

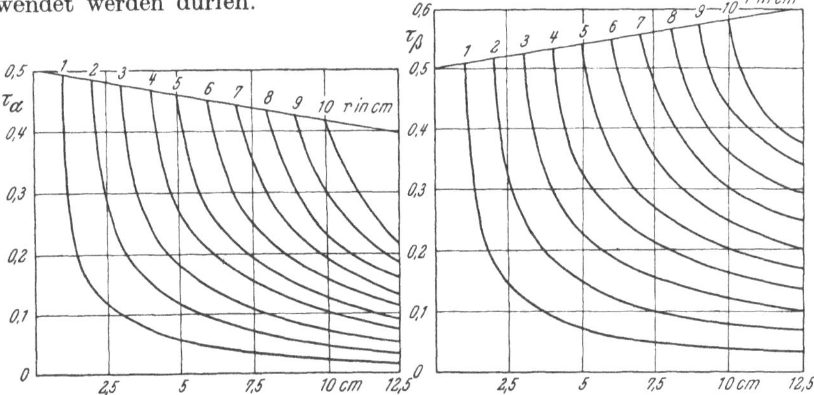

Abb. 106. Durchlaufzeiten für beliebige Punkte im Abstand von der Rotationsachse (Abszisse) und verschiedene Herdradien in cm (Kurvenparameter) bei der Rotationsbestrahlung, „vorn" (linke Abbildung) und „hinten" (rechte Abbildung)

Das Verhältnis der Herddosis (HD) zur Oberflächendosis (OD) wird bei der Rotation allgemein um so günstiger, je kleiner der Herd ist, je enger also das Nutzstrahlenbündel gewählt werden darf. In Abb. 106

sind die „Durchlaufzeiten" τ_α („vorn") und τ_β („hinten") berechnet worden als Verhältniszahlen zu einer ganzen Umlaufszeit, welche ein Punkt in einem bestimmten Abstand von der Drehachse (Abszisse der Darstellung) im Nutzstrahlenkegel bleibt, bei verschiedenen Herdradien (Kurvenparameter). Unter Verwendung der beiden Abbildungen ist es leicht möglich, für jeden konkreten Fall die relative Dosis im Herd und

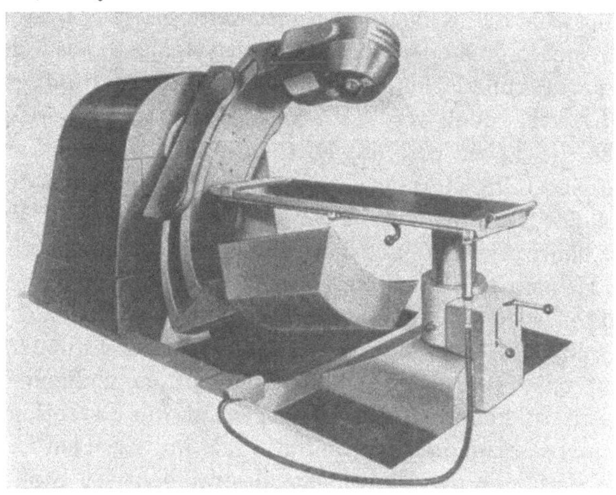

Abb. 107. Bestrahlungseinheit für Rotationsbestrahlungen. Man beachte den Bestrahlungskopf (oben) und den als Gegengewicht dienenden Absorptionskörper (unten)

in den übrigen Körperregionen angenähert zu bestimmen. Abb. 107 zeigt eine Bestrahlungseinheit, welche für Rotationsbestrahlungen eingerichtet ist.

B. Interne Bestrahlungen

1. Allgemeines und Methoden

Das Wesen interner Bestrahlungen besteht grundsätzlich darin, daß die radioaktive Substanz in die Zellen oder in die interzellulären Räume des zu bestrahlenden Gewebes *direkt* eingebracht wird und hier unmittelbar zur Wirkung kommt. Dabei liegt die größte Schwierigkeit einer derartigen therapeutischen Maßnahme im *Einbringen* des strahlenden Stoffes. Dies kann an sich auf sehr verschiedene Weise geschehen. Die bei weitem günstigsten äußeren Umstände einer internen Bestrahlung wären vorhanden, wenn der radioaktive Stoff durch die natürlichen Speicherungsvorgänge des Organismus an den Ort seiner gewünschten Wirkung gebracht werden könnte, wenn er also beispielsweise eine hohe Organ- oder gar Tumoraffinität aufwiese. Leider ist die Zahl der bekannten Substanzen mit hoher Organaffinität eigentlich auf das Jod mit ganz ausgesprochener Schilddrüsenspeicherung beschränkt, und eigentliche tumoraffine Stoffe mit therapeutisch verwendbarem Speicherungsvermögen sind bisher noch nicht bekannt. Es darf aber zuversichtlich gehofft werden, daß dies mit dem raschen Fortschritt der biochemischen Tumorforschung bald besser werden wird.

Es sind deshalb andere Methoden des Einbringens des radioaktiven Stoffes in die Bestrahlungsherde versucht und teilweise auch realisiert worden. Besteht die Aufgabe beispielsweise in der Bestrahlung bestimmter Lymphknoten oder Lymphknotensysteme, so kann deren Filterwirkung zur Akkumulation kolloider radioaktiver Stoffe bestimmter Partikelgröße verwendet werden. Ähnlich gerichtete Filtereigenschaften weisen auch die Leber und die Milz auf. Dabei besteht eine gewisse Selektivität der Filterwirkung all dieser Organe bezüglich der Partikelgröße. Kolloide Teilchen mit in der Größenordnung 50 μ Durchmesser werden mit hoher Ausbeute aus dem Flüssigkeitsstrom entfernt, während wesentlich kleinere und auch wesentlich größere Einheiten viel weniger zurückgehalten werden. Auf diese Weise gelingt es, kolloide Verbindungen von ^{43}Mn, ^{65}Zn oder aber kolloides ^{198}Au direkt, oder an Kohle (Low-Beer) oder Petkin (Müller) gebunden, in maligne infiltrierten Lymphknoten zu konzentrieren. Dagegen ist die Retention besonders von ^{198}Au in Lebertumoren viel geringer als im normalen Lebergewebe.

Gröbere Verfahren des Einbringens des radioaktiven Stoffes bestehen in der direkten Infiltration durch ein das zu bestrahlende Gebiet versorgendes Gefäß (z. B. Lungenlappen) (Müller), in der direkten Infusion von Hohlräumen (Pleura, Peritoneum) und in der direkten Injektion des Tumors nach Eröffnung. Dieses letztgenannte Verfahren sollte immer in Betracht gezogen werden, wenn eine Radikaloperation versucht wird, und wenn sich dieselbe dabei als nicht mehr möglich erweist. Ebenso ist diese zusätzliche therapeutische Hilfe bei Teiloperationen sicher in vielen Fällen angezeigt. Dabei sollen der Tumor und insbesondere sein Bett und seine Infiltrationen möglichst homogen injiziert werden. Dies kann durch möglichst zahlreiche Einzelinjektionen an möglichst vielen Stellen erreicht werden. Die bei weitem geeignetste Substanz ist kolloides Radiogold ^{198}Au. Es hat sich herausgestellt, daß dasselbe innerhalb der für seine Strahlenwirkung in Frage stehenden Zeit (2 bis 3 Halbwertszeiten) praktisch nicht weiterwandert, wenn die Injektionen keine größeren Gefäße treffen. Eine streng auf den Herd beschränkte Wirkung ist demnach gesichert, wenn die Injektionen mit entsprechender Vorsicht gemacht werden (Minder).

2. Prinzip der Dosisberechnung

Es ist unmittelbar einleuchtend, daß eine Dosismessung bei interner Bestrahlung mit radioaktiven Stoffen durch die nachstehend besprochenen Methoden nicht möglich ist. Eine Messung kann ja grundsätzlich erst *nach* dem Einbringen der radioaktiven Substanz vorgenommen werden und kann aus äußeren und psychologischen Gründen auch nicht die Verteilung des Strahlenfeldes liefern, sondern höchstens ein oder zwei Ebenenschnitte desselben (z. B. quantitatives Szintigramm) oder aber eine Intensitätsangabe der gesamten verwendeten Aktivität. Die bei interner Applikation von Radioisotopen zur Wirkung kommenden Strahlendosen *müssen* deshalb *berechnet* werden. Messungen können und sollen der Ergänzung der berechneten Dosen dienen, insbesondere sollen sie verläßliche Zahlenwerte über die „mittlere Verweilzeit" des Radioisotops am Orte seiner Wirkung vermitteln.

Ist durch eine der vorstehend angeführten Maßnahmen ein Radioisotop von der Aktivität M mc in einem Herd vom Volumen V cm^3 *homogen* verteilt worden (eine möglichst homogene Verteilung ist in jedem Fall anzustreben), so beträgt die spezifische Radioaktivität (strahlende Dichte) im Herd $\rho = \frac{M}{V}$ mc/cm^3. Im allgemeinen Fall (vgl. z. B. Abb. 14, S. 24) wird das Isotop ein kompliziertes Zerfallsschema, also verschiedene β-Übergänge und eventuell auch mehrere und verschiedene γ-Strahlen pro Zerfall aufweisen. Insgesamt müssen aber pro mc $3{,}7 \cdot 10^7$ Zv/s (Zerfallsvorgänge pro Sekunde) vorhanden sein, so daß für die β-Strahlung gelten muß: $\Sigma\,\beta_i = 3{,}7 \cdot 10^7\,Zv/\text{mc} \cdot \text{s}$. Ferner muß die Gesamtheit der Strahlenenergien (β-Strahlen + γ-Strahlen) pro Zerfall der Zerfallsenergie E_z entsprechen, also

$$\sum E_{\beta\,i} + \sum E_{\gamma\,i} = E_z\,.$$

Die γ-Strahlung wird, unabhängig davon, in welchem Organ die *Inkorporation* stattgefunden hat, und welches dessen Dimensionen sind, aus diesem teilweise nach außen austreten, in demselben also nur zum Teil zur Wirkung kommen können. Demgegenüber wird die β-Strahlung in einem Organ- oder Gewebesystem, dessen Dimensionen wesentlich größer sind als ihre *Reichweite*, in demselben praktisch vollständig zurückgehalten und zur Wirkung kommen. Es ist deshalb erforderlich, für die beiden Strahlenarten gesonderte Berechnungen durchzuführen und deren Ergebnisse für konkrete Fälle zu addieren. Für beide Aufgaben bildet die Dosisberechnung eines homogen strahlenden Raumes und insbesondere diejenige einer homogen strahlenden Kugel die allgemeine theoretische Grundlage (vgl. S. 190ff.).

a) Allgemeine Berechnung der β-Strahlendosis

In einem gegen die Reichweite der β-Strahlung allseitig großen Organ oder Zellsystem vom Volumen V soll die Menge M mc eines β-strahlenden Radioisotops homogen verteilt sein. Die „strahlende Dichte" (spezifische Aktivität) beträgt $\rho = \frac{M}{V}$ mc/g. Von 1 mc des Isotops werden pro s $3{,}7 \cdot 10^7$ β-Strahlen emittiert, die einem einzigen (einfaches Zerfallsschema, z. B. ^{32}P oder ^{198}Au, vgl. Abb. 14, S. 24) oder mehreren, verschiedenen (z. B. ^{131}J) β-Übergängen zuzuordnen sind. Jeder β-Strahlung (Index i) darf die mittlere β-Strahlenenergie $\overline{E}_i$ (vgl. S. 25) zugeordnet werden. Es ist dann die bei der spezifischen Aktivität von 1 mc/g im Gewebe absorbierte β-Strahlendosis ausgedrückt in „rad" gegeben durch:

$$K_\beta = \frac{3{,}7 \cdot 10^7 \cdot 3600 \cdot 1{,}6 \cdot 10^{-6} \cdot \Sigma\, p_i \cdot \overline{E}_i}{100} \text{ rad/mch.}$$

$$K_\beta = 2130 \cdot \sum p_i \cdot \overline{E}_i \text{ rad/mch.}$$

Dabei bedeuten:

$3{,}7 \cdot 10^7$: Zahl der Zerfallsvorgänge pro mc und s

3600: Anzahl s pro h

$1{,}60 \cdot 10^{-6}$: Anzahl erg pro MeV

100: Anzahl erg/g pro rad

p_i: relativer Anteil der i-ten Strahlung pro Zerfallsvorgang

$\overline{E}_i$: Mittlere Energie der i-ten β-Strahlung in MeV

Σ: Summenzeichen

K_β: „Dosiswert" der β-Strahlung in rad/mch.

Für die Berechnung der Gesamtdosis bei internen Bestrahlungen ist die Kenntnis der (mit der Zeit veränderlichen) spezifischen Aktivität (radioaktive Dichte) ρ während der ganzen Zeit nach der Inkorporation des Radioisotops, also $\rho = f(t)$, erforderlich. Der Verlauf der spezifischen Aktivität ist im allgemeinen Fall eine recht verwickelte Zeitfunktion, welche nur aus umfassenden Messungen an jedem einzelnen Fall eruiert werden könnte.

Neben dem an sich vollständig überblickbaren Zerfall der radioaktiven Substanz können, je nach Art des Einbringens und der „Verarbeitung" der Substanz durch den Organismus, verwickelte, „biologisch" bedingte, zeitliche Variationen der Aktivität vorliegen. Der radioaktive Stoff kann im Körper von der beabsichtigten Stelle an andere Orte transportiert werden, er kann neben dem Erfolgsorgan in anderen Zellsystemen gespeichert werden, und er kann über die natürlichen Wege auch aus dem Körper wieder ausgeschieden werden. All diese individuell verschiedenen funktionellen Einflüsse modifizieren die spezifische Aktivität am gewünschten Wirkungsort beträchtlich.

Trotz diesen bedeutenden Komplikationen sind einige Aussagen resp. zulässige Vereinfachungen möglich. Zunächst darf für alle „operativen" Zufuhren, wie Infusionen und Injektionen, die Zeitabhängigkeit der Zufuhr vernachlässigt werden, also die zugeführte Menge mit der Anfangsaktivität M_0 gleichgesetzt werden, da, verglichen mit der Einwirkungszeit, die für die Zufuhr erforderliche Zeit meist vernachlässigbar klein ist. Findet aber der Einbau in das zu bestrahlende Organ auf „biologischem" Wege statt (etwa wie z. B. derjenige von Radiojod in die Schilddrüse), so kann auch der zeitliche Verlauf des Einbaues von Bedeutung werden, und es sind dafür entsprechende Zusatzglieder in die rechnerische Betrachtung einzuführen.

Die zeitliche Abnahme der spezifischen Aktivität im Erfolgsorgan setzt sich im wesentlichen zusammen aus dem *radioaktiven Zerfall* und der *Wegfuhr*. Der erstere kann exakt berücksichtigt werden, während für die letztere sinnvolle Annahmen gemacht werden müssen. Wie gerade die Untersuchungen mit Radioisotopen an zahlreichen Organen und mit verschiedenen Stoffen ergeben haben, ist die reine „biologische" Ausbaugeschwindigkeit der Menge des akkumulierten Stoffes meist sehr annähernd proportional. Man darf deshalb mit brauchbarer Annäherung den „biologischen" Ausbau zu

$$\frac{dM}{dt} = -\delta M$$

ansetzen. In Kombination mit dem radioaktiven Zerfall und dem Einbau ergibt sich damit der zeitliche Verlauf der spezifischen Aktivität angenähert zu

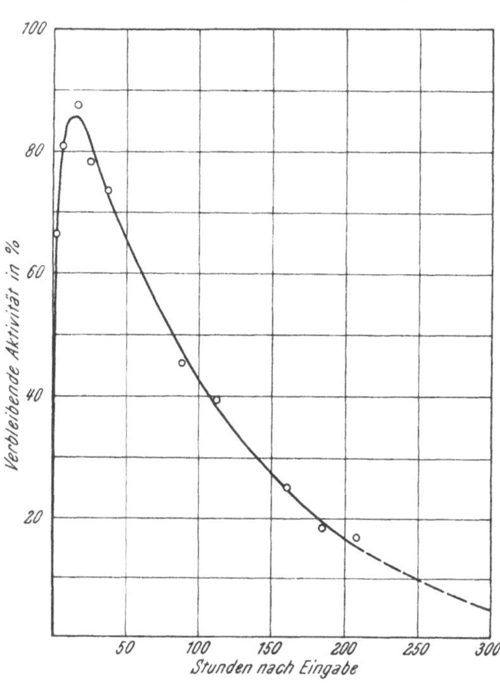

Abb. 108. Zeitlicher Verlauf der ^{131}J-Konzentration in der Schilddrüse in % der eingegebenen Aktivität. Kurve: berechnet. Kreise: Meßpunkte. (Nach MINDER)

$$M_{(t)} = p \cdot M_0 (1 - e^{-\varepsilon t}) e^{-(\lambda + \delta) t},$$

wenn $\frac{dM}{dt} = \varepsilon (p M_0 - M)$ die Geschwindigkeit des Einbaues bis zum Anteil $p \cdot M_0$ ($p \leqq 1$ Anteil des Einbaues), λ die Zerfallskonstante und δ die Ausbaurate bedeuten (MINDER). Vorstehende Funktion ist in Abb. 108 dargestellt und mit konkreten Fällen der Jodaufnahme in der Schilddrüse verglichen worden.

Bei therapeutischen Maßnahmen (Injektionen und Infusionen), bei denen die Einbauzeit nicht berücksichtigt werden muß, ist es zur Vereinfachung berechtigt, den radioaktiven Zerfall und die biologische Ausbaugeschwindigkeit in eine einzige Größe zusammenzufassen und als „*biologische Halbwertszeit*" θ zu definieren nach:

$$\theta = \frac{0{,}693}{\lambda + \delta}.$$

Im allgemeinen Fall, unter Mitberücksichtigung der Einbauzeit, ergibt sich die „*mittlere Einwirkungszeit*" des Isotops am Orte seiner Wirkung zu

$$\vartheta = \frac{1}{M_0} \int_0^\infty M_{(t)}\, d\, t = \frac{1}{\lambda + \delta} - \frac{1}{\varepsilon + \lambda + \delta}.$$

Das erste Glied entspricht seinem Inhalt nach (bis auf den Faktor lg 2 = 0,693) der oben eingeführten „biologischen Halbwertszeit", während das zweite Glied die geringere Konzentration am Anfang der „biologischen" Zuführung berücksichtigt. Da meist die Beziehung $\varepsilon \gg (\lambda + \delta)$ gilt, so darf das zweite Glied häufig vernachlässigt werden.

Unter den vorstehenden Voraussetzungen läßt sich eine befriedigend zuverlässige Berechnung der β-Strahlendosis bei Inkorporation einer radioaktiven Substanz durchführen.

Tabelle 35. Zahlenwerte für die interne Dosisbestimmung der β-Strahlung verschiedener Radioisotopen

Isotop	Strahlung	T in h	$\bar{E}_\beta$ in MeV	$\frac{K_\beta}{\lambda}$ rad g/mc	Maximale Reichweite mm Wasser
^{24}Na	β, γ	14,5	0,54	24 200	6,4
^{32}P	β	348	0,695	750 000	8,0
^{35}S	β	2110	0,055	360 000	0,2
^{52}Mn......	β, γ	156	0,085	41 200	2,2
^{59}Fe	β, γ	1160	0,12	432 000	1,5
^{63}Zn	β, γ	0,65	0,965	1 950	12
^{64}Cu	β	12,7	0,12	4 700	2,6
^{76}As	β, γ	27,6	1,17	100 000	15,7
^{82}Br	β, γ	36	0,15	16 800	1,6
^{131}J	β, γ	192	0,205	122 000	2,2
^{198}Au......	β, γ	65	0,32	64 500	3,8
^{210}Bi	β	117	0,33	120 000	5,2

Wenn mit der „biologischen Halbwertszeit" θ gerechnet werden darf oder muß, so lautet die Dosisgleichung

$$D_\beta = 3075 \cdot \theta \cdot \sum p_i \cdot \bar{E}_i \text{ rad/mc}.$$

Ist der Aktivitätsverlauf genügend bekannt, so daß die „mittlere Einwirkungsdauer" ϑ (z. B. durch Planimetrierung der Aktivitätskurve) zuverlässig bestimmt werden kann, ergibt sich ein höherer Grad der Genauigkeit der Dosisberechnung nach

$$D_\beta = 2130 \cdot \vartheta \cdot \sum p_i \cdot \bar{E}_i \text{ rad/mc.}$$

Zur Vereinfachung konkreter Aufgaben sind in Tab. 35 die Zahlenwerte der für die Praxis wichtigsten β-strahlenden Radioisotopen zusammengestellt.

b) Berechnung typischer Beispiele

Die im einzelnen nicht ganz einfachen Verhältnisse der Dosisberechnung bei interner Applikation radioaktiver Stoffe sollen an zwei typischen Beispielen etwas eingehender erläutert werden.

α) *Injektion von Radiophosphor*

Zur Behandlung einer Leukämie sollen einem Patienten von 60 kg Körpergewicht 7 mc ^{32}P injiziert werden. Welche Dosis erhalten

a) das Knochensystem mit doppelter Speicherung gegenüber den übrigen Organen (total ein Zehntel des Gewichtes),

b) das Weichteilsystem mit einfacher Speicherung (Leber, Milz, Knochenmark usw., total ein Zehntel des Gewichtes),

c) das übrige System mit Speicherung zur Hälfte (acht Zehntel des Gewichtes)?

Zunächst ergibt sich für die Verteilung des Isotops die Gleichung:

$$2\,k \cdot 0{,}1 + k \cdot 0{,}1 + \frac{k}{2} \cdot 0{,}8 = 7 \text{ mc.}$$

Auf das Knochensystem von 6 kg entfallen damit 2 mc, auf dasjenige der Leber, der Milz und des Markes zusammen 1 mc und auf den übrigen Körper 4 mc. Die entsprechenden Konzentrationen sind somit:

Knochen ..... 2 mc/6 kg $= 0{,}333\ \mu$c/g

Leber usw. ... 1 mc/6 kg $= 0{,}167\ \mu$c/g

Rest .... 4 mc/48 kg $= 0{,}083\ \mu$c/g.

In Leber, Knochenmark usw. soll der Einbau einen Tag (Zellresorption) in Anspruch nehmen, in den Knochen (Ionenaustausch) und im übrigen Körper sei das Konzentrationsgleichgewicht sofort erreicht. In Knochen einerseits und Leber, Milz, Mark usw. andererseits verbleibt der Radiophosphor bis zum vollständigen Zerfall, während er aus dem übrigen Körper mit einer „biologischen Halbwertszeit" von $\theta = 4$ Tagen ausgebaut werden soll.

Die Dosisberechnung ergibt sich allgemein zu:

$$D = 2130 \cdot \vartheta \cdot \bar{E}_i \text{ rad/mc}; \ \bar{E}_i = 0{,}7 \text{ MeV}$$

$$D = 1{,}5 \cdot \vartheta \text{ rad}/\mu\text{c}; \ T = 14 \text{ d.}$$

α) Knochen: $\vartheta = 480$ h; $D_u = 0{,}0333 \cdot 1{,}5 \cdot 480 = 240$ rad.

β) Knochenmark, Leber, Milz usw.: $\theta = 13{,}7$ d; $\vartheta = 475$ h

$$D_m = 0{,}167 \cdot 1{,}5 \cdot 475 = 119 \text{ rad.}$$

γ) Übriges System: $\theta = 4$ d; $\vartheta = 140$ h

$$D_s = 0{,}083 \cdot 1{,}5 \cdot 140 = 17{,}5 \text{ rad.}$$

β) *Radiojodtherapie der Schilddrüse*

Gegen eine Überfunktion der Thyreoidea werden 2 mc ^{131}J eingegeben. Der Aktivitätsverlauf soll durch die Kurve der Abb. 108, S. 229, wiedergegeben sein (konkrete Fälle). Da diesem Verlauf grundsätzliche Bedeutung zukommt, soll er vollständig funktionell analysiert werden.

Die Aktivität $M_{(t)}$ zu einem beliebigen Zeitpunkt t setzt sich zusammen aus der Einbaurate einerseits und dem radioaktiven Zerfall und dem physiologischen Ausbau andererseits. Alle drei sind Zeitfunktionen, und zwar darf (vgl. S. 229) ihnen exponentieller Charakter zugeordnet werden. Sicher ist der radioaktive Zerfall des Jods in der Schilddrüse der jeweiligen Menge $M_{(t)}$ proportional. Eine gleiche Proportionalität gilt für den physiologischen Ausbau, wenn ein solcher erfolgt. Demgegenüber ist der Einbau in die Schilddrüse um so stärker, je weniger Jod in derselben schon vorhanden ist. Dieser erfolgt grundsätzlich aus der eingegebenen Menge mit einer Wahrscheinlichkeit $p \leqq 1$. Es gilt also für Einbau:

$$\frac{d M}{d t} = \varepsilon \, (p M_0 - M); \ M = p M_0 \, (1 - e^{-\varepsilon t})$$

und für Ausbau und radioaktiven Zerfall:

$$M_{(t)} = M e^{-\lambda t} \cdot e^{-\delta t} = M \cdot e^{-(\lambda + \delta) t}.$$

$$M_{(t)} = p \cdot M_0 \, [e^{-(\lambda + \delta) t} - e^{-(\varepsilon + \lambda + \delta) t}] .$$

Die Halbwertszeit von ^{131}J beträgt $T = 8{,}25 \text{ d} = 198$ h; die Zerfallskonstante also $\lambda = \dfrac{0{,}693}{198} = 0{,}0035 \text{ h}^{-1}$. Aus der Kurve kann entnommen werden, daß die biologische Halbwertszeit (Zerfall + Ausbau) $\theta = 80$ h beträgt, also $\lambda + \delta = \dfrac{0{,}693}{80} = 0{,}0086 \text{ h}^{-1}$. Damit wird die Ausbaurate zu $\delta = 0{,}0051 \text{ h}^{-1}$. Das erste Glied des Klammerausdruckes $e^{-(\lambda + \delta) t}$ muß also mit der „biologischen Abfallkonstante“ $(\lambda + \delta) = 0{,}0086$ abfallen. Von diesem Abfall ist das zweite Glied $e^{-(\varepsilon + \lambda + \delta) t}$ zu subtrahieren, wodurch der tatsächliche Aktivitätsverlauf resultieren sollte. Dies ist der Fall, wenn für die Einbaurate der Zahlenwert $\varepsilon = 0{,}28\ h^{-1}$ eingesetzt und für die Einbauwahrscheinlichkeit der Wert $p = 1$ eingesetzt wird. Die Zahlengleichung der Kurve Abb. 108, S. 229, lautet also

$$M_{(t)} = 100\,(e^{-0{,}0086\,t} - e^{-0{,}29\,t})\,.$$

Die „mittlere Einwirkungszeit" ist gegeben durch die Gleichung

$$\vartheta = \frac{1}{M_0}\int_0^\infty M_{(t)}\,dt$$

also für den hier interessierenden konkreten Fall

$$\vartheta = \int_0^\infty e^{-0{,}0086\,t}\,dt - \int_0^\infty e^{-0{,}29\,t}\,dt\,;$$

$$\vartheta = \frac{1}{0{,}0086} - \frac{1}{0{,}29} = 116 - 3{,}45 = 112{,}5\ \mathrm{h}.$$

Die β-Strahlendosis wird bei Verwendung der „mittleren Einwirkungszeit" ϑ [h] und der spezifischen Aktivität ρ (mc/cm³) zu

$$D_\beta = 2130 \cdot \rho \cdot \vartheta \cdot \sum p_i\,\overline{E}_i\ \mathrm{rad}.$$

Die β-Strahlung des Radiojods hat folgende Zusammensetzung:

$\beta_1 = 0{,}815$ MeV; $\overline{E}_1 = 0{,}280$ MeV; $p_1 = 0{,}007$; $p_1\,\overline{E}_1 = 0{,}00195$

$\beta_2 = 0{,}608$ MeV; $\overline{E}_2 = 0{,}203$ MeV; $p_2 = 0{,}827$; $p_2\,\overline{E}_2 = 0{,}168$

$\beta_3 = 0{,}335$ MeV; $\overline{E}_3 = 0{,}111$ MeV; $p_3 = 0{,}093$; $p_3\,\overline{E}_3 = 0{,}0103$

$\beta_4 = 0{,}250$ MeV; $\overline{E}_4 = 0{,}083$ MeV; $p_4 = 0{,}028$; $p_4\,\overline{E}_4 = 0{,}00232$

$$\sum p_i\,\overline{E}_i = 0{,}183\ \mathrm{MeV}$$

Damit berechnet sich die β-Strahlendosis bei einem Schilddrüsenvolumen von $V = 40$ cm³ und damit einer spezifischen Ausgangsaktivität von $\rho = \frac{2}{40} = 0{,}05$ mc/cm³ zu

$$D \mathrel{\hat{=}} 2190\ \mathrm{rad}.$$

Für die gleichzeitig vorhandene γ-Strahlung dürfen die Schilddrüsenlappen (von je 20 cm³) als homogen strahlende Kugeln angesehen werden. Die Dosiskonstante der γ-Strahlung von ^{131}J beträgt $K = 2{,}2$ r/mch (vgl. S. 152).

Für die mittlere Dosis einer homogen strahlenden Kugel gilt (vgl. S. 198) $G \mu R = \frac{3}{4} D_c$, und D_c kann nach der Formel $D_c = \frac{3 K M}{R^2} \cdot \frac{1 - e^{-\mu R}}{\mu R}$ berechnet werden. Die γ-Strahlendosis ergibt sich also zu

$$\bar{D}_\gamma = \frac{9 K M}{4 R^2} \cdot \frac{1 - e^{-\mu R}}{\mu R} \cdot \vartheta \text{ r.}$$

Der Bruch $\frac{1 - e^{-\mu R}}{\mu R}$ ist bei $R = 1{,}7$ cm und $\mu \triangleq 0{,}03$ von 1 praktisch nicht verschieden, deshalb ergibt sich

$$D = \frac{9 \cdot 2{,}2 \cdot 1}{4 \cdot 2{,}9} \cdot 112{,}5 = 192 \text{ r.}$$

Die Gesamtdosis wird somit für die in Abb. 108, S. 229, dargestellten Aktivitätsverhältnisse zu

$$D \triangleq 2380 \text{ rad.}$$

(Bedingungen: 0,05 mc ^{131}J/cm^3; biologische Halbwertszeit $\theta = \frac{0{,}693}{\lambda + \delta} \triangleq$ $\triangleq 80$ h; Einbaurate $p = 100\%$; Einbauzeit $\leqq 15$ h.)

C. Direkte Messung der Strahlendosis

1. Grundsätzliche Bemerkungen

Alle die vorstehend angeführten Dosen beruhen auf Berechnungen unter Verwendung bestimmter Parameter, wie der Dosiskonstanten, der mittleren β-Strahlenenergie und der Aktivität und unter Zugrundelegung von zulässig scheinenden Vereinfachungen, wie exponentielle Strahlenschwächung und Vernachlässigung des Streuzusatzes. Streng betrachtet sind diese Berechnungsgrundlagen nicht voll gerechtfertigt. Trotzdem sind aber die Ergebnisse der Dosisberechnungen ihrer Genauigkeit nach für die Zwecke der Therapie bei weitem genügend, und sie haben grundsätzlich allgemeine Gültigkeit.

Schon bei idealisierten Strahlenfeldern sind aber die zur Dosisberechnung erforderlichen mathematischen Mittel recht erheblich; bei beliebigen Strahlenfeldern werden sie derart, daß nur noch Näherungsrechnungen möglich sind. Es hat deshalb eine *Messung der Strahlendosis* sowohl innerhalb wie besonders außerhalb der Möglichkeiten der Dosisberechnung ihren unbestreitbaren Sinn, auch wenn ihre Möglichkeiten, wie anschließend gezeigt werden muß, leider sehr eingeschränkt sind.

Mit Ausnahme der Verhältnisse bei der Fernbestrahlung mit Bestrahlungseinheiten (vgl. S. 218ff.) sind die Strahlenfelder, über deren

Stärke und Verteilung durch die Dosimetrie möglichst erschöpfend Auskunft erteilt werden soll, in ihren Dimensionen *klein*, und messen nach Zentimetern oder gar nur nach Millimetern. Innerhalb kleiner Abstände variieren die Dosen, besonders an den interessierenden Punkten in unmittelbarer Nähe der Präparate um große Faktoren (vgl. S. 162ff.). So ist etwa die Dosisverteilung um eine Nadel von 1 cm Herdlänge nur innerhalb eines Raumes von etwa 1 cm^3 von wirklichem therapeutischem Interesse und ihr Ausmaß ist an der Peripherie dieses Raumes schon etwa zehnfach geringer als an der Oberfläche der Nadel. Ähnliches gilt, wenn auch manchmal in weniger krasser Weise, für die meisten Präparate und deren Kombinationen.

Eine Dosismessung müßte also, um wirklich sinnvoll zu sein, den Dosiswert *Punkt für Punkt* erfassen können und sie wäre um so wertvoller, je näher die einzelnen Meßpunkte beieinander liegend gewählt werden könnten.

Jedes konkrete Dosismeßgerät erfordert aber ein konkretes System für die Strahlenaufnahme, sei es in Form einer Ionisationskammer, eines Kristalls, eines Leuchtstoffes oder eines chemischen Systems. Alle derartigen Systeme können also nur mit *endlichen Dimensionen* praktisch realisiert werden, wobei diese im günstigsten Fall von derselben Größenordnung sind, wie die interessierenden Koordinaten der in Frage stehenden Meßpunkte. Deshalb stellen alle konkreten Meßergebnisse eine *Integration* der Feldverteilung über die Dimensionen des Rezeptionssystems dar, und damit ist *keine* Dosismessung eine solche an einem bestimmten Punkt.

Eine weitere grundsätzliche Schwierigkeit stellt die *Interpretation der Meßangabe* dar. Eine direkte Dosismessung in r für γ-Strahlen erfordert schwierig zu realisierende Voraussetzungen, auf die früher (S. 144ff.) eingehend hingewiesen wurde. Dasselbe gilt in noch bedeutend erhöhtem Maße für eine Messung der absorbierten Dosis in rad für β-Strahlen oder gar für schwere Korpuskeln. Dabei müßten zusätzlich alle die Probleme des Ausmaßes der Meßangabe in Abhängigkeit von der Energie oder gar Energieverteilung der zu messenden Strahlung berücksichtigt werden, Aufgaben, die nur für einen konkreten Fall des Meßsystems und für Sonderfälle der Strahlung lösbar sind. Dies sind in Verbindung mit den geometrischen Dimensionen die grundsätzlichen Schwierigkeiten einer direkten Messung der Dosis der Strahlungen radioaktiver Stoffe. Wirkliche Dosismessungen in r oder rad sind mit Ausnahme von solchen an Bestrahlungseinheiten im therapeutisch interessierenden Raumbereich nicht ohne weitgehende Korrekturen möglich.

Der Hinweis auf die vorstehenden, grundsätzlichen Schwierigkeiten soll nun aber andererseits nicht so verstanden werden, daß direkte „Messungen der Dosis" an radioaktiven Präparaten sinnlos wären. Im Gegenteil, man soll sich dabei bewußt sein, daß die Meßangabe des verwendeten Meßsystems sinnvoll im Sinne einer Dosisbestimmung *interpretiert* werden muß und oftmals auch in diesem Sinne interpretiert werden kann. Das Meßinstrument liefert stets einen Meßwert, welcher der mittleren Dosis des durch das Rezeptionssystem umschlossenen Volumens proportional ist. Dabei ist es grundsäztlich möglich, den in Frage stehenden Proportionalitätsfaktor für hohe und kleine Meßwerte konstant zu halten, allerdings nicht über beliebig weite Grenzen. Weiter ist es möglich, die Meßangabe über weitere Qualitätsbereiche (Luftäquivalenz für γ-Strahlen, gleiches Massebremsvermögen wie Luft für β-Strahlen) qualitätsunabhängig zu machen, wodurch der Proportionalitätsfaktor auch gegen die Strahlenqualität (Energie) invariant wird. Ein derart gebautes Meßinstrument würde damit einen der Dosis auch in verschiedenen Energie- und Intensitätsbereichen proportionalen Meßwert liefern.

2. Praktische Meßgeräte

Voll oder teilweise auf diesen Überlegungen fußend, sind zahlreiche Meßgeräte der Dosis für Strahlungen radioaktiver Stoffe entwickelt und gebaut worden. Von diesen haben aber nur wenige bis heute eine weitere Verwendung gefunden. Es sollen deshalb nur zwei Apparaturen hier etwas ausführlicher besprochen werden.

Jedes Meßsystem der Strahlendosis besteht grundsätzlich aus einem Aufnahmesystem für die Strahlung und einem Anzeigesystem für die

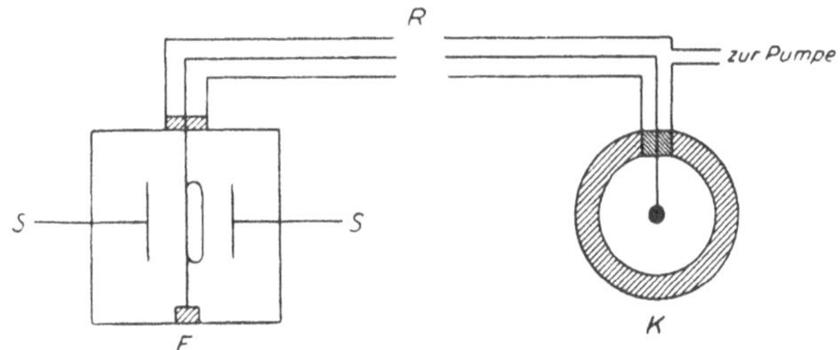

Abb. 109. Meßgerät für die Dosismessung der γ-Strahlung, bestehend aus luftäquivalenter Ionisationskammer *K*, Verbindung *R* und Elektrometer *E*. (Nach MINDER)

Strahlenwirkung auf das erstere. Der Definition der Strahlendosis am nächsten und damit von der Strahlenqualität am wenigsten abhängig sind Ionisationskammermeßgeräte. Diese können auch konstruktiv sehr einfach gehalten werden. Verbindet man eine möglichst kleine Ionisationskammer geeigneter Bauart (luftäquivalentes Material, genügende Wanddicke) mit einem Elektrometer, so ist dieses System grundsätzlich in den vorstehend angeführten Grenzen zur Dosismessung geeignet. Abb. 109 zeigt ein derartiges System nach MINDER mit Elektrometer, Verbindungsleitung und Ionisationskammer, mit welchem Messungen der Dosiskonstante vorgenommen wurden, und Abb. 110 eine luftäquivalente Ionisationskammer (nach FRIEDRICH und SCHULZE) im Schnitt.

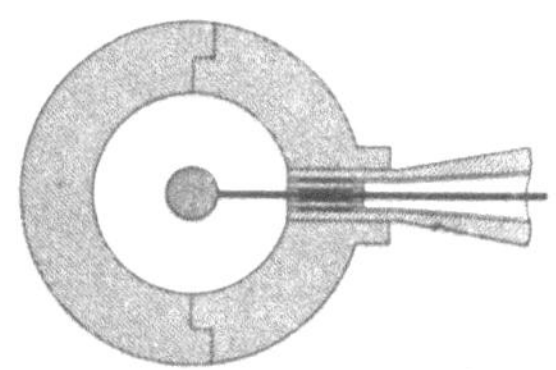
Abb. 110. Luftäquivalente Kleinionisationskammer nach FRIEDRICH und SCHULZE

Besonders störend ist bei direkten Messungen aber der Umstand, daß die γ-Strahlung des Präparats auf das gesamte Meßsystem einwirkt. Das bedingt entweder lange, verlustfreie Leitungen zwischen Ionisationskammer und Elektrometer oder aber für das letztere einen Bleischutz von allseitig etwa 10 cm Dicke. Damit werden die Messungen aber unpraktisch.

Die Lösung dieser Schwierigkeiten wurde von SIEVERT darin gefunden, daß er die Ionisationskammer als in sich abgeschlossenen Luftkondensator ausbildete und während der Bestrahlung vom Meßsystem *trennte*. Das Meßverfahren mit Hilfe der *Kondensatorkammer* nach SIEVERT gestattet Meßmöglichkeiten, die mit keinem anderen direkten Verfahren erreicht werden können.

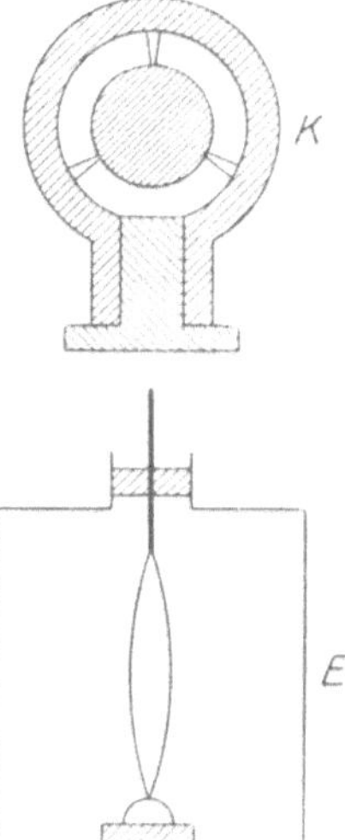

Abb. 111. Prinzip der γ-Strahlendosismessung nach dem Kondensatorkammerverfahren nach SIEVERT. K: luftäquivalente Kleinionisationskammer (abtrennbar und verschließbar); E: Elektrometer

Zur Messung einer γ-Strahlendosis mit Hilfe des Kondensatorkammerverfahrens wird die Kammer K mit dem Elektrometer E in Abb. 111 verbunden und das ganze System auf die Spannung U aufgeladen. Die Spannung kann am Elektrometer abgelesen werden. Unter Erhaltung der Ladung wird die Kammer vom Elektrometer getrennt, verschlossen und hält bei bester Isolation die Ladung mehrere Tage. Wird die Kammer eine bestimmte Zeit einer Strahlung mit der Intensität I ausgesetzt, so fällt ihre Spannung auf U'; die Differenz der Spannung ist dabei proportional der aufgenommenen Dosis:

$$U - U' \sim D.$$

Durch eine zweite Messung am Elektrometer wird der Spannungsabfall bestimmt. Damit ist die Messung abgeschlossen. Sie ist also im Prinzip relativ sehr einfach, bietet aber doch praktisch einige Schwierigkeiten.

Werden Kammer und Elektrometer auf die Spannung U aufgeladen, so verteilt sich die Ladung gemäß den entsprechenden Kapazitäten. Die Kammer habe die Kapazität C, das Elektrometer diejenige von C'. Die Elektrizitätsmenge auf dem ganzen System ist demnach

$$Q = (C + C')\, U.$$

Nachdem die Kammer abgenommen worden ist, enthält sie die Ladung

$$q = C\,U.$$

Diese sinkt bei der Bestrahlung auf $q' = C\,U'$. Um nun den Abfall $\Delta\,q$ durch die Strahlung zu bestimmen, muß die Kammer wieder mit dem Elektrometer verbunden werden. Dabei wird die Ladung q' auf Kammer und Elektrometer verteilt und ergibt die ablesbare Spannung U''. Diese ist gegeben durch die Gleichung $q' = (C + C')\,U''$.

Die gemessene Dosis entspricht der Differenz $q - q' = C\,U - (C + C')\,U''$. Die Dosis ist demnach

$$D \sim \Delta\,q = C\,(U - U'') - C'\,U''.$$

Aus der Beziehung folgt, daß die Meßgenauigkeit wesentlich vom Verhältnis der Kapazität der Kammer zu der des Elektrometers abhängt. Dieses Verhältnis sollte möglichst zugunsten der Kammer ausfallen. Deshalb sind genaue Messungen mit sehr kleinen Kammern damit schwer durchzuführen. Weiter treten beim Trennen und Verbinden der Kammer mit dem Meßsystem Kontaktpotentiale auf, die die Messung erheblich stören können. Alle diese Schwierigkeiten sind von SIEVERT erkannt und durch Rechnungen und entsprechende Konstruktionen berücksichtigt worden. Eine der ersten Bestimmungen der Dosiskonstanten von Radium ist von SIEVERT mit Hilfe dieses Verfahrens vorgenommen worden. Damit wurde schon früh dessen Brauchbarkeit erwiesen.

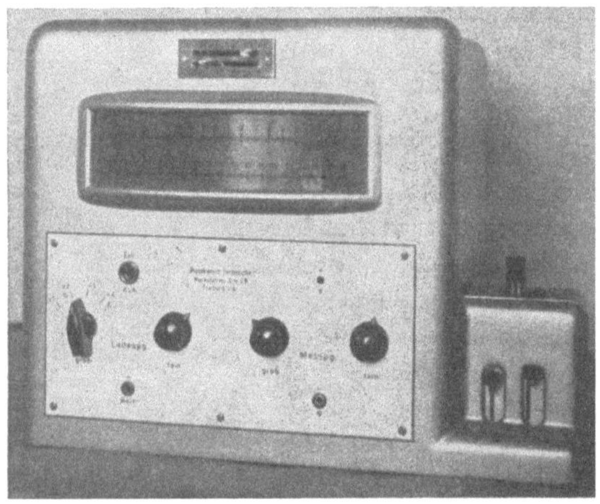

Abb. 112. „Kondiometer", Kondensatorkammermeßgerät mit Elektrometer und Aufladegerät (PTW.)

In den letzten Jahren hat das Meßverfahren mit Hilfe von Kondensatorkammern eine sehr starke Erweiterung erfahren. Neben der fast allgemeinen Anwendung für Strahlenschutzmessungen gibt es auch für andere Zwecke der Strahlendosismessung bereits Apparate, die den vorgesehenen Zweck weitgehend erfüllen und von zahlreichen Firmen der radiologischen Industrie in den Handel gebracht werden.

In Abb. 112 ist das unter der Bezeichnung „Kondiometer“ (PTW., Freiburg i. Br.) im Handel befindliche Lade- und Meßgerät wiedergegeben und Abb. 113 zeigt einige Kondensatorkammern verschiedener Empfindlichkeit.

Leider können auch Kondensatorkammern nicht wesentlich kleiner konstruiert werden als etwa 1 cm³. Damit sind auch für diese die praktischen Meßmöglichkeiten für Strahlendosen radioaktiver Stoffe sehr eingeschränkt. Diese Schwierigkeiten (der geometrischen Ausdehnung der Ionisationskammer) können verringert werden durch die Verwendung eines Kristalls (CdS) als Aufnahmesystem, dessen elektrische Leitfähigkeit unter Bestrahlung eine sehr starke Erhöhung erfährt. Der Kristall mit seinen Elektroden kann erheblich kleiner dimensioniert werden als eine Ionisationskammer. Ohne Bestrahlung ist er ein so guter Isolator (vgl. Abb. 114), daß der im Nebenschluß an einem hochohmigen Widerstand mit bekanntem Widerstandswert geschaltete statische Spannungsmesser keinen Ausschlag zeigt. Sinkt nun bei Bestrahlung der Widerstand des Kristalls (der Dosisleistung proportional) ab, so fließt der denselben durchfließende Strom auch durch den damit in Serie geschalteten Meßwiderstand. Dadurch wird an seinen Enden nach dem OHMschen Gesetz eine Spannungsdifferenz erzeugt, welche mit dem statischen Spannungsmesser (im Nebenschluß) gemessen werden kann.

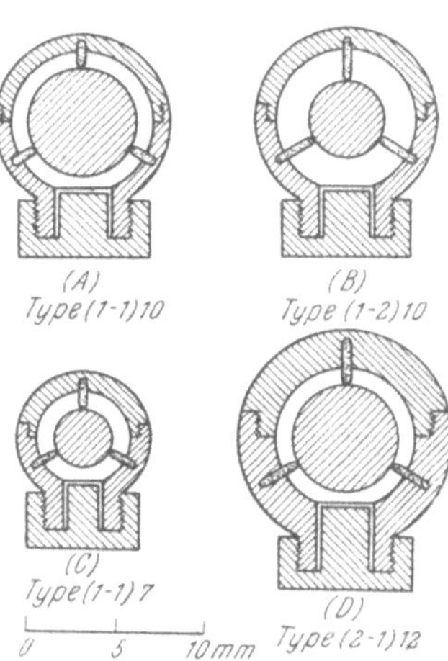

Abb. 113. Kondensatorkammern verschiedener Größe und Empfindlichkeit nach SIEVERT. Bei der Typenbezeichnung bedeutet die erste Ziffer in der Klammer die Wanddicke in Millimetern, die zweite die Dicke des Luftspaltes und die Zahl am Schluß den äußeren Kammerdurchmesser

Das auf diesem Prinzip aufgebaute „Gammameter“ (Siemens) ist in Abb. 115 wiedergegeben.

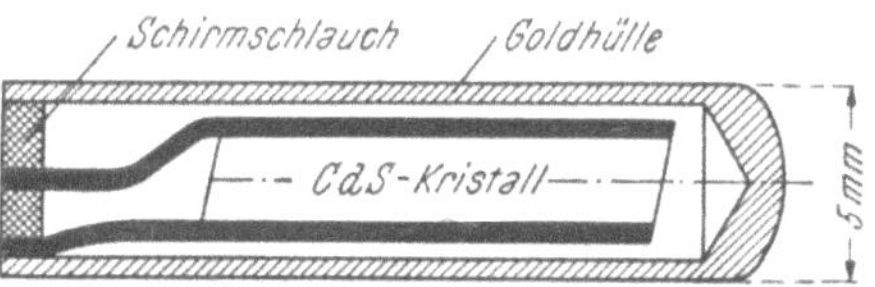

Abb. 114. Kristallmeßkopf zur Strahlenmessung auf Grund der Leitfähigkeitserhöhung des CdS bei Bestrahlung (vgl. auch Abb. 115)

Wieweit mit dem letztgenannten Instrument Dosismessungen auch an Präparaten mit kleinen Dimensionen vorgenommen werden können, soll durch die Abb. 116 gezeigt werden. In derselben sind direkte Messungen nach VERHAGEN an einem Intrauterinstift wiedergegeben. Wie eine rechnerische Kontrolle zeigt, sind sie meist mit Fehlern unter 10% behaftet.

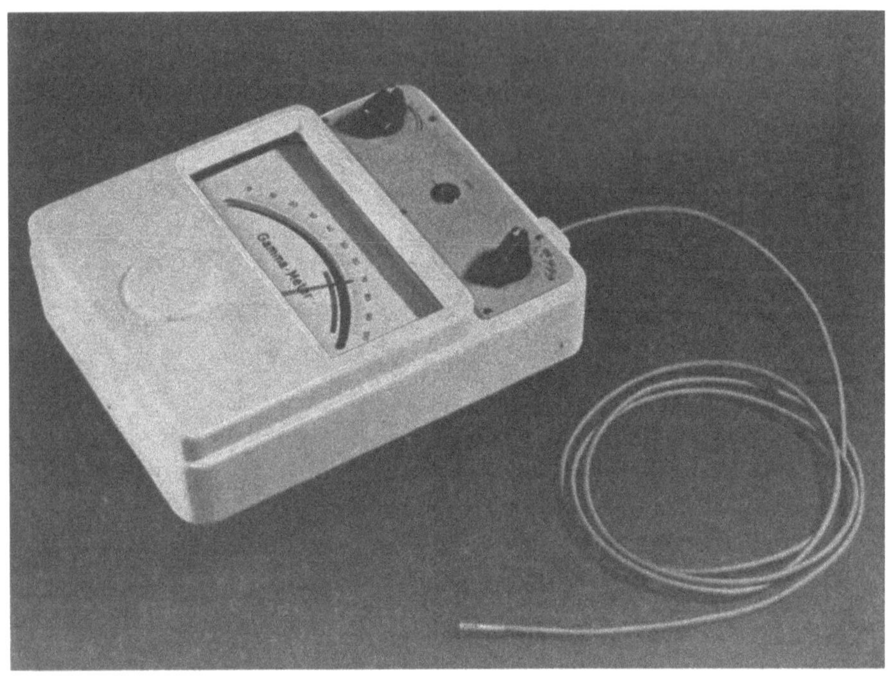

Abb. 115. „Gammameter“ (Siemens)

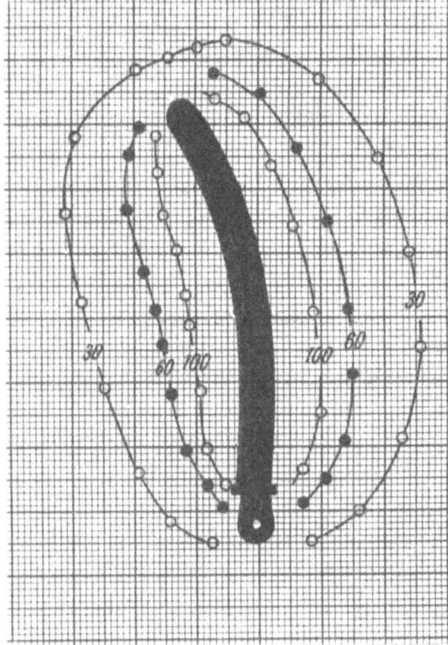

Abb. 116. Dosisverteilung einer gebogenen Intrauterinkapsel mit 40 mg Ra El., gemessen mit dem „Gammameter“. (Nach VERHAGEN)

3. Strahlenchemische und andere Meßverfahren

Eine meßtechnische Kontrolle interner Dosen, besonders solcher durch β-Strahlen verursacht, ist nur in den seltensten Ausnahmefällen durchführbar. Abgesehen von den Schwierigkeiten bezüglich des Aufnahmesystems der Strahlung (möglichst kleine Kammer und möglichst dünne Kammerwand bei β-Strahlen) sind es die anatomischen Verhältnisse, welche eine Messung meist verunmöglichen, oder aber man verzichtet auf eine solche auch aus psychologischen Gründen.

Strahlenchemische Dosimeterreaktionen bieten aber in grundsätzlich allen Fällen die Möglichkeit, *Volumdosen* und damit auch *mittlere Dosen* an dem konkreten Fall nachgebildeten *Modellen* mit hoher Genauigkeit zu messen, gleichgültig, durch welche Strahlenarten dieselben bewirkt werden. Solche Messungen können für bestimmte Bestrahlungstechniken, wie z. B. für die Radiojodtherapie der Schilddrüse oder die Radiogoldinfiltration der Pleura, unter standardisierten Bedingungen durchgeführt werden und geben dann für eine bestimmte Form und Größe des in Frage stehenden Systems und für eine bestimmte Gesamtaktivität und Bestrahlungszeit sichere mittlere Dosiswerte. An dieselben können konkrete Fälle mit anderen Größen-, Aktivitäts- und Zeitverhältnissen rechnerisch in einfachster Weise durch einfache Multiplikation oder Division mit hohem Genauigkeitsgrad angeschlossen werden.

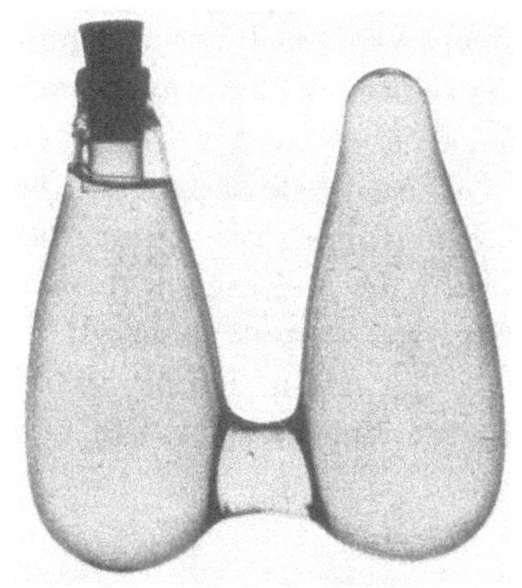

Abb. 117. Einfaches Glasmodell der Schilddrüse zur strahlenchemischen Dosismessung (vgl. Text)

Man baut sich beispielsweise ein Glasmodell der Thyreoidea (etwa nach Abb. 117), füllt in dasselbe eine Dosimeterlösung ein (geeignete Systeme sind: $FeSO_4$ in 0,8 H_2SO_4 unter O_2-Sättigung; $CHCl_3$ in gesättigter wäßriger Lösung; Methylenblau in Wasser), setzt derselben das Radioisotop zu und bestimmt nach der Bestrahlung den strahlenchemischen Umsatz (Oxydation von $Fe^{++} \rightarrow Fe^{+++}$; Bildung von HCl, Entfärbung) und aus diesem die mittlere Dosis. Diese ist dann für alle späteren konkreten Fälle derselben geometrischen Verhältnisse direkt verwendbar und auf andere, wie erwähnt, sehr leicht umzurechnen, so daß sich der entsprechende Aufwand sicher lohnt.

Weitere Meßmöglichkeiten sind gegeben durch die quantitative Messung der Phosphoreszenz besonderer Gläser (Hine) nach der Bestrahlung oder durch die Aufnahme von sogenannten „Glow-Kurven" von kristallinen Stoffen (z. B. Fluorit; Houtermans), welche nach der Bestrahlung die Erscheinung der *Thermolumineszenz* (Abstrahlung der in Form von angeregten Elektronen gespeicherten Strahlenenergie als Fluoreszenzlicht) zeigen.

Die letztgenannten Verfahren sind praktisch nicht einfach und auch noch nicht voll entwickelt. Sie bieten aber, trotz ihrem grundsätzlichen Nachteil, daß damit Dosen am Patienten erst nach der Bestrahlung eruiert werden können, interessante zusätzliche Möglichkeiten.

4. Photographische Dosismessung

Die Messung der Strahlendosis nach den vorstehend angegebenen Methoden ist nicht ganz einfach. Sie erfordert eine hohe Kritik, eine gewisse meßtechnische Schulung und enthält wegen der Kleinheit der zu messenden Effekte auch verschiedene Fehlermöglichkeiten, die nicht so leicht überblickt werden können.

Diesen Schwierigkeiten begegnet teilweise das photographische Dosismeßverfahren von HOLTHUSEN und HAMANN. Es beruht auf der Eigenschaft der γ-Strahlen, die photographische Schicht angenähert nach dem BUNSEN-ROSCOE-Gesetz, d. h. proportional mit der Dosis und unabhängig von der Dosisleistung zu schwärzen. Die Schwärzung ist demnach in weiten Grenzen der Dosis proportional:

$$S = \gamma D.$$

Nun ist aber die Schwärzung eines photographischen Films neben der γ-Strahlendosis noch sehr wesentlich abhängig von der Art der Belichtung durch die γ-Strahlung, ferner von den besonderen Eigenschaften der Emulsion und besonders auch von der Art der Entwicklung und Fixation nach der Exposition. Es müssen daher zur Ausschaltung all dieser Fehlermöglichkeiten spezielle Vorsichtsmaßnahmen getroffen werden. HOLTHUSEN und HAMANN lassen die zu messende Disposition eine bestimmte Zeit auf einen Röntgenfilm einwirken und vergleichen dessen Schwärzungen mit einem Eichfilm, der unter Standardbedingungen bestrahlt wurde. Der zu messende Film und der Eichfilm werden gemeinsam entwickelt und fixiert.

Die Bestrahlung des Eichfilms geschieht mit einem Präparat von 13,33 mg Ra El. durch einen Hartkernholzwürfel von 5 cm Kantenlänge hindurch. Der Eichfilm und der Meßfilm liegen während der Bestrahlung auf einer 2 cm dicken Hartholzplatte. Die Bestrahlung des Eichfilms dauert 30 Minuten. Innerhalb dieser Zeit ist die Zunahme der Schwärzung praktisch linear. Der Meßfilm wird mit dem Eichfilm photometrisch verglichen. Dieser Vergleich gründet sich auf die Definition der Schwärzung (Extinktion) nach BUNSEN. Darnach ist die Schwärzung gleich dem negativen dekadischen Logarithmus der Transparenz.

Entspricht die Intensität des durch den Film hindurchgehenden Lichtes (Photometerwert) ohne Bestrahlung I_0, diejenige durch den geschwärzten Teil durchgehende I, so ist die *Transparenz*

$$T = \frac{I}{I_0}.$$

Die Schwärzung beträgt dann

$$S = -\log T = \log \frac{I_0}{I}.$$

Andererseits ist die Schwärzung S bei Gültigkeit des BUNSEN-ROSCOE-Gesetzes eine lineare Funktion der Dosis

$$S = \gamma D.$$

Die Größe $\gamma = \frac{dS}{dD}$ bezeichnet man als den *Gammawert* der betreffenden Emulsion. Sie entspricht der Steilheit der Geraden, die entsteht, wenn man die Schwärzung als Funktion der Dosis darstellt. Die numerische Größe des Gammawertes ist für eine bestimmte Strahlung (Röntgen- oder γ-Strahlung) das Charakteristikum der verwendeten Emulsion.

Zur Dosismessung mit Hilfe des photographischen Verfahrens ist es noch notwendig, die Standardanordnung, die sogenannte *Würfelminute*, durch ionometrische Messungen zu eichen. HOLTHUSEN und HAMANN fanden als Eichwert die Dosisleistung von 0,045 r/min.

Die „Würfelminute" ist durch FRIEDRICH, HENSCHKE und SCHULZE genormt worden. Als Präparat schlagen diese Autoren ein solches von 10 mg Ra El., Filter 1,0 mm Pt vor, und als Würfel einen solchen aus *Wasser*. Dieser wird dadurch realisiert, daß ein würfelförmiges Gefäß von 5 cm Kantenlänge aus einem leichten, luftäquivalenten Stoff, etwa Celluloid, mit Wasser gefüllt ist. Er soll dann auf etwa $\pm$ 1% ein Gewicht von 125 g aufweisen. MINDER hat zeigen können, daß auch ein dünnwandiger Glashohlwürfel, der so weit mit Wasser gefüllt ist, daß sein Gewicht 125 g beträgt, gegenüber dem von FRIEDRICH und Mitarbeitern vorgeschlagenen keine meßbaren Abweichungen zeigt, was wegen der Zusammensetzung des Glases nicht weiter verwunderlich ist. Die Anordnung zur Standardschwärzung ist in Abb. 118 schematisch wiedergegeben.

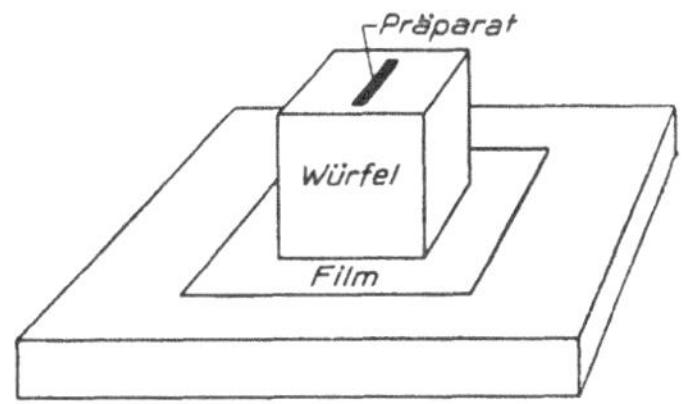

Abb. 118. Schematische Anordnung von Präparat, Würfel und Film für die Eichbestrahlung nach HOLTHUSEN und HAMANN (vgl. Text)

Ionisationsmessungen der standardisierten Würfelminute sind von HENSCHKE und von MINDER vorgenommen worden. Die gefundenen Meßwerte betragen nach HENSCHKE für eine Expositionszeit von 30 Minuten

1,26 r. Bei einer Ladung von 1 mg, auf welchen Wert schließlich bei der Umrechnung Bezug zu nehmen ist, und bei einer Exposition von einer Stunde, erhält nach diesen Messungen der Film die Dosis von 0,251 r. Die Messungen von MINDER ergaben den Wert von 0,253 $\pm$ 0,004 r/mgh, der mit der Messung von HENSCHKE vorzüglich übereinstimmt.

Bei der Standardbestrahlung mit 10 mg Ra El. während 30 Minuten erhält der Eichfilm die Strahlendosis von 1,26 r. Er wird dadurch (Röntgenfilm) etwa auf die Schwärzung $S \simeq 1$ geschwärzt. Ein qualitatives

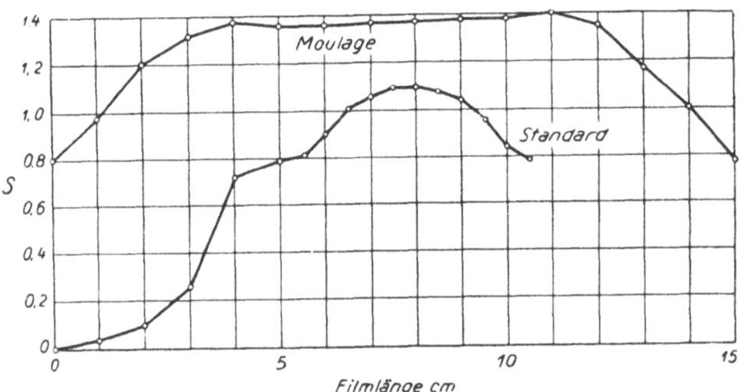

Abb. 119. Schwärzungskurven für den Eichfilm (Standard) und die Exposition der Moulage nach Abb. 120

Maß für diese Schwärzung besteht darin, daß durch einen so geschwärzten Film hindurch beim Auflegen Druckschrift gerade nicht mehr gelesen werden kann (FRANCKE).

Genauere Angaben über den Grad der Schwärzung resultieren aus der Gleichung $S = \log \frac{I_0}{I}$. Ist also die durch den Film durchtretende Lichtintensität gleich 100%, so entspricht dies der Schwärzung 0. Läßt der Film noch 10% des Lichtes durch, so nimmt der Bruch den Wert von 10 an. Da $\log 10 = 1$ ist, bedeutet dies eine Schwärzung $S = 1$. Läßt der Film noch 1% des Lichtes durch, resultiert die Schwärzung $S = 2$.

Die Meßfilme müssen so bestrahlt werden, daß ihre Schwärzungen etwa zwischen 0,5 und 1,5 liegen, damit die photometrischen Vergleichsmessungen noch hinreichend genau sind.

Zur Messung der Schwärzungen werden einfache Photometer verwendet. Solche können mit kleinem Aufwand in jedem größeren Institut selbst hergestellt werden. Als Lichtquelle dient eine an stabilierter Spannung betriebene Punktlampe und als Anzeigegerät wird am besten eine Sperrschichtphotozelle (z. B. nach LANGE) in Verbindung mit einem Galvanometer verwendet.

Zur eigentlichen Messung wird der Film bezüglich seiner Schwärzung streifenförmig durchkontrolliert und die Werte in Kurvenform dargestellt.

Abb. 119 gibt solche Schwärzungskurven durch einen Eichfilm und einen Meßfilm wieder.

Will man bei einer räumlich komplizierten Anordnung die Dosis Punkt für Punkt ausmessen, so schneidet man einen Film in kleine Stücke. Diese werden verpackt eine bestimmte Zeit an die entsprechende Stelle gelegt. Ein Filmstück wird mit der Standardanordnung bestrahlt und ein Filmstück macht die Entwicklung und Fixation unbestrahlt durch. Es dient zur Messung des *Grundschleiers*. Die Schwärzung des Grundschleiers muß von der Schwärzung durch die Strahlung subtrahiert werden.

Abb. 120. Meßmoulage für Halsbestrahlungen

Die Bestimmung der Dosis soll an Hand eines Beispiels näher erläutert werden.

Zum Zwecke einer besonderen Bestrahlungstechnik für Tumoren des Halses wurde eine Meßmoulage hergestellt. Sie ist in Abb. 120 wiedergegeben. Die Schwärzung des Meßfilms zeigt Abb. 121. In der rechten oberen Ecke ist die Standardanordnung auf denselben Film aufgenommen. Das jeweils nicht bestrahlte Filmstück wurde mit 12 cm Blei zugedeckt. Die Meßmoulage enthielt neun Nadeln zu je 2 mg Ra El. mit einer Primärfilterung von 0,5 mm Pt. Die Schwärzungskurven für Standard und Moulage sind in Abb. 119 wiedergegeben. Daraus ist zu entnehmen, daß dem Standard eine Schwärzung von 1,1, dem Zentrum der Moulage (Achse der angenähert zylindrischen Anordnung) eine solche von 1,37 entspricht. Die Einwirkungsdauer betrug für Standard und Moulage je 30 Minuten. Die Dosis im Zentrum ergibt sich daher zu

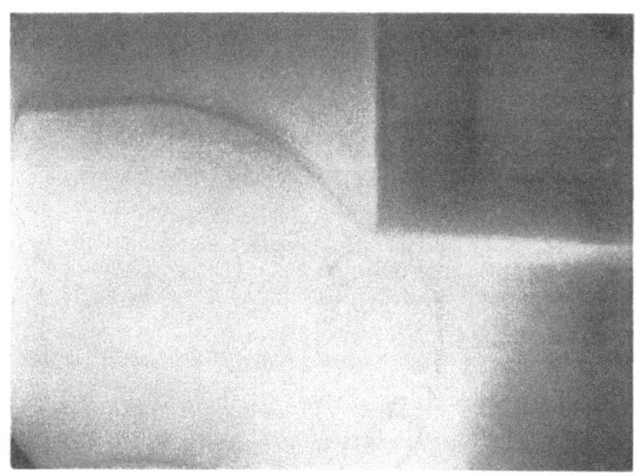

Abb. 121. Schwärzungen durch die Standardanordnung (Ecke oben rechts) und die Meßmoulage nach Abb. 120

$$D = \frac{1,26 \cdot 1,37}{1,1} = 1,57\ \mathrm{r}.$$

Eine angenäherte Berechnung der Dosis ergab einen Wert von $D = 1,67$ r/h. Der Unterschied von 7% der beiden Dosisbestimmungen ist für eine so komplizierte Anordnung relativ klein und für die Praxis kaum von Bedeutung.

Eine geistvolle und sehr geeignete Weiterentwicklung der photographischen Dosismessung stellt das Verfahren von KÖLLE, EICHHORN und DEGENHARDT dar. Es beruht im Prinzip auf der photographischen

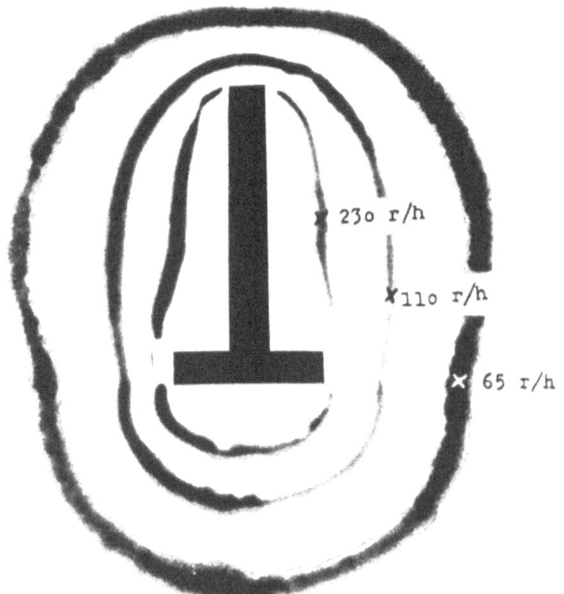

Abb. 122. Isodosen einer Kombination einer Portioplatte mit 60 mg und einer Intrauterinkapsel mit 90 mg Ra El., hergestellt mit dem photographischen Dosismeßverfahren nach KÖLLE (vgl. Text). (Nach ANDREAS)

Darstellung des Schwärzungsunterschiedes von zwei sich folgenden Umkopierungen der Schwärzungsverteilung, welche durch die auszumessende Präparatekombination auf einem ersten Film (Autoradiographie) verursacht wurde.

Zunächst wird auf einem Film, der in der Fläche liegen muß, in der die Dosisverteilung gemessen werden soll (z. B. Ebene in der Achse eines Röhrchens) durch die Strahlung des Trägers oder der Trägerkombination eine der jeweiligen Dosisleistung proportionale Schwärzung (BUNSEN-ROSCOE-Gesetz) erzeugt („Autoradiographie"). Von diesem Film werden Kopien („Negative") mit verschiedenen Belichtungszeiten (in geometrischer Reihe) hergestellt. Diese Kopien werden nochmals (mit konstanter Belichtungszeit) zu „Diapositiven" umkopiert. Man erhält so eine Serie von Bildpaaren (Negative + Diapositive) des Strahlenfeldes von je nach

Belichtungszeit verschiedener Ausdehnung. Nun werden je zwei zusammengehörige Bildpaare genau zur Deckung gebracht (Schicht auf Schicht) und zusammen auf Papier kopiert. Dabei ist auf dem Negativ das Strahlungsfeld hell, auf dem Diapositiv dunkel. Auf der Papierkopie erscheint somit als Bild die *Differenz der Schwärzungen* des Paares. Bei der Verwendung von stark kontrastreichem Material muß diese besonders am Rand der Strahlenfeldbilder groß sein und damit als schmale Zone zur Abbildung gelangen. Solche Zonen entsprechen Linien gleicher Schwärzung auf dem ersten Film (Autoradiographie) und stellen damit *Isodosen* dar. Es ist dann nur noch erforderlich, dieselben durch Berechnung oder Messung der Dosis für einen Punkt derselben zu indizieren.

Dieses Verfahren ist ganz kürzlich von ANDREAS besonders auf gynäkologische Radiumträger angewendet worden. Abb. 122 zeigt eine damit hergestellte Isodosenverteilung für eine Kombination, bestehend aus Portioplatte mit 60 mg Ra El. und Intrauterinkapsel mit 90 mg Ra El. Die eingetragenen Dosisleistungen wurden mit Hilfe des „Gammameters" (vgl. Abb. 115, S. 240) gemessen.

Literatur

A. Zusammenfassende Werke

ANDREAS, H.: Dosierungsfragen bei der gynäkologischen Radium-Bestrahlung. Leipzig: G. Thieme, 1959.

CARLING, E. R., B. W. WINDEYER and D. W. SMITHERS: British Practice in Radiotherapy. London: Butterworth's Publ., 1955.

DEGRAIS, P., et A. BELLOT: Traité pratique de Curiethérapie. Paris: Baillère et fils, 1937.

FIEBELKORN, H. J., und W. MINDER: Therapie mit Röntgenstrahlen und radioaktiven Stoffen. Bern und Stuttgart: H. Huber, 1959.

HAHN, F. P. (Editor): A Manual of Artificial Radioisotope Therapy. New York: Academic Press Inc., 1951.

HINE, G. J., and G. L. BROWNELL (Editors): Radiation Dosimetry. New York: Academic Press Inc., 1956.

MILLER, N.: Introduction à la Dosimétrie des Radiations. Actions chimiques et biologiques des Radiations. Collection dirigée par M. HAISSINSKY. Vol. 2. Paris: Masson et Cie., 1956.

MINDER, W.: Radiumdosimetrie. Wien: Springer, 1941.

MOHLER, H. (Herausgeber): Chemische Reaktionen ionisierender Strahlen. Aarau und Frankfurt: Sauerländer & Co., 1958.

PATERSON, R.: The Treatment of Malignent Disease by X-Rays and Radium. Baltimore: Williams & Wilkins, 1948.

VERHAGEN, A.: Radium-Isodosen. Stuttgart: G. Thieme, 1958.

WILSON, C. W.: Radium Therapy; its Physical Aspects. London: Chapman and Hall, 1945.

WORTHLEY, B., J. TOOZE, J. BROWN and R. M. FRY: The Wheatley Dosage Integrator. Acta Radiol. Suppl. 128. 1955.

B. Originalarbeiten

ADACHI, T., and A. KIKUCKI: Distribution of the Radioactivity in Co-60-Tubes. Bull. Tokyo Med. Univ. **2**, 1 (1955).

ANDREAS, H.: Isodosenphotogramme von Strahlenquellen. Strahlenther. **101**, 416 (1956).

BARNES, A. C., J. L. MORTON and G. W. CALLENDINE: The Use of Radioactive Cobalt in the Treatment of Carcinoma of the Cervix. Amer. J. Obst. Gynec. **60**, 1112 (1950).

BÄUMER, J., und K. MÜLLER: Beitrag zur Dosierung der Betastrahlung nach der biologischen Methode. Strahlenther. **87**, 310 (1952).

BECKER, J., und K. E. SCHEER: Ein neues therapeutisches Anwendungsprinzip radioaktiver Isotope in geschlossenen elastischen Applikatoren. Strahlenther. **90**, 546 (1953).

BENNER, S.: On Secondary Beta Rays from the Surface of Radium Containers. Acta Radiol. **12**, 401 (1931).

— Intensity Distribution and Dosage in Teleradium Treatment at Radiumhemmet. Acta Radiol. **14**, 207 (1933).

— The Intensity Distribution Around Radium Preparations. Acta Radiol. **15**, 291 (1934).

— The Intensity Distribution of the New 5 gr. Bomb of Radiumhemmet. Acta Radiol. **18**, 297 (1938).

— A New Teleradium Apparatus. Acta Radiol. **28**, 765 (1947).

BISHOP, P. A.: A Flexible Rubber Applicator with a Positive Spread for Radium Treatment of Cancer of the Uterine Cervix. Amer. J. Roentgenol. **71**, 267 (1954).

BLOMFIELD, G. W., and F. W. SPIERS: Dose Measurements in Beta-Ray Therapy. Brit. J. Radiol. **19**, 349 (1946).

BRAESTRUP, C. B., and R. T. MOONY: Cobalt 60 Teletherapy Isodose Pattern for Combined and Non-uniforme Longitudinal and Transversal Source Motion. Geneva Papers **10**, 81 (1955).

— G. HERTSCH and R. T. MOONY: Transit Dose System for Cobalt 60 Rotating Teletherapy Equipment. Amer. J. Roentgenol. **79**, 400 (1958).

BREIG, R., und G. ZIEGLER: Die Aussichten einer Telegammatherapie mit radioaktiven Isotopen. Strahlenther. **99**, 275 (1956).

BRODERSEN, H.: Ein endobronchialer Radiumträger. Strahlenther. **80**, 573 (1949).

BROSER, I., H. OESER und R. WARMINSKY: Die Dosimetrie von Gamma-Strahlen mit Cadmiumsulfidkristallen. Strahlenther. **90**, 399 (1953).

BRUCER, M.: New Developments in Teletherapy. Nucleonics **10**/4, 40 (1952).

— Teletherapy Devices with Radioactive Isotopes. Geneva Papers **10**, 68 (1955).

— and N. SIMON: Teletherapy; Progress since 1955. A/Conf. 15/P/2403 (1958).

BRUES, A. M., and A. TYLER: On Estimating Total Radiation Dosage from a Compartimentalized Isotope. Atompraxis **5**, 553 (1959).

BUSH, F.: The Integral Dose Recieved from a Uniformly Distributed Isotope. Brit. J. Radiol. **22**, 96 (1949).

CARIÉ, C.: Zur Dosimetrie von Radiumträgern. Strahlenther. **81**, 595 (1950).

COLE, A., E. B. MOORE and R. J. SHALEK: A Simplified Automatic Isodose Recorder. Nucleonics **11**/4, 46 (1953).

COLIEZ, R.: Progrès possibles dans la Radiothérapie des Cancers. J. Radiologie **27**, 177 (1946).

CORSCADEN, J. A., S. B. GUSBERG and CH. P. DONLAN: Precision Dosage in Interstitial Irradiation of Cancer of the Cervix Uteri. Amer. J. Roentgenol. **60**, 522 (1948).

ERNST, E. C.: Probable Trends in the Irradiation Treatment of Carcinoma of the Cervix Uteri with the Improved Expanding Type of Radium Applicator. Radiology **52**, 46 (1949).

EVANS, R. D.: Evaluation of the Beta and Gamma Radiation Due to Extended Linear Sources of Radium. J. industr. Hygiene Toxikol. **28**, 243 (1948).

EVANS, W. G., and H. D. GRIFFITH: An Easy Demontable Unit for Teletherapy. Brit. J. Radiol. **9**, 390 (1936).

FEUERSTEIN, H., und H. J. MAURER: Zur Frage der Dosisverteilung bei der Strahlenbehandlung des Kollumcarcinoms. Geburtsh. u. Frauenhk. **18**, 815 (1958).

FISCHER, F.V., und W. MINDER: Die Radium-Moulagenbehandlung geschwulstartiger Hämangiome. Radiol. Clin. **21**, 116 (1952).

FISHMAN, R., and L. I. CITRIN: A New Radium Implant Technique to Reduce Operating Room Exposure and Increase Accuracy of Placement. Amer. J. Roentgenol. **75**, 495 (1956).

FLETCHER, G. H., R. J. SHALEK, J. A. WALL and F. G. BLOEDORN: A Physical Approach to the Design of Applicators in Radium Therapy of Cancer of the Cervix Uteri. Amer. J. Roentgenol. **68**, 953 (1952).

— P. WOTTON, W. H. STOREY and R. J. SHALEK: Physical Factors in the Use of Cobalt 60 in Interstitial and Intracavitary Therapy. Amer. J. Roentgenol. **71**, 1021 (1954).

FLINT, H. T., and C. W. WILSON: The Measurement of the Dosage and Intensity Distribution of the Radium Teletherapy Unit at Westminster Hospital. Brit. J. Radiol. **8**, 426 (1935).

— — The Physical Factors of the New Four Gramme Radium Unit, Now in Use at the Westminster Hospital Radium Annexe. Brit. J. Radiol. **11**, 112 (1938).

FOREST-LUCAS, CH.: The Calculation of Dosage in the Radium Treatment of Carcinoma of the Uterine Cervix. Amer. J. Roentgenol. **34**, 477 (1936).

GAHLEN, W.: Über Bau und Dosierung von Radiumträgern. Strahlenther. **76**, 596 (1947).

— Zur Dosimetrie dreidimensionaler Gammastrahlenquellen mit dem Cadmiumsulfidkristall sowie mit Diagrammen. Strahlenther. **96**, 474 (1955).

GORUP, G. v.: Standpunkt der Technik zur Frage einer Standardisierung der Radiumträger. Strahlenther. **81**, 389 (1950).

— Exakte Berechnung der r-Dosen und ihre tabellarische Darstellung in der Radiumapplikation. Fortschr. Röntgenstr. Beitr. z. Bd. **76**, 60 (1952).

GRANDE, P.: Calculation and Measurement of Dose from a Radium Applicator for Treatment of Cancer in the Uterine Cervix. Brit. J. Radiol. **31**, 366 (1958).

GREEN, D. T., and R. F. ERRINGTON: Design of a Cobalt 60 Beam Therapy Unit. Brit. J. Radiol. **25**, 309 (1952).

GRIFFITH, H. D.: Some Defects in Radium Needles, their Detection and some Consequences. Brit. J. Radiol. **9**, 404 (1936).

— und K. G. ZIMMER: Die Dosenverteilung beim kreisförmigen Oberflächenapplikator. Strahlenther. **52**, 671 (1935).

GRIMMETT, L. G.: A Five-gramme Radium Unit with Pneumatic Transference of Radium. Brit. J. Radiol. **10**, 105 (1937).

GRIMMETT, L. G.: Contribution to Radium Therapy. Amer. J. Roentgenol. 41, 432 (1939).
— and J. READ: The Measurement in Roentgens of the Distribution in Water of Intensity of Radiation from a 3 gm. and a 4,9 gm. Radium Unit. Brit. J. Radiol. 8, 702 (1935).
GÜNSEL, E.: Über Filterung und Filteranordnung und ihr Einfluß bei der Radiumdistanzbestrahlung. Strahlenther. 70, 659 (1941).
— Dosismessung an Radiumnadeln. Strahlenther. 72, 710 (1943).
GUNSETT, A., et CH. SPACK: La Dosimétrie ionométrique au Centre anticancéreux de Strasbourg. J. Radiologie 13, 199 (1929).
— und G. F. GARDINI: Messungen in r an Teletherapieapparaten. Strahlenther. 64, 149 (1939).
GUSEW, N. G., E. E. KOVALEW and V. I. POPOFF: Gamma Radiation Inside and Outside Extended Sources. Proc. Second Int. Conf. Geneva 21, 122 (1958).
HAMANN, A.: Erfahrungen mit der photographischen Dosierung in der Radiumpraxis. Strahlenther. 53, 552 (1935).
— Interstitial Radium Dosage Expressed in Roentgens. Amer. J. Roentgenol. 44, 276 (1940).
HART, E. J., W. H. KOCH, B. PETREE, J. H. SCHULMAN, S. I. TAIMUTO and H. O. WYCKOFF: Measurement System for High Level Dosimetry. A/Conf. 15/P/1927 (1958).
HASCHÉ, E., und J. BOLZE: Meßanordnung zur Radiumdosierung in Röntgeneinheiten. Fortschr. Röntgenstr. 58, 271 (1938).
— Die Einführung der allgemeinen photographischen Dosismessung in Röntgeneinheiten. Strahlenther. 63, 701 (1938).
— L. v. BOZOKY und D. v. KEISER: Beiträge zur Dosismessung an Radiumpackungen. Strahlenther. 60, 598 (1938).
HAYBITTLE, J. L.: The Effect of Source Size Upon Integral Dose in Teletherapy Units. Acta Radiol. 42, 65 (1954).
— Physical Requirements of Beam Definig Systems for Medium Distance Teletherapy Units. Acta Radiol. 44, 505 (1955).
HELLRIEGEL, W.: Methode der Radiogold-Implantationstherapie. Strahlenther. 102, 511 (1957).
HENLEY, E. J.: Measurements of Gamma-Ray Dose in Finite Absorbers. Nucleonics 11/10, 41 (1953).
HINE, G. J., and M. FRIEDMAN: Isodose Measurements of Linear Radium Sources in Air and Water by Means of an Automatic Isodose Recorder. Amer. J. Roentgenol. 64, 989 (1950).
HIRSCH, J. J.: Die Dosenbestimmung bei Radiumbehandlung des Kollumkarzinoms. Strahlenther. 61, 48 (1938).
HOLTHUSEN, H.: Erfahrungen in der Radiumdosierung. Strahlenther. 53, 543 (1935).
— und A. HAMANN: Radiumdosimetrie auf photographischem Wege. Strahlenther. 43, 667 (1932).
HULBERT, M., and A. C. GROOM: A Flexible Plastic Material for Use in the Construction of Radium Applicators. Brit. J. Radiol. 27, 413 (1954).
HUMMON, I. F., and R. S. LANDAUER: Dose Distribution about Large Circular and Linear Sources of Gamma Radiation. Radiology 71, 716 (1958).
JÄGER, R.: Die physikalische Beziehung zwischen dem „Röntgen" (r) und der sogenannten Radiumdosis-Einheit mgeh/cm. Physik. Z. 35, 273 (1934).

JAKOBSON, L. E.: Measurement of the Radiation Field about Sources of Radium in Roentgens and Photographically. Amer. J. Roentgenol. **28**, 668 (1932).

JONES, D. E. A.: Dosage System for Linear γ-Ray Sources. Brit. J. Radiol. **17**, 46 (1944).

— A Flexible Linear Gamma-Ray Source for the Treatment of Cancer of the Uterine Body. Acta Radiol. **38**, 41 (1952).

JÜNGLING, O., und H. LANGENDORFF: Biologische Ausdosierung von Radiumpräparaten. Strahlenther. **48**, 174 (1933).

KAHANPÄÄ, V.: A New Simplified Radium Applicator for Intensifying the Radiotherapy of the Parametria in Cancer of the Cervix. Acta Radiol. **27**, 495 (1946).

— Experience with a Simple Radium Applicator for Higher Dosage in Cancer of the Cervix Uteri. Amer. J. Roentgenol. **69**, 466 (1953).

KARG, C.: Zur Radiumdosimetrie in der ärztlichen Praxis. Strahlenther. **68**, 590 (1940).

KARIOVIS, F. G., and I. I. COWAN: Gold Administration Apparatus and Technique for Packaged Doses. Amer. J. Roentgenol. **75**, 1129 (1956).

KASTNER, J., and L. GREENBERG: Measurement of Beta-Ray Applicators. Radiology **58**, 731 (1952).

KAYE, G. W. C., G. H. ASTON and W. E. T. PERRY: The Wall Absorption and Buckling Strength of Cylindrical Radium Containers. Brit. J. Radiol. **7**, 540 (1934).

KEMP, L. A. W.: Improved Dose Calculator for Linear Radioactive Sources. Acta Radiol. **33**, 17 (1950).

— and J. E. BURUS: Physical Measurements on the London Hospital Picker 3000 c Cobalt Unit. Acta Radiol. **49**, 471 (1958).

— and S. M. HALL: Dosage Charts and Isodose Curves for the Standard Radium Sources. Brit. J. Radiol. **25**, 339 (1952).

KIRCHHOFF, H., und V. BEATO: Radiumdosierung in r in der gynäkologischen Praxis. Strahlenther. **54**, 462 (1935).

KLIGERMAN, M. M., and J. D. RICHMOND: Volume Dosage Distribution in the Female Pelvis in Radium Therapy. Amer. J. Roentgenol. **70**, 750 (1953).

KUTZIM, H., and P. KLESSE: Die Anlage für Teleradiumtherapie mit 10 g Radium in den Kölner Universitätskliniken. Strahlenther. **93**, 389 (1954).

LAHM, W.: Über Radiumdosierung. Strahlenther. **68**, 206 (1940).

LEDERMAN, M., and L. F. LAMERTON: Dosage Estimation and Distribution in the Radium Treatment of Carcinoma of the Cervix Uteri. Brit. J. Radiol. **21**, 11 (1948).

LIDÉN, K.: The Intensity Distribution of the 2 g. Teleradium Unit of the King Gustaf V. Jubilee Clinic in Lund. Acta Radiol. **30**, 76 (1948).

LINDELL, B., and R. WALSTAM: A New Telegamma Apparatus. Acta Radiol. **45**, 236 (1956).

LOEFFLER, R. K.: A System of Radium Distribution for Treatment of Cancer of the Corpus Uteri. Amer. J. Roentgenol. **73**, 425 (1955).

LOEVINGER, R.: Distribution of Absorbed Energy Around a Point Source of β-Radiation. Science **112**, 530 (1950).

— The Dosimetry of β-Sources in Tissue; the Point Source Function. Radiology **66**, 55 (1956).

LONATI, R. D., and G. SKOFF: Determination of Gamma Isodose Curves with Plastic Scintillators. Proc. Second Int. Conf. Geneva **21**, 135 (1958).

LYSHOLM, E.: Apparatus for the Production of a Narrow Beam of Rays in the Treatment by Radium at Distance. Acta Radiol. **2**, 516 (1923).

MARINELLI, L. D., E. H. QUIMBY and G. J. HINE: Dosage Determinations with Radioactive Isotopes; Practical Considerations in Therapy and Protection. Amer. J. Roentgenol. **59**, 260 (1948).

MARTIN, H. E., and E. H. QUIMBY: Calculations of Tissue Dosage in Radiation Therapy. Amer. J. Roentgenol. **23**, 173 (1930) and **25**, 490 (1931).

MARTIN, J. H., T. J. TULLY and E. B. HARRISS: Report on the Installation of the Ten Gramme Teleradium Unit. Brit. J. Radiol. **22**, 44 (1949).

MAYNEORD, W. V.: The Measurement in „r" Units of the Gamma Rays from Radium. Brit. J. Radiol. **4**, 693 (1931).

— The Distribution of Radiation Around Simple Radioactive Sources. Brit. J. Radiol. **5**, 677 (1932).

— Notes on Three Problems of Gamma Ray Therapy. Brit. J. Radiol. **6**, 598 (1933).

— The Radiation Field Near a Flat Applicator. Brit. J. Radiol. **8**, 527 (1935).

— The Mathematical Theory of Integral Dose in Radium Therapy. Brit. J. Radiol. **18**, 12 (1945).

— and J. E. ROBERTS: An Attempt at Precision Measurements of Gamma Rays. Brit. J. Radiol. **10**, 365 (1937).

— — On Depth Doses from Teleradium Units. Brit. J. Radiol. **11**, 741 (1938).

— and K. W. SINCLAIR: The Dosimetry of Artificial Radioactive Isotopes. Adv. bil. med. Physics **3**, 1 (1953).

MCINALLY, M., and G. J. NEARY: Investigations on Beta-Ray Dosimetry for a ^{32}P Enclosure. Brit. J. Radiol. **26**, 539 (1953).

MELLINK, H. J.: Zur Dosisberechnung bei der Spickmethode. Strahlenther. **109**, 441 (1959).

MESCHAN, I., G. REGNIER, J. W. NELSON and A. W. LAFFERTY: Dosage for Cobalt 60 for Use with Interstitial, Plaque and Intracavitary Applicators. Amer. J. Roentgenol. **71**, 320 (1954).

MINDER, W.: Die wichtigsten physikalischen Eigenschaften der Radiumstrahlen mit einigen Angaben über die Dosimetrie der Gammastrahlen. Radiol. Rdsch. **5**, 1 (1936).

— Über die Bedeutung der primären und sekundären Betastrahlung des Präparates bei der Radiumtherapie. Strahlenther. **62**, 601 (1938).

— Einige Gleichungen zur Berechnung der Gammastrahlendosis geometrisch einfacher Anordnungen. Radiol. Rdsch. **7**, 346 (1938).

— Der gegenwärtige Stand der Radiumdosimetrie. Strahlenther. **75**, 84 (1944).

— Die Verteilung der γ-Strahlendosis bei geometrisch einfacher Anordnung der strahlenden Substanz. Strahlenther. **76**, 616 (1947).

— und H. SCHINDLER: Die Strahlenverteilung einer homogen mit radioaktiver Substanz gefüllten Kugel. Strahlenther. **86**, 602 (1952).

— — Die Verteilung der γ-Strahlendosis in der Umgebung von radioaktiven Lösungen mit kugelförmiger Gestalt und verschiedenen Radien. Radiol. Clin. **21**, 143 (1952).

MITCHELL, J. S.: Some Problems of Radiotherapeutics. Geneva Papers **10**, 25 (1955).

MOTTRAM, J. C.: The Biological Action of Secondary Beta-Radiation from Buried Radium Needles or Tubes Containing Radium. Brit. J. Radiol. **3**, 62 (1930).

MÜLLER, J. H.: Report on Use of ^{60}Co in Malignent Tumor Treatment. Schweiz. med. Wschr. **79**, 547 (1949).

MURDOCH, J.: Dosage in Radium Therapy. Brit. J. Radiol. **4**, 256 (1931).

— S. SIMONS et E. STAHEL: Contribution à l'étude de la dosimétrie en Curiethérapie. Acta Radiol. **9**, 350 (1931).

— et E. STAHEL: Über die Dosierung der Gammastrahlen in r-Einheiten. Strahlenther. **53**, 102 (1935).

— — und S. SIMONS: Über die Dosismessung in der Radiumtherapie. Strahlenther. **57**, 87 (1936).

— R. COLIEZ and E. STAHEL: A Standardised Radium Tube, Related Dosage Problems. Amer. J. Roentgenol. **41**, 110 (1939).

NEARY, G. J.: Dose Measurements with Radium Beta-Ray Applicators. Brit. J. Radiol. **19**, 357 (1946).

NEEFF, TH. C.: Zur Technik der Radiumapplikation. Strahlenther. **44**, 257 (1932).

— Fortschritte in der Vereinheitlichung der praktischen Dosierung der Röntgen-Radium-Behandlung. Strahlenther. **51**, 650 (1934).

— Zur Strahlenverteilung in der Umgebung von Radiumpräparaten. Strahlenther. **54**, 507 (1935).

NOLAN, J. F., and W. NATOLI: Dosage Measurements for Various Methods of Intrauterine Radium Applications in Cancer of the Endotherium. Amer. J. Roentgenol. **59**, 786 (1948).

— J. H. ANSON and M. STEWART: A Radium Applicator for the Use in the Treatment of Cancer of the Uterine Cervix. Amer. J. Roentgenol. **79**, 36 (1958).

ODDIE, T. H.: A Note on Dosage Data for Radium Therapy. Brit. J. Radiol. **13**, 389 (1940).

— Dosage from Radioisotopes Uniformly Distributed Within a Sphere. Brit. J. Radiol. **24**, 333 (1951).

OEFF, K.: Nomogramm zur Berechnung der Strahlendosis von γ-Strahlen radioaktiver Isotope und seine Anwendung im Rahmen des Strahlenschutzes. Strahlenther. **87**, 315 (1952).

PATERSON, R.: A Dosage System of Gamma Ray Therapy. Brit. J. Radiol. **7**, 592 (1934).

— H. M. PARKER and F. W. SPIERS: A System of Dosage for Cylindrical Distributions of Radium. Brit. J. Radiol. **9**, 487 (1936).

— — A Dosage System of Interstitial Radium Therapy. Brit. J. Radiol. **11**, 252, 313 (1938).

— and W. MCVICAR: The Construction of Superficial Applicators for Radium Therapy. Brit. J. Radiol. **11**, 452 (1938).

PFALZNER, P. M., and W. R. INCH: Rotarion Therapy with a Cobalt 60 Unit. Acta Radiol. **45**, 51 (1956).

PFANDER, F., und H. PAPPE: In der Praxis bewährte Radium-Isodosen. Strahlenther. **95**, 251 (1954).

PICCARD, A., und E. STAHEL: Die Bedeutung der sekundären Betastrahlen bei der Gammastrahlentherapie. Strahlenther. **36**, 347 (1930).

PICKHAN, A., und K. G. ZIMMER: Beobachtungen über ungleichmäßig gefüllte Radiumpräparate. Strahlenther. **50**, 516 (1934).

PLESCH, R.: Die Dosisverteilung des homogen strahlenden Kreiszylinders unter besonderer Berücksichtigung der Verhältnisse bei Plastobalt. Strahlenther. **97**, 277 (1955).

— Die Dosisverteilung der homogen strahlenden Kugelkappe. Strahlenther. **99**, 459 (1956).

POMMEROY, L. A.: A Dosage Chart for Interstitial Radiumelement Needles. Amer. J. Roentgenol. **38**, 590 (1938).

QUIMBY, E. H.: A Comparison of Radium and Radon Needles and Permanent Radon Implants. Amer. J. Roentgenol. **23**, 49 (1930).

— The Grouping of Radium Tubes in Packs or Plaques to Produce the Desired Distribution of Radiation. Amer. J. Roentgenol. **27**, 18 (1932).

— Determination of Dosage for Long Radium and Radon Needles. Amer. J. Roentgenol. **31**, 74 (1934).

— Physical Factors in Interstitial Radium Therapy. Amer. J. Roentgenol. **33**, 306 (1935).

— E. D. MARINELLI and J. V. BLADY: Secondary Filters in Radium Therapy. Amer. J. Roentgenol. **41**, 804 (1939).

— and V. CASTRO: The Calculation of Dosage in Interstitial Radium Therapy. Amer. J. Roentgenol. **70**, 739 (1953).

RANN, W. H.: A Rectangular Nozzle for Use in Radium Beam Therapy. Brit. J. Radiol. **11**, 122 (1938).

REES, W. J., and L. H. CLARK: The Evaluation of Depth Doses of Gamma and Roentgen Rays. Brit. J. Radiol. **6**, 588 (1933).

REINHARD, M. C.: Radiumpackungen. Strahlenther. **56**, 513 (1936).

— and H. L. GOLTZ: The Estimation of Dosage from Flat Radium Applicators. Radiology **31**, 151 (1938).

REISNER, A., und O. WITZEL: Radiumträger zur Behandlung von Erkrankungen der Mund- und Rachenhöhle. Dtsch. zahnärztl. Wschr. **41**, 950 (1938).

REMOLD, R., und G. HAUF: Die Isodosen der gebräuchlichen Radiumkombinationen. Strahlenther. **91**, 287 (1953).

REUSS, A., und F. BRUNNER: Phantommessungen mit der Mikroionisationskammer des Bomke-Dosimeters an Radium und Kobalt 60. Strahlenther. **103**, 279 (1957).

— R. PLESCH, U. MAYER und C. v. MUSCHWITZ: Einige Gesichtspunkte zur Messung von Radium- und Radiokobaltbestrahlung mit der Kadmium-Sulfid-Kristallsonde. Strahlenther. **94**, 384 (1954).

RIES, J.: Fortschritte auf dem Gebiet der Dosimetrie bei der Radiumtherapie des Uterus-Karzinoms. Strahlenther. **87**, 156 (1952).

ROBERTS, J. E.: Dosage Considerations with Radium Surface Applicators of Small Aera. Brit. J. Radiol. **11**, 755 (1938).

— and J. M. HONYBURNE: The Distribution of Gamma Rays Round a Ring Source. Brit. J. Radiol. **10**, 515 (1937).

ROBERTSON, J. S., and J. T. GODWIN: Calculation of Radioactive Iodine Beta Radiation Dose in Bone Marrow. Brit. J. Radiol. **27**, 241 (1954).

ROOJEN, J. VAN: Radiating Surfaces. Brit. J. Radiol. **10**, 650, 781 (1937).

— T. ALPER and J. WAKLEY: Ring Applicator for Treatment of Carcinoma of Cervix. Brit. J. Radiol. **24**, 523 (1951).

ROSSI, H. H., and R. H. ELLIS: Distributed Beta Sources in Uniformly Absorbing Media. Nucleonics **7**/1, 18 and **7**/2, 19 (1950).

— Calculations for Distributed Sources of Beta Radiation. Amer. J. Roentgenol. **67**, 980 (1952).

SCHÄFER, E.: Zur Belastung von Blase und Rectum bei intracavitärer Radiumbehandlung. Geburtsh. u. Frauenhk. **17**, 335 (1957).

SCHÖNEICH, R.: Zur Moulagetechnik bei Vaginalkarzinom. Strahlenther. **92**, 480 (1953).

SHALEK, R. J., M. A. STOWALL and V. A. SAMPIERE: The Radiation Distribution and Dose Specification in Volume Implants of Radioactive Seeds. Amer. J. Roentgenol. **77**, 863 (1957).

SIEVERT, R. M.: Die Intensitätsverteilung der primären Gammastrahlung in der Nähe medizinischer Radiumpräparate. Acta Radiol. **1**, 89 (1921).

— Einige Untersuchungen über die Intensitätsverteilung bei den mit Radiumelement gebräuchlichen Distanzbestrahlungen. Acta Radiol. **5**, 217 (1926).

— Die Gammastrahlenintensität an der Oberfläche und in der nächsten Umgebung von Radiumnadeln. Acta Radiol. **11**, 249 (1930).

— The Method of Testing Radium Preparations by the Physical Laboratory of Radiumhemmet Stockholm. Acta Radiol. **11**, 649 (1930).

— On Secondary Beta-Rays from the Surface of Radium Containers. Acta Radiol. **11**, 303 (1930).

— Notes on International Units for Roentgen and Radiumdosage. Acta Radiol. **12**, 300 (1931).

— and S. BENNER: On a Method for Control of Radiumpreparations, Used at Radiumhemmet. Acta Radiol. **15**, 309 (1934).

— und E. OLSSON: Zur Bestimmung des Mesothor und Radiothorgehaltes eingekapselter Radiumpräparate. Acta Radiol. **12**, 121 (1931).

SILVERSTONE, S. M.: A New Improved Type of Colpostat. Amer. J. Roentgenol. **73**, 481 (1955).

SLUYS, H., et E. KESSLER: Appareil nouveau de gammathérapie profonde. Imp. Méd. et Sci. Bruxelles (1926).

SMEREKER, H.: Untersuchung der Strahlenintensität in der Nähe radioaktiver Präparate mit dünnwandigen Ionisationskammern. Strahlenther. **58**, 267 (1937).

— Dosimetrische Fragen der Radium- und Röntgentherapie. Strahlenther. **58**, 676 (1937).

— Beiträge zu Fragen der Radiumdosimetrie. Strahlenther. **64**, 492 (1939).

— und K. JURIS: Messung der Beta-Strahlung des Radiums in r-Einheiten. Strahlenther. **52**, 327 (1935).

SMITH, R. D., and M. C. ATKINS: Gamma Dose Rates in Cylindrical Sources. Nucleonics **14**/12, 25 (1956).

SOMMERMEYER, K.: Beiträge zur Dosierung der β-Strahlung radioaktiver Substanzen. Strahlenther. **88**, 329 (1952).

— Zur Dosimetrie radioaktiver Substanzen. Strahlenther. **88**, 345 (1952).

— Die Dosis an der Oberfläche von radioaktiven Körpern. Strahlenther. **94**, 566 (1954).

— Die Dosimetrie der β-Strahlung radioaktiver Isotope in luftäquivalenten Substanzen. Strahlenther. **95**, 302 (1954).

— und L. MITTERMAIER: Untersuchung über die Dosisverteilung in der Umgebung reiner Gammapräparate mit dem Fluoreszenzdosimeter. Strahlenther. **102**, 78 (1957).

SOUTTAR, H. S.: On Fields of Radiation from Radon Seeds. Brit. J. Radiol. **4**, 681 (1931).

— A Radium Dosage Calculator. Brit. J. Radiol. **8**, 385 (1935).

— The Construction of Radium Plaques with a Description of a New Calculating Applicance. Brit. J. Radiol. **9**, 546 (1936).

STAHEL, E.: Ionisationskammermessungen über den Einfluß der sekundären Betastrahlen bei der Gammastrahlentherapie. Strahlenther. **44**, 575 (1932).

— Note on Radium Isodose Curves. Brit. J. Radiol. **7**, 437 (1934).

STAHEL, E., S. SIMON et W. JOHNER: Importance clinique des rayons bêta secondaires en Curiethérapie. Acta Radiol. **14**, 227 (1933).

STEWART, F. S.: Dosage Control in Interstitial Radium Therapy. Brit. J. Radiol. **19**, 142 (1946).

— A Calculator for Linear Radioactive Sources. Brit. J. Radiol. **19**, 477 (1946).

STRANDQVIST, M.: Dosierung in r-Einheiten bei der Oberflächenapplikation von Radium zur Therapie des Hautkrebses. Acta Radiol. **22**, 808 (1941).

STRENSTROM, W.: Physical Factors in Teleradium-Therapy. Amer. J. Roentgenol. **33**, 296 (1935).

TAPLITS, S.: A Pneumatic Remote Control Precision Injector for Injection of Radioactive Gold. Amer. J. Roentgenol. **72**, 655 (1954).

TESTA, E. A.: Method of Dosage Calculation for Linear Radium Sources. Radiology **69**, 558 (1957).

TOCH, M. C., and W. J. MEREDITH: A Dosage System for Use in Treatment of Cancer of the Uterine Cervix. Brit. J. Radiol. **11**, 809 (1938).

TOCHILIN, E.: A Photographic Method for Measuring the Distribution of Dosage from Radium Needles and Plaques. Amer. J. Roentgenol. **73**, 265 (1955).

— and R. GOLDEN: Film Measurement of Beta Ray Depth Dose. Nucleonics **11**/8, 28 (1953).

LA TOUCHE, A. D., and F. W. SPIERS: Dose Measurements in Interstitial Radium Therapy. Brit. J. Radiol. **13**, 314 (1940).

WALSTAM, R.: The Dosage Distribution in the Pelvis in Radium Treatment of Carcinoma of the Cervix. Acta Radiol. **42**, 237 (1954).

WATERMAN, G. W., and S. I. RAPHAEL: The Role of Interstitial Radium Therapy in the Treatment of Cancer of the Cervix Uteri. Amer. J. Roentgenol. **68**, 58 (1952).

WEATHERWAX, J. L.: Physical Factors in Intracavitary Radium Therapy. Amer. J. Roentgenol. **33**, 302 (1935).

WERNER, R.: Über einen kombinierten Radiumlokalisator. Strahlenther. **57**, 385 (1936).

WILSON, C. W.: The Depth Dose in Radiumteletherapy. Brit. J. Radiol. **9**, 38 (1936).

— Estimation of the Quality of Depth Radiation in Gamma Ray Therapy by Means of the Ionization Produced in Chambers of Wall Materials of Different Atomic Number. Brit. J. Radiol. **12**, 131 (1939).

— Some Developments of the Physical Aspects of Teleradium Therapy. Brit. J. Radiol. **24**, 374 (1951).

— and H. T. FLINT: Homogenity of Dosage Distribution in Radiation Teletherapy. Brit. J. Radiol. **14**, 300 (1941).

WINDEYER, B. W.: Dosage Control in Interstitial Radium Therapy (Symposium). Brit. J. Radiol. **19**, 133 (1946).

WOLF, B. S.: Radium Dosage for Linear Sources. Amer. J. Roentgenol. **50**, 400 (1943) and **51**, 747 (1944).

— Calculation of Radium Dosage along the Longitudinal Axis of Sources. Amer. J. Roentgenol. **54**, 296 (1945).

WUCHERPFENNIG, V.: Zur Technik der Radiumbehandlung in der Dermatologie. Derm. Wschr. **108**, 333 (1939).

ZEITZ, H., und H. ZITZMANN: Vergleichende Isodosenmessungen an Radium und Kobalt-60. Strahlenther. **101**, 405 (1956).

Sechster Abschnitt

In der Praxis verwendete radioaktive Stoffe

Es sollen in diesem Abschnitt die wichtigsten radioaktiven Stoffe, welche bisher eine ausgedehntere Verwendung zu therapeutischen Zwekken gefunden haben, aufgezählt und kurz charakterisiert werden. Dabei soll zusätzlich auch noch auf besondere Präparateformen, soweit dieselben nicht schon in früheren Abschnitten angeführt wurden, kurz eingegangen werden.

Die Verfügbarkeit sehr zahlreicher radioaktiver Stoffe erlaubt grundsätzlich so viele und verschiedene Anwendungen in der Therapie, daß die nachfolgende Aufzählung nur eine Auslese darstellen kann. Dasselbe gilt für die äußere und chemische Form, unter denen die Radioelemente grundsätzlich angewandt werden könnten.

Es sind besonders *praktische Gesichtspunkte*, welche dazu geführt haben, daß der weitaus größte Teil der heute verfügbaren radioaktiven Stoffe bisher keine therapeutische Verwendung gefunden hat. Diese sind:

Herstellbarkeit in geeigneten Aktivitäten und in geeigneter äußerer und chemischer Form,

geeignete Zerfallsverhältnisse,

geeignete Strahlung.

Die erforderlichen Voraussetzungen hängen in erster Linie von der Therapieform, aber auch vom Therapiezweck ab und sind bei *externer* Therapie natürlich andere als bei *interner*.

Die nachfolgende Besprechung soll getrennt nach natürlichen und künstlichen Radioelementen vorgenommen werden, obschon einer solchen Trennung heute nur mehr historische Bedeutung zukommt.

1. Natürliche Radioelemente

a) Radium

Dieses von M. Curie 1898 entdeckte und in den Jahren 1902 bis 1911 in mühevoller Arbeit rein hergestellte Element ist auch heute noch der für strahlentherapeutische Zwecke wichtigste radioaktive Grundstoff. Die Herstellung geschieht grundsätzlich durch chemische Abtrennung aus der Muttersubstanz Uran, in welcher Ra (vgl. S. 35) bei Gleichgewicht in einer bestimmten Konzentration vorhanden ist. Mit einem Atomgewicht $A = 226{,}02$ und einer Kernladungszahl von $Z = 88$ ist Ra ein Erdalkalielement und damit unter gewöhnlichen Bedingungen nur in chemischen Verbindungen beständig. Es kommt deshalb auch nur in Form von Salzen oder Salzlösungen in den Handel. Alle Applikatoren oder Apparate zur Radiumtherapie enthalten diesen Grundstoff als Salz. Handelsübliche, relativ stabile Verbindungen sind Sulfat, Carbonat, Chlorid und Bromid. Die Tab. 36 zeigt die gegenseitigen Konzentrationsverhältnisse.

$RaCO_3$ ist in Wasser wenig, in Mineralsäuren leicht löslich, $RaSO_4$ ist sehr wenig löslich und bildet in trockener Form die für feste Apparate geeignetste Verbindung.

Lösungen enthalten meist $RaCl_2$, denen zur Stabilisierung gegen CO_2 der Luft geringe Mengen freier HCl beigefügt werden und die gegen eine Ausfällung des Ra durch SO_4-Ionen meist einen Überschuß an Barium enthalten. Derartige Lösungen sind auch über längere Zeiten relativ stabil. Sie dienen in der Therapie zur Herstellung von Radiumemanation, d. h. des ersten radioaktiven Zerfallsproduktes des Ra.

Tabelle 36

Verbindung	Ra-Gehalt %	1 mg Ra El. entspricht
$Ra\,SO_4$	70,2	1,425 mg
$Ra\,CO_3$	79,0	1,266 mg
$Ra\,Cl_2$	76,1	1,314 mg
$Ra\,Br_2 \cdot 2\,H_2O$.	53,6	1,867 mg

Mit einer Halbwertszeit von $T = 1620$ Jahren sendet das Radium α- und γ-Strahlen aus und zerfällt dabei in die α-strahlende Emanation Rn. Für die Therapie mit der γ-Strahlung sind die Strahlungen von Ra und Rn ohne Bedeutung. Das Rn hat eine Halbwertszeit von $T = 3{,}825$ Tagen. Es steht also nach einer Zeit, die der zehnfachen Halbwertszeit entspricht, also nach etwa 40 Tagen mit der Muttersubstanz Ra im *radioaktiven Gleichgewicht*, d. h. es werden von diesem Zeitpunkt an in der Zeiteinheit aus Radium gleich viele Rn-Atome nachgebildet, wie solche zerfallen. Rn zerfällt in das α- und schwach β-strahlende Element Ra A. Auch dessen Strahlungen sind praktisch therapeutisch bedeutungslos. Ra A zerfällt mit einer Halbwertszeit von $T = 3{,}05$ min in den β- und γ-Strahler Ra B und dieser mit $T = 28{,}6$ min in den α- und γ-Strahler Ra C. Aus letzterem entstehen bei $T = 19{,}5$ min der α-Strahler Ra C′ und der β- und γ-Strahler Ra C″. Die weiteren Folgeprodukte sind für die γ-Strahlung bedeutungslos. Die in der Praxis verwendete γ-Strahlung des Radiums ist demnach eigentlich die der Folgeprodukte Ra B, Ra C und Ra C″. Es muß allerdings dafür gesorgt werden, daß das Radium absolut gasdicht verschlossen ist, weil sonst das Rn als Gas entweichen kann und sich so die wichtigen γ-strahlenden Zerfallsprodukte außerhalb des Präparats bilden würden.

Damit ist die Strahlenemission eines derartigen Präparats komplexer Natur und besteht aus der Summe der Strahlungen der einzelnen Komponenten. Diese Tatsache erlaubt es, die Zusammensetzung der Strahlung dem vorgesehenen Zweck anzupassen resp. innerhalb der vorgegebenen Grenzen zu variieren.

Je nach der Bauart bezeichnet man ein Radiumpräparat als *geschlossen*, wenn es allseitig durch eine vollständig dichte, nicht radioaktive Umhüllung umgeben ist, die weder feste noch flüssige oder gasförmige Stoffe durchtreten läßt, im Gegensatz zu *offenen* Präparaten, bei denen dies nicht der Fall ist, oder deren Umhüllung nicht aus Metall besteht (z. B. Glas). Ein zur Strahlentherapie verwendbares, geschlossenes Radiumpräparat besteht demnach im Prinzip aus einem hermetisch verschlossenen Metallbehälter (meist ein verschweißtes Metallröhrchen), in welchem eine bestimmte Menge eines Radiumsalzes (meist $RaSO_4$) enthalten ist. Sein Gehalt wird in mg Ra El. (Milligramm Radiumelement) angegeben. Dieser ist je nach Verwendungszweck auf vorwiegend dekadischer Grundlage standardisiert. Eine Standardisierung ist heutzutage auch für die äußeren Dimensionen der Präparate weitgehend durchgeführt. Praktisch verwendete Radiumpräparate enthalten demnach etwa 1, 2 (3), 5, 10, 20 (30), 50 (100) mg Radium und sind äußerlich kleine Metallzylinder mit aktiven Längen von 1, 2, 3, (5), (6), (7,5) cm und Durchmessern der aktiven Kammern zwischen etwa 0,6 und 2 mm. Abb. 123 gibt einige therapeutische Präparate in der Ansicht wieder.

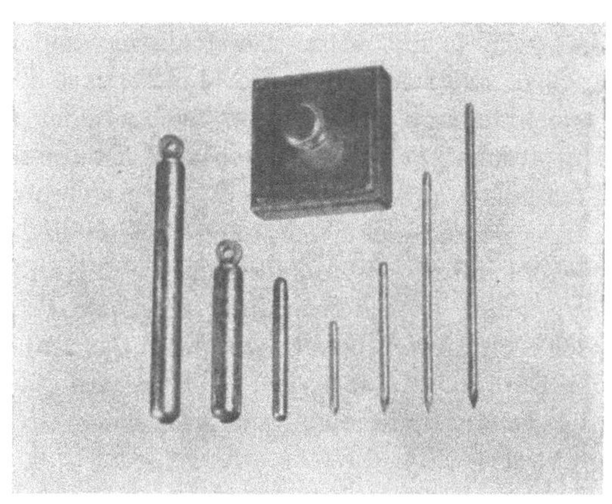

Abb. 123. Ansicht einiger geläufiger Radiumpräparate; Plattenapplikator, Kapseln, Röhrchen und Nadeln verschiedener Länge und Ladung. Die Kapseln können geöffnet werden und enthalten Radiumzellen

Für Zwecke der Oberflächentherapie werden häufig flache Kapselpräparate mit kreisrunder oder besser quadratischer Form hergestellt, welche pro cm² strahlender Fläche (1), 2,5, (5) oder 10 mg Radiumelement enthalten. Zur direkten Implantation wird den Präparaten Nadelform (Radiumnadeln) verschiedener Länge gegeben, wie die Abb. 123 zeigt.

Neben der äußeren Gestalt ist für den vorgesehenen Zweck das Material und die Dicke der Wandung von ausschlaggebender Bedeutung. Die Hüllen von Radiumpräparaten bestehen deshalb aus hochatomigen Grundstoffen (Platin- oder Goldlegierungen) oder aber aus niederatomigen, rostfreien Stahllegierungen (Monelmetall, V_2A), je nachdem nur die durchdringenderen γ-Strahlen oder aber auch die „weicheren" Strahlenkomponenten (β-Strahlen) Verwendung finden sollen. Das letztere ist meist bei Kapselapplikatoren für die Oberflächentherapie der Fall.

b) Radon

Das erste Zerfallsprodukt des Radiums ist die von DORN entdeckte Emanation Rn, ein radioaktives Edelgas, welches bei — 61° C flüssig und bei — 78° C fest wird. Die Halbwertszeit der Emanation beträgt $T =$ 3,825 d. Es ist deshalb (vgl. Abb. 124) nach dieser Zeit die Hälfte der Gleichgewichtsmenge aus Radium nachgebildet und eine Trennung von der Muttersubstanz ist relativ einfach. Da die nächsten Tochterprodukte der Emanation, d. h. Ra A, Ra B, At, Ra C′ und Ra C″ alle wesentlich kurzlebiger sind, bildet sich nach Abtrennung der Emanation das Gleichgewicht mit diesen Folgeprodukten schon nach kurzer Zeit aus (etwa 4 h), und damit ist die Strahlung eines Rn-Präparates (abgesehen von den praktisch unwichtigen Strahlungen des Ra) derjenigen eines entsprechenden Radiumpräparates gleich. Es ist deshalb die γ-Strahlung von 1 mc Rn (die Emanationsmenge, die mit 1 mg Ra El. im Gleichgewicht steht) praktisch völlig dieselbe wie die von 1 mg Ra El. Somit sind auch die Strahlendosen von 1 mch und 1 mgh bei gleichen Verhältnissen dieselben.

Bei der therapeutischen Verwendung der Radiumemanation muß der Zerfall natürlich mitberücksichtigt werden. Die relativ geringe Halbwertszeit dieses radioaktiven Grundstoffes bedingt, daß seine Strahlung schon in einigen Stunden erheblich an Intensität absinkt. Nach $T =$ 3,825 Tagen ist eine bestimmte Emanationsmenge M_0 auf die Hälfte, nach etwa 26 Tagen unter 1% zerfallen und damit auch die von ihr ausgesandte Strahlung entsprechend in ihrer Intensität abgefallen. Es ist die in einem beliebigen Zeitpunkt t noch vorhandene Emanationsmenge M, wenn M_0 die Ausgangsmenge und λ die Zerfallskonstante der Emanation betragen,

$$M = M_0 \, e^{-\lambda t}.$$

Tab. 37 gibt Zahlenwerte der jeweils noch vorhandenen Rn-Menge für verschiedene Zeiten wieder, wobei $M_0 = 1{,}000$ gesetzt wurde.

Die Strahlenwirkung nach einer bestimmten Zeit t ist dem Zeitintegral der jeweils noch vorhandenen Emanationsmenge proportional, also:

$$\int_0^t M_0 \, e^{-\lambda t} \, d t = \frac{M_0}{\lambda} (1 - e^{-\lambda t}).$$

Tabelle 37. Zerfall der Radiumemanation

t	$e^{-\lambda t}$	t	$e^{-\lambda t}$	t	$e^{-\lambda t}$
0 h	1,000	3 d	0,583	11 d	0,138
2 h	0,985	3,5 d	0,533	12 d	0,115
4 h	0,970	4 d	0,487	13 d	0,0963
6 h	0,956	4,5 d	0,445	14 d	0,0805
8 h	0,942	5 d	0,407	15 d	0,0672
10 h	0,928	5,5 d	0,372	16 d	0,0596
12 h	0,914	6 d	0,340	17 d	0,0469
14 h	0,900	6,5 d	0,310	18 d	0,0392
16 h	0,887	7 d	0,284	19 d	0,0327
18 h	0,874	7,5 d	0,259	20 d	0,0273
20 h	0,861	8 d	0,240	22 d	0,0191
22 h	0,848	8,5	0,217	24 d	0,0133
24 h	0,835	9 d	0,198	26 d	0,0093
1,5 d	0,763	9,5 d	0,181	28 d	0,0065
2 d	0,698	10 d	0,165	30 d	0,0045
2,5 d	0,638				

Tab. 38 gibt entsprechende Zahlenwerte für $M_0 = 1$ wieder.

Tabelle 38

t	$\frac{1}{\lambda}(1-e^{-\lambda t})$	t	$\frac{1}{\lambda}(1-e^{-\lambda t})$	t	$\frac{1}{\lambda}(1-e^{-\lambda t})$
0 h	0,000	1,5 d	31,55	8 d	102,74
2 h	1,985	2 d	40,31	9 d	106,95
4 h	3,941	2,5 d	48,32	10 d	111,29
6 h	5,867	3 d	55,63	12 d	117,96
8 h	7,765	3,5 d	62,32	14 d	122,61
10 h	9,634	4 d	68,43	16 d	125,85
12 h	11,47	4,5 d	74,02	18 d	128,11
14 h	13,29	5 d	79,12	20 d	129,69
16 h	15,08	5,5 d	83,79	22 d	130,79
18 h	16,84	6 d	88,05	24 d	131,56
20 h	18,57	6,5 d	91,91	26 d	132,47
22 h	20,28	7 d	95,51	28 d	132,73
24 h	21,96	7,5 d	98,74	30 d	133,33

Der Grenzwert der vorstehenden Funktion bei unendlich großen Zeiten beträgt bei $M_0 = 1$

$$\frac{1}{\lambda} = 133{,}93.$$

War die Ausgangsmenge $M_0 = 1$ mc gewesen, so heißt die davon total ausgesandte Strahlenmenge 1 mcd („1 millicurie détruit"). Es entspricht also

$$1 \text{ mcd} \cong 134 \text{ mgh}.$$

Zerfall und Nachbildung der Emanation sind in Abb. 124 wiedergegeben. Es ist aus Tab. 37 oder Abb. 124 sofort möglich, den Gehalt eines Präparates zu berechnen, wenn man dessen Gehalt zu einem bestimmten Zeitpunkt, z. B. nach der Füllung, gemessen hat und genau weiß, wie alt das Präparat ist. In der Praxis wird man dabei am besten so vorgehen, daß man nach der Herstellung den Gehalt einer Rn-Kapillare durch Vergleich mit einem Ra-Standard mißt, nachdem Gleichgewicht eingetreten ist (also nach etwa vier Stunden) und dem zur Therapie verwendeten Präparat diesen Gehalt und den Zeitpunkt der Bestimmung mitgibt. Die Angabe wird dabei etwa lauten:

Messung: 15. 1. 1960. 1400; Gleichgewicht.
Gehalt: 26,5 mc.

Die Therapie mit Rn bietet einige bemerkenswerte Vorteile. Zunächst ist es nicht notwendig, das Radium selber aus der Institution herauszugeben, so daß die Risiken für Verlust oder Beschädigung der Präparate auf ein Minimum beschränkt bleiben. Weiter besteht bei gewissen Lokalisationen der Erkrankung, die nicht leicht zugänglich sind, die Möglichkeit, die Rn-Kapillaren einfach im Tumor zu belassen, da dieselben nach dem Zerfall des Rn im Gewebe abgekapselt und damit unschädlich gemacht werden. Ferner kann man den Rn-Trägern jede beliebige, wünschbare Form geben.

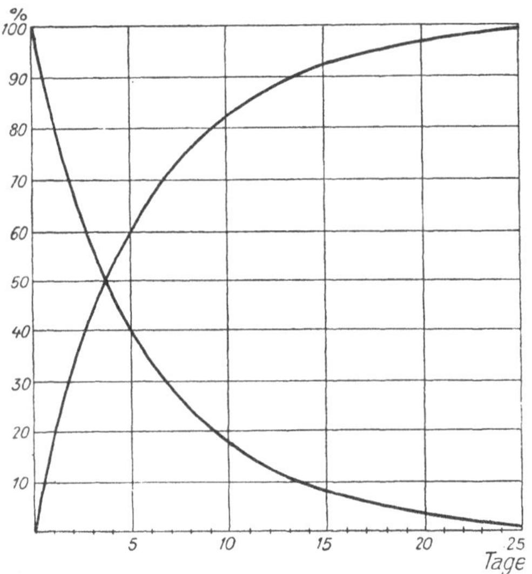

Abb. 124. Zerfall und Nachbildung der Radiumemanation Radon

Es sind deshalb auch heute noch an zahlreichen Stationen große Emanationsanlagen aufgestellt, mit denen man in der Lage ist, pro Tag Rn-Mengen von einigen hundert Millicurie zu erhalten. Wie aus Tab. 37 hervorgeht, liefert eine Radiumlösung mit einem Gehalt von 1 g Ra El. bei quantitativer Extraktion pro Tag 165 mc Rn.

Die Extraktionsapparate bestehen im Prinzip aus einem Pumpensystem, mit dem man das gasförmige Rn aus einer Ra-Lösung abpumpen und in die Kapillare bringen kann. Als Beispiel sei der relativ einfache Apparat von Mund kurz in seiner Wirkungsweise beschrieben. Er ist in Abb. 125 wiedergegeben.

Die Röhren *r* und *d* sind mit einer guten Luftpumpe verbunden (Vakuum 0,001 mm Hg). Im Grundkasten befindet sich eine genügende Menge Quecksilber (etwa 50 kg). Durch die Hähne *1* bis *5* ist es möglich, das Hg in den einzelnen Apparateteilen bis zu beliebigen Höhen aufsteigen zu lassen, wenn durch Hahn *6* Luft in den Grundkasten eingelassen wird. Im Kolben *h* befindet sich die Ra-Lösung, gesichert durch die

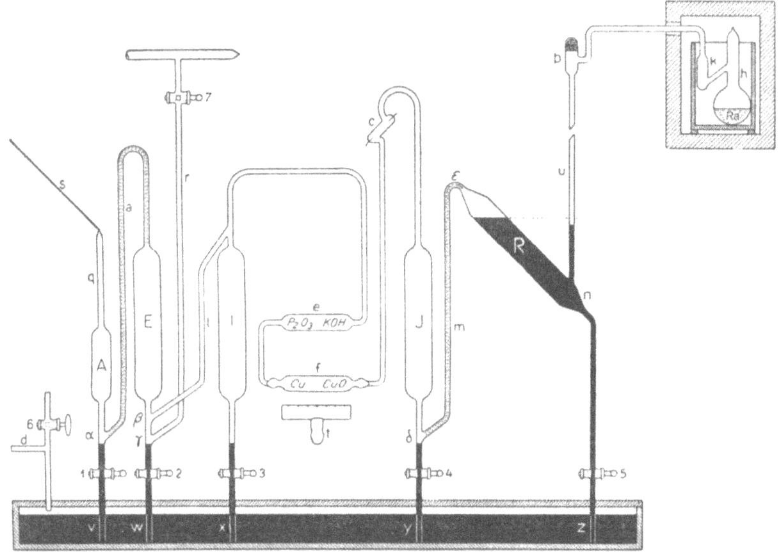

Abb. 125. Radonextraktionsanlage nach Mund (vgl Text)

Vorlage *k*. Sie ist durch das Rohr *u* mit dem Apparat verbunden. Die Kappe *b* ist mit Glaswolle gefüllt, um ein Zertrümmern des Rohransatzes beim raschen Emporsteigen des Hg bei falscher Manipulation zu vermeiden.

Zur Extraktion wird der Apparat so mit Hg gefüllt, wie in Abb. 125 angegeben. Er wird durch das Rohr *r* auf etwa 0,001 mm Hg ausgepumpt. Dann wird Hahn *7* geschlossen. Durch Auspumpen des Grundkastens senkt man das Hg-Niveau in *R*, bis das Gasgemisch mit dem Rn in das System eindringen kann. Hierauf läßt man das Niveau in *R* wieder steigen und preßt dadurch das Gas in die Kolben *J* und *I*. *E* ist durch ein Hg-Niveau geschlossen.

Das Gasgemisch enthält neben Rn auch Wasserdampf (Partialdruck bei 20° C etwa 17,5 mm Hg), Helium und ziemlich große Mengen Knallgas, das durch Zersetzung des Wassers entstanden ist. Eine Lösung von

1 g Ra El. (am besten in Form von Chlorid oder Bromid) erzeugt pro Tag etwa:

$$\left.\begin{array}{r} 0{,}00012\ \mathrm{cm}^3\ \mathrm{Rn} \\ 0{,}00048\ \mathrm{cm}^3\ \mathrm{He} \\ 50\ \mathrm{cm}^3\ \mathrm{Knallgas} \end{array}\right\}\ \text{von NTP}$$

Um das Rn auf kleinsten Raum bringen zu können, müssen Knallgas, Wasserdampf, eventuell Spuren von HCl und CO_2 (das letztere vom Hahnfett) entfernt werden. Das He wird bei der Reinigung für therapeutische Zwecke nicht entfernt. Im Pyrexglasrohr *f* befindet sich ein Gemisch von Cu + CuO. Es dient zur Wegnahme von O_2. Im Rohr *e* wird das Wasser durch P_2O_5 und HCl und CO_2 durch KOH absorbiert. Das Knallgas wird durch die Funkenstrecke *c* zu Wasser verbrannt.

Durch gegenseitiges Heben und Senken des Hg in den Kolben *J* und *I* wird das Gasgemisch mehrmals über die Reagenzien und durch die Funkenstrecke getrieben, bis praktisch nur noch Rn und He vorhanden sind.

Nach der Reinigung wird das Rn durch mehrmaliges Heben und Senken des entsprechenden Hg-Niveaus schließlich in den Kolben *E* und von da in den Kolben *A* gepreßt. Durch Aufsteigenlassen des Hg in *A* drängt man die gesamte Emanation in die Kapillare *s*. Diese wird abgeschmolzen und mit Hilfe einer Spitzmikroflamme in Einzelkapillaren der gewünschten Länge geteilt.

Das Arbeiten mit Emanationsapparaten erfordert ein geschultes Personal. Das mag in vielen Fällen als Nachteil empfunden werden. Viel ernster ist die Tatsache, daß es nicht möglich ist, so mit großen Rn-Mengen zu arbeiten, daß der betreffende Operateur vor den damit verbundenen Gefahren vollständig geschützt werden kann. Bei dem Zerteilen der Kapillaren und beim Öffnen der Apparate treten immer größere Rn-Mengen in den Raum aus, werden eingeatmet und gelangen so in den Blutkreislauf. Konzentrationen von etwa 1000 M E. pro Liter Luft müssen als unbedingt gefährlich bezeichnet werden. Es ist demnach der Raum mit der Emanationsanlage nur für diese zu verwenden und nur so weit wie dringend notwendig zu betreten. Ferner ist für eine gute, direkt nach außen gehende Ventilation Sorge zu tragen.

Die Messungen der Rn-Träger sollen weit von der Anlage entfernt in einem dafür reservierten Raum gemacht werden. Nur so ist Gewähr für eine richtige Gehaltsbestimmung vorhanden.

c) Mesothor, M Th_1

Unter den Zerfallsprodukten der Thoriumreihe nimmt das Radiumisotop M Th_1 infolge seiner Halbwertszeit $T = 6{,}7$ Jahre für die Praxis eine bevorzugte Stellung ein. M Th_1 ist ein β-Strahler. Sein Zerfallsprodukt M Th_2 ist β- und γ-Strahler und geht mit einer Halbwertszeit von $T = 6{,}1$ h über in das Thorisotop Radiothor R Th. Die Halbwertszeit des R Th beträgt $T = 1{,}9$ Jahre. Es sendet α-Strahlen aus. Die weiteren Folgeprodukte Th X ($T = 3{,}64$ Tage), Thn ($T = 54{,}5$ sec) und Th A ($T = 0{,}16$ sec) sind alle α-Strahler. Nun folgen im Zerfall die für die Praxis der Therapie wichtigen Zerfallsprodukte Th B ($T = 10{,}6$ h) mit β- und γ-Strahlen, Th C (α- und β-Strahlen, $T = 60{,}5$ min), Th C′ (α-Strahlen, $T = 3 \cdot 10^{-7}$ sec) und besonders Th C″ (β- und γ-Strahlen, $T = 3{,}2$ min). Die wichtigen γ-Strahler sind demnach M Th_2, dann Th B und besonders Th C″. Aus den entsprechenden Halbwertszeiten ergibt sich, daß bezogen auf die γ-Strahlung die Menge von 2,36 mg M Th_1 + Zerfallsprodukte mit 1 g Ra El. + Zerfallsprodukte äquivalent ist. Spricht man demnach von 1 mg M Th, so hat man in Wirklichkeit die Menge von 0,00236 mg M Th vor sich, aber die γ-Strahlung dieser viel kleineren Menge ist wegen der viel kleineren Lebensdauer und der höheren Energie der γ-Strahlung von 1 mg Ra äquivalent.

Durch Messungen von Friedrich und Schulze ist auch bewiesen worden, daß man zu praktischen Zwecken für die γ-Strahlung des Mesothors dieselbe Dosiskonstante verwenden darf wie für Radium, wenn der Gehalt des M Th-Trägers in Milligramm Radium äquivalent angegeben ist.

Da die Lebensdauer des M Th relativ kurz ist, darf man seinen Zerfall nicht mehr unberücksichtigt lassen, sondern es ist notwendig, das Alter eines M Th-Präparats genau zu kennen. Nach dem emanationsdichten Verschluß enthält das Präparat im wesentlichen nur die beiden Ra-Isotope M Th_1 und Th X im Verhältnis $1:1{,}48 \cdot 10^{-3}$. Aus dem letzteren sind nach etwa einem Monat (zehnfache Halbwertszeit = 36,4 Tage) alle Folgeprodukte im Gleichgewicht nachgebildet, während in dieser kurzen Zeit der für die Praxis ebenfalls wichtige γ-Strahler M Th_2 aus M Th_1 nur in geringeren Mengen nachgebildet worden ist. Deshalb nimmt die gesamte γ-Strahlung zunächst zu bis zu einem Maximum, das nach etwa drei Jahren erreicht ist. Der Maximalwert der γ-Strahlung beträgt 147% der γ-Strahlung des Präparats nach der Erreichung des Gleichgewichtes der Folgeprodukte von Th X. Von diesem Zeitpunkt fällt die Intensität der γ-Strahlung gemäß der Halbwertszeit von M Th_1 ($T = 6{,}7$ Jahre) ab und hat bei neun Jahren den Anfangswert von 100% wieder erreicht. Nach 20 Jahren ist die Intensität der γ-Strahlung auf etwa 30% des Anfangswertes abgesunken. Es ist demnach notwendig, M Th-Präparate etwa alle Jahre mit einem Ra-Standard zu vergleichen.

Die meisten im Handel befindlichen M Th-Präparate bestehen nicht aus reinem M Th_1 + Th X, sondern sie enthalten noch wesentliche Mengen (etwa 25 bis 30%) Radium. Man bezeichnet diese Isotopenmischung, die auf den Gehalt des Ausgangsmaterials (Monazitsande) zurückzuführen ist, als *technisches* Mesothor. Etwa 30% der γ-Strahlung ist demnach dem Radium zuzuschreiben und deshalb dem Zerfall des M Th nicht unterworfen. Aus diesem Grunde verläuft der Abfall der γ-Strahlung etwas langsamer als bei reinem M Th und nähert sich nicht dem Grenzwert 0 (bei etwa 67 Jahren), sondern dem Grenzwert 30%. Nach Messungen an solchen technischen M Th-Präparaten durch RIEHL ist das Maximum der γ-Strahlung von 136% nach 3,5 Jahren erreicht. Nach zehn Jahren erreicht die γ-Strahlung wieder den Anfangswert von 100% und ist nach 20 Jahren auf 65% und nach 30 Jahren auf etwa

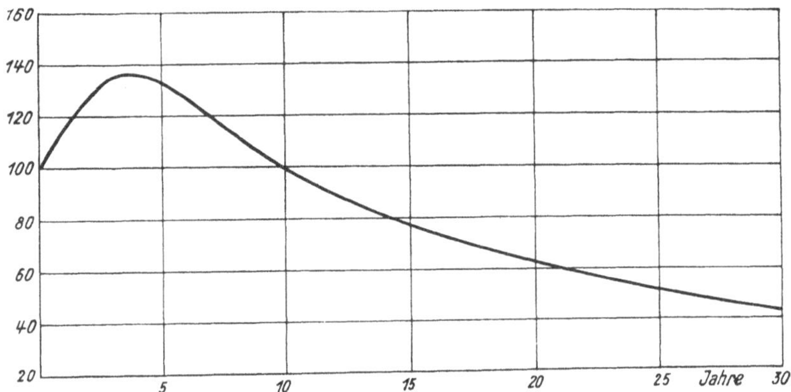

Abb. 126. Verlauf der γ-Strahlenemission von „technischem" Mesothor mit der Zeit bis zu 30 Jahren. (Nach RIEHL)

45% abgesunken, um sich langsam dem Grenzwert der γ-Strahlung des Ra allein (30%) zu nähern. Abb. 126 zeigt den Verlauf der γ-Strahlung eines technischen M Th-Präparats.

d) Thorium X, Th X

Dieses Ra-Isotop entsteht als Zerfallsprodukt des Radiothors. Es ist selber ein α-Strahler und hat eine Halbwertszeit von $T = 3{,}64$ Tagen. Demnach sind seine Zerfallszeit und damit auch seine Strahlung mit denen des Rn fast identisch. Th X ist aber ein fester Stoff, der sich leicht in unlösliche Form (Sulfat) bringen läßt. Aber auch Lösungen sind ohne Schwierigkeiten herstellbar. Th X findet sich nach kurzer Zeit (etwa 36 h) mit seinen Folgeprodukten im Gleichgewicht und sendet nun auch β- und γ-Strahlen aus.

Die Anwendungsformen sind verschieden, je nach dem vorgesehenen Zweck. Zur Bestrahlung der Haut wird Th X in Salben, Lacken oder Alkohol gelöst verwendet. Es wirkt da besonders auf Grund der β-Strahlung. Dabei betragen die normalen Dosierungen dieser Substanzen 1000 ESE pro Kubikzentimeter (gemessen auf Grund der α-Strahlung). Das besagt, daß 1 cm^3 der Salbe oder der alkoholischen Lösung durch die α-Strahlung einen Ionisationsstrom von 1000 ESE bewirkt. Da einem α-Strahl etwa eine Ionisation von $7{,}5 \cdot 10^{-5}$ ESE entspricht, so besagt die oben angegebene Dosierung, daß von 1 cm^3 Th X-Salbe pro sec etwa 14 Millionen α-Strahlen ausgesandt werden. Das entspricht nicht ganz der Hälfte der α-Strahlung von 1 mg Ra ohne Zerfallsprodukte. Th X-Stäbchen, bei denen das Th X in unlöslicher Form in einer Trägermasse enthalten ist, können in derselben Art angewendet werden wie dünnwandige Emanationskapillaren. Die Th X-Stäbchen sind mit 0,1 bis 0,3 mm Au gefiltert. Ihr Gehalt wird in Millicurie angegeben, wobei 1 mc Th X in bezug auf die β- und γ-Strahlenwirkung 1 mc Rn äquivalent ist. Die Th X-Stäbchen können bei besonderen Anwendungsformen nach dem Zerfall der Substanz im Gewebe belassen werden.

e) Radiothor, R Th; Thorium B, Th B; Polonium, Po

Diese Substanzen sind therapeutisch von wesentlich geringerer Bedeutung. Sie wurden gelegentlich zu Injektionen gegen Leukämie und rheumatische Erkrankungen verwendet. R Th dient auch gelegentlich zur Herstellung von Thn, das an aktive Kohle gebunden in kurzer Zeit die β- und γ-strahlenden Folgeprodukte entwickelt; somit haben solche Kohlepräparate dieselbe Verwendungsmöglichkeit wie Th X-Stäbchen. Die Gehaltmessung geschieht in Millicurie.

Po ist verhältnismäßig leicht herstellbar und ein fast reiner α-Strahler. Es dient deshalb in besonderem Maße zu allen Versuchen, bei denen man Wert auf reine α-Strahlung legt. Besonders in der Strahlenbiologie hat es eine gewisse Bedeutung erlangt. Am besten gibt man dabei die pro sec ausgesandte Anzahl α-Strahlen als Maß für seinen Gehalt an. Diese Zahl läßt sich aus der Ionisation und der Konstante $k = 1{,}5 \cdot 10^5$ (Tab. 1) in einfacher Weise berechnen.

Th B ist wegen der Kurzlebigkeit seiner Folgeprodukte und wegen seiner Tumoraffinität (Pb-Isotop) gelegentlich zu Injektionen verwendet worden. Es soll auch bei Leukämien gute Dienste leisten. Es ist aber heute für diesen Zweck vollständig durch ^{32}P ersetzt worden.

2. Künstliche radioaktive Stoffe

Soll ein Radioisotop der Tumortherapie dienen, so sind die von ihm zu fordernden Eigenschaften bei externer und interner Bestrahlung verschieden. Im ersteren Fall stellen die künstlichen Radioisotopen grundsätzlich nur einen Ersatz für die seit langer Zeit verwendeten natürlichen Radioelemente Radium und Mesothor dar und erfordern keine grundsätzlich neuen Methoden oder Eigenschaften. Zur externen Strahlentherapie sind somit alle Radioisotope geeignet, die eine geeignete Strahlung emittieren und daneben eine praktisch brauchbare, d. h. möglichst große Lebensdauer aufweisen. Im Gegensatz zur Verwendung natürlicher Radioelemente hat man es bei den künstlichen Radioisotopen in der Hand, über praktisch reine β-Strahlen oder reine γ-Strahlen einheitlicher Energie verfügen zu können. Dies bedeutet zumindest eine teilweise Vereinfachung der Verhältnisse. Andererseits sind natürlich bei kurzlebigen Stoffen ihre Zerfallseigenschaften zu berücksichtigen.

Bei der sogenannten internen Therapie ist es andererseits von Vorteil, wenn die Zerfallszeiten relativ kurz und mit den vorgesehenen Bestrahlungszeiten vergleichbar sind, also in der Größenordnung einige wenige Tage betragen. Weiter soll der zu verwendende Stoff als solcher nicht toxisch sein und in einer chemischen Form vorliegen, welche dem Verwendungszweck bestens angepaßt ist. Von ganz besonderer Bedeutung wäre eine *selektive Speicherung* der strahlenden Substanz in dem zu bestrahlenden Zellsystem oder Organ. Es ist klar, daß zwischen diesen teilweise sehr verschiedenartigen Anforderungen im konkreten Fall auch Kompromißlösungen gefunden werden müssen. Bezüglich der internen Therapie mit künstlichen Radioisotopen ist aber zu sagen, daß dieselbe gegenwärtig noch keineswegs als auch nur annähernd ausgebaut anzusehen ist, weder bezüglich der Art und der Zahl der verwendeten Stoffe, noch nach der Methodik ihrer sinnvollen Anwendung. Hier harrt der zweckgerichteten, besonders biochemischen Forschung noch eine sehr weite und zweifellos auch sehr dankbare Aufgabe.

a) Reine β-Strahler

α) *Radiophosphor*, ^{32}P

Dieses zur generalisierten Bestrahlung weit verwendete Radioisotop wird heute praktisch ausschließlich im Atomreaktor aus gewöhnlichem Phosphor durch Bestrahlung mit Neutronen hergestellt durch den Prozeß

$$^{31}\mathrm{P}\,(n,\gamma)\,^{32}\mathrm{P}.$$

Der Wirkungsquerschnitt dieser Kernreaktion ($\sigma = 0{,}19$ barn) ist recht beträchtlich, so daß das Isotop ^{32}P in fast beliebig großen Mengen hergestellt werden kann. Es emittiert bei einer Halbwertszeit von $T = 14{,}3$ d eine energiereiche β-Strahlung mit einer Maximalenergie von $E_0 = 1{,}701$ MeV. Die mittlere β-Energie ist von Marinelli zu $\overline{E} = 0{,}696$ MeV angegeben worden.

Wegen der allgemeinen Gegenwart des Elementes P in allen Organen, insbesondere im anorganischen Bestandteil des Knochensystems und in den Nucleinsäuren, sind damit nur interne therapeutische Anwendungen möglich, bei denen eine generalisierte Bestrahlung erwünscht ist, also besonders solche gegen pathologisch erhöhte Blutzellenbildungen, wie Leukämie und Polycythämien oder generalisierte Knochenmetastasen.

Die therapeutische Anwendung geschieht durch perorale Zufuhr oder Injektion von wäßrigen Lösungen von $Na_2H^{32}PO_4$. Hierbei wird der Phosphatanteil besonders durch diejenigen Elemente im Organismus aufgenommen, welche dafür ein erhöhtes Bedürfnis aufweisen, also neben dem Knochensystem durch die Organe mit hoher Zellproliferation, wie das Knochenmark, die Leber und die funktionsfähigen Zeugungsorgane. Eine deutlich nachweisbare Anreicherung findet sich auch in entzündlichen Prozessen und in rasch wachsenden Tumoren. Die letztgenannte Tatsache kann bei sehr oberflächlicher Lokalisation zur Diagnostik verwendet werden. Die Anreicherung in den Röhrenknochen und im Knochenmark dient der Therapie von Blutbildungsüberfunktionen. Leider ist die Anreicherung, verglichen mit normal funktionierenden Organen, in Tumoren nicht derart groß, daß mit ^{32}P eine tumorhemmende Bestrahlung möglich wäre, ohne andere lebenswichtige Systeme ebenfalls letal zu schädigen.

Radiophosphor hat eine weitere sinnvolle Anwendung gefunden für die Bestrahlung sehr oberflächlicher Blutgefäßwucherungen, wie sehr flache, oberflächliche Naevi. Dazu tränkt man ein der Größe des Herdes entsprechendes Löschpapier mit einer ^{32}P-Lösung bekannter Aktivität und läßt dieselbe darin eintrocknen. Auf diese Weise ensteht ein β-Strahler mit praktisch gleichmäßiger Belegung. Das so behandelte Löschpapier wird unter Zwischenlagerung einer dünnen Plastikfolie (Polyaethylen) direkt auf den Herd aufgelegt, wobei sehr annähernd die Hälfte der ausgesandten β-Strahlen zur Wirkung gelangen. Beträgt demnach die Flächenbelegung z. B. 1 mc/cm², so kommen auf jeden cm² des Herdes pro Sekunde $1{,}85 \cdot 10^7$ β-Strahlen der mittleren Energie von $\bar{E} = 0{,}7$ MeV zur Einwirkung. Die Dosis läßt sich mit genügender Genauigkeit leicht nach den auf S. 140 ff. gemachten Angaben berechnen.

β) *Radiostrontium*, ^{90}Sr

Von den beiden radioaktiven Isotopen des Strontiums ^{89}Sr mit einer Halbwertszeit $T = 50$ d und ^{90}Sr mit einer Halbwertszeit $T = 28$ a ist das letztere therapeutisch von Bedeutung geworden. Sein Zerfall

$$^{90}\mathrm{Sr} \xrightarrow[28\,\mathrm{a}]{\beta\,=\,0{,}61\,\mathrm{MeV}} {}^{90}\mathrm{Y} \xrightarrow[64\,\mathrm{h}]{\beta\,=\,2{,}24\,\mathrm{MeV}} {}^{90}\mathrm{Zr}$$

führt das langlebige Isotop mit der energiearmen Strahlung von $E_0 = 0{,}61$ MeV in das kurzlebige ^{90}Y mit der energiereichen β-Strahlung von $E_0 = 2{,}24$ MeV über, so daß nach etwa 30 Tagen ein radioaktives Gleichgewicht zwischen den beiden Isotopen vorhanden ist. Ein solches Präparat sendet deshalb neben der Sr-Strahlung auch die viel energiereichere

Y-Strahlung aus. Beide Isotope sind reine β-Strahler. ^{90}Sr ist ein häufiges Produkt der Uranspaltung und steht deshalb in sehr großen Mengen

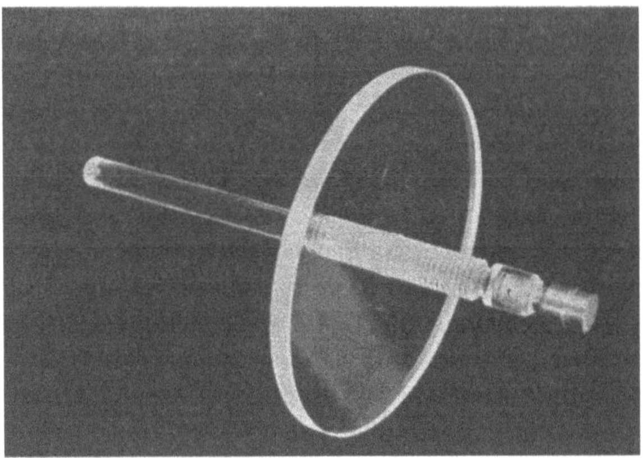

Abb. 127. Applikator für Bestrahlungen der Cornea mit ^{90}Sr—^{90}Y

zur Verfügung. Neue Präparate enthalten auch das Isotop ^{89}Sr in größeren Mengen, welches aber nach etwa einem Jahr praktisch vollständig in das inaktive ^{89}Y zerfallen ist.

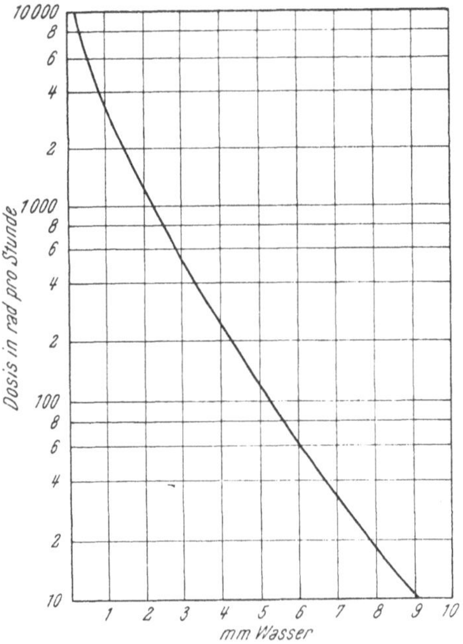

Abb. 128. Dosisverlauf der β-Strahlung von ^{90}Sr—^{90}Y in Wasser bei einer spezifischen Ladung eines flachen Trägers von 1 mc/cm²

Radiostrontiumpräparate werden neuerdings in steigendem Maße zur Bestrahlung oberflächlich gelegener Herde, also besonders in der Dermatologie, aber auch in der Augenheilkunde verwendet. Dabei wird dafür gesorgt, daß die β-Strahlung des ^{90}Y allein nach außen tritt. Abb. 127 zeigt einen Sr-Applikator für Augenbestrahlungen und Abb. 128 die Dosisverteilung eines Plattenpräparats mit der Tiefe bei einer Beschickung von 1 mc/cm^2. Wie die Darstellung zeigt, sind die Dosen als solche relativ sehr hoch, mit einem sehr starken Abfall mit der Tiefe.

Dieser sehr geeignete β-Strahler kann auch zur Beschickung von Nadeln oder dünnwandigen Röhrchen verwendet werden. Die letzteren haben eine ausgedehntere Anwendung für Bestrahlungen des Uterus erlangt, wenn die Erhaltung der Funktion der Ovarien im Vordergrund steht. Die therapeutischen Möglichkeiten dieses Isotops sind noch keineswegs vollständig ausgewertet, und es ist sicher in naher Zukunft mit weiteren Anwendungsgebieten zu rechnen.

b) Gemischte Strahler

α) *Radionatrium*, ^{24}Na

Für das Element Natrium gilt, ähnlich wie für Phosphor, die Tatsache, daß es im Körper allgemein verbreitet ist. Das Radioisotop ^{24}Na mit einer β-Strahlung von $E_0 = 1{,}39$ MeV und einer γ-Strahlung von 2,76 MeV kann deshalb, ähnlich wie der Phosphor, zu generalisierten Bestrahlungen verwendet werden mit dem Ziel einer Hemmung unerwünschter Zellproliferationen. Dieses Isotop hat deshalb eine teilweise Verwendung zur Therapie von Blutkrankheiten wie ^{32}P erlangt. Es ist aber in letzter Zeit durch den Phosphor, für den doch eine gewisse Anreicherung in Erfolgsorganen vorliegt, fast vollständig wieder verdrängt worden.

β) *Radiogold*, ^{198}Au

$T = 2{,}69$ d; $\beta = 0{,}96$ MeV; $\gamma = 0{,}411$ MeV
Herstellung: ^{197}Au (n, γ) ^{198}Au.

Das Zerfallsschema des ^{198}Au ist in Abb. 14, S. 24, wiedergegeben. Die interne therapeutische Anwendung geschieht in Form von kolloiden Lösungen mit einer Partikelgröße von etwa 50 μ, welche direkt oder an ein gröber disperses Trägermittel gebunden in die zu bestrahlende Region eingebracht werden. Dabei ist bei lokalisierten Prozessen aber unbedingt dafür zu sorgen, daß die Verteilung der kolloiden Lösung möglichst homogen ist. Die β-Strahlung hat im Gewebe eine Reichweite von der Größenordnung von 4 mm. Demgegenüber wirkt sich die gleichzeitig vorhandene γ-Strahlung für eine Homogenisierung der Dosis günstig aus. Die Erfahrung hat gezeigt, daß beispielsweise Dosen von 0,4 mc/g Tumorgewebe entsprechend etwa 26 000 r Totalstrahlendosis bei inoperablen Lungentumoren noch ohne ernsthafte Folgen ertragen werden, wenn man darauf gefaßt ist, dem Intoxikationsschock, hervorgerufen durch den raschen Abbau des Tumorgewebes, sinnvoll zu begegnen.

Bei größeren oder generalisierten Prozessen können beispielsweise auch ganze Lungenlappen, die Pleura oder die Bauchhöhle mit Radiogold infiltriert werden. Als zusätzliche therapeutische Maßnahme finden solche Infiltrationen bei ausgedehnten Lungen- oder Abdominalprozessen Anwendung (Müller).

Radiogold ^{198}Au hat aber noch eine weitere interessante therapeutische Anwendung gefunden. Infolge seines hohen Wirkungsquerschnittes für thermische Neutronen von 96 barn kann die *spezifische Aktivität* (ausgedrückt in mc/g) sehr hoch getrieben werden. Es ist deshalb z. B. möglich, feine Golddrähte von nur 0,1 mm Durchmesser im Reaktor so zu aktivieren, daß sie eine Aktivität von mehreren mc pro cm Länge aufweisen. Auf dieser Tatsache hat MYERS eine therapeutische Anwendung aufgebaut, bei der kleine ^{198}Au-Drahtstücke intra operationem in den Herd verpflanzt werden und dort nach Abgabe ihrer Radioaktivität verbleiben können. Weiter ist vom gleichen Autor in Zusammenarbeit mit HENSCHKE eine homogene „Vernähung" zugänglicher Tumoren ausgeführt worden, wobei der Au-Draht, in feine Nylonschläuche eingeschlossen, direkt in der gewünschten Anordnung wie ein Faden durch den Tumor gezogen werden kann. Dieses letztgenannte Verfahren ist erst kürzlich eingeführt worden und noch nicht genügend verbreitet. Es ist ohne Zweifel wert, auch an anderen Stationen angewendet zu werden. Voraussetzung ist, wegen der geringen Halbwertszeit von ^{198}Au, eine rasche Lieferung an die Verwendungsstelle durch die Erzeugerstelle.

γ) *Radiojod*, ^{131}J

Vom Element Jod sind zwei radioaktive Isotope von Bedeutung, ^{130}J mit einer Halbwertszeit von 12,6 h und ^{131}J. Von denselben soll hier nur das letztere eingehender besprochen werden, weil es das weit wichtigere ist und die allgemeinen Bemerkungen auch auf das erstere anwendbar sind. Das Zerfallsschema von ^{131}J ist in Abb. 14, S. 24, wiedergegeben. Seine Daten sind:

$$\begin{aligned}
T = 8{,}0\,\text{d};\quad \beta_1 &= 0{,}815\,\text{MeV};\quad \gamma_1 = 0{,}163\,\text{MeV};\quad 0{,}7\%\\
\beta_2 &= 0{,}608\,\text{MeV};\quad \gamma_2 = 0{,}367\,\text{MeV};\quad 87{,}2\%\\
&\qquad\qquad\qquad\quad \gamma'_2 = 0{,}285\,\text{MeV};\\
&\qquad\qquad\qquad\quad \gamma''_2 = 0{,}080\,\text{MeV};\\
\beta_3 &= 0{,}335\,\text{MeV};\quad \gamma_3 = 0{,}637\,\text{MeV};\quad 9{,}3\%\\
\beta_4 &= 0{,}250\,\text{MeV};\quad \gamma_4 = 0{,}722\,\text{MeV};\quad 2{,}8\%
\end{aligned}$$

Herstellung: $^{130}\text{Te}\,(n, \gamma)\,^{131}\text{Te} \rightarrow {}^{131}\text{J}$;
$\text{U}\,(n, f)\,^{131}\text{Te} \rightarrow {}^{131}\text{J}$

Jod ist der bisher einzig bekannte Grundstoff, der sehr selektiv in einem Organ, in der Thyreoida, gespeichert wird, und zwar geht diese Speicherung weitgehend unabhängig von der Form und der Art der Verabreichung vor sich. Radiojod ist deshalb in hervorragender Weise zu einer selektiven Schilddrüsenbestrahlung geeignet, sei es zur Reduktion von Überfunktionen oder aber zur Immunisierung von malignen Entartungen. Im letzteren Fall gelingt es unter Umständen auch, Metastasen von Schilddrüsentumoren, wenn dieselben ihren besonderen biologischen Charakter mit der entsprechenden Funktion behalten haben, mit dem Primärtumor gleichzeitig durch die Bestrahlung zu erfassen, auch wenn dieselben zunächst diagnostisch nicht festgestellt worden waren. Das ist ohne Zweifel ein sehr wesentlicher, grundsätzlicher Vorteil der Radiojodtherapie.

Die Verabreichung von Radiojod geschieht in Form von wäßrigen Lösungen von K ^{131}J oder Na ^{131}J, welche zwischen etwa 8 und 16 Stunden in der Thyreoidea eine maximale ^{131}J-Konzentration bewirken. Anschließend setzt beim Radiojod ein langsamer physiologischer Wiederausbau ein, der nach etwa 4 bis 8 Tagen meist einen Großteil des neu zugeführten Jods in Form von Thyroxin wieder aus der Schilddrüse weggeführt hat (vgl. Abb. 108, S. 229).

Zur Vereinfachung der Verhältnisse hat man den radioaktiven Zerfall und den biologischen Jodausbau zusammengefaßt und spricht (in nicht ganz korrekter Weise) häufig von der „biologischen Halbwertszeit" des Radiojods in der Schilddrüse, als der Zeit, nach welcher die Maximalmenge auf die Hälfte abgesunken ist (durch Ausbau und Zerfall). Diese Zeit beträgt nach zahlreichen Untersuchungen im Mittel etwa 4 Tage. Für den Einbau sind Werte zwischen 5 und 80% der zugeführten Menge angegeben, aber bisher noch keine genaueren Angaben darüber bekannt geworden, wieviel Jod die Schilddrüse absolut pro Gramm Gewebe überhaupt aufnehmen kann.

Leider hat sich herausgestellt, daß bei weitem nicht alle bösartig degenerierten Schilddrüsen Jod in genügenden Mengen speichern können, so daß vorgängig der therapeutischen Bestrahlung in jedem Fall eine Kontrolle der ^{131}J-Aufnahme mit Hilfe kleinerer Mengen stattfinden muß. Dies kann am einfachsten durch Messungen der γ-Strahlung über der Schilddrüse oder aber durch Urin- oder Blutkontrollen geschehen.

c) Gemischte Strahler für externe Therapie

An größeren Therapiezentren, an denen ein genügend ausgebauter Dosierungsdienst vorhanden ist, können künstliche Radioisotope auch an Stelle des (viel kostspieligeren) Radiums zur externen Therapie verwendet werden. Sie müssen hierzu in die gewünschte oder notwendige Form gebracht werden können. Weiter muß neben der *Überwachung* der jeweiligen Dosen auch die Möglichkeit des *Ersatzes* vorhanden sein, weil alle hierzu verwendbaren Grundstoffe relativ kurzlebig sind.

α) *Radiokobalt, ^{60}Co*

Das Isotop ^{59}Co weist für thermische Neutronen den relativ sehr hohen Aktivierungsquerschnitt von 36 barn auf. Das resultierende Isotop ^{60}Co kann deshalb mit sehr hohen Aktivitäten im Atomreaktor hergestellt werden, beispielsweise bei einem Neutronenfluß von 10^{15} n/cm²s mit etwa 8,5 c/g in schon 4 Wochen. Zusätzlich hat das gebildete Radioisotop ^{60}Co eine geeignete Halbwertszeit von $T = 5{,}25$ Jahren und weiter auch eine sehr geeignete γ-Strahlung von $\gamma_1 = 1{,}17$ MeV und $\gamma_2 = 1{,}33$ MeV. Das vereinfachte Zerfallsschema von ^{60}Co ist in Abb. 129 wiedergegeben.

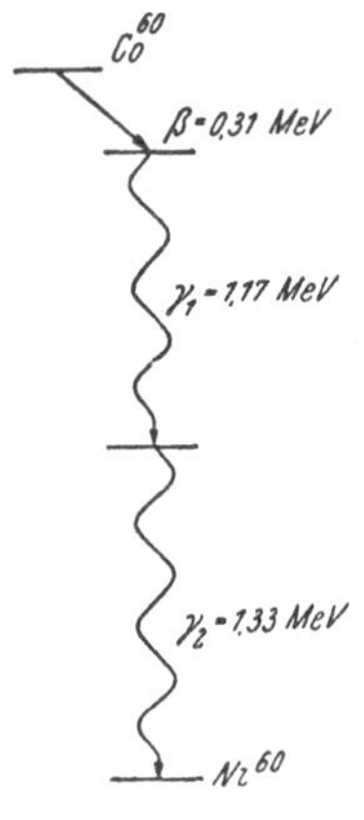

Abb. 129. Etwas vereinfachtes Zerfallsschema von ^{60}Co

Es bietet keinerlei Schwierigkeiten, die relativ sehr energiearme β-Strahlung des ^{60}Co von nur 0,31 MeV quantitativ wegzufiltern, so daß derartig hergestellte Präparate eine praktisch homogene γ-Strahlung von $E \simeq 1{,}25$ MeV emittieren. Weiter, und dies ist ein wesentlicher technischer Vorteil gegenüber z. B. Radium, dessen Strahlung, wie Abb. 131, S. 285, zeigt, mit derjenigen der ^{60}Co weitgehende Analogie aufweist, können Co-Präparate *vor der Aktivierung* in jede gewünschte Form gebracht werden. Ihre Herstellung ist daher völlig frei von jeglichen Strahlenrisiken. Aus diesen Gründen sind ^{60}Co-Präparate heute in der externen Strahlentherapie schon sehr weitgehend eingeführt, und zwar unter sehr mannigfaltigen Formen und für verschiedene Zwecke, wie z. B. Nadeln für Spicktherapie, Röhrchen, Perlen, Schrot, für intracavitäre Applikation oder Moulagetechniken, oder aber in Form von Platten, Zylindern, Röhren, mit welchen sehr leistungsfähige Fernbestrahlungsgeräte ausgerüstet werden können.

Wegen der zwei γ-Photonen pro Zerfallsvorgang ist die Dosiskonstante relativ hoch und beträgt

$$K = 13{,}06 \text{ r/mch}.$$

Es ist damit 1 mc ^{60}Co bezüglich seiner γ-Strahlung 1,6 mg Ra El. äquivalent.

Der Hauptnachteil der ^{60}Co-Präparate, verglichen mit entsprechenden Radiumpräparaten, liegt in der relativ kurzen Halbwertszeit von nur 5,25 Jahren. Nach dieser, praktisch gesprochen, kurzen Zeit ist die Strahlenemission schon auf die Hälfte abgefallen. Diese Tatsache bedingt, daß Co-Präparate bezüglich ihrer Aktivität dauernd unter Meßkontrolle gehalten werden müssen, und daß sie, und dies ist von größerer praktischer Bedeutung, nach relativ kurzer Zeit (innerhalb von maximal 10 Jahren) ersetzt werden müssen. Damit wird die Therapie mit ^{60}Co, trotz dem an sich geringen Preis auch hoher Aktivitäten, bei längerer Zeit doch relativ kostspielig. Andererseits sind Bestrahlungsanlagen, deren Ausbeuten mit Röntgentheıapieanlagen vergleichbar sind, nur mit künstlich radioaktiven Stoffen, besonders mit ^{60}Co erst ermöglicht worden.

Die „externe“ Anwendung von Radiokobalt unterscheidet sich nicht grundsätzlich von derjenigen des Radiums, sondern nur in einigen technischen Einzelheiten. Es sollen deshalb hier nur diese etwas eingehender dargestellt werden. Die allgemeinen dosimetrischen Verhältnisse können grundsätzlich der Darstellung über die Dosisverteilung von Radiumträgern entnommen werden unter Multiplikation der Zahlenangaben mit dem Faktor 1,6, wenn die Gehaltsangaben der ^{60}Co-Präparate in Millicurie gemacht werden.

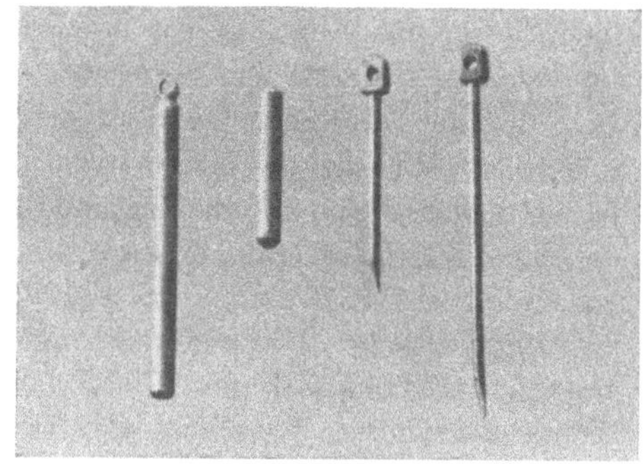

Abb. 130. ^{60}Co-Röhrchen mit 10 und 5 mc und ^{60}Co-Nadeln mit 1 und 2 mc. Spezifische Ladung 5 resp. 1 mc/cm. (Nach MINDER)

Kobaltnadeln. Wegen der nur energiearmen β-Strahlung des ^{60}Co dürfen die inaktiven Metallhüllen von ^{60}Co-Nadeln sehr dünn gehalten werden. Schon z. B. 0,2 mm Stahl schwächen diese β-Strahlung auf unter 1%, also praktisch vollständig ab. Deshalb kann man ^{60}Co-Nadeln beispielsweise so herstellen, daß man einen feinen Co-Draht, welcher so aktiviert wurde, daß er pro Zentimeter Länge z. B. 1 oder 2 mc ^{60}Co aufweist, in geeignet gewählte Injektionsnadeln aus Stahl einschweißt, wobei der Ansatzstutzen der Injektionsnadel zum Nadelkopf mit Öhr umgearbeitet worden ist. Abb. 130 zeigt solche ^{60}Co-Nadeln zu 1 resp. 2 mc nach MINDER. Dieselben haben einen äußeren Durchmesser von nur 0,6 mm und sind zusätzlich mit einer sehr scharfen Spitze versehen und hart genug, daß sie ohne weitere Vorbereitung, also ohne vorgehende Perforation, direkt in das zu bestrahlende Gewebe eingestochen werden können. Solche Nadeln eignen sich deshalb hervorragend zur Bespickung kleiner oder auch schwer zugänglicher Herde, und besonders auch von Lokalisationen, wo das kosmetische Resultat stark im Vordergrund steht. Die Einstichwunden können dabei sehr klein gehalten werden (Zungen-, Mundboden-, Schleimhaut- und Lippentumoren, Blutgefäßgeschwülste des Gesichtes, Peniscarcinome, eng umschriebene Vulvatumoren und solche der Urethra).

Kobaltröhrchen und Kobaltperlen. Die äußere Gestalt inaktiver Co-Körper kann vor der Aktivierung ganz beliebig gewählt und auch unter Umständen relativ sehr klein gehalten werden. So werden z. B. für die Bestrahlung von Korpustumoren ^{60}Co-Perlen von 0,5 bis 0,8 cm Durchmesser mit Erfolg verwendet, welche auf einen Nylonfaden aufgereiht in das Cavum uteri versenkt werden. Dabei kann eine relativ homogene Verteilung der Perlen und damit der Strahlendosis im gesamten Cavum uteri erreicht werden (vgl. S. 216ff.). Für klein dimensionierte Moulagen ist die Verwendung kleiner Co-Röhrchen nach Abb. 130 sehr zweckmäßig, ebenso z. B. als Einlage für die Bestrahlung stark stenosierter Ösophagustumoren.

Kobaltplast. Es besteht kein technisches Hindernis, das Radiokobalt in Form von kleinen, schrotartigen Kugeln herzustellen. Diese können mit einer thermoplastischen Masse homogen vermischt zur Herstellung von Moulagen beliebiger Form verwendet werden (BECKER). Dabei ist allerdings die hohe Strahlengefährdung der Hände bei der Moulageherstellung in Berücksichtigung zu ziehen, sowie das Risiko des teilweisen Verlustes der aktiven plastischen Substanz und damit der Verseuchung der in Frage stehenden Räume, Geräte, Apparaturen und Instrumente. Diese Art der Anwendung ist daher nicht zu empfehlen.

Grundsätzliche Voraussetzung aller vorstehend angeführten Verwendungsmöglichkeiten des Radiokobalts in der praktischen Therapie ist der *vollständige Einschluß* des aktivierten Metalls in eine allseitig geschlossene inaktive Metallhülle. Therapeutische ^{60}Co-Präparate müssen den Anforderungen an *geschlossene* radioaktive Präparate genügen, um das hohe Risiko der Verseuchung und der Gefährdung von Personal und Patienten zu umgehen. Die Aktivierung des Metalls im Reaktor geschieht unter erhöhter Temperatur und extrem hoher Neutronenbestrahlung. Dadurch wird nicht nur die kristalline Struktur des Ausgangsstoffes wesentlich verändert, sondern es bilden sich oberflächlich hoch radioaktive Co-Oxyde, welche in Form von Schuppen oder Staub vom Metall abfallen und damit alle Gegenstände, die mit nackten ^{60}Co-Körpern in Berührung kommen, entsprechend sehr hoch verseuchen. Diese Verseuchung ist wegen der langen Halbwertszeit des ^{60}Co besonders unangenehm und gefährlich. Weiter erleiden dünne, oberflächliche, inaktive Schichten durch die hier extrem hohe Strahlenintensität schon in kürzerer Zeit starke Strukturveränderungen, so daß z. B. elektrolytisch aufgebrachte Metallüberzüge oder solche aus organischen Stoffen (Kunststoffe) den Bedingungen der „Geschlossenheit" für die Präparate keineswegs genügen. Ein genügender Abschluß ist nur durch eine allseitig geschlossene, verlötete oder verschweißte Metallumhüllung gewährleistet, und nur derartig hergestellte ^{60}Co-Präparate sollten zu Therapiezwecken Verwendung finden.

β) *Radiocaesium,* ^{137}Cs

Dieses relativ langlebige Radioisotop entsteht über eine längere Zerfallsreihe aus dem bei der Uranspaltung primär gebildeten ^{137}Te (vgl. S. 49). Wegen der hohen Spaltausbeute ($f = 5{,}9\%$) sind die anfallenden ^{137}Cs-Mengen sehr hoch.

Herstellung: $U\,(n, f)\ {}^{137}\mathrm{Te} \rightarrow \ldots \rightarrow {}^{137}\mathrm{Cs}$.
Strahlung: $\beta_1 = 1{,}185$ MeV (8%)
$\beta_2 = 0{,}523$ MeV (92%); $\gamma = 0{,}662$ MeV.
$T \triangleq 29$ a; Dosiskonstante der γ-Strahlung: $K_{\mathrm{Cs}} = 3{,}4$ r/mch.

Radiocaesium hat bisher nur zur Beschickung von Bestrahlungseinheiten Anwendung gefunden, hier aber schon mit sehr großen Aktivitäten. Dabei wird es in Form von ^{137}CsCl in verschweißten Metallkapseln in die Einheit eingeschlossen. Diese Art des Einschlusses, welche bei größeren Zwischenfällen, wie besonders bei Bränden, ein erhebliches Gefahrenpotential darstellt, könnte ohne Zweifel sehr wesentlich verbessert werden, durch chemische Umsetzung mit Silikaten zu unlöslichen und resistenteren Verbindungen.

Das andere langlebige Radioisotop des Caesiums ^{134}Cs mit $T = 2{,}7$ a und β- und γ-Strahlung ist bisher therapeutisch noch nicht verwendet worden.

γ) *Radiochrom, ^{51}Cr und Radioiridium, ^{192}Ir*

Diese beiden kurzlebigen Isotope könnten dann therapeutisch von Interesse werden, wenn die Möglichkeit ihrer ständigen Erzeugung gegeben ist. Beide sind schon nach kurzen Bestrahlungszeiten im Reaktor in relativ sehr großen Aktivitäten erzeugbar, besonders das letztere mit seinem sehr großen Aktivierungsquerschnitt von $\sigma = 269$ barn. Die Strahlung des ^{192}Ir ist derjenigen von ^{137}Cs fast gleichwertig, seine kurze Halbwertszeit von nur $T = 74$ Tagen erlaubt aber wohl keine ausgedehnteren Anwendungen.

Literatur

A. Zusammenfassende Werke

BECKER, J., und K. E. SCHEER (Herausgeber): Betatron- und Telekobalttherapie. Berlin-Göttingen-Heidelberg: Springer, 1958.

FIEBELKORN, H., und W. MINDER: Therapie mit Röntgenstrahlen und radioaktiven Stoffen. Bern und Stuttgart: H. Huber, 1959.

HAHN, F. P. (Editor): A Manual of Artificial Radioisotope Therapy. New York: Academic Press Inc., 1951.

LABOUCHE, F.: Le Phosphore radioactif ^{32}P dans le Traitement de quelques Affections cutanées. Bordeaux: Union Française d'Impression, 1953.

LOW-BEER, B. V. A.: The Clinical Use of Radioactive Isotopes. Springfield: C. Thomas, 1950.

MORTON, J. L., G. W. CALLENDINE, W. G. MYERS and A. C. BARMS: Cobalt 60 Applied to Cancer Therapy. Columbus: Ohio State University Paper, 1948.

B. Originalarbeiten

BAARLI, J.: The Properties of a New Caesium 137 Plesiotherapy Unit Shielded with Tungsten Alloy and Uranium. A/Conf. 15/P/539 (1958).

BECKER, J., und K. E. SCHEER: Strahlentherapeutische Anwendung von radioaktivem Kobalt in Form von Perlen. Strahlenther. **86**, 540 (1952).

BECKER, J., und K. E. SCHEER: Eine Technik der Oberflächentherapie kleiner und großer Herde mit Strontium 90. Strahlenther. **97**, 372 (1955).

BEHOUNEK, F., and J. KLUMPAR: The Mesothorium-Radium Beam Unit. Acta Radiol. **35**, 375 (1951).

BICKENBACH, W., H. GÄRTNER und U. ZOEPPRITZ: Die intrauterine Anwendung von Radio-Kobalt-Perlen. Strahlenther. **97**, 188 (1955).

BINNIE, G. G., and N. BATES: Curved Cobalt Needles in Radiotherapy. Brit. J. Radiol. **25**, 662 (1952).

BIZELL, O. M., W. T. BURNETT, P. C. TOMPKINS and L. WISH: Properties of Phosphorus-Bakelite Beta-Ray Sources. Nucleonics **8**/4, 17 (1951).

BURUS, J. E., B. J. BERRY, H. M. PIERCE, R. E. TROTMAN and C. W. WILSON: A Kilocurie Caesium 137 Unit at Westminster Hospital. Brit. J. Radiol. **32**, 215 (1959).

DIXON, W. R., C. GARRETT and A. MORRISON: Radiation Measurements with the Eldorado Cobalt 60 Teletherapy Unit. Brit. J. Radiol. **30**, 314 (1952).

DUDLY, H. C., J. GREENBERG and S. S. SARKISIAN: A Study of Methods for Interstitial Implantation of Radioactive Materials. Filaments Containing ^{90}Y. Amer. J. Roentgenol. **77**, 852 (1957).

EASTWOOD, W. S.: Possibilities of Fission Product Caesium 137 for Use in Radiotherapy. Nucleonics **10**/2, 62 (1952).

EGMARK, A.: An Apparatus for Radon Purification. Acta Radiol. **23**, 311 (1950).

EMERY, E. W., and N. VEALL: Radiation Dosimetry of Iodine-132. Nature **174**, 889 (1954).

FORSSBERG, A.: A Study of the Distribution of Radioactive Phosphorus in Three Cases of Cancer. Acta Radiol. **27**, 88 (1946).

FREITAG, A. B., W. A. GORE, M. A. GREENFIELD and J. A. HARTMAN: Film Calibration of a Strontium 90 Beta-Ray Applicator. Amer. J. Roentgenol. **75**, 1169 (1956).

FREUNDLICH, H. F.: A New Beta-Ray Applicator Using Fission Products. Nature **164**, 308 (1949).

— and J. L. HAYBITTLE: An Improved Iridium-192 Teletherapy Unit. Acta Radiol. **39**, 231 (1953).

— — and R. S. QUICK: Radio-Iridium Teletherapy. Acta Radiol. **34**, 115 (1950).

FREY, E.: Die Behandlung des kindlichen Hämangioms mit Strontium 90. Radiol. Clin. **28**, 399 (1959).

FRIDELL, H. L., C. I. THOMAS and J. S. KROHMER: A ^{90}Sr Surface Applicator Designed for Treatment of Corneal Lesions and Evaluation of Biological Effects. Geneva Papers **10**, 58 (1955).

FRY, W. H., H. MILLER and K. F. ORTON: A 50 Curie Cobalt Teletherapy Unit. Brit. J. Radiol. **28**, 8 (1955).

GAHLEN, W.: Zu Dosimetrie des Plastobalts (^{60}Co). Strahlenther. **93**, 253 (1954).

GREEN, D., R. ERRINGTON, F. BOYD and N. HOPKINS: Production of Multicurie Gamma-Ray Therapy Sources. Nucleonics **11**/5, 29 (1953).

GÜNSEL, E., und K. H. LIEDKE: Radiophosphorlack zur Strahlenbehandlung. Strahlenther. **103**, 511 (1957).

— — Ein Caesium-137 Plattenstrahler für die Kontakttherapie. Strahlenther. **110**, 308 (1959).

HAYBITTLE, J. L.: Measurement with a ^{144}Ce Beta-Ray Applicator. Brit. J. Radiol. **26**, 423 (1953).

HAYBITTLE, J. L., and J. DALLISON: A Caesium 137 Gamma-Ray Therapy Unit. Acta Radiol. 50, 321 (1958).

— and R. V. FABEN: A 40 mc Cerium-Prasaeodymium-144 Beta-Ray Therapy Unit. Acta Radiol. **44**, 49 (1955).

HENDERSON, G. H.: A Simple Apparatus for Purifying Radon. Amer. J. Roentgenol. **26**, 630 (1931).

HENSCHKE, U. K.: Artificial Radioisotopes in Nylon Ribbons for Implantations in Neoplasmas. Geneva Papers **10**, 48 (1955).

— A. G. JAMES and W. G. MYERS: Radiogold Seeds for Cancer Therapy. Nucleonics **11**/5, 46 (1953).

— — — Radiogold Seeds in Clinical Radiation Therapy. Radiology **63**, 390 (1954).

HUBACHER, O.: Die Bewegungsbestrahlung mit Co-60-Teletherapieeinheiten. Strahlenther. **102**, 315 (1957).

JAMES, A. G., R. D. WILLIAMS and J. L. MORTON: Radioactive Cobalt as an Adjunct in Cancer Surgery. Surgery **30**, 95 (1951).

— U. K. HENSCHKE and W. G. MYERS: The Clinical Use of Radioactive Gold (198-Au) Seeds. Cancer **6**, 1034 (1953).

JAPHA, E. M.: The Use of Cobalt-60 in Gamma-Ray Therapy. Amer. J. Roentgenol. **69**, 445 (1953).

JOHNS, H. E., L. M. BATES and T. A. WATSON: A 1000-Curie Unit for Radiation Therapy. Brit. J. Radiol. **25**, 296 (1952).

— E. R. EPP, D. V. CORMACK and S. O. FEDORUK: Depth Dose Data and Diagram Design for the Saskatchewan 1000 Curie Cobalt Unit. Brit. J. Radiol. **25**, 302 (1952).

— J. W. HUNT and L. D. SKARSGAERD: A Caesium 137 Teletherapy Unit for Use at a Source Skin Distance of 35 cm. Brit. J. Radiol. **32**, 224 (1959).

KROHMER, J. S.: Physical Measurements at Various Beta-Ray Applicators. Amer. J. Roentgenol. **64**, 791 (1951).

LANZL, L. H., and L. S. SKAGGS: Kilocurie Revolving Cobalt-60 Therapy Unit. Geneva Papers **10**, 75 (1955).

— D. D. DAVISON and W. J. RAINE: Kilocurie Revolving Cobalt-60 Unit for Radiation Therapy. Amer. J. Roentgenol. **74**, 898 (1955).

LEDERMAN, A.: A Cobalt 60 Telecurie Unit. Brit. J. Radiol. **24**, 525 (1953).

MARINELLI, L. D., E. H. QUIMBY and G. J. HINE: Dosage Determinations with Radioactive Isotopes. Nucleonics **2**/4, 56 and **2**/5, 44 (1948).

— — — Dosisbestimmung bei radioaktiven Isotopen. Strahlenther. **80**, 435 (1949) und **81**, 587 (1950).

MELLINK, J. H.: A 20-Curie Telecobalt Unit. Acta Radiol. **42**, 305 (1954).

MEREWETHER, H., S. B. OSBORN and S. J. WYARD: The Installation of ^{60}Co in a Gamma-Ray Beam Unit. Acta Radiol. **37**, 459 (1952).

MESHAN, I., R. R. EDWARDS and P. J. ROSENBLUM: Practical Physical Aspects in the Use of Cobalt 60 as Radium Substitute. Amer. J. Roentgenol. **65**, 255 (1951).

MINDER, W.: Die Dosisverteilung beim kugelförmigen Ballonkatheter. Radiol. Clin. **23**, 304 (1954).

— Bemerkungen zur Dosimetrie der Schilddrüsenbestrahlung mit ^{131}Jod. Radiol. Clin. **27**, 395 (1958).

MORGAN, K. Z., and M. R. FORD: Developments in Internal Dose Determination. Nucleonics **12**/6, 32 (1954).

MORTON, J. L., G. W. CALLENDINE and W. G. MYERS: Radioactive Cobalt 60 in Plastic Tubing for Interstitial Radiation Therapy. Radiology **56**, 553 (1951).

— A. C. BARNES, G. W. CALLENDINE and W. G. MYERS: Individualized Interstitial Irradiation of Cancer of Uterine Cervix Using Co-60 in Needles. Amer. J. Roentgenol. **65**, 737 (1951).

MOSER, H., und E. SCHOEN: Neue Untersuchungen mit Thorium X am menschlichen Gewebe. Strahlenther. **86**, 589 (1952).

MÜLLER, J. H.: Internal Radioactive Isotope Therapy of Neoplastic Diseases by Means of Radioactive Suspensions. Geneva Papers **10**, 110 (1955).

MYERS, W. G.: Application of Artificial Radioisotopes in Interstitial Radiation Therapy. Ohio State Med. Center Report (1953).

— Radioactive Chromium 51 Gamma Ray Sources. Amer. J. Roentgenol. **81**, 99 (1959).

— H. B. COLMERY and W. M. MCLELLON: Radioactive Gold 198 for Gamma Radiation Therapy. Amer. J. Roentgenol. **70**, 258 (1953).

ODDIE, T. H.: A Method for Routine Purification of Radon. Brit. J. Radiol. **10**, 348 (1937).

— The Gamma Ray Measurement of Radon. Brit. J. Radiol. **12**, 686 (1939).

PFANDER, F., H. POPPE und W. STRATHMANN: Dosisberechnungen für ein radioaktives Golddepot. Strahlenther. **91**, 460 (1953).

PHILLIPS, A. F.: The Gamma-Ray Dose in Carcinoma of the Thyreoid Treated by Radioiodine. Acta Radiol. **41**, 533 (1954).

SINCLAIR, W. K.: Artificial Radioactive Sources for Interstitial Therapy. Brit. J. Radiol. **25**, 417 (1952).

— and H. BLONDEL: ^{32}P-Beta-Ray Sources for Superficial Therapy. Brit. J. Radiol. **25**, 360 (1952).

— and N. G. TROTT: The Construction and Measurement of Beta-Ray Applicators for Use in Ophthalmology. Brit. J. Radiol. **29**, 15 (1956).

SPIERS, F. W., and M. T. MORRISON: A Cobalt 60 Unit with Source-Skin Distance of 20 cm. Brit. J. Radiol. **28**, 2 (1955).

SUTTON, H. C.: A Radon Purification Apparatus. Brit. J. Radiol. **22**, 164 (1949).

TER-POGOSSIAN, M., and A. F. SHERMAN: Radiation Dosimetry in the Treatment of Carcinoma of the Cervix Uteri by Intraparametrial Radioactive Gold and Radium. Amer. J. Roentgenol. **74**, 116 (1955).

WERNER, R.: Eine neue Methode zur Gewinnung hochkonzentrierter Emanationspräparate. Strahlenther. **55**, 185 (1936).

WIEBERING, B.: Instrumente und Apparate für Radiumbestrahlung und Radium-Emanationstherapie. Strahlenther. **64**, 371 (1939).

WISEMAN, B. K., R. J. ROHN, B. A. BOURONCLE and W. G. MYERS: The Treatment of Polycythemia Vera with Radioactive Phosphorus. Ann. Int. Med. **34**, 311 (1951).

WOLF, P. M. und N. RIEL: Über einen neuen, sehr einfachen Apparat zur Erzeugung von Radiumemanation. Strahlenther. **40**, 159 (1931).

— Über neuartige Emanationspräparate für Bestrahlungszwecke. Strahlenther. **48**, 165 (1933).

ZDANSKY, E.: Ein 60-Co-Gerät für Halbstufen- und Tiefentherapie. Strahlenther. **102**, 422 (1957).

Siebenter Abschnitt

Schutzprobleme und deren Behandlung

Alle Arten ionisierender Strahlungen stellen für Wohlbefinden, Gesundheit und Leben des Menschen eine erhebliche Gefahrenquelle dar. Eine bedauerliche Anzahl Forscher, Ärzte, Techniker und Arbeiter haben ihrer Arbeiten mit radioaktiven Stoffen wegen dauernde Schädigungen davongetragen oder gar ihr Leben zum Opfer gebracht, unter ihnen MARYA CURIE, die Entdeckerin des Radiums. Zwischenfälle mit ernsthaften Konsequenzen konnten leider auch in neuester Zeit nicht ganz vermieden werden.

Die Kenntnisse über die schädigenden Wirkungen der Strahlungen radioaktiver Stoffe sind fast so alt wie die Kenntnis dieser Stoffe selber. So haben schon P. CURIE und BECQUEREL über Hautschädigungen berichtet, welche durch Unvorsichtigkeit mit einem an sich schwachen Radiumpräparat (Tragen in der Westentasche) bewirkt wurden. Wenn dieser erste, relativ harmlose Zwischenfall mit einem radioaktiven Stoff DANLOS zum ersten und, wie sich bald zeigte, auch erfolgreichen therapeutischen Versuch mit Radium veranlaßte, und damit zum Ausgang der Therapie mit radioaktiven Stoffen wurde, so darf damit in Zusammenhang und mit Nachdruck gesagt werden, daß mit Hilfe der Radioaktivität — bisher jedenfalls — sehr viel mehr menschliches Leben gerettet als vernichtet wurde, und zwar einschließlich Hiroshima und Nagasaki!

Nach den Möglichkeiten der Schädigung von Seiten des Objektes, des Menschen also, unterscheidet man drei Gruppen von nachteiligen Strahlenwirkungen, *somatische* Schädigungen, Schädigungen der *Leibesfrucht* und solche der *Erbmasse*. Letztere werden auch als *genetische* Schädigungen bezeichnet. Andererseits trennt man die Schädigungsmöglichkeiten hinsichtlich ihrer Ursache in solche durch Bestrahlungen von außen, also durch *externe* Strahlenquellen, und solche, die durch Inkorporation radioaktiver Stoffe, also durch *interne* Strahlenquellen bewirkt werden. In beiden Fällen sind es die Strahlungen, welche die nachteiligen Wirkungen verursachen.

Auf Grund des sehr großen Beobachtungsmaterials der Strahlentherapie und der experimentellen Strahlenbiologie darf mit Sicherheit angenommen werden, daß somatische Strahlenwirkungen unterhalb bestimmter *Schwellenwerte der Strahlendosis* von Seiten des Organismus wieder „normalisiert“ werden. Unterschwellige, somatische Strahlenschädigungen sind *teilweise reversibel.* Dabei geht aber diese Reversibilität wohl niemals bis zur völligen „Restitutio ad integrum“, sondern es bleibt stets zum mindesten eine gewisse „Alterung“ des Organismus zurück.

Demgegenüber ging bis vor kurzem die allgemeine Auffassung der Strahlengenetiker dahin, anzunehmen, daß Strahlenwirkungen auf das *Genom* vollständig *irreversibel* sein sollten. Diese („monomolekular“ unterbaute) Ansicht ist nach neuesten Ergebnissen mit Sicherheit für durch Chromosomenmutationen verursachte Letalfaktoren nicht mehr aufrechtzuerhalten. Sie ist aber auch für „Punktmutationen“ jedenfalls teilweise (RUSSEL 1959) fraglich geworden, trotzdem für sehr weite Dosisleistungsbereiche dafür experimentelle Grundlagen (besonders an Drosophila) vorliegen. Ohne die Möglichkeit einer Restitution müßten aber auch beliebig kleine Strahlendosen von z. B. etwa 0,1 rem pro Jahr, wie sie an den Gonaden des Menschen durch die Körperradioaktivität und das „natürliche Strahlenklima“ verursacht werden, genetische Folgen zeitigen. Mit Sicherheit kann die bei allen Organismen vorhandene „natürliche“ Mutationsrate *nicht* auf Grund dieser Grundstrahlung erklärt werden. Die Strahlendosen sind hierfür um einen Faktor von der Größenordnung 500 zu klein.

Fruchtschädigungen durch Bestrahlung, auch mit relativ geringen Strahlendosen, sind hinreichend erwiesen. Demgegenüber sind aber von zahlreichen Frauen, deren Zeugungsorgane während der Gravidität aus therapeutischen Gründen mit relativ sehr hohen Strahlendosen bestrahlt worden waren, völlig normale Kinder zur Welt gebracht worden. Der Zusammenhang zwischen Bestrahlung und Fruchtschädigung scheint also kein ganz einfacher zu sein. Die Frucht ist sicher in den ersten drei Monaten, besonders aber in den ersten Wochen hoch gegen Strahlen empfindlich. Häufigste Folge ist aber wohl prämaturer Abortus.

Da bei Bestrahlungen der Zeugungsorgane der Mutter während der Gravidität auch die Geschlechtsanlage des Foetus mitbestrahlt wird, so sind zu dessen somatischen Schädigungsmöglichkeiten zusätzlich auch noch die genetischen zu berücksichtigen. Deshalb sind Bestrahlungen der Leibesfrucht, soweit möglich, überhaupt zu vermeiden.

1. Basiswerte

Alle konkreten Entschlüsse, Vorkehrungen und Maßnahmen bei Arbeiten mit radioaktiven Stoffen, sowohl für die damit arbeitenden Personen als für die denselben anvertrauten Patienten, alle besonderen Vorschriften, Einrichtungen und Kontrollen müssen auf Zahlenwerten der

Strahlendosis beruhen, welche „im Lichte der gegenwärtigen Kenntnisse als *maximal zulässig*“ angesehen werden dürfen, ohne „im Einzelfall oder in der Gesamtheit eine ins Gewicht fallende Schädigung der Gesundheit“ zu verursachen. Dabei stehen besonders die genetischen Schädigungsmöglichkeiten mit ihren erheblich kleineren Dosiswerten im Vordergrund für die an sich *willkürliche* Festsetzung solcher maximal zuverlässiger Dosen. Die Internationale Strahlenschutzkommission (ICRP), eine Gruppe hervorragendster Fachleute, hat seit mehreren Jahren alle mit externen und internen Bestrahlungen in Zusammenhang stehenden Dosisprobleme, sowie besonders die Wirkungen geringer Strahlendosen auf den Menschen und seine Organe aufs eingehendste studiert resp. untersuchen lassen. Auf Grund der Ergebnisse dieser Arbeiten veröffentlicht sie jeweils anläßlich der Internationalen Radiologenkongresse *Empfehlungen*, deren Inhalt in den meisten Staaten zur Grundlage von Gesetzen, Vorschriften, Richtlinien oder Empfehlungen genommen werden. Die starke Ausweitung der Verwendung von Apparaturen und Stoffen, die ionisierende Strahlungen emittieren durch die praktische Verwertung der Atomkernenergie, erfordert dringend gesetzliche Regelungen.

Nach den letzten Empfehlungen der ICRP gilt als maximal zulässige Strahlendosis ein *Basiswert*, der sich nach der Formel

$$D = 5\,(N - 18)\ \text{rem}$$

berechnet, anwendbar auf die kritischen Organe (Gonaden, Knochenmark, Augenlinsen), wobei N das Alter in Jahren bedeutet. Offenbar gilt der nach der Formel berechnete Dosiswert von 5 rem pro Jahr oberhalb einem Alter von 18 Jahren auch für jede Form der *Ganzkörperbestrahlung*. Bei *Teilbestrahlungen* der Hände und Vorderarme, der Füße und Unterschenkel und des Halses und Kopfes (exklusive Augen) werden 75 rem pro Jahr als zulässig (15facher Wert) angesehen. Zusätzlich wird zum Basiswert von 5 rem/Jahr noch gefordert, daß in keinen 13 aufeinanderfolgenden Wochen ($1/4$ Jahr) die akkumulierte Dosis (in den kritischen Organen) größer sein darf als 3 rem (Maximaldosis in einem Vierteljahr, wenn in den übrigen drei Vierteljahren der Rest von 2 rem nicht überschritten worden ist). Alle diese Basiswerte gelten für *berufsmäßig* mit Quellen ionisierender Strahlungen Arbeitende z. B. in *kontrollierten Zonen*, d. h. in räumlichen Bereichen (in der Umgebung von Strahlenquellen), in denen die Möglichkeit besteht, daß eine Jahresdosis von 1,5 rem überschritten werden kann.

Mit Hilfe der vorstehenden Grundformel und unter Berücksichtigung der biochemischen Verhältnisse und des Stoffwechsels sind nun auch für alle radioaktiven Nuclide *maximal zulässige Konzentrationen* für Trinkwasser (Nahrung) und die Atemluft sowie für die höchsten, dem Körper zumutbaren Mengen (maximal permissible body burden) angegeben worden. Da diese Zahlenwerte in ihrer Gesamtheit ein größeres Tabellenwerk füllen, können sie hier nicht angeführt, sondern es kann nur auf dasselbe verwiesen werden (U. S. Nat. Bureau of Standards, Handbook 68 July 1959). Außerhalb der „kontrollierten Zone“ sollen die zulässigen Basiswerte und maximalen Konzentrationen ein Zehntel und für die Gesamtbevölkerung 1/100 bzw. 1/30 der angeführten Werte nicht übersteigen.

2. Organisatorische und technische Maßnahmen

Es soll hier mit Absicht vorweggenommen und mit Nachdruck festgehalten werden, daß es ohne besonders erschwerende Arbeitsbedingungen durchaus möglich ist, den Forderungen der ICRP-Empfehlungen resp. den darauf gegründeten (gesetzlichen) Vorschriften in jedem Therapiebetrieb, der sich radioaktiver Stoffe bedient, zu genügen. Hierzu sind sowohl technische wie organisatorische Voraussetzungen zu erfüllen.

a) Organisatorische Maßnahmen

In jedem Betrieb zur Therapie mit radioaktiven Stoffen soll eine Person für alle Strahlenschutzfragen die Verantwortung tragen. Häufig wird dies der Therapeut selber sein. Es ist aber hierfür immerhin ein besonderes Studium der entsprechenden Problematik erforderlich. Die verantwortliche Person muß mit entsprechenden Kompetenzen ausgerüstet sein. Sie erläßt für die besonderen, im Betrieb vorkommenden Arbeiten *interne Vorschriften* und überwacht deren Durchführung. Weiter führt sie die erforderlichen *Schutzmessungen* durch. Sie sorgt schließlich für eine genügende *Instruktion des Personals* in allen Strahlenschutzfragen und soll bei der Planung von Strahleneinrichtungen und besonders auch bei außergewöhnlichen Arbeiten unter Strahlengefährdung zu Rate gezogen werden. Mängel der Vorrichtungen, der Arbeitstechnik und insbesondere solche der Arbeitsdisziplin sind sofort zu beheben.

b) Technische Anforderungen

Radioaktive Applikatoren zum Auflegen (abgesehen von speziellen dermatologischen Techniken mit kurzlebigen Stoffen; vgl. S. 269), und zu Einlagen und Spickungen müssen sogenannte *geschlossene* radioaktive Präparate sein. Die radioaktive Substanz soll dauernd, allseitig und hermetisch durch eine nichtradioaktive Hülle umgeben sein, die unter normalen Bedingungen des Gebrauches jedes Austreten radioaktiver Substanz vollständig verhindert. Emanationskapillaren sollen gasdicht (Gold-seeds) verschlossen sein, auch wenn sie zur direkten Implantation verwendet werden. Für Radium-, ^{60}Co- und ^{137}Cs-Präparate muß die Umhüllung aus *Metall* bestehen. Hierzu genügt ein dünner, z. B. elektrolytisch aufgebrachter Metallniederschlag oder eine Umhüllung aus Kunststoff den Bedingungen der Geschlossenheit nicht, weil solche Schichten, auch wenn sie ursprünglich lückenlos geschlossen waren, durch die Strahlung zerstört werden.

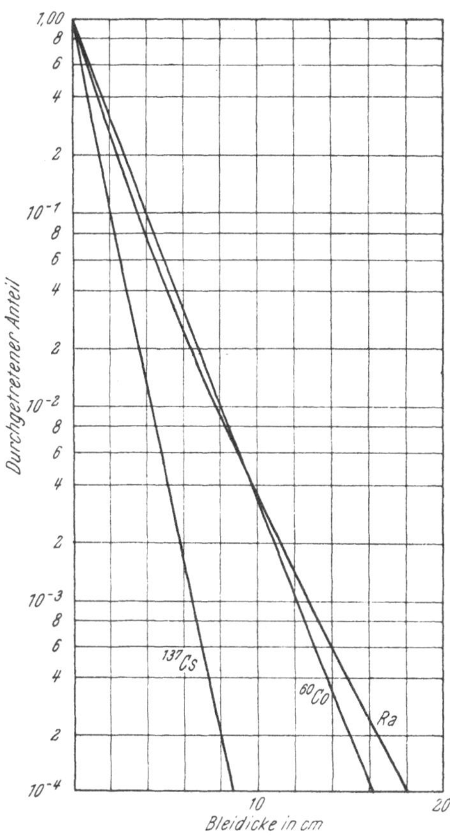

Abb. 131. Schwächungskurven der γ-Strahlung von Ra, ^{60}Co und ^{137}Cs in Blei

Geschlossene radioaktive Präparate müssen in regelmäßigen zeitlichen Abständen durch eine kompetente Stelle auf *Dichtigkeit* und *Aktivität geprüft* werden. Wird hierbei eine Undichtigkeit festgestellt, so ist ein solches Präparat sofort als *offenes* radioaktives Präparat zu behandeln.

Alle Manipulationen mit geschlossenen radioaktiven Präparaten müssen an einem hierfür reservierten Arbeitsplatz an einem geschützten Tisch, der eine Distanz von 30 cm zum Körper garantiert und besonders auch die Augen schützt, mit Hilfe von Instrumenten, die eine Minimaldistanz von 10 cm garantieren, vorgenommen werden. Dabei soll nach einem vorgegebenen Schema vorgegangen werden. Längere derartige Arbeiten sind bezüglich der dabei vorkommenden Einzelheiten zu planen, wobei das Prinzip der möglichst kurzen Strahlenexposition maßgebend sein soll. Bei Manipulationen mit β-strahlenden Präparaten oder Stoffen sind dicke Handschuhe aus Gummi oder Leder zu tragen, wenn dadurch der Ablauf der Arbeit nicht wesentlich verzögert wird. Für Schirme gegen β-Strahlen genügen Schutzdicken von 7 mm Glas oder dessen Äquivalent (vgl. Abb. 26, S. 58), für γ-Strahlen sind mindestens 5 cm Blei (über 1 ZWS) erforderlich, um eine erhebliche Reduktion der Strahlung zu erreichen. Abb. 131 zeigt Schwächungskurven der γ-Strahlung von Ra, ^{60}Co und ^{137}Cs in Blei, denen die zum Bau von Schutzvorrichtungen (Schirme, Schränke, Transportgefäße) erforderlichen Dicken entnommen werden können.

Zur raschen Beurteilung der Schutzwirkung einer Vorrichtung resp. der für eine bestimmte Schutzwirkung vorzusehenden Wanddicken können besonders auch die in Tab. 34, S. 222, angegebenen Zehntelwertschichten ZWS, welche die entsprechenden Strahlungen um einen Faktor von 10 abschwächen, dienen. Ihre allgemeinere Verwendung kann durch die nachfolgende Formel für ein gewünschtes Abschwächungsverhältnis gezeigt werden. Soll die Intensität einer γ-Strahlung um den Faktor A abgeschwächt werden, so ergibt sich offenbar

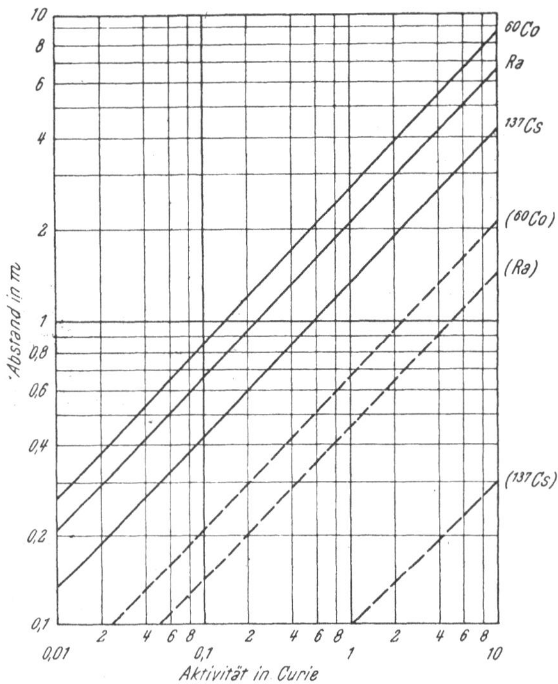

Abb. 132. Schutznomogramm der γ-Strahlung von ^{60}Co, Ra und ^{137}Cs. Ausgezogene Kurven: ohne Schutz; gestrichelte Kurven: nach Durchgang der Strahlung durch 5 cm Blei (vgl. Text)

$$I = \frac{I_0}{A} = \frac{I_0}{10^{\log A}}$$

und damit die Zahl n der ZWS für das Abschwächungsverhältnis A zu

$$n = \log A.$$

Soll beispielsweise der Abschwächungsfaktor $A = 130\,000$, wie für die Wand einer Bestrahlungseinheit mit 1 kc ^{60}Co sein, so ergibt sich dafür eine Wandstärke von $n = \log 130\,000 = 5{,}115$ ZWS $= 20{,}5$ cm Pb.

In Abb. 132 sind für die Aktivitäten 0,01 c bis 10 c Ra, ^{60}Co und ^{137}Cs die Distanzen in m angegeben (ausgezogene Kurven), bei welchen die Dosis noch 200 mr/h beträgt (Arbeit während ½ h pro Woche!) und in den gestrichelten Kurven dieselben Zahlengrößen nach Durchgang der Strahlung durch 5 cm Blei (eingeklammerte Symbole). Mit dieser graphischen Darstellung sind (in Verbindung mit Abb. 131) zahlreiche einfachere Schutzaufgaben sofort und ohne weitere Mittel lösbar.

Es ist selbstverständlich, aber nicht immer realisiert, daß der Strahlentherapeut auch für sich selber geeignete Schutzvorrichtungen zu verwenden hat. Das gilt besonders während der Applikation selbst, und hier wieder besonders bei den häufigen gynäkologischen Einlagen relativ starker Präparate. Abb. 133 zeigt einen sehr geeigneten, mit einer ZWS Blei geschützten Arbeitsstuhl für den Operateur nach MÜLLER.

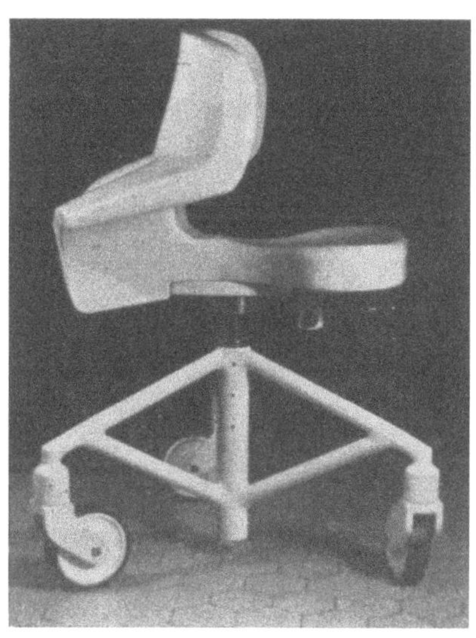

Abb. 133. Schutzstuhl für Radiumeinlagen. (Nach MÜLLER)

Offene radioaktive Präparate stellen zusätzlich zu den erwähnten externen Strahlenrisiken eine Gefährdung bezüglich der Möglichkeit einer *Inkorporation* des radioaktiven Stoffes dar. Deshalb sind hier besondere Vorsichtsmaßnahmen geboten. Alle Manipulationen mit offenen radioaktiven Stoffen bei Aktivitätsniveaus, wie sie zur Therapie verwendet werden, müssen grundsätzlich in einem hierfür *reservierten Laboratorium* und hier in geschlossenen, mit genügenden Luftabzügen versehenen Kapellen oder ähnlichen baulichen Dispositionen durchgeführt werden. Hierbei sind zu den Manipulationen ebenfalls entsprechende Instrumente, Schutzschirme usw. zu verwenden. Ein direktes Anfassen der Gefäße mit radioaktiven Stoffen ist grundsätzlich zu vermeiden. Boden und Wände von Arbeitsplätzen und Kapellen müssen aus fugenlosem, leicht abwaschbarem Material (z. B. rostfreier Stahl) hergestellt sein. Der Boden des Arbeitsplatzes ist mit Filtrierpapier, das bei jeder möglich scheinenden Kontamination sofort zu wechseln ist, zu belegen.

Jeder *Unterteilung* offener radioaktiver Stoffe hat grundsätzlich in *flüssiger* Form, also in Lösung, zu erfolgen. Bei allen derartigen Arbeiten ist das Gefäß mit der radioaktiven Substanz stets in eine Umhüllung (Becher, Blechbüchse u. dgl.) zu stellen. Pipettierungen dürfen nur mit hierzu geeigneten, fernbedienten und mechanischen Spezialinstrumenten erfolgen. Sinngemäß gleiche Maßnahmen unter Verwendung entsprechender Instrumente sind auch bei den Applikationen am Patienten zu treffen. Pipetten, Spritzen und Gefäße sind stets nur für ein bestimmtes Radioisotop zu verwenden. Sie sind sofort nach Gebrauch mindestens 12 h in strömendem Wasser zu spülen. Dabei ist darauf Rücksicht zu nehmen, daß das Abwasser keine Aktivitäten über 10^{-10} c/l aufweist. Bei allen Arbeiten mit offenen radioaktiven Stoffen sind Gummihandschuhe und bei hohen Aktivitäten zusätzlich besondere Schutzkleider zu tragen.

Kurzlebige *radioaktive Abfälle*, einschließlich der Ausscheidungen von Patienten sind solange abgesondert zu lagern, bis ihre Aktivität auf ein Niveau abgeklungen ist, daß bei Abfuhr über die Kanalisation die obgenannte Konzentration im Wasser nicht überschritten wird. Für feste Abfälle sowie solche mit größerer Halbwertszeit (insbesondere ^{60}Co) ist mit dem Kehrichtdienst ein Abkommen zu deren zweckmäßiger Eliminierung zu treffen.

c) Strahlenschutzmessungen

Bei allen Personen, die mit radioaktiven Stoffen arbeiten, sind mindestens periodische Messungen der Strahlendosen, denen solche Personen ausgesetzt sind, vorzunehmen. Die Ergebnisse sind in einem persönlichen „Strahlenbuch" oder einer „Strahlenkarte" zu registrieren. Bei

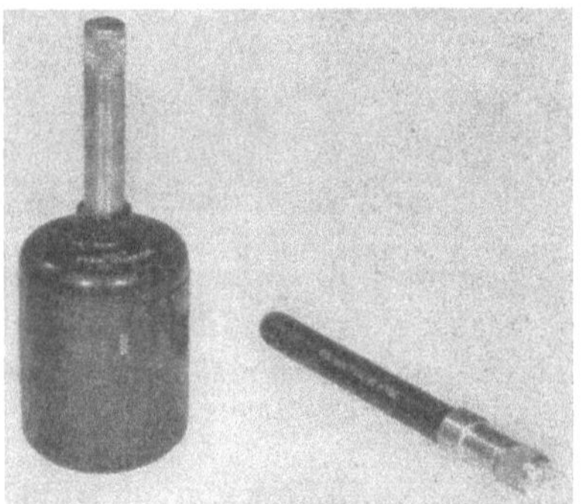

Abb. 134

Abb. 135

Abb. 134. Kondensatorkammern zum Philips-Dosimeter für Schutzmessungen; links für 10 mr, rechts für 250 mr (sogenannte Taschenkammer)

Abb. 135. Filmträger nach LANGENDORFF-PYCHLAU zu Schutzmessungen an größeren Personenzahlen, mit Filtern für verschiedene Strahlenqualitäten

potentiell hoher Strahlengefährdung sollte in jedem Fall eine Messung vorgenommen werden. Selbstverständlich sind bei allen Installationen vorgängig ihrer Inbetriebnahme oder nach wesentlichen technischen oder baulichen Änderungen derselben zunächst eingehende Messungen des Strahlenniveaus an den vom Personal begangenen Orten (sogenannte *Anlagekontrolle*) vorzunehmen. Hierüber ist zuhanden des verantwortlichen Leiters ein datierter, schriftlicher Rapport auszufertigen.

Messungen am Personal (sogenannte *Personalkontrollen*) können besonders mit Taschenionisationskammern (bei potentiell hoher Gefährdungsmöglichkeit während kurzer Zeit) oder durch geeignete Meßfilme (laufende Personalkontrolle) durchgeführt werden. Abb. 134 zeigt geeignete Ionisationskammern und Abb. 135 einen Träger für Meßfilme. Die letzteren sind mindestens eine, besser zwei bis vier Wochen lang dauernd zur Arbeit an den am meisten gefährdeten Körperstellen (z. B. Gürtel) zu tragen. Die Auswertung der Ionisationskammern und der Meßfilme kann wegen der Energieabhängigkeit beider nur durch mit der ganzen Problematik der Strahlenmessung vertraute Spezialisten erfolgen.

3. Arbeitsdisziplin

Wert und Bedeutung der vorstehend kurz erwähnten Voraussetzungen und Maßnahmen des Strahlenschutzes steigen und fallen mit der Disziplin des Personals bei der täglichen Arbeit. An sich sind die Disziplinregeln sehr einfach. Es ist aber immer wieder nötig, sich dieselben ins Gedächtnis zurückzurufen. Schutzvorrichtungen, wie Schränke, Schutzwände, Handschuhe, Spezialinstrumente usw., erfüllen ihren Zweck nur, wenn sie wirklich stets verwendet werden, auch wenn hierdurch die Arbeit möglicherweise äußerlich etwas erschwert erscheint.

Beim Arbeiten mit geschlossenen radioaktiven Präparaten sollen nur so viele Einzelpräparate am Arbeitsplatz wie wirklich notwendig vorhanden sein. Dieselben sind dem Schutzschrank erst nach Vorbereitung aller anderen Arbeiten zu entnehmen und nach Abschluß der Bestrahlung sofort wieder zu versorgen. Zum *Transport* sollen geeignete, genügend geschützte Vorrichtungen, die auch einen größeren Abstand gewährleisten, vorhanden sein. Beschädigte Präparate sind sofort aus dem Betrieb zu nehmen und bis zur eventuellen Reparatur in Glasröhren einzuschmelzen.

Zusätzlich zu den vorstehenden Disziplinregeln darf bei Arbeiten mit offenen radioaktiven Stoffen in den entsprechenden Arbeitsräumen weder gegessen noch geraucht und überhaupt keine Tätigkeit ausgeübt werden, durch die radioaktive Stoffe in die Atem- oder Verdauungswege gelangen könnten. So sind z. B. ausschließlich Papiernastücher zu verwenden, die im Laboratorium selbst an leicht zugänglicher, aber abgeschlossener Stelle vorhanden sein sollen. Sorgfältigstes Wechseln der Arbeitskleider und Reinigen der Hände nach jeder derartigen Arbeit sollte als Selbstverständlichkeit sich und anderen gegenüber gelten.

4. Zwischenfälle

Bei Zwischenfällen mit radioaktiven Stoffen, mit welchen immer gerechnet werden muß (Bruch eines Präparats, Ausgießen eines Behälters, Auslaufen eines Katheters, Fallenlassen einer Spritze usw.), ist Ruhe zu bewahren. Zunächst sollen sich alle Personen, die keine Verseuchung erfahren haben, aus dem Raum entfernen. Kontaminierte Personen sollen sich an Ort ihrer Kleider entledigen und anschließend mit viel Wasser und Seife, eventuell unter Verwendung von Bürsten, baden. Die kontaminierten Teile des Raumes sind (z. B. durch Kreidestriche) abzugrenzen. Handelt es sich um ein kurzlebiges Radioisotop, wie ^{198}Au, ^{131}J oder ^{32}P, so sind Kleider und Wäsche, in viel Papier eingeschlagen, in eine große Schachtel zu verpacken, um nach einer genügend langen Abfallszeit mit viel Wasser gewaschen zu werden. Alles nicht wertvolle Material ist als „Abfall" zu behandeln. Bei langlebigen Isotopen sollen auch Wäsche und Kleider, wenn die Verseuchungen nicht nur ganz geringfügig sind, als Abfall angesehen werden. Schließlich wird der möglichst geleerte Raum mit viel Wasser gewaschen. Dies hat unter Verwendung von Gummistiefeln, Gummihandschuhen und besonderen Arbeitskleidern unter Aufsicht einer kompetenten Person zu geschehen. Alle potentiell kontaminiert gewesenen Personen sind anschließend an die erwähnten Maßnahmen auf eventuelle Verseuchungsreste zu kontrollieren. Ebenso sind Geräte, Kleider und Wäsche vor einem neuen Gebrauch zu untersuchen. Der verseucht gewesene Raum selber darf erst wieder benützt werden, wenn er durch eine eingehende Strahlungskontrolle hierfür freigegeben worden ist.

Literatur

A. Zusammenfassende Werke

Beck, H. R., H. Dresel und H. J. Melching: Leitfaden des Strahlenschutzes. Stuttgart: G. Thieme, 1959.

Braestrup, C. B., and H. O. Wyckoff: Radiation Protection. Springfield: C. Thomas, 1958.

Evans, R. D.: Physical and Biological Problems Associated with Transportation of Radioactive Substances. Washington: Nuclear Science Series Report **11**, 1951.

Forst, D.: Praktischer Strahlenschutz. Berlin: W. de Gruyter & Co., 1960.

Gussew, N. G.: Leitfaden für Radioaktivität und Strahlenschutz. Berlin: VEB Verlag Technik, 1957.

Haddow, A. (Editor): Biological Hazards of Atomic Energy. Oxford: Clarendon Press, 1952.

I. C. R. P.: Recommendations on Radiological Protection. London: Pergamon Press, 1958.

Jäger, R. G.: Dosimetrie und Strahlenschutz. Stuttgart: G. Thieme, 1959.

Marley, W. G., and K. Z. Morgan (Editors): Health Physics. London, New York, Paris, Los Angeles: Pergamon Press, 1959.

Price, B. T., C. C. Horton and K. T. Spinney: Radiation Shielding. London: Pergamon Press, 1957.

Rockwell, Th.: Reactor Shielding. New York: Van Nostrand Co. Inc., 1956.

Sievert, R.: Eine Methode zur Messung von Röntgen-, Radium- und Ultrastrahlen usw. Acta Radiol. Suppl. **14**, 1932.

VEALL, N., and H. VETTER: Radioisotope Techniques in Clinical Research and Diagnosis. London: Butterworth's Publ., 1958.

B. Originalarbeiten

ANDREWS, J. R.: Medical Radiation Hazards and the Responsibility of the Medical Profession. Med. Ann. Distr. Columbia **27**, 111 (1958).

ANTHONY, D. S., J. E. CAMPBELL, G. R. HAGEE and E. S. ROBAJDEK: Analysis of Mixtures of Radioactive Isotopes by γ-Ray Measurements. Rad. Res. **4**, 286 (1956).

BAKER, W. J., E. F. LUTTERBECK, E. C. GRAF, D. H. CALLAHAN and R. FIRFER: A New Method for Handling Radioactive Gold in the Treatment of Prostatic Cancer. J. Urology **80**, 189 (1958).

BENNER, S.: On the Use of Radioactive Substances in Sweden with Special Reference to Irradiation Risks and Protection Measurements. Acta Radiol. **23**, 281 (1950).

BRUES, A. M.: Biological Hazards and Toxity of Radioactive Isotopes. J. clin. Invest. **28**, 1286 (1949).

CROSS, F. H., and G. HUNNINGS: An Unusual Radium Incident in Nottingham. Amer. J. Roentgenol. **72**, 989 (1954).

DIXON, W. R., C. GARRETT and A. MORRISON: Room-Protection Measurements for Cobalt-60 Teletherapy Units. Nucleonics **10**/3, 42 (1952).

DORNREICH, M., und R. JÄGER: Stand und Entwicklung des Strahlenschutzes. Strahlenther. **78**, 569 (1949).

DUHAMEL, F., et J. M. LAVIE: Comment établir des règles pratiques pour éviter la contamination. Risö-Symposium 317 (1959).

FERNAU, A., und H. SMEREKER: Über das Verbleiben radioaktiver Substanz im Organismus bei Radiumemanations-Trinkkuren. Strahlenther. **46**, 365 (1933).

FORST, D.: Über die Dichtigkeit von Radiokobalt-Perlen. Strahlenther. **103**, 139 (1957).

GALLAGHAR, R. G., and E. L. SAENGER: Radium Capsules and their Associated Hazards. Amer. J. Roentgenol. **77**, 511 (1957).

GLUBRECHT, H.: Die Bewertung von Strahlenschutzmaterialien gegenüber der γ-Strahlung radioaktiver Isotope. Strahlenther. **102**, 489 (1957).

GORUP, G. v.: Technik des Strahlenschutzes in medizinischen Radiumbetrieben. Strahlenther. **84**, 467 (1951).

GOSLING, R. G.: An Improved Neon-Lamp Radium Detector. Brit. J. Radiol. **23**, 198 (1950).

GRANDE, P.: Protective Measures for Handling a Radium Applicator for Treatment of Cancer of the Uterine Cervix. Brit. J. Radiol. **31**, 167 (1958).

HERIK, M. VAN, and R. E. FRICKE: Radium Protection. Amer. J. Roentgenol. **70**, 730 (1953).

HOWARTH, H. J., H. MILLER and J. WALTER: Some Measurements of Gamma-Ray Dosis Recieved by a Radiotherapist during Radium Operations. Brit. J. Radiol. **23**, 245 (1950).

KAYE, G. W. C., G. E. BELL and W. BINKS: Über die Möglichkeit des Gammastrahlenschutzes bei Radiumarbeitern. Strahlenther. **55**, 670 (1936).

LILLIE, A. B.: Techniques courantes dans la manipulation des sources de radiation au Cobalt-60. Geneva Papers **14**, 123 (1955).

LINDSAY, D. D., and J. MCKIE: A New Design of Radium Safe Embodying Steel Protection and Working to Very Stringent Protection Standards. Brit. J. Radiol. **24**, 207 (1951).

LOONEY, W. B., and V. E. ARCHER: Radium Inhalation Accident. Amer. J. Roentgenol. **75**, 548 (1956).

MARKL, J.: Über die Aufnahme von Radium-Emanation beim radioaktiven Heilbade in den Organismus. Strahlenther. **49**, 92 (1934).

MAYNEORD, W. V.: Some Problems of Radiation Protection. Brit. J. Radiol. **24**, 525 (1951).

MINDER, W.: Gegenwärtige und zukünftige Strahlenschutzaufgaben. Radiol. Clin. **26**, 289 (1957).

MOONEY, R. T., and C. B. BRAESTRUP: Attenuation of Scattered Cobalt-60 Radiation in Lead and Building Materials. U. S. AEC-Report NYO-2165 (1957).

MOTEFF, J.: Tenth-Value Thickness for Gamma-Ray Absorption. Nucleonics **13**/7, 24 (1955).

MUTH, H., und O. HUG: Schutzmaßnahmen bei Verwendung künstlich radioaktiver Isotope. Strahlenther. **85**, 57 (1951).

POCKMAN, L. T.: Methods of Estimating Protective Wall Thickness for High Energy Teletherapy Units. Rad. Res. **5**, 542 (1956).

RAJEWSKY, B.: Untersuchungen zum Problem der Radiumvergiftungen. Strahlenther. **56**, 703 (1936).

— Radioaktive Isotope, ihre Verwendung in der Medizin und die dabei erforderlichen Schutzmaßnahmen. Strahlenther. **83**, 625 (1950).

RIES, J. K.: Über die Gefahr der radioaktiven Verseuchung bei der Anwendung von Kobalt 60. Strahlenther. **104**, 605 (1957).

ROESCH, W. C., et E. E. DONALDSON: Dosimètres portatifs pour le rayonnement bêta. Geneva Papers **14**, 191 (1955).

SANDERS, A. P.: Roentgen- and Gamma-Ray Shielding in Radiation Protection. Amer. J. Roentgenol. **79**, 532 (1958).

SILBERSTEIN, H. E.: Radium Poisoning. USA. AECD-Report 2122. Oak Ridge TID. (1945).

SOMMERMEYER, K., und H. OPITZ: Die Dosimetrie der β-Strahlen im Strahlenschutz. Atomkernenergie **4**, 404 (1959).

WITTE, E.: Über ein neues Gerät zur Prüfung der Dichtigkeit radioaktiver Präparate. Strahlenther. **46**, 374 (1933).

ZIMMER, K. G., und P. M. WOLF: Photographisches Verfahren zur Dichtigkeitsprüfung von Radiumpräparaten. Strahlenther. **58**, 174 (1937).

Anhang

Wichtige Konstanten

e	$= 4{,}8029 \cdot 10^{-10}$ esE	Ladung des Elektrons
m_0	$= 9{,}1085 \cdot 10^{-28}$ g	Ruhemasse des Elektrons
e/m_0	$= 5{,}273 \cdot 10^{17}$ esE/g	spezifische Ladung des Elektrons
c	$= 2{,}99793 \cdot 10^{10}$ cm/s	Lichtgeschwindigkeit in Vakuum
m_0c^2	$= 511$ keV $= 8{,}1844 \cdot 10^{-7}$ erg	Ruheenergie des Elektrons
h	$= 6{,}625 \cdot 10^{-27}$ erg s	PLANCKsche Konstante
k	$= 1{,}3805 \cdot 10^{-16}$ erg/Grad	BOLTZMANNsche Konstante
R	$= 8{,}317 \cdot 10^{7}$ erg/Grad Mol	Gaskonstante
N	$= 6{,}025 \cdot 10^{23}$	AVOGADROsche Zahl
V_0	$= 22415$ cm^3/Mol	Molvolumen
F	$= 96521$ Coulomb/Mol	FARADAYsche Konstante
T_0	$= -273{,}16^0$ C	absoluter Nullpunkt
R	$= 109737{,}3$ cm^{-1}	RYDBERGsche Konstante
1 Å	$= 1{,}002041 \cdot 10^{-8}$ cm	ÅNGSTRÖM-Einheit, kristallographisch
λ_0	$= 12{,}403 \cdot 10^{-8}$ cm/kV	Grenzwellenlänge
Λ	$= 0{,}02426 \cdot 10^{-8}$ cm	COMPTONsche Grundwellenlänge
d_{NaCl}	$= 2{,}8140 \cdot 10^{-8}$ cm	Gitterabstand im Steinsalz
d_{Calc}	$= 3{,}029 \cdot 10^{-8}$ cm	Gitterabstand im Calcit
1 eV	$= 1{,}601 \cdot 10^{-12}$ erg	Elektronvolt
1 c	$= 3{,}700 \cdot 10^{10}$ Zerfallsvorgänge/s	Curie (Einheit der Radioaktivität)
H^+	$= 1{,}6724 \cdot 10^{-24}$ g	Masse des Protons
σ	$= 5{,}70 \cdot 10^{-5}$ erg/s cm^2 Grad^4	STEFAN-BOLTZMANNsche Konstante
J_{15}	$= 4{,}185 \cdot 10^{7}$ erg/cal	Wärmeäquivalent
G	$= 6{,}659 \cdot 10^{-8}$ cm^3/g s^2	Gravitationskonstante
1 r	$= 1{,}6105 \cdot 10^{12}$ Ionenpaare/g Luft	Röntgen

Exponentialfunktion e^{-x}

x	0	1	2	3	4	5	6	7	8	9
0,0	1,000	0,990	0,980	0,970	0,961	0,951	0,942	0,932	0,923	0,914
0,1	0,905	0,896	0,887	0,878	0,869	0,861	0,852	0,844	0,835	0,827
0,2	0,819	0,811	0,803	0,795	0,787	0,779	0,771	0,763	0,756	0,748
0,3	0,741	0,734	0,726	0,719	0,712	0,705	0,698	0,691	0,684	0,677
0,4	0,670	0,664	0,657	0,651	0,644	0,638	0,631	0,625	0,619	0,613
0,5	0,607	0,601	0,595	0,589	0,583	0,577	0,571	0,566	0,560	0,554
0,6	0,549	0,543	0,538	0,533	0,527	0,522	0,517	0,512	0,507	0,502
0,7	0,497	0,492	0,487	0,482	0,477	0,472	0,468	0,463	0,458	0,454
0,8	0,449	0,445	0,440	0,436	0,432	0,427	0,423	0,419	0,415	0,411
0,9	0,407	0,403	0,399	0,395	0,391	0,387	0,383	0,379	0,375	0,372
1,0	0,368	0,364	0,361	0,357	0,354	0,350	0,347	0,343	0,340	0,336
1,1	0,333	0,330	0,326	0,323	0,320	0,317	0,314	0,310	0,307	0,304
1,2	0,301	0,298	0,295	0,292	0,289	0,287	0,284	0,281	0,278	0,275
1,3	0,273	0,270	0,267	0,265	0,262	0,259	0,257	0,254	0,252	0,249
1,4	0,247	0,244	0,242	0,239	0,237	0,235	0,232	0,230	0,228	0,225
1,5	0,223	0,221	0,219	0,217	0,214	0,212	0,210	0,208	0,206	0,204
1,6	0,202	0,200	0,198	0,196	0,194	0,192	0,190	0,188	0,186	0,185
1,7	0,183	0,181	0,179	0,177	0,176	0,174	0,172	0,170	0,169	0,167
1,8	0,165	0,164	0,162	0,160	0,159	0,157	0,156	0,154	0,153	0,151
1,9	0,150	0,148	0,147	0,145	0,144	0,142	0,141	0,140	0,138	0,137
2,0	0,135	0,134	0,133	0,132	0,130	0,129	0,128	0,126	0,125	0,124
2,1	0,123	0,121	0,120	0,119	0,118	0,117	0,116	0,114	0,113	0,112
2,2	0,111	0,110	0,109	0,108	0,107	0,106	0,105	0,103	0,102	0,101
2,3	0,100	0,099	0,098	0,097	0,096	0,095	0,094	0,094	0,093	0,092
2,4	0,091	0,090	0,089	0,088	0,087	0,086	0,085	0,085	0,084	0,083
2,5	0,082	0,081	0,081	0,080	0,079	0,078	0,077	0,077	0,076	0,075
2,6	0,074	0,074	0,073	0,072	0,071	0,071	0,070	0,069	0,069	0,068
2,7	0,067	0,067	0,066	0,065	0,065	0,064	0,063	0,063	0,062	0,062
2,8	0,061	0,060	0,060	0,059	0,059	0,058	0,057	0,057	0,056	0,056
2,9	0,055	0,055	0,054	0,054	0,053	0,052	0,052	0,052	0,051	0,050
3	0,050	0,045	0,041	0,037	0,033	0,030	0,027	0,025	0,022	0,020
4	0,018	0,017	0,015	0,014	0,012	0,011	0,010	0,009	0,008	0,008
5	0,007	0,006	0,006	0,005	0,005	0,004	0,004	0,003	0,003	0,003
6	0,003	0,002	0,002	0,002	0,002	0,002	0,001	0,001	0,001	0,001

x	7	7,5	8	8,5	9	10
e^{-x}	0,0009	0,0006	0,0003	0,0002	0,0001	0,0000

Funktion $F(\varphi, \mu a) = \int_0^{\varphi} e^{-\frac{\mu a}{\cos \varphi}} \, d\varphi$

für Schwächungsargumente von $\mu a = 0$ bis 0,4 und Winkel φ von 45° bis 90° (Abb. 136) und $\mu a = 0$ bis 2 und $\varphi = 5°$ bis 90° (Abb. 137)

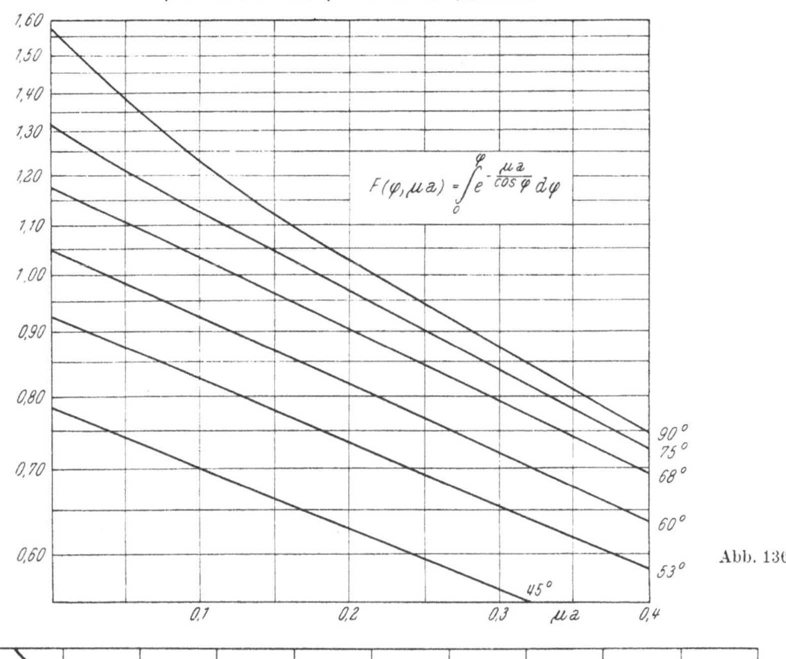

Abb. 136

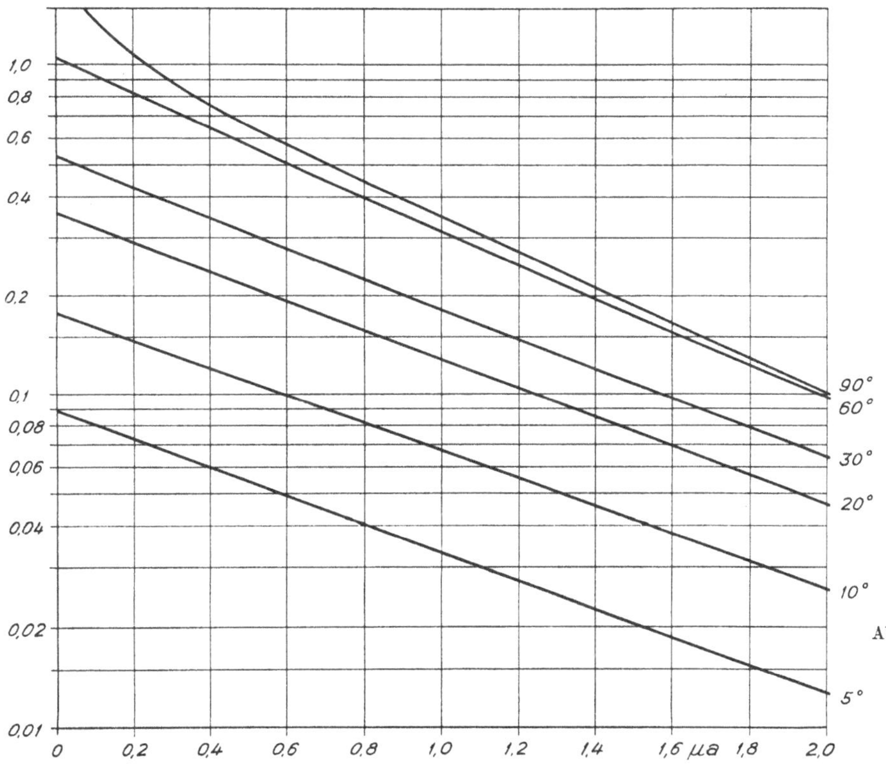

Abb. 137

Exponentialintegral: $E_i(-x) = \int_x^\infty \frac{e^{-x}}{x}\,dx$

x	0	1	2	3	4	5	6	7	8	9
0,00	∞	6,332	5,639	5,235	4,948	4,726	4,545	4,392	4,259	4,142
0,01	4,038	3,944	3,858	3,779	3,705	3,637	3,574	3,514	3,458	3,405
0,02	3,355	3,307	3,261	3,218	3,176	3,137	3,098	3,062	3,026	2,992
0,03	2,959	2,927	2,897	2,867	2,838	2,810	2,783	2,756	2,731	2,706
0,04	2,681	2,658	2,634	2,612	2,590	2,568	2,547	2,527	2,507	2,487
0,05	2,468	2,450	2,431	2,413	2,395	2,378	2,360	2,346	2,327	2,311
0,06	2,295	2,280	2,265	2,249	2,235	2,220	2,206	2,192	2,178	2,164
0,07	2,151	2,138	2,125	2,112	2,099	2,087	2,074	2,063	2,050	2,039
0,08	2,027	2,016	2,004	1,993	1,982	1,971	1,960	1,950	1,939	1,929
0,09	1,919	1,909	1,899	1,889	1,879	1,869	1,860	1,851	1,841	1,832
0,1	1,823	1,737	1,659	1,589	1,524	1,465	1,402	1,358	1,310	1,265
0,2	1,223	1,183	1,145	1,110	1,076	1,044	1,014	0,985	0,957	0,931
0,3	0,906	0,881	0,858	0,836	0,815	0,794	0,775	0,755	0,737	0,719
0,4	0,702	0,686	0,670	0,655	0,640	0,625	0,611	0,598	0,585	0,572
0,5	0,560	0,548	0,536	0,525	0,514	0,503	0,493	0,483	0,473	0,464
0,6	0,454	0,445	0,437	0,428	0,420	0,412	0,404	0,396	0,388	0,381
0,7	0,374	0,367	0,360	0,353	0,347	0,340	0,334	0,328	0,322	0,316
0,8	0,311	0,305	0,300	0,294	0,289	0,284	0,279	0,274	0,269	0,265
0,9	0,260	0,256	0,251	0,247	0,243	0,239	0,235	0,231	0,227	0,223
1	0,219	0,186	0,158	0,136	0,116	0,100	0,086	0,075	0,065	0,056
2	0,049	0,043	0,037	0,033	0,028	0,025	0,022	0,019	0,017	0,015
3	0,013	0,011	0,010	0,009	0,008	0,007	0,006	0,005	0,005	0,004
4	0,004	0,003	0,003	0,003	0,002	0,002	0,002	0,002	0,001	0,001

Sachverzeichnis

Zeitfracht Medien GmbH
Ferdinand-Jühlke-Straße 7
99095 Erfurt, Deutschland
produktsicherheit@kolibri360.de